Application Technologies of Advanced Materials in China: Annual Report (2023)

中国新材料技术应用报告

中国工程院化工、冶金与材料工程学部
中　国　材　料　研　究　学　会　组织编写

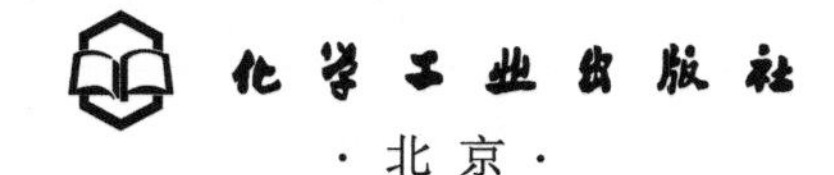
化学工业出版社
·北京·

内容简介

本报告结合当前我国各行业对新材料的应用与需求情况，重点关注我国重点领域新材料的先进生产技术与应用情况、存在问题与发展趋势。报告分为五个主题版块：总论、基础工业领域、工业关键核心领域、生态环境材料、战略原材料——稀贵、稀有金属提纯分离。主要介绍了新材料数据库建设与发展、极端服役环境的航空材料、高分子材料在高速铁路轨道工程中的应用、热伏发电技术与应用进展、半导体存储器的关键材料和器件、锑化物半导体、智能材料技术开发与应用、储氢材料、下一代动力与储能技术、水处理新材料、生物降解塑料等各类新材料的特性、应用与先进技术，指出当前的技术难题，为未来我国新材料领域的技术突破指明方向。报告关注当前的战略原材料，重点阐明了钽、铌、钨、钼、钛、锆、铪、铟、硒、碲、镓的分离与提纯技术。

书中对新材料产业各领域的详细解读，将为新材料领域研发人员、技术人员、产业界人士提供有益的参考。

图书在版编目（CIP）数据

中国新材料技术应用报告．2023 / 中国工程院化工、冶金与材料工程学部，中国材料研究学会组织编写．—北京：化学工业出版社，2024.6（2024.11重印）

ISBN 978-7-122-45486-7

Ⅰ．①中…　Ⅱ．①中…　②中…　Ⅲ．①材料科学－研究报告－中国－2023　Ⅳ．①TB3

中国国家版本馆CIP数据核字（2024）第080518号

责任编辑：刘丽宏　　文字编辑：吴开亮
责任校对：李露洁　　装帧设计：王晓宇

出版发行：化学工业出版社（北京市东城区青年湖南街13号　邮政编码100011）
印　　装：涿州市般润文化传播有限公司
787mm×1092mm　1/16　印张 21¼　字数 485 千字　　2024 年 11 月北京第 1 版第 2 次印刷

购书咨询：010-64518888　　售后服务：010-64518899
网　　址：http: //www.cip.com.cn
凡购买本书，如有缺损质量问题，本社销售中心负责调换。

定　　价：168.00 元

《中国新材料技术应用报告（2023）》

编委会

总序

材料是经济社会发展的物质基础，是高新技术、新兴产业、高端制造、重大工程发展的技术先导。关键材料核心技术和产业发展路径的突破需要基础研究、产业发展、技术应用系统性协同发展，同时，科学普及对新材料、新技术的应用推广具有重要推动作用。

中国材料研究学会每年面向全社会公开出版构建中国新材料自主保障体系的系列战略品牌报告《中国新材料研究前沿报告》《中国新材料产业发展报告》《中国新材料技术应用报告》《中国新材料科学普及报告——走近前沿新材料》四部，旨在从多领域、多角度、多层次引导新发展方向。

系列战略品牌报告由中国工程院化工、冶金与材料工程学部和中国材料研究学会共同组织编写，由中国材料研究学会新材料发展战略研究院组织实施。报告秉承“材料强国”的产业发展使命，为不断提升原始创新能力，加快构建产业技术体系、积极推动技术应用融合、加大科学普及力度贡献战略智慧。其中，《中国新材料研究前沿报告》聚焦行业发展重大原创技术、关键战略材料领域基础研究进展和新材料创新能力建设，梳理出发展过程中面临的问题，并提出应对策略和指导性发展建议；《中国新材料产业发展报告》围绕先进基础材料、关键战略材料和前沿新材料的产业化发展路径和保障能力问题，提出关键突破口、发展思路和解决方案；《中国新材料技术应用报告》基于新材料在基础工业领域、关键战略产业领域和新兴产业领域中应用化、集成化问题以及新材料应用体系建设问题，提出解决方案和政策建议；《中国新材料科学普及报告——走近前沿新材料》旨在推动不断出现的材料新技术、新知识、新理论和新概念服务于新型产业的发展，促进新材料更快、更好地服务于经济建设。四部报告以国家重大需求为导向，以重点领

域为着眼点开展工作，对涉及的具体行业原则上每隔2～4年进行循环发布，这期间的动态调研与研究会持续密切关注行业新动向、新业势、新模式，及时向广大读者报告新进展、新趋势、新问题和新建议。

本期公开出版的四部报告为《中国新材料研究前沿报告（2023）》《中国新材料产业发展报告（2023）》《中国新材料技术应用报告（2023）》《中国新材料科学普及报告（2023）——走近前沿新材料5》，得到了中国工程院重大咨询项目"新材料强基补链与自主创新发展战略研究""关键战略材料研发与产业发展路径研究""新材料前沿技术及科普发展战略研究""新材料研发与产业强国战略研究"和"先进材料工程科技未来20年发展战略研究"等项目的支持。在此，我们对今年参与这项工作的专家们致以诚挚的敬意！希望我们不断总结经验，不断提升战略研究水平，更加有力地为中国新材料发展做好战略保障与支持。

本期四部报告可以服务于我国广大材料科技工作者、工程技术人员、青年学生、政府相关部门人员，对于图书中存在的不足之处，望社会各界人士不吝批评指正，我们期望每年为读者提供内容更加充实、新颖的高质量、高水平专业图书。

二〇二三年十二月

前言

新材料是新兴产业的技术先导，高新技术、高端制造和重大工程高质量发展都需要新材料的率先突破。随着工程科技在数字化、智能化、绿色化、结构功能一体化方面的要求不断提高，新材料技术应用需要从数据库建设、基础工业领域、工业关键核心领域、生态环境、战略原材料和工业融合模式等多维度进行强化提升。《中国新材料技术应用报告 2023》（以下简称《报告》）响应四个面向的总体要求，以国家重大需求和关键核心技术的重大科学问题为导向，旨在探究关键战略材料与新一代数字技术、信息技术、新能源、生态环保等专业技术领域的工业融合模式，从而促进原始创新和颠覆性技术创新能力的提升，进一步推动新材料产业向数字化、智能化、绿色化、复合化以及高功能化方向发展，加速新材料科技创新成果转化。

《报告》围绕新材料数据库建设、基础工业领域、工业关键核心领域、生态环境以及战略原材料五大维度进行研究和论述，深入分析了新材料数据库的建设和发展情况，详细梳理了新材料在工业基础领域（包括极端服役环境的航空材料、车用高分子材料及热伏发电技术）和工业核心领域（包括智能材料技术、储氢材料、下一代动力与储能技术和无机复合材料）的应用情况，重点关注了生态环境领域的水处理新材料和生物降解材料；同时，针对国家对关键战略原材料的重大要求，特别讲解了关系国民经济发展和国防安全的重要战略新材料——稀贵金属和稀有金属的提纯、分离技术，以期有力保障战略性关键原材料供应链安全，持续强化全球矿产资源供应链的主导力。

《报告》编写人员为来自新材料技术研究与应用第一线的专家、学者和产业界人士，他们对各自领域内新材料的国内外现状、发展趋势、技术关键及市场需求了如指掌，他们的精心构思和生动解读使读者能够全面、立体地认识和理解我国当前新材料应用技术发展的现状和特点、主要问题以及对策和建议。为此，谨代表编委会对《报告》提供稿件、指导和审阅所有专家以及为本报告的编辑和出版做出贡献的所有人士表示诚挚的感谢。

特别感谢参与本书编写的所有作者：

第 1 章　苏　航　冯建发　王畅畅

第 2 章　王晓红　常　伟　赵　凯　张国庆

第 3 章　董全霄　常　杰　闫思梦

第 4 章　李克文　陈　阳　何继富　朱昱昊　杨国栋　杨路余

第 5 章　王桂磊　董博闻　卢永春

第 6 章　牛智川　赵有文　杨成奥　张　宇　郝宏玥　徐建星　关　赫　杜瑞瑞　赵建忠
黄　勇　吴东海　蒋洞微　王国伟　徐应强　倪海桥　夏建白　范守善

第 7 章　李鑫林　张　豆　冷劲松

第 8 章　张　宝　武　英

第 9 章　潘新慧　陈人杰　吴　锋

第 10 章　沈明忠　陈北洋　邵君礼

第 11 章　朱晨杰　侯冠一　翁云宣　应汉杰

第 12 章　何季麟　韩桂洪　车玉思　王瑞芳　等

第 13 章　赵中伟　李庆奎

第 14 章　宋建勋　王力军

第 15 章　杨　斌　徐宝强　蒋文龙　孔令鑫

这是一部综合信息量大、时效性强、内容充实的战略咨询报告，希望本书的出版能够为有关部门的管理人员、从事新材料技术应用和产业化的科技工作者以及产业界人士提供重要参考，我谨代表编委会，诚挚欢迎广大读者提出宝贵意见。

谢建新

二〇二三年十二月

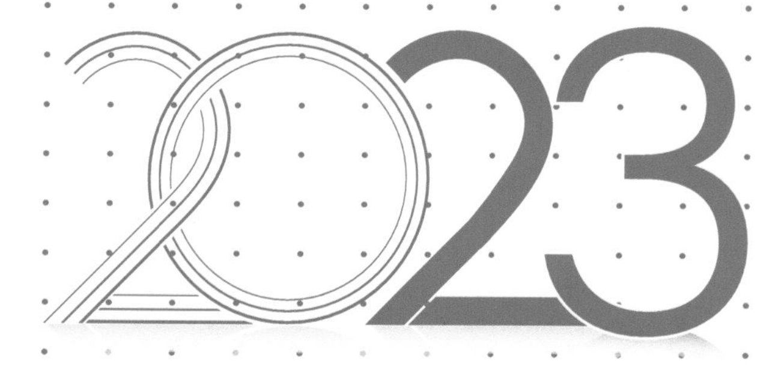

目
CONTENTS
录

2023

第一篇

总论

第1章

新材料数据库建设与发展

苏　航　冯建发　王畅畅

1.1 材料数据库技术概述

随着材料科学领域的迅速发展，大量的材料科学数据得以积累。如何高效地利用这些数据，发掘其中的宝贵信息，成为材料研究领域学者们急需解决的难题。在这样的背景下，材料信息学[1]逐渐形成发展，成为材料学科的新兴分支。该学科立足于信息学基础，运用计算机技术、网络技术、人工智能技术等工具，对材料科学领域的数据进行整理、分析与传播，实现了材料信息的提取、转化与共享。数据库的建设成为了信息学技术在材料科学应用中的重要组成部分。2011 年，美国提出了材料基因组计划[2]，将材料数据库作为其中三大基础平台之一，进一步推动了材料数据库的快速发展。

1.1.1 材料数据库的分类

材料数据库按来源可分为基础数据库、工程数据库（生产加工、应用服役）、商业数据库，如图 1-1 所示。

1.1.1.1　材料基础数据库

基础数据库是指在材料研发过程中通过实验室、文献期刊或材料计算软件等渠道获取的数据资源[3]。这类数据库是当前材料科学研究的重要基础，为学术界和工业界提供了丰富的数据资源，为新材料的设计和发展提供了坚实的基础。

AFLOW 计算材料数据库，由杜克大学于 2011 年创建，是一个开放式数据库，储存了超过 557043524 条关于 2945940 种材料的结构与性能数据，其中大部分数据通过计算预测获得，成为各类数据库中数据含量最为丰富的一个。该数据库依赖密度泛函理论（DFT）的量子力

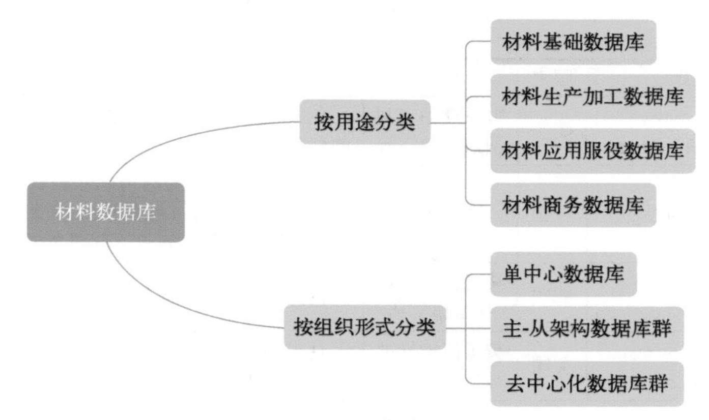

图 1-1　材料数据库分类

学计算、信息学数据挖掘以及进化结构筛选策略，具备卓越的计算性能。

Materials Project（MP）计算材料数据库平台于 2011 年由美国劳伦斯伯克利国家实验室（LBNL）与麻省理工学院（MIT）等单位联合开发，汇聚了数十万条第一性原理计算数据，包括了能带结构、弹性张量、压电张量等重要性能参数。MP 数据库涵盖了广泛的材料体系，数据源自经过严格检验的无机晶体结构数据库（ICSD），具备极高的数据准确性。

Open Quantum Materials Database（OQMD）即开放量子材料数据库，是由美国西北大学的 Chris Wolverton 团队于 2013 年创建，基于密度泛函理论（DFT）计算，包括了 637644 种材料的热力学性质和结构信息，提供 API 接口供用户下载数据。OQMD 数据库在开放程度上居于众多数据库之首，研究人员可以按需检索材料的晶体结构、能带结构等性质，同时也可通过机器学习模型识别潜在的新型三元化合物，并利用元素计算法推导材料的相图，从而预测热力学稳定相。

Materials Project、AFLOW 和 OQMD 都是基于量子力学计算建设的数据库，这三个数据库计算数据所基于的晶体结构大多来自无机晶体结构数据库。ICSD（无机晶体结构数据库）自 1913 年创建以来，由德国波恩大学无机化学研究所及多个单位共同维护，涵盖了金属、合金、陶瓷等非有机化合物的晶体结构信息。目前，数据库包含超过 9000 种结构原型，共计超过 21 万种晶体结构条目，是全球最大的无机晶体结构数据库。数据经过专家团队全面检查后上传，每年定期更新，来源包括出版期刊、实验室和计算程序生成的数据。

由美国国家标准与技术研究所（NIST）开发的标准参考数据库系列有百余个，其中材料类的有材料性能数据库与晶体结构数据库等，涵盖了腐蚀性能、高温超导、热力学性能、摩擦性能等内容，可按需通过分子式、分子量、化合物名称、CAS 号等途径查找，有图谱分析、同位素计算等功能。日本国立材料科学研究所开发的 MatNavi 数据库，涵盖了金属材料、复合材料、超导材料、聚合物、高温合金等材料种类的大量数据内容。国外材料数据库对比见表 1-1。

表 1-1　国外材料数据库对比

名称	网站地址	国家	机构	概述
AFLOW	http://www.aflowlib.org/	美国	杜克大学	计算数据由两百万种材料化合物和 2.8 亿种计算出的特性组成，重点是无机晶体结构。集成了多个计算模块，可自动进行高通量的第一性原理计算

续表

名称	网站地址	国家	机构	概述
Materials Project	https://www.materialsproject.org/	美国	劳伦斯伯克利国家实验室等	包括锂电池、沸石、金属有机框架等，数据具有较高的准确性
OQMD	http://oqmd.org/	美国	西北大学	基于DFT计算的热力学和结构性质数据库，重点关注无机晶体结构。包含563247个条目，支持通过qmp python软件包进行完整下载和高级使用
ICSD	http://icsd.fiz-karlsruhe.de/	德国	波恩大学无机化学研究所	世界最大的无机晶体结构数据库
NIST	https://www.nist.gov/srd	美国	美国国家标准与技术研究院	几乎涵盖所有材料体系，由百余个子库构成，具有严格评估标准
MatNavi	https://mits.nims.go.jp/	日本	日本国立材料科学研究所	包括聚合物、陶瓷、合金、超导材料等材料。综合性数据库

相较于国外一些著名的材料数据库而言，我国在这方面起步较晚[4]。为了更有效地应用和积累科学数据，在1987年，中国科学院牵头正式启动科学数据资源建设。经过多年发展，2019年全面改版的中国科学院数据云门户网站投入运行。目前，数据库中包括1144个数据集，访问人数超过了16000万，下载量更是高达2000TB。其中由中国科学院金属研究所承建的“材料学科领域基础科学数据库”是国内最全面的材料科学数据库之一，主要包括金属材料、无机非金属材料、闪烁材料、碳化硅材料、纳米材料和有机高分子材料等子数据库。目前材料科学主题数据拥有数据总量7万余条。其中，金属材料节点数据6万余条，无机非金属材料节点数据1万余条，涵盖了材料的热学、力学和电学等各种性能，其数据来源以手册、期刊文献数据为主，极大地促进了新技术与学科领域的融合发展。

我国从2001年开始逐步启动了科学数据共享工程。以科技部“十一五”基础条件平台项目“材料科学数据共享与服务平台建设”为依托的“国家材料科学数据共享网”便是其中的一项重点工程。目前已整合了全国各地30余家科研单位的数据资源，其中包括了3000余种钢铁材料及材料基础的高质量数据近11万条，数据库中以材料体系划分，分为了材料基础、有色金属材料及特种合金、黑色金属材料、复合材料、有机高分子材料、无机非金属材料、信息材料、能源材料、生物医学材料、天然材料及制品、建筑材料和道路交通材料12个大类。国家材料科学数据共享网的建设为材料研究领域提供了数据共享服务与应用支撑。

2016年，由北京科技大学牵头建立的“材料基因工程专用数据库”（MGED）是一个基于材料基因工程的思想和理念建设的数据库和应用软件一体化系统平台。截至目前，该数据库平台包含的催化材料、铁性材料、特种合金、生物医用材料以及材料热力学和动力学数据库等各类材料数据的总量超过了76万条，累计查看量超过2万次。该平台包括了基于云计算模式的材料高通量第一性原理计算软件及融合数据库的材料数据挖掘计算网络平台，可以实现批量作业的自动生成，并且可以对计算的结果进行自动处理、解析和数据汇交。除此之外，该平台还包含了论文信息辅助提取软件，使用人员可以使用该软件提取所阅读的论文当中的实验数据，从而为该平台的材料数据库填充材料数据。平台包含在线数据挖掘系统，可直接调用数据库数据开展数据挖掘和机器学习。

2018年，北京钢研新材科技有限公司建设并运营“钢研·新材道”材料云平台，包含国内最大的全球钢材牌号数据库、钢铁企业产品数据库、全球焊材标准及产品数据库，除此之外平台为行业提供钢材、焊材、铝合金、镍基合金等的标准、牌号数据查询，以及智能匹配、研发检测数据关联共享等功能。数据覆盖全球6000余个材料标准体系，100余家企业产品体系，牌号数据超17万条，研发、标准、检测数据超3000万条，年访问量超100万人次。

这些基础数据库为材料科学研究提供了丰富、准确的各种数据，是推动新材料设计与发展的不可或缺的资源。国内材料数据库对比见表1-2。

表1-2 国内材料数据库对比

名称	网站地址	机构	概述
材料学科领域基础科学数据库	http://www.matsci.csdb.cn/	中国科学院金属研究所	主要包括金属材料、无机非金属材料、闪烁材料、碳化硅材料、纳米材料和有机高分子材料。国内最全面的材料科学数据库之一
国家材料科学数据共享网	http://www.materdata.cn/	国内30余家科研单位	以钢铁材料、先进合金材料为主，也包含无机非金属材料和高分子材料，有近11万条数据
MGED	http://www.mgedata.cn/	北京科技大学	以核材料、特种合金、生物医用材料、催化材料和能源材料为主，我国最大的材料基因工程数据库平台
钢研·新材道	https://www.atsteel.com.cn/	北京钢研新材	提供钢材、焊材、有色金属标准数据、实验数据，并配备智能匹配、选材算法

1.1.1.2 材料生产加工数据库

材料领域中的生产加工方式包括锻造、铸造、焊接、切削、热处理、锻压、压铸、粉末冶金、拉拔、激光切割、电火花加工、喷涂等多种工艺，通过这些方法对材料进行成型、加工、连接或表面处理，以满足各种工程需求。

焊接数据库主要以焊接材料、焊接工艺及焊接工艺评定数据库为主，也包括其他功能的焊接数据库[5]。

（1）焊接材料数据库 见表1-3。

表1-3 国内外焊接材料数据库

名称	国家	时间	单位	概述
焊接连续冷却转换图（CCT图）数据库	日本	1986年	日本国立金属材料技术研究所	可查询材料成分、相变临界点的CCT图，提供用户输入焊接参数后计算出的指定点的CCT图和热影响区的组织成分与硬度
焊接材料数据库系统研究	中国	1986年	甘肃工业大学和哈尔滨焊接研究所	涵盖了母材性能、焊接性测试结果和CCT图等信息
焊接资源网站	美国	1991年	爱迪生焊接研究所	开创焊接技术网络化应用先河
焊接数据平台	中国	2011年	内蒙古科技大学	包含材料库、实验库、模拟库和预测库，通过模型分析可预测焊接热循环曲线
钛合金焊接领域数据库	中国	2011年	南京航空航天大学	建立了可实现远程共享的平台
焊林院	中国	2017年	上海孔德信息技术有限公司	提供焊接知识答疑、生成焊接工艺规程、查询金属标准等功能，还包括焊接词典、焊材查询、设备信息等实用工具
钢研·新材道	中国	2018年	北京钢研新材	提供全球钢铁、焊材搜索及智能匹配服务；通过智能匹配算法实现焊材选配和焊接工艺推荐

1976年日本成立了焊接数据库委员会并于1986年提出应当建立焊接材料、焊接方法、坡口形状、焊缝金属化学成分、焊前处理、焊后加工等条件及焊接接头性能（力学性能、腐蚀性能等）数据库，为后续焊接数据库的发展确立方向。

1984年，美国在世界范围内收集材料数据，录入焊接材料数据库，将有关焊接材料的数据有机整合起来。

1986年，日本国立金属材料技术研究所建立了焊接连续冷却转换图（CCT图）数据库，不仅能查询材料成分或相变临界点对应的CCT图，还能依据编写的热循环计算程序，在输入焊接工艺参数后给出指定点的CCT图，计算热影响区的组织成分和硬度，为选择合适规范的焊接参数打下了良好的基础。

1986年，甘肃工业大学和哈尔滨焊接研究所开创了国内焊接材料数据库系统研究的先河，其数据库系统包括母材性能、焊接性测试结果及CCT图等，为制定焊接工艺提供了指导。清华大学、北京科技大学分别针对不同焊接材料领域建立了相应材料数据库。

20世纪90年代中期，网络技术的发展促使焊接技术进入资源共享时代。1994年，EWI创建了最早的焊接资源网站 https://ewi.org/，美国标准技术研究所（NIST）联合AWSA9标准委员会开发了焊接网络数据库系统，焊接数据的共享加速了焊接工业的发展。

2011年，内蒙古科技大学基于局域网建立了焊接数据平台，包含材料库、实验库、模拟库及预测库，通过焊接模型和预测库的数据分析可预测焊接热循环曲线，为焊接工艺参数的制定提供了参考。大连铁道学院利用局域网设计了激光加工数据库材料查询系统。

2011年，南京航空航天大学构建了钛合金焊接领域数据库，建立了可实现远程共享的平台。

2017年，上海孔德信息技术有限公司制作了“焊林院”App，它是一款免费的焊接助手，为安卓和iOS用户提供了丰富的焊接工具和资源。它拥有Weld GPT系统，能够智能解答焊接问题；新版智能系统可生成焊接工艺规程，方便下载和分享；提供了庞大的金属和焊材标准数据库，轻松查询力学性能和化学成分。此外，还有词典、焊材查询、设备信息等实用工具，为焊接人员提供全方位的支持与便利。

2019年，北京钢研新材发布全球焊材匹配数据库，提供全球钢铁、焊材产品搜索及智能匹配服务，覆盖了全球50多个焊材团体标准、企业产品体系，包括焊材1万余种，通过识别建立主材－焊材智能匹配算法，实现焊材智能选配、焊接工艺推荐功能，为用户提供跨标准体系、企业、行业的材料对标和匹配替代。

（2）焊接工艺数据库　见表1-4。

表1-4　国内外焊接工艺数据库

名称	国家	时间	单位	概述
管道焊接道次和焊接位置、焊接参数的智能系统	韩国	2003年	韩国国立木浦大学	研发了基于神经网络模型的智能系统，可实现管道焊接参数的自动确定，保证高质量焊接
焊接数据库管理系统	中国	2003年	重庆大学	将专家系统嵌入焊接数据库，实现焊接工艺制定，并将模拟结果存入系统工艺文件库

续表

名称	国家	时间	单位	概述
螺旋埋弧焊管焊缝形状控制与优化工艺数据库	中国	2006 年	西安石油大学和哈尔滨焊接研究所	建立了基于不同工艺条件的焊缝评价数据库，包括焊材性能、工艺因素和焊接规范模块
以太网嵌入式焊接网络控制系统	中国	2011 年	华南理工大学	实现焊机以太网接入，结合数据库管理焊接工艺参数，包括设定、管理、远程监控功能
管线钢焊接工艺数据库系统	中国	2013 年	天津大学	预测管线钢焊接接头的力学性能，帮助企业降本增效
焊接工艺选择决策框架	埃及	2020 年	曼苏拉大学	该框架以决策引擎为核心，连接数据库和知识库，适应不同焊接因素，支持新增因素。以可移植软件形式发布，灵活适用于各类工业问题
焊接功率与预热温度关系数据库	德国	2021 年	勃兰登堡理工大学	研究了 WAAM 焊接中局部过热，建立了焊道温度变化数据库，优化了焊接功率与预热温度的关系，有效管理了热输入，减少了暂停过程
搅拌摩擦焊工艺变量数据库	印度	2021 年	达纳拉克什米工程学院	创建了航空铝合金搅拌摩擦焊工艺数据库，发现拉伸强度与工艺参数相关

焊接工艺多样，将已有焊接工艺经验进行整合、学习，可以获得良好的焊接接头性能，对焊工作业进行有效指导。

2003 年，韩国国立木浦大学在数据库和有限元模型基础上，基于 BP（反向传播）神经网络模型和修正神经网络模型，开发并验证了一个用于确定管道焊接各道次和焊接位置、焊接参数的智能系统。初步试验表明，该系统无须人工干预就能快速确定管道焊接的工艺参数，可生产出良好的焊件。该系统表明机器学习在提高焊接效率和降低成本方面具有很大优势。

2003 年，重庆大学将专家系统嵌入焊接数据库管理系统中，用以实现焊接工艺制定，数据库将模拟制定的焊接工艺结果保存到系统工艺文件库中。

2006 年，西安石油大学和哈尔滨焊接研究所以生产实践和工艺试验数据为依据，开发了匹配性优良的螺旋埋弧焊管焊缝形状控制与优化工艺数据库。以不同工艺条件下的焊缝评价为依据建立了数据库。该数据库包括焊材性能、工艺因素、焊接规范等模块。

2006 年，南京理工大学针对焊接制造过程中异地、数据异构及管理困难的现状，提出了焊接信息远程监测系统方案，同时开发参数采集软件模块，基于关系数据库分析并实现了系统数据的实体关系。此后哈尔滨工业大学、南昌航空航天大学针对 JB 4708—2000 标准，建立了基于 C/S 结构和 B/S 结构的焊接工艺评定管理系统，完成了从判断工艺评定必要性到编制工艺指导书、焊接工艺规程，再到生产工艺评定报告、各种试验记录等一系列工作，有效提高了工艺制定的效率。

2007 年，爱尔兰将数据库和数据挖掘技术相结合形成了一个自适应系统，建立了电阻点焊焊接接头质量智能计算数据库，数据库中的数据可用于估计点焊接接头的质量，并可用于建立自适应新的焊接工艺，以保证焊接质量的一致性。随着时间的推移，系统性能得到了提高，并且可以在现场转移到生产中使用。

2011 年，华南理工大学设计了工业以太网嵌入式焊接网络控制系统，实现焊机的以太网接入，并结合数据库对焊接工艺参数进行有效管理。系统不仅可以设定焊接工艺参数、管理焊接工艺数据库，还可以对焊机进行远程监控。中航工业设计了以航空领域为对象的沈飞数据库平台，实现了焊接信息的远程共享。

2013 年，天津大学依据企业生产情况，以 BP 学习算法为核心，设计了管线钢焊接工艺数据库系统，可预测管线钢焊接接头的力学性能（断裂强度、屈服强度、延伸率、冲击功和断面收缩率），帮助企业实现降本增效。

2015 年，太原学院为了提高激光焊接工艺的精度和质量，同样采用 BP 神经网络与数据库相结合的技术，设计了激光焊接工艺参数优化数据库系统。2021 年，江苏通宇钢管集团有限公司设计了基于 BP 神经网络的中厚板焊接数据库系统，可预测焊接工艺参数和对应侧壁熔深。

2020 年，埃及曼苏拉大学开发了一种焊接工艺选择决策框架，该框架由强大的决策引擎驱动，与可访问的数据库和知识库连接，以适应各种焊接因素（替代焊接工艺和焊接标准），并允许插入新的焊接因素。而且将该框架开发为一个可移植软件，然后根据现有案例进行验证。该框架具有灵活的开放式结构，可以管理现有和预期的工业问题。

2021 年，德国勃兰登堡理工大学为减少线弧添加剂制造（WAAM）焊接中局部过热对零件生产的不利影响，研究了不同截面焊道焊接过程中的温度变化，建立了不同尺寸焊道的最佳焊接功率与不同预热温度之间的关系数据库，有效管理热输入，减少了暂停过程的需要。

2021 年，印度达纳拉克什米工程学院以航空用铝合金为对象创建了搅拌摩擦焊工艺变量数据库，分析发现拉伸强度和工艺参数有一定的关系，此系统可根据施工需求为确定焊接工艺参数提供参考。

（3）焊接工艺评定数据库　见表 1-5。

表 1-5　国内外焊接工艺评定数据库

名称	国家	时间	单位	概述
Weld-spec 焊接工艺数据库	英国	1986 年	英国焊接研究所	可根据工艺评定、母材、接头形式、厚度、焊接方法及位置等参数查询，是典型的焊接工艺评定数据库
焊接工艺规程 / 焊接工艺评定数据库	美国	20 世纪 90 年代	美国焊接研究所	根据 ASME Ⅸ标准开发了焊接工艺规程 / 焊接工艺评定数据库，实现了综合管理，包括材料、焊接规范、填充式样、焊后处理和力学试验等多重查询
基于互联网的焊接接头微观组织和力学性能预测系统	日本	2003 年	日本国立大学	结合 CCT 图数据库和计算焊接热过程的专家系统，利用新技术实现了先进核材料和尼姆斯焊接研究项目的信息融合，以预测焊接接头的性能
物理参数数据库	法国	2004 年	巴黎综合理工学院	利用机器学习在数据库中搜索数学公式和数据模式，为焊接金属结构设计提供新方法，包括定位易疲劳区域和预测疲劳寿命
焊接数据平台	中国	2011 年	内蒙古科技大学	整合了材料库、实验库、模拟库和预测库，通过数据分析预测焊接热循环曲线
智能焊接工艺评定系统	中国	2016 年	南京航空航天大学	基于 GB/T 25343.3—2010 标准和 Q345R 焊接工艺，通过设定初始参数和推理机得出焊接工艺。引入神经网络至焊接专家系统，提供了新的解决方法

续表

名称	国家	时间	单位	概述
轨道车辆车架焊接工艺编制软件	中国	2020年	南京焊接智能科技有限公司	系统通过工作流集成，支持多部门共同进行WPS编制和审核，保障钢轨焊接系统正常运行，同时整合焊接接头为一个汇总表，减少相似接头的重复焊接评定
基于红外摄像机数据和CPS的焊接质量评价系统软件平台	希腊	2020年	佩特雷大学	数据库系统将预处理的成像数据归类存档，后利用机器学习算法进行焊接质量评估

1986年，英国焊接研究所依据标准BS 4870—2000开发了Weld-Spec焊接数据库，用户可按多种条件（工艺评定号、母材种类、接头形式等）进行焊接工艺评定记录查询。

20世纪90年代，美国焊接研究所参照ASME Ⅸ标准开发了焊接工艺规程/焊接工艺评定数据库，实现焊接工艺和工艺评定管理及材料、焊接规范、填充式样、焊后处理及力学试验要求的多重查询；美国爱迪生焊接研究所（EWI）开发了焊接工艺规程与焊接工艺评定数据库系统Weld-Spec Plus版本。英国焊接研究所（TWI）依据标准BS 4870开发了Weld-Spec焊接工艺数据库，可通过多种方法进行工艺评定记录查询。

2000年，TWI参照ASME Ⅳ标准，开发了焊接工艺评定新版数据库。1999年，太原重型机械学院和太重集团开发了压力容器焊接工艺评定专家系统，输入相关参数，即可在系统中查询相应记录，确定评定结果；如果查询不到精确记录，则可呈现模糊查询的记录以供参考。

2001年，武汉理工大学根据网络技术设计了焊接工艺评定管理数据库系统，哈尔滨工业大学、南京航空航天大学、中信重型机械集团等也陆续开展焊接工艺评定管理数据库系统的开发。

2003年，北京工业大学联合北京巴威公司设计了集专家系统、焊接工艺评定管理技术、数据库技术和网络技术于一体的网络化智能焊接工艺评定管理系统。

2003年，日本国立大学将一个包含CCT图的数据库系统和一个计算焊接热过程的专家系统相结合，建立了一套基于互联网的焊接接头微观组织和力学性能预测系统。其采用Data-Free-Way分布式数据库系统新技术，包含先进的核材料信息和在尼姆斯焊接研究项目中获得的材料信息。该系统可使用CCT图表数据库计算焊接热过程以预测焊接接头的性能，数据库现已在网上提供。

2004年，法国采用基于机器学习技术的方法对焊接接头金属结构的疲劳失效进行了分析，基于实验结果和数值分析，建立了一个物理参数数据库，包括材料特性、加载历史和潜在裂纹部位周围的应力。各种机器学习工具用于搜索嵌入在数据库中的数学公式和数据模式，所得规则和公式可用于焊接金属结构的支撑设计，提供了新的定位易疲劳区域、预测疲劳寿命的方法，补充了经典的确定性和统计疲劳失效预测。

2016年，南京航空航天大学基于知识库和动态数据库的专家系统开发了一种智能焊接工艺评定系统。该系统基于GB/T 25343.3—2010焊接标准，对Q345R的焊接工艺进行智能化设计。设置焊接方法、母材、厚度等初始焊接参数，通过推理机进行四步推理得出焊接工艺结果。将神经网络引入到焊接专家系统中，对焊接工艺设计进行控制。人工神经网络为焊接专家系统的经验知识分类及焊接工艺的制定提供了一种新的求解方法。

2019 年，美国圣托马斯大学使用超过 400 份焊接评定记录，跨越 30 年，建立了一个评定试验的断裂韧度（通过冲击韧度试验量化）数据库，这些数据包括许多焊接参数的显著差异，这种仅基于焊缝金属评估来表征焊接接头断裂韧性的能力可以减少评定试验的进度和成本影响。

2020 年，南京焊接智能科技有限公司将专家系统和数据库技术引入轨道车辆焊接工艺编制领域，基于知识库和数据库开发了轨道车辆车架焊接工艺编制软件，能够维持企业钢轨焊接系统的正常运行。系统通过集成工作流功能，支持多个部门和人员共同进行 WPS 的编制和审核。可将同一车体中大量复杂的焊接接头整合为一个汇总表，以减少相同或类似焊接接头的重复焊接工艺评定（WPQ）。

2020 年，希腊佩特雷大学为实现点焊焊缝零缺陷制造的实时控制以及对工艺参数的直观技术支持，提出了一种基于红外摄像机数据和 CPS 的焊接质量评价系统软件平台。数据库系统将预处理的成像数据归类存档，然后利用机器学习算法进行焊接质量评估。

（4）其他功能焊接数据库 见表 1-6。焊接数据库除焊接材料数据库、焊接工艺数据库及焊接工艺评定管理数据库外，还包含焊工技能评定数据库、焊缝性能预测数据库、模型仿真数据库及焊接装配顺序数据库等[6]。

表 1-6 其他功能焊接数据库

名称	国家	时间	单位	概述
焊接测试数据共享系统	中国	2011 年	南京航空航天大学	数据库系统完成焊接文件编制，根据 PQR 和制造规范做出评定试验必要性决策，并利用 ANN 技术预测焊接接头力学性能
焊工候选人数据库	土耳其	2012 年	萨卡里亚大学	焊接参数、焊缝性能等记录于焊接数据库中，便于查看焊工技能情况
船体结构件部件焊接数据库系统	中国	2014 年	江苏科技大学	基于 Delphi 和网络数据库技术，系统包括焊接工艺管理、知识库、变形控制和维护功能，提供方便的知识库维护方法，企业可自行更新焊接数据库
焊接工艺数据库和知识库	中国	2020 年	内蒙古科技大学	系统包括材料、实验、模拟和预测库，通过焊接模型和数据分析预测焊接热循环曲线
焊接专家系统	中国	2020 年	山东某汽车公司	系统通过决策模型生成 WPS 样品，实验验证和成本计算细化工艺，结果反馈至焊接知识库。用户可便捷进行信息推荐、焊工资格管理等工作，同时进行数据测试和评估
轨道车辆车架焊接工艺编制软件	中国	2020 年	南京焊接智能科技有限公司	维护企业焊接系统，支持多部门 WPS 编制审核，整合焊接接头，减少重复 WPQ 评定

1987 年，德国焊接协会建立两个焊接数据库系统，用于收集汇总有关焊接方面的文献、记录。

1995 年，清华大学开发的焊接数据库可以进行 PQR、WPS、钢材牌号、CCT 的管理等。2005 年，清华大学与北京燕山石化合作开发了以压力容器制造为应用背景的焊接工艺制定数据库与管理专家系统（WEMS），可直接用于生产。

2012 年，土耳其萨卡里亚大学开发了一个应用程序来评估使用 3D 焊接模拟器的焊工候选人。焊接参数、焊缝性能等记录于焊接数据库中，便于查看焊工技能情况。

2018 年，美国田纳西州大学采用数据驱动的方法来预测 GTAW 的背面宽度。先利用计算机视觉方法提取三维熔池表面的关键特征，建立了涵盖多种焊接条件的数据库，在数据库上进行机器学习，发现熔池宽度、拖尾长度和表面高度（SH）对预测背面宽度起主要作用。

2019 年，俄罗斯基于面向对象的方法建立智能模块的知识库，创建了一个公共数据库，存储焊接过程中的信息，形成完整的属性集合。根据焊接数据库及专家系统建立了自适应焊接接头质量诊断平台，实现了生产过程中技术人员、操作员和控制器的决策支持功能。

2020 年，俄罗斯将原焊接工艺与焊接标准整合建立了一个开放的焊接工艺数据库和知识库，在多阶段决策支持系统下能有效提高焊接方法选择和工艺设计的效率。2011 年，南京航空航天大学通过数据库系统实现了焊接测试数据的共享。数据库系统不仅完成了焊接文件的编制过程，而且根据现有工艺评定记录（PQR）和制造规范，对评定试验的必要性做出决策。当有足够的测试数据来训练模型时，人工神经网络（ANN）技术被证明是预测焊接接头力学性能的有效方法之一。

2012 年，天津大学针对不同标准下同一种接头形式存在不同尺寸的情况，利用 AutoCAD 提供的 Object-ARX 开发接口，实时参数化绘制接头图，此方法不仅提高了数据库的管理效率，还节约了存储空间。2012 年，中国船舶重工集团有限公司引入数据库管理，建立了基于网络环境的焊接工艺评定专家管理系统，实现了船舶焊接工艺评定的全过程管理，对提高船舶焊接过程评价的技术水平、推进企业信息化建设具有非常重要的意义。

2014 年，江苏科技大学基于 C/S 结构设计了大型船体结构件部件焊接数据库系统，系统基于可视化编程（Delphi）技术和网络数据库技术，建立部分船体结构的焊接工艺管理、知识库、变形控制及系统维护四大功能模块，同时系统提供了方便的知识库维护方法，企业可自行补充和更新焊接数据库。

2020 年，南京航空航天大学以航空铝合金激光焊接智能建模为目标建立了模型数据库。该模型数据库由材料数据库、热源模型数据库和焊缝结构数据库组成。为了建立能够管理铝合金热物理性能的材料模型数据库，对航空航天铝合金进行了合理分类。根据不同的能量分布特点，总结了激光焊接热源模型，建立了模型数据库。接头结构数据库包括对接接头、T 形接头和搭接接头。当建模人员调用并组装此模型数据库时，可以快速、高效地实现任意结构的建模。

2021 年，波兰为规划船体装配过程，以焊接顺序为重点基于多实例的装配规划（MBAP）建立了船体焊接顺序数据库，可实现造船厂对任何组装船体进行优化装配。2020 年，山东某汽车公司提出了集数据库信息收集、信息推荐于一体的焊接专家系统。系统在给定的决策模型下生成 WPS 样品，并根据工艺评价实验验证和能耗成本计算的结果对工艺进行细化。生成的结果将返回到焊接知识库中，形成新的知识。用户可以方便、快速地实现客户委托信息推荐、焊工资格管理和其他相关工作，快速测试和评估数据。

（5）材料切削数据库　见表 1-7。

表 1-7　材料切削数据库

名称	单位	概述
智能优化切削物理数据库	北京理工大学	切削过程物理性能分析、加工工艺路线规划及参数优化
切削参数优化决策系统	上海交通大学	多约束切削物理模型，实现参数优化和稳定性校核
智能切削数据库	天津大学	基于数据挖掘技术的切削参数优化
通用型切削工艺数据库	北京航空航天大学	切削过程在线仿真和参数优化
航空航天典型零件高速切削数据库	哈尔滨理工大学	针对航空航天典型零件高速切削加工的数据库系统，具备多目标参数优化功能
金属切削数据库	南京航空航天大学	实现切削数据管理和多目标的参数优化
高速切削工艺数据库	同济大学	研究工艺参数对切削力的影响，将实验结果存入数据库，指导后续加工方案
细长轴零件车削加工数据库	南昌航空大学	库中录入基本加工信息，实现加工工艺查询，并设计了切削加工参数优化功能
轴类零件车削加工数据库	北京林业大学	提供四大数据库：车削工件材料、车削刀具、加工设备和切削液，根据工件特征输出匹配信息
针对汽车发动机缸盖零件的切削数据库	上海交通大学	基于振动稳定性叶瓣图实现切削参数优化，确定了合适的参数范围

同济大学于 2007 年开发了基于 C/S 结构（Client/Server，客户端 / 服务器结构）的高速切削工艺数据库，并进行了塑性铝合金 LF21 的高速铣削实验，研究切削速度、轴向切深、径向切深、冷却条件等工艺参数对切削力的影响，发现高速铣削时降低切削力和变形量的手段有：使用大的切削速度，尽可能使其超过临界值，并选用较小的轴向切深，顺铣较于逆铣切削力更小，并且使用高效冷却润滑方式有助于降低切削力，而径向切深和进给量对切削力的影响较小，加工时可适当增大，以提高加工精度与效率，并将上述高速铣削实验结果收录于数据库系统中，用于后续指导加工方案的制定。

南昌航空大学于 2016 年建立了细长轴零件车削加工数据库，库中录入了刀具、刀杆、材料、机床等基本加工信息，实现加工工艺查询功能，并设计了以遗传算法为基础的切削加工参数优化功能，以零件的最大生产率和最优表面质量为目标，主要优化的变量为主轴转速、进给速度及背吃刀量。薛进前等将加工数据库与物联网技术进行结合，设计的第三方切削试验服务平台，可明显帮助刀具企业提高研发效率、节约成本。

北京林业大学于 2018 年针对轴类零件车削加工，建立了车削工件材料、车削刀具、加工设备和切削液四个数据库，查询工艺流程中刀具、设备及切削液等的各项信息，在数据库系统中加入了推荐模块，基于刀具厂商的手册建立规则库，根据加工工件的材料、尺寸、特征，输出适合的刀片型号、刀杆型号、机床型号和冷却液信息。

上海交通大学于 2020 年开发了针对汽车发动机缸盖零件的切削数据库，对汽车发动机缸盖生产过程中的大量数据进行了数据清洗和数据挖掘，建立了切削稳定性的模型，构建了基于切削振动稳定性叶瓣图的切削参数优化方法，得出切削参数的合理区间。

1.1.1.3 材料应用服役数据库

材料应用服役过程中会产生多方面的关键数据，包括力学性能、热学性能、磨损与疲劳、耐腐蚀性、电学性能、磁学性能、化学成分、环境条件等数据。这些数据的整理与归档形成了材料应用服役数据库，为评估材料在实际工程场景中的表现提供了重要依据，也促进了材料性能的优化和实际应用的提升。

（1）**腐蚀数据库** 美国NACE与NIST合作开发了计算机化的腐蚀数据管理系统，用于腐蚀数据的收集、评定与传播。德国DECHEMA也推出了大型的腐蚀数据库，为各工业部门提供结构材料腐蚀行为方面的信息。欧盟的材料高温性能数据库、日本国家金属研究所材料数据库、美国的MPD数据库网络等也为材料研究提供了丰富资源。中国在科技部和国家自然科学基金委员会的支持下，依材料和环境分类建立了20个与材料腐蚀相关的数据库。同时，一些科研院所和企业也根据各自行业特点建立了如独山子石化腐蚀数据管理评价系统、典型机场地面腐蚀环境数据库、CO_2腐蚀数据库等各类数据库，丰富了腐蚀数据的资源。北京科技大学牵头建设的国家材料环境腐蚀科学数据中心是目前使用最广泛的数据库之一，其已积累了材料腐蚀数据40多万条，建立材料环境腐蚀数据库子库20个，数据已在天宫一号、天宫二号、大飞机工程等国家重大工程中获得应用。

API 581是美国石油学会发布的*Risk-Based Inspection Methodology*标准，旨在为工业设施提供基于风险的检验方法，用于评估和管理腐蚀、磨损等损伤类型。基于大量腐蚀环境与选材数据，考虑了介质性质、操作条件、温度、压力等多方面因素，并提供了关于材料选择和兼容性的建议，以确保在特定环境下选用合适的材料，以抵御腐蚀及其他损伤。

北京钢研新材科技有限公司为中国石化开发的石化用钢材料数据库整合了大量的石化用钢腐蚀评价数据、材料低温和高温性能数据，并配合钢材匹配、焊材选配及腐蚀监控等技术，成功构建了石化装备用金属材料智能信息管理系统，为石化行业提供了全方位的技术支持，包括选材、检测、定制和腐蚀监控等方面，为行业的持续发展和安全运营提供了有力保障。

（2）**疲劳数据库** Total Materia的疲劳数据是目前最大的材料应变寿命和应力寿命参数数据库，覆盖多种热处理条件和负载条件。同时数据库还提供单调性数据、统计参数和根据适用性推算的推算值作为参考。

NIMS疲劳数据表是一个庞大的结构材料疲劳特性数据库。该项目涵盖了室温和高温下的基本疲劳特性，以及焊接接头的疲劳特性。记录的基本疲劳性能包括钢、铝合金、钛合金等的高周、低周和千兆周疲劳试验结果。

ANSYS FE-SAFE是一款专业的疲劳分析软件，提供了包含上百种常用钢铝合金材料的全面疲劳特性数据库和数据库管理系统。用户可以根据需要扩充和修改这个数据库，以适应特定的工程需求。这使工程师可以更准确地评估材料在长期使用和变动负载条件下的性能表现，从而提高产品的可靠性和寿命。

《英国船舶结构疲劳规范》（BS7608）是由英国标准协会发布的指导标准，旨在为船舶结构的疲劳评估和设计提供准则。该规范基于大量焊接结构疲劳曲线数据，覆盖了材料特性、加载条件、疲劳寿命估算、焊接接头、检查与维护及环境条件等多个方面。遵循这些标准可以确保船舶结构在其运营寿命内保持安全稳健。它可以为船舶工程领域提供可靠的参考依据，有助于提高船舶结构设计与评估的质量与可靠性。

1.1.1.4 材料商务数据库

材料商务数据库是指包含了各种材料的供应商、价格、规格、质量等材料商务信息的数据库，可以帮助企业或个人在材料采购和供应链管理方面做出高效、低成本的决策。

中国材料网成立于1998年，总部位于北京，是材料行业领域的知名网站。该网站为用户提供了全面的材料行业信息，包括金属、化工、塑料、橡胶等多种材料的供求信息、市场行情等。通过在线平台，中国材料网为供应商和采购商提供了高效的互动交流渠道，促进了材料产业的信息共享和业务合作。另外，该网站还提供了行业资讯、市场报告、专题研究等丰富内容，为行业内的企业和专业人士提供了及时的行业动态和趋势分析。

中国有色金属网成立于1999年，总部位于北京，隶属于中国有色金属工业协会。作为行业权威网站，它为有色金属产业提供了广泛的信息服务，涵盖铜、铝、锌等重要有色金属的市场行情、价格指数、行业动态及政策解读等内容。此外，中国有色金属网设有交易平台，为供应商和采购商提供了便捷的在线交易通道，促进了有色金属市场的交易和合作。网站还提供了有色金属领域的专业资讯、行业报告和市场分析等服务，为从业者和企业提供及时、全面的行业信息，为决策提供重要参考。

中国钢铁网成立于2001年，总部位于北京，隶属于中国钢铁工业协会。作为中国钢铁行业最具影响力的专业网站之一，它为行业提供了丰富的信息服务，内容涵盖钢材价格、市场行情、政策法规、企业动态等方面。此外，中国钢铁网设有在线交易平台，为钢材供应商和采购商提供了一个便捷的交易通道。这一举措有效促进了钢铁市场的交易和合作。网站同时提供了钢铁领域的专业资讯、行业报告及市场分析等服务，为从业者和企业提供及时、全面的行业信息，为决策提供了重要参考。

找钢网成立于2013年，总部位于北京。它通过互联网技术连接了全国各地的钢铁供应商和需求商，为用户提供了丰富的钢材产品种类，同时也提供了钢材交易、信息服务、供应链金融等一系列服务。找钢网的目标是为钢铁行业提供高效、便捷的交易平台和信息服务，推动整个行业的数字化转型和发展。

钢研•新材道平台成立于2018年，总部位于北京。它提供了针对钢铁材料研发、生产、制造、应用的一站式材料检测与定制服务。其包括云检测服务，为不同行业提供定制化检测解决方案；云制备服务，化繁为简，简化研发人员的烦琐技术对接和细节确认过程；云定制服务，提供特殊品种、稀有牌号产品的定制，以及快速、低成本研发服务和高端品种的进口材料替代等全产业链定制服务。

1.1.2 材料数据库的支撑技术

1.1.2.1 机器学习技术

机器学习是一门多学科交叉专业，涵盖计算机科学、概率论、统计学、近似理论和复杂算法等知识，它的本质是基于大量的数据和一定的算法规则，使计算机可以自主模拟人类的学习过程，并能够通过不断的数据“学习”提高性能并做出智能决策的行为。在传统的计算方法中，计算机只是一个计算工具，按照人类专家提供的程序运算。在机器学习中，只要有足够的数据和相应的规则算法，计算机就有能力在不需要人工输入的情况下对已知或未知的情景做出判断及预测，学习数据背后的规则。简而言之，机器学习就是研究如何让机器像人类一样“思考与学习”[7]，这与机器按照人类专家提供的程序“工作”有本质的区别。

机器学习系统通常被分为监督学习、无监督学习及强化学习三大类。在监督学习问题中，一个程序的学习内容通常要包含标记的输入和输出，并从新的输入预测新的输出，通俗来说，即程序从提供了“正确答案”的例子中学习。相反，在无监督学习中，一个程序不会从标记数据中学习，它尝试在数据集中发现模式，即程序自己去寻找规则并预测答案。强化学习靠近监督学习一端，区别是强化学习程序不会从标记的输出中学习，而是从决策中接收反馈。例如，当机器程序对一个项目完成度较高时进行奖励，完成度较低时给予惩罚，从而提高此项目的完成效果，但是强化学习并不能指导程序如何完成项目。根据学习任务的不同，机器学习可以分为四类，见表 1-8，分类和回归是两种最常用的监督学习任务，聚类和降维是两种最常用的无监督学习任务。

表 1-8　机器学习技术分类

学习任务	回归	分类	聚类	降维
类型	监督学习	监督学习	无监督学习	无监督学习
主要功能	对已有数据进行分类，将给定样本放入相应类别	用函数拟合已知数据，从而预测未知样本	不经过训练，将样本划分为若干类别	减少要考虑的随机样本的数量
常用算法	K 近邻；决策树；支持向量机；朴素贝叶斯	线性回归；Logistic 回归；人工神经网络；深度学习	K 均值聚类；AP 聚类；层次聚类；DBSCAN	主成分分析（PCA）；判别分析（LDA）

1.1.2.2　深度学习技术

随着算法的改进、计算机速度的提升和大数据的涌现，深度学习的概念被提出。深度学习的思想是通过多层处理，逐渐将初始的“低层”特征表示转化为“高层”特征表示后，用“简单模型”即可完成复杂的分类学习等，其最重要的优势是特征的自动提取，在图片处理中尤为明显。例如，网络能够自行抽取图像的特征（包括颜色、纹理、形状及图像的拓扑结构），在处理二维图像的问题上，特别是识别位移、缩放及其他形式扭曲不变性的应用上，具有良好的鲁棒性和运算效率等。

卷积神经网络（Convolutional Neural Network，CNN）[8]是深度学习算法的一种，是具有多层可训练体系结构的人工神经网络算法。CNN 一般由输入层、卷积层、激励层、池化层、全连接层和输出层组成。一个典型的 CNN 模型如图 1-2 所示，通常网络模型中含有多个卷积层和池化层组合，以进行更丰富的特征提取。经典的 CNN 模型有 LeNet-5 和 LeNet-5 的改进模型（AlexNet、ZF-Net、VGGNet、GoogLeNet、ResNet 及 DenseNet）。与传统的机器学习算法相比，CNN 的三个特点是局部感知视野（Local Reception Fields）、权重共享（Shared Weights）和空间域或时间域上的池化（Pooling）。卷积神经网络已经在文档分析、语音识别、图像识别等领域得到了广泛的应用，越来越多研究者尝试将卷积神经网络等深度学习算法引入材料领域。

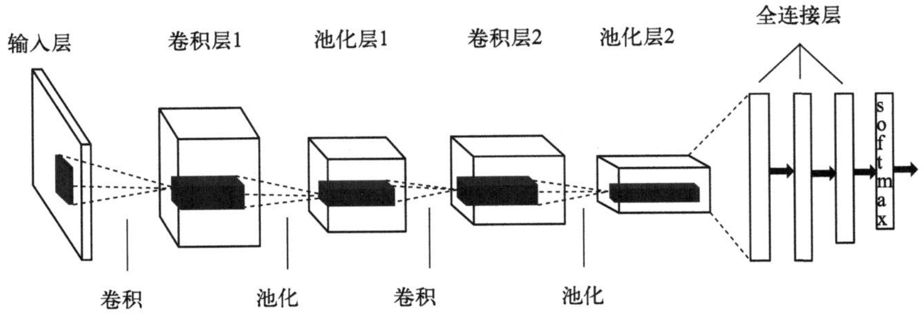

图 1-2　卷积神经网络模型结构

循环神经网络（Recurrent Neural Network，RNN）[9] 主要用于处理序列数据，其最大的特点就是神经元在某时刻的输出可以作为输入再次输入到神经元，这种串联的网络结构非常适合时间序列数据，可以保持数据中的依赖关系。对于展开后的 RNN，可以得到重复的结构，并且网络结构中的参数是共享的，大大减少了所需训练的神经网络参数。另外，共享参数也使模型可以扩展到不同长度的数据上，所以 RNN 的输入可以是不定长的序列。例如，要训练一个固定长度的句子，若使用前馈神经网络，会给每个输入特征一个单独的参数；若使用循环神经网络，则可以在时间步内共享相同的权重参数。如图 1-3 所示为 RNN 模型结构。

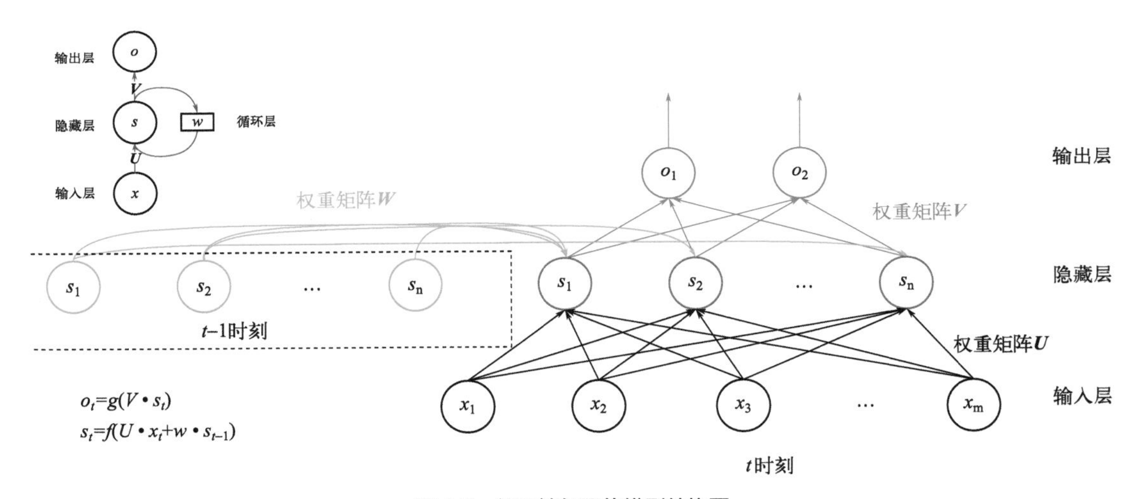

图 1-3　循环神经网络模型结构图

虽然 RNN 在设计之初的目的就是学习长期的依赖性，但是大量的实践也表明，标准的 RNN 往往很难实现信息的长期保存。为解决长期依赖的问题，Hochreiter 等 [10] 提出长短期记忆（Long-Short Time Memory，LSTM）网络，用于改进传统的循环神经网络模型。LSTM 也成为现如今在实际应用中最有效的序列模型。相较于 RNN 的隐藏单元，LSTM 的隐藏单元的内部结构更加复杂，信息在沿着网络流动的过程中，通过增加线性干预使 LSTM 能够对信息有选择地添加或减少。RNN 存在多种优秀的变体结构，如在实践中广泛流行的门控循环单元（Gated Recurrent Unit，GRU）。LSTM 和 GRU 都是通过添加内部的门控机制来维持长期依赖的。它们的循环结构只对所有的过去状态存在依赖关系，相应地，当前的状态也可能和未来的信息存在依赖。

在 RNN 基础上发展起来的 Transformer 架构是大语言模型（LLM）成功的基础。大语言模型近年来发展迅速，以 ChatGPT4.0 为代表，它基于人工智能内容生成技术（AIGC），打破了之前基于数据场景建模的局限性，可以在特定领域形成知识体系化、闭环化、可自学习的人工智能模型。在知识高度分散的材料领域应用前景广阔。

1.1.2.3 去中心化数据存储技术

传统的数据存储多为中心化数据库（也称集中式数据库），其特点是将所有数据集中存储在一个单一的位置或服务器上。所有的数据管理、维护、备份等操作由中心服务器或数据库管理员负责进行。这个中心节点是数据的控制中心，负责处理所有的数据操作请求，包括查询、插入、更新等。因此，中心化数据库具有明确的数据控制点，所有数据访问和控制都通过这一中心节点进行。这种模型通常适用于中小型企业或小型应用场景，相对于分布式系统来说，中心化数据库的架构和管理相对简单，容易维护。Materials Project、NIST、OQMD 等国外知名数据库都属于中心化数据库的范畴，它们为材料科学领域提供了丰富的计算数据和实验数据，为研究人员提供了重要的资源和支持。但中心化数据库存在数据产权、数据安全、数据来源与维护等多方面的问题。随着企业对数据资产的日益重视，去中心化数据库技术得到越来越广泛的应用。

去中心化数据存储又称分布式数据库，是一种将数据存储在多个地理位置或物理节点上的数据库模型。每个节点都具有独立的处理能力，能够独立处理自己存储的部分数据，而不依赖于单一的中心节点或服务器。这种模型具有诸多特点，包括数据的分散存储、并行处理、容错性强等。由于数据分布在多个节点上，分布式数据库具备较高的容错性，即使部分节点发生故障，系统仍能正常运行，只需替换或修复故障节点即可。此外，分布式数据库还具备较高的扩展性，可以通过增加新节点来应对不断增长的数据量。然而，分布式数据库也面临着数据一致性、网络通信、负载均衡等方面的挑战，需要采取相应的机制和策略来解决这些问题。如图 1-4 是中心化数据库与去中心化数据库的架构图。集中式与分布式数据库对比见表 1-9。

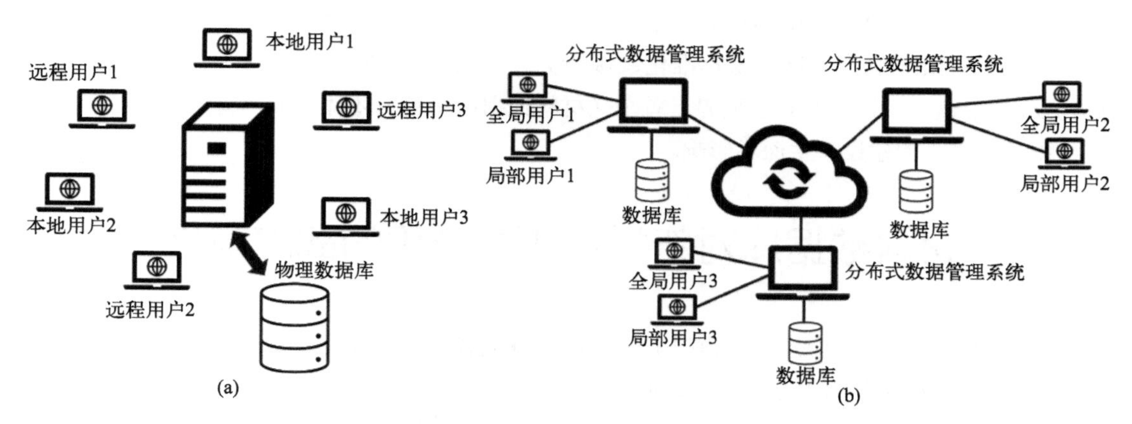

图 1-4　中心化数据库（a）与去中心化数据库（b）的架构图

表 1-9 集中式与分布式数据库对比

比较基础	集中式数据库	分布式数据库
定义	它是一个仅在一个位置存储、定位和维护的数据库	它是一个由多个数据库组成的数据库，这些数据库相互连接并分布在不同的物理位置
访问时间	多用户情况下的数据访问时间更多	在分布式数据库中，多用户情况下的数据访问时间更少
数据管理	由于整个数据都存储于同一位置，因此该数据库的管理、修改和备份更容易	这个数据库的管理、修改和备份非常困难，因为它分布在不同的物理位置
视图	该数据库为用户提供了一个统一的、完整的视图	由于它分布在不同的位置，因此难以为用户提供统一的视图
数据一致性	该数据库与分布式数据库相比具有更高的数据一致性	该数据库可能有一些数据复制，因此数据一致性较差
特性	如果数据库发生故障，用户将无法访问数据库	如果一个数据库出现故障，用户可以访问其他数据库
成本	成本更低	成本非常高
维护	易于维护，因为所有数据和信息都可以在一个位置获得，因此易于访问和维护	由于数据和信息分布在不同的地方，因此很难维护。需要检查数据冗余问题以及如何保持数据一致性
高效	因为数据和信息存储在特定位置，因此效率较低，数据查找变得相当复杂	效率较高，因为数据在多个位置拆分，这使数据查找变得简单且耗时更少
响应速度	响应速度更快	响应速度较慢

目前，分布式数据库技术在诸多领域得到了广泛应用，其中以区块链技术的应用最为突出。在医疗、金融等领域，基于区块链的数据共享已经取得了显著成效。在材料科学领域，中国钢研在专利 CN202010644281.X [11] 中提出了一种基于区块链的合金材料数据共享方案，该方案设计了专为合金材料共享而制定的最小数据集，适用于钢铁、镍基合金、有色合金等多种合金材料。企业内部可以通过私有链进行数据管理与共享，不同企业之间也可以通过联盟链进行数据共享与交换。这一解决方案实现了数据共享过程中的版权溯源，从技术上解决了企业用户或个人用户对版权的担忧，同时设计了价值评价体系来推动数据共享交互行为，促进了数据共享生态的形成。

2022 年，中国钢研、中国计算机学会、中关村材料与试验技术联盟（CSTM）等机构联合成立了 CSTM 材料产业区块链标准化领域委员会（FC91），致力于材料产业链数据的去中心化发现与共享 [12]，并发布了世界上首个《材料数据区块链》团体标准，将对未来材料产业链数据共享生态的建设产生深远影响。

1.2 材料数据库对新材料研发应用的战略意义

材料数据是材料设计计算与模拟的基础，支撑高校、科研院所和大型企业的材料创新。材料数据库是材料领域的庞大知识资源最便捷的保存方式，更是未来材料智能制造（Smart Manufacturing，也称数字制造，Digital Manufacturing）[13] 的基础。目前材料相关知识的碎片化非常严重，大量研究成果未能很好地保存和利用，国家重复投入、研究进展缓慢。数据库以其存储和调用便捷、及时性强、重用性高等特点，也将成为大数据时代的材料知识的高效存储方式。

 1.2.1 服务于工程选材、评估与优化

中国关键材料的自给率不足20%，在关键产品部件的生产上仍依赖进口或过期失效的国外专利技术（与国外至少有20年的差距），如催化剂、粉末高温合金、飞机和高铁刹车片等。国家重大工程、国家安全武器装备、城市基础设施等的选材和安全评价均离不开大量的、系统性的材料数据，如天宫一号的一个关键部件在地面实验中出现问题，急需在上天前半个月时间内对该部件的安全性做出评估，正是依靠国家材料环境腐蚀平台积累的大量数据，给出了准确的服役评价，保证了天宫一号顺利完成任务。

通过利用人工智能技术和数据挖掘方法，实现数据库之间材料的自动匹配，可以解决不同材料数据库间的数据结构差异、标准牌号命名方式不一致、数据上传格式的多样性以及单一数据库信息不完整等问题。

在“云”数据库的概念基础上，自动匹配算法能够连接分布式数据库、异构数据库及多类型文件，实现了数据库间的联通。这种功能的优势在于可以将不同材料数据库的信息关联起来，实现“小数据”与整个数据库系统的关联，从而获取相似材料的完整性能数据，实现“小数据”向“大数据”的共享转化，也是分布式数据库之间关联的重要方法。

德国的Keyto Steel和Matmatch等商业化在线数据库具备多国牌号对照匹配查询及相似材料查询功能，但适用范围较窄，主要用于国内外产品牌号数据信息的对比。中国的“钢研·新材道”数据库配套开发了多国钢铁材料牌号的自动匹配技术和功能，不仅能实现各国相似材料牌号的联通匹配，还可以实现标准数据库、实验数据库、私有数据库等不同数据库之间的关联查询。该数据匹配技术已经在钢铁材料的焊材匹配应用中得到推广，为焊接母材与焊材的匹配提供了合适的材料选择方案，很大程度上与《焊材手册》推荐材料相吻合。图1-5所示为钢研·新材道的查询匹配界面。

材料数据库的自动匹配技术为工程选材设计和工艺设计提供了重要支持，可以通过关联不同数据库，获取相似材料的完整性能数据，实现“小数据”向“大数据”的转化，也是分散数据库之间关联的一项关键方法。同时，一些商业化在线数据库如瑞士Total Materia数据库的Smart Comp材料智能判断功能，通过对金属化学成分进行智能识别，也为材料的智能识别和数据库自动分辨数据提供了新思路和方向。

特殊条件、特殊要求下的材料性能、机理等数据的获得，需要数据和数据库平台的支撑。对特殊条件下使用的材料数据，例如：

① 高温、高压、多场耦合、极端及破坏性条件下，材料研究难于甚至无法进行实验，如失重状态；

② 实验过程长，耗资巨大，如材料腐蚀性能，材料疲劳蠕变性能；

③ 发掘材料机理，如金刚石表面沉积过程中可能发生的十几个反应判定，在几十微米尺

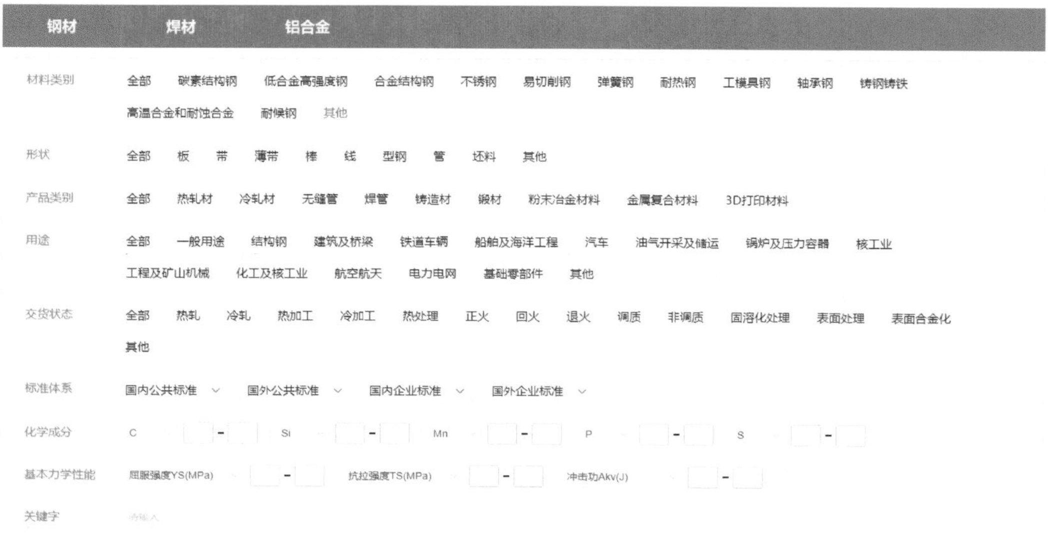

钢材 焊材 铝合金

材料类别 全部 碳素结构钢 低合金高强度钢 合金结构钢 不锈钢 易切削钢 弹簧钢 耐热钢 工模具钢 轴承钢 铸钢铸铁
高温合金和耐蚀合金 耐候钢 其他

形状 全部 板 带 薄带 棒 线 型钢 管 坯料 其他

产品类别 全部 热轧材 冷轧材 无缝管 焊管 铸造材 锻材 粉末冶金材料 金属复合材料 3D打印材料

用途 全部 一般用途 结构钢 建筑及桥梁 铁道车辆 船舶及海洋工程 汽车 油气开采及储运 锅炉及压力容器 核工业
工程及矿山机械 化工及核工业 航空航天 电力电网 基础零部件 其他

交货状态 全部 热轧 冷轧 热加工 冷加工 热处理 正火 回火 退火 调质 非调质 固溶化处理 表面处理 表面合金化
其他

标准体系 国内公共标准 国外公共标准 国内企业标准 国外企业标准

化学成分 C Si Mn P S

基本力学性能 屈服强度YS(MPa) 抗拉强度TS(MPa) 冲击功Akv(J)

关键字

图 1-5 钢研 · 新材道查询匹配界面

度的微注射成型的喂料充型过程和缺陷形成机理等。数据支撑下的模拟仿真已成为解决这类问题的有效手段。

1.2.2 结合机器学习进行新材料开发与性能预测

大数据时代中，数据科学是科学发现的新的重要手段。目前材料数据已呈现爆炸式增长的态势，高通量计算与高通量合成表征是产生大量数据的新的源泉，例如，基于第一性原理的对元素周期表多元组合的大量并行计算，产生巨量的非结构化的流数据，而组合芯片方法在一次实验获得 10000 个不同成分样品，对每个样品的实时检测获得的材料结构等信息，成为材料大数据的来源，在此基础上数据分析与挖掘技术成为有效手段。

Tehrani 等[14] 以 Materials Project 数据库中的 3246 个弹性模量作为训练集训练的模型，通过对晶体结构数据库中 118287 个化合物进行预测，得到了由支持向量机确定的最大体模量和最大剪切模量的材料，选择典型化合物进行合成测量后发现误差小于 10%。Agrawal 等[15] 利用 NIMS 的数据库中的实验数据，通过对特征选择和预测建模在内的不同数据科学技术在钢材疲劳性能中的应用进行探讨，发现一些先进的数据分析技术可以在预测精度上取得显著提高，成功地证明了这种数据挖掘工具可用于按预测钢铁疲劳强度的潜力顺序对成分和工艺参数进行排名，并实际开发了相应的预测模型。Stanev 等[16] 在超导临界温度的机器学习建模研究中，其数据集来自 NIMS 创建和维护的 Super Con 数据库，所建立的模型具有较强的预测能力，样本外推准确率约为 92%。

机器学习模型也可以对数据库中的材料进行性能预测。Cheon 等[17] 将通过三维晶体结构的原子位置训练好的机器学习模型应用于 Materials Project 数据库中的 5 万余个无机晶体材料后，可以识别出 1173 个二维层状材料和 487 个由弱键一维分子链组成的材料。对于大多数不清楚是二维或一维材料的材料，这个模型识别材料的数量增加了一个数量级。

很多数据库都内置了高通量计算框架或势库，可以间接为机器学习研究提供数据支持。在 AFLOW 数据库的高通量计算框架下，结合机器学习方法预估了 400 个半导体氧化物和氟化物与立方钙钛矿结构在 0、300K 和 1000K 下的力学稳定性。找到了 92 种在高温下力学稳定的化合物，其中 36 种未在以往的文献中提及。采用 MGED 数据库中的晶格反演势库结合机器学习，可以在大约 50 万个候选合金中快速找到具有最高相变熵变的 Cu-Al 基形状记忆合金，同时得到了部分合金元素对合金相变熵变的影响规律[18]。数据库可以将碎片化数据整合，并不断积累，为材料研究提供数据支持。在机器学习辅助镍基单晶高温合金晶格错配度预测的研究中，其数据集来源于文献摘录。而在利用机器学习算法训练实验数据预测粉末冶金材料烧结密度的研究中[19]，数据则来源于实验室积累以及文献收集，被收集在了国家材料科学数据共享网中。该数据库中的所有数据均经过所属单位和文献出处信息的验证，保证了质量的可靠性。

1.2.3 服务于材料与工艺计算

材料计算软件在进行各种工程和科学计算时，对材料数据需求量极大。通过材料数据库，计算软件能够快速地检索、获取并利用各种材料的特性、性能及工艺参数等重要数据，从而为工程设计、模拟分析等提供有力支持。

目前，第一性原理计算、分子动力学、相图计算、有限元分析等研究方法及大型软件，满足了材料计算与模拟的软件需求。然而，这些软件需要与专业的数据库相配套，才能进行有效的计算。例如，与第一性原理计算相配套的数据库已有 200 余个。

在早期，国外软件配套的数据库是开放的，允许用户添加自有数据。然而，近年来，它们对中国用户全部关闭，只能使用，无法查看数据，更无法添加新数据，如与 Thermo-calc 软件配套的热力学数据库等。目前国内已积累了少量相应的数据，但仍然不够系统，也没有商业数据库可供利用，一定程度上制约了材料计算和新材料发现的进程。

近年来，美国在材料关键数据的发布和共享方面采取了极为严格的控制措施，使我国在获取外部关键材料数据方面面临极大的困难。只有通过整合和建设具有自主知识产权的数据库，支持各尺度层次下的材料计算和设计，才能保证中国材料领域新材料的创新与发现。

在材料计算和模拟中做出的一些假设、模型的选择、边界条件、初始条件和计算变量的设定，都将影响计算和模拟结果的精度。因此，以实验和生产数据验证计算和模拟结果，是不可缺少的环节。

中国钢研 2021 年发布的“CISRI-DLab”数字化研发平台，集成了国内外 40 余款材料计算、工艺模拟、服役模拟计算软件，覆盖了第一性原理、分子动力学、相图计算、有限元计算、流体计算等广泛的材料尺度，可以实现远程计算、排队计算、移动计算，并众筹了超过 700 个材料 App 应用场景，是目前最为成功的企业级材料数字化研发平台之一。2023 年该平台推出了一个行业级开放版本“Material-DLab”。

将计算软件与机器学习相结合，不仅能够有效降低纯计算成本，还可以将通过学习获得的宝贵数据反馈回数据库中，实现了双向的信息流动。这种融合不仅提高了数据的利用效率，也为数据库的更新和完善提供了全新的途径。

利用密度泛函理论的计算结果作为机器学习的训练数据进行学习与预测已经有一些实例。例如：Ceder 实验组[20]利用机器学习和 DFT 方法相结合，寻找自然界中不存在的三元含氧化合物。Tanaka 实验组[21]结合机器学习与第一性原理计算来设计锂离子导体材料，他们的实验表明，在理论计算数据与实验数据一致的情况下，机器学习可以同时利用实验数据和理论计算数据，更加高效地进行模拟计算。Ward 实验组[22]采用决策树模型训练和学习无机晶体化合物的结构对形成焓的影响，从而预测在无法得知完全平衡的晶体结构的情况下的材料形成能。

通过对比可以发现，完全使用机器学习方法的计算代价要远低于 DFT 计算。综上所述，将密度泛函理论与机器学习相结合，不仅可以提高计算效率，也为理论模拟工作的进展带来了新的可能性。

机器学习不仅可以将 DFT 方法的计算结果用于训练预测性质，还可以用于优化 DFT 方法本身的计算过程。由于对密度泛函理论中，能量泛函中的动能部分，尤其是有相互作用的电子体系的动能项一无所知，所以需要求解 Kohn-Sham 方程，而 Kohn-Sham 方程将有相互作用电子系统的全部复杂性都归入了交换关联相互作用泛函中，交换关联泛函的近似处理决定了 DFT 计算的准确度，而这一部分的近似计算也是 DFT 计算中耗时最久的一部分。现有的近似计算方法都具有一定的局限性。例如，在高温、高压及强磁场的环境下难以拟合出正确合理的结果，将机器学习的方法与密度泛函理论相结合，用机器学习的方法去改进现有的基于 DFT 的第一性原理计算方法，利用机器学习的灵活性与高效性，可以在一定程度上降低计算量，加快计算速度。运用机器学习的方法去寻找合适的密度泛函，可以快速、有效地寻找到高度准确的结果，这种采用机器学习的方法来代替现在的近似计算的方法，对基础物理学的要求很低，只需要提供大量的训练数据就能达到化学精度。

类似地，目前已有的各种理论计算方法中，各种半经验参数都可以应用机器学习的方法去训练归纳，利用机器学习的灵活性来扩展现有方法的使用范围，除了密度泛函理论中的密度泛函，分子动力学中原子间势、分子力场等都可以用机器学习的方法去拟合。

1.3 当前存在的问题与面临的挑战

（1）数据质量问题 不同于 AI for Science 在天文学、分子生物学等自然科学领域的成功，材料领域传统研发、生产数据存在的一些固有问题，阻碍了 AI 技术在材料领域更为广泛的应用：

① 数据主观性：实验设计或计算过程中由于个体性，数据可能受到设计者个人观点的影响，导致数据的客观因果关系受到干扰。

② 数据团聚性：大量生产数据集中在很小的材料成分、工艺范围内，导致出现大量相似或重复的信息，使 AI 学习的变量范围过窄。

③ 数据异构性：不同来源的数据可能在格式、标准等方面存在显著差异，没有统一的标准，使数据的整合和分析变得复杂困难。

④ 数据碎片性：存在大量孤立、零散的实验数据，“好”的数据记录远远多于“差”的数据记录，严重影响机器学习建模的质量。

⑤ 数据噪声性：材料检测数据可能存在错误或误差，这些噪声可能会在后续的机器学习和应用中放大，影响数据的准确性和可靠性。

需要改变传统材料研发以数据为副产品的陈旧观念，建立专业化、标准化的材料数据生产设施，这些问题才能从根本上得以解决。近年来，国内学者提出的“材料数据工厂”理念，利用大批量高通量实验数据弥补传统的标准化实验数据的不足，是一个较好的解决方案。

（2）知识产权和共享问题 在大数据时代，数据被认为是一项极为珍贵的财富。然而由于数据固有的离散性、非实体性，其产权和保护难以在法律层面明确界定，特别是企业的生产、研发、应用数据可能包含商业机密。这一困境已经成为全球范围内各个研究领域共同面临的数据共享难题。打通产业链之间的数据共享，是材料迭代升级的必由之路。

区块链、隐私计算等技术的出现提供了解决虚拟世界产权问题的有效技术手段，在金融领域获得了广泛而成功的应用，在工业领域也已经有了探索性的应用。

（3）数据库的商业运维问题 2000 年以来，科技部、工业和信息化部、发改委及地方政府部门支持了大量数据库平台的建设，但遗憾的是这些数据库平台实现长期运营的寥寥无几。主要是因为以项目形式支持建立的这些平台，在项目执行期结束后，随着团队的解散往往陷入无人监管的境地。参考国外 Mat Web、Mat Match 等平台的成功经验，建立以数据为生的运营团队，走商业化、市场化之路是材料数据库可持续发展的必然路径。

1.4 未来发展方向与技术突破

1.4.1 发展方向

（1）在线化，网络化 随着互联网技术的迅猛发展，材料数据库的未来发展趋势将更加趋向于在线化和网络化。这意味着材料数据库将会以在线平台的形式提供，用户可以通过互联网随时随地访问并利用其中的数据资源。这种模式将大大提高数据的获取效率和共享便利性。

（2）标准化，智能化 未来材料数据库的发展将更加注重数据的标准化和智能化。标准化意味着统一数据格式和表示方法，使不同来源的数据可以更容易地进行对比和整合。同时，智能化则包括利用人工智能、机器学习等技术，使数据库能够自动分析、识别和提取数据信息，从而为用户提供更加智能化的搜索和分析功能。

（3）去中心化、共享化 未来的材料数据库将趋向于共享化和去中心化的方向发展。共享化意味着数据库中的数据将更多地向公众或特定领域的研究人员开放，以促进知识的传播和共享。去中心化则意味着数据将分布在不同的节点上，建立私有云、公有云混合的数据存储和运维模式，明晰数据产权的同时，也提高了数据的安全性和可靠性。

（4）商业化，资产化 随着材料科学的重要性日益凸显，材料数据库的商业化和资产化趋势也将越发明显。一些商业化的在线数据库将不仅提供基本的数据查询服务，还可能提供高级的数据分析、定制化服务等，以满足用户的个性化需求。同时，材料数据库的数据也将被视为一种重要的资产，可能会涌现出更多的数据交易和合作模式，推动材料科学领域的商业化发展。

1.4.2 可能的技术突破

（1）材料区块链 区块链是一种去中心化的数字技术，它使用分布式账本记录交易信息，保证了数据的安全性和透明性。利用强大的加密技术，确保了信息的安全性。交易一旦被记录，几乎不可篡改，保证了数据的真实性。区块链还支持智能合约，能自动执行合同条款。所有交易都是公开的，任何人都可以查看，保证了透明度。最重要的是，区块链能够实现快速的交易结算，提升了效率。这些特性使区块链在许多领域都有着广泛的应用前景。

区块链技术与材料数据库的结合代表了一种跨学科的前沿合作，目前正处于开发与应用的初期阶段。在未来，我们期待它将在以下方面展现出广泛的应用场景。

① 材料质量溯源与认证：区块链可以用于记录材料的生产、加工和测试过程，确保材料的质量和可靠性。这种溯源机制可以防止次品材料的流通，保障工程质量。

② 智能合约支持的材料交易市场：基于区块链的智能合约可以自动执行合同条件，实现材料数据的安全、高效交易，从而提升了材料市场的流动性和效率。

③ 知识产权保护与激励机制：区块链技术可以确保材料数据的知识产权归属，保护研究者的创新成果，鼓励更多的科研工作者参与材料数据的研究。

④ 个性化材料定制服务：基于用户需求和特定应用场景，区块链技术可以为用户提供个性化的材料定制服务，提供最适合的材料选择和设计。

⑤ 环保材料选择与绿色认证：区块链可以追踪材料的环保性能，帮助用户选择符合环保标准的材料，促进绿色环保材料的应用。

⑥ 材料供应链的透明管理：区块链技术可以建立透明、高效的材料供应链，追踪原材料的来源、生产流程和分销过程，保障了材料质量和可追溯性。

⑦ 材料安全评估与国家重大工程的支持：基于区块链的数据平台可以为国家重大工程和关键产品部件的选材提供可靠的数据支持，保证工程的安全性。

⑧ 大数据时代的材料科学发现：区块链技术可以用于分析和挖掘大量的材料数据，为材料科学领域的创新提供新的途径和方法。

（2）材料隐私计算 隐私计算（Privacy Computing）[23]是指在保证数据不对外泄露的前提下，由两个或多个参与方联合完成数据分析计算的技术，具体是指在处理视频、音频、图像、图形、文字、数值、泛在网络行为性信息流等信息时，对所涉及的隐私信息进行描述、度量、评价和融合等操作，形成一套符号化、公式化且具有量化评价标准的隐私计算理论、算法及应用技术，支持多系统融合的隐私信息保护。图 1-6 是隐私计算的体系架构图。

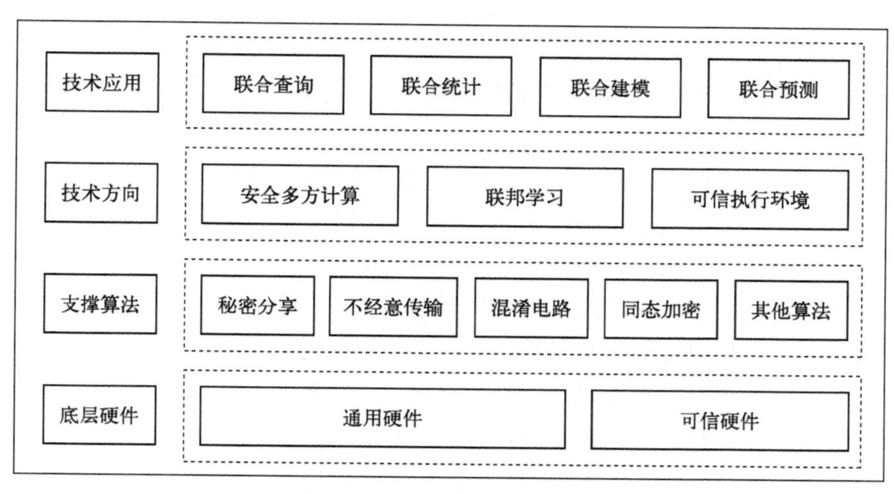

图 1-6 隐私计算的体系架构图

当材料数据库与隐私计算技术相融合，将为材料科学领域带来革命性的变革。首先，研究人员可以在保护数据隐私的前提下，共享大规模的实验和计算数据，从而实现对材料性能的准确预测和优化设计。其次，通过隐私计算技术，可以在不暴露关键信息的情况下，实现智能合金设计，推动材料性能的突破性提升。此外，结合数据库和隐私计算，还可以加速新材料的探索和开发，为材料科学研究提供前所未有的工具和方法。这一融合将为材料科学的发展开启新的篇章，推动材料在能源、环保、电子等领域的广泛应用。

（3）材料数据工厂 优质实验数据的匮乏是材料机器学习的短板。我国学者早在 2018 年就指出数据 + 人工智能是材料基因工程发展的未来[24]，并率先提出了“数据工厂”的概念。

“数据工厂”可以是集成原位制备和多参数表征手段为一体的实验设施，流水线般标准化地批量产生数据，也可以是各种高通量计算软件及硬件平台，通过批量计算产生大量系统的综合的材料数据。利用数据标识码技术，结合高通量实验（或高通量计算）数据格式标准，就可以从实验线站上导出记录样品信息、实验条件和实验源数据（或计算条件和计算源数据）的具有唯一标识的、符合 FAIR 原则的数据，供社会使用。

不同于天文、分子生物学等自然科学领域中 AI for Science 典型应用场景，传统研发架构下的材料数据存在大量人为因素带来的主观性、团聚性、异构性、碎片性，不利于 AI 的直接分析与建模。必须变革数据作为研究副产品的传统思维，将数据生产作为一种有组织的科研活动，才有可能持续产出具有客观性、分散性、同构性、规模性的、AI-ready 的材料数据。我们提出并正在建立的材料“数据工厂”正是这样一个变革性的数据生产设施。

无独有偶，2023 年 8 月日本丰田研究院和美国西北大学宣布合作，通过全球首个纳米材料“数据工厂”助力加速新材料的发现、设计和开发。美国 2021 年发布的材料基因组战略计划也将建成一体化的材料创新基础设施，释放数据的潜能作为今后 5 年的重点任务。数据

+AI 正在成为国际上材料基因走向工程化发展的共识路径。

（4）材料大模型　随着科技的飞速发展，人工智能领域的技术不断创新和突破，在 Chat GPT 的带动下，大模型成为人工智能的新前沿。大模型也称大规模预训练模型，是指具有大量参数和复杂结构的深度学习模型，通常需要大量的数据和计算资源进行训练。大模型的特点包括高参数数量、高计算复杂性和高数据消耗。它通过对大量数据的学习，能够实现对复杂任务的高效处理。Chat GPT 就是一个大规模预训练模型，它专注于自然语言处理任务，因而又称为大语言模型。大语言模型是一种特定类型的大规模预训练模型，它们在处理文本和理解语言方面表现出色，可以用于诸如文本生成、对话系统等任务。

基于材料知识库、产品库、标准库、研发资源数据库等，训练形成 AIGC 架构下体系化、专业化、闭环化、可自学习进化的材料科学大模型，它类似一个超级材料专家，结合并调度材料知识库、材料计算、材料数据库及众多场景化小模型，形成基于图文和语义交互的材料发现、装备选材、实验设计、材料计算、图谱解析、文献综述、解析化建模等专业化应用。其向全行业提供材料全生命周期的知识服务、数据服务、计算服务、试验服务和咨询服务。

2023 年 8 月新南威尔士大学 AI 研究所和澳大利亚国家超算中心及 Green Dynamics 研发出了 DARWIN[25]，它是一系列为物理、化学和材料科学应用而精心设计的专业化大语言模型（LLM），这一系列模型以开源的 LLaMA-7B 为基础，利用开源科学 FAIR 数据集和科学文献，提取并整合结构化和非结构化的科学知识。研究人员使用 100000 多个指令数据点（Instruction Data Points）对模型进行了微调（Finetuning），生成了多样化的指令数据，确保模型输出内容的事实准确性，使其可以执行材料与设备预测任务，如分类、回归和材料逆向设计等。

DARWIN 这一开源范式在数据集构建、任务构建和大模型训练策略上提供了新的思路，为科学研究与大语言模型的互动提供了指导。该研究为大语言模型在自然科学领域的进一步应用铺平道路，促进 AI for Science 的整体繁荣。

参考文献

作者简介

苏航，中国钢研科技集团数字化研发中心主任，博士生导师，国务院政府特殊津贴获得者。主要从事新材料研发、材料数据库及材料集成计算等领域的研究工作。先后主持和参加了 30 余项国家 973、863、支撑计划及国防军工配套项目的研究，获省部级科技进步特等奖 1 项，一等奖 3 项、二等奖 3 项，全军科技进步三等奖 1 项，出版专著 2 部，获软件著作权 8 项，专利 20 余项，发表论文 60 余篇。率先提出了基于区块链的材料数据共享架构，主持开发了国内最大的钢铁材料数据云平台“新材道”、材料全尺度集成计算系统 Material-DLab 数字化研发平台。主编出版了材料基因工程领域国内首部专著，首创了激光微区原位合金化技术和装备原型，主持开发了行业首个基于高通量制备、表征与机器学习的材料无人数据工厂系统。

王畅畅，中国钢研科技集团北京钢研新材作为技术骨干参与多项工业和信息化部“钢铁材料产业链应用大数据平台”“区块链创新应用”等重点专项，目前主要研究领域为材料数据库、材料区块链技术、材料数据隐私算法等，发表材料数据库相关专著 1 部、公开该领域专利 4 项、发表论文 9 篇、软件著作权 4 项。

2023

第二篇

基础工业领域

第2章

极端服役环境的航空材料

王晓红　常　伟　赵　凯　张国庆

2.1 航空材料概述

航空材料是我国国防建设、国民经济建设不可或缺的战略性关键材料，也是世界各国发展高新技术的重点。航空材料泛指用于制造飞机、直升机和发动机等航空产品的材料，主要包括金属材料（高温合金、钛合金、结构钢与不锈钢、铝 / 镁合金等）、复合材料（树脂基、陶瓷基、金属基等）、非金属材料（橡胶与密封材料、透明玻璃等）、功能材料（隐身材料、隔热材料、减振降噪材料、电子材料等）、涂层材料（抗氧化涂层、热障涂层、封严涂层、耐磨涂层、防腐涂层等），材料牌号多达几千种。其中，航空材料重点产品包括铸造高温合金叶片、粉末盘、钛合金机匣、钛合金锻件、透明件、弹性轴承等半成品和零部件[1]。

随着航空领域科学技术的发展，飞行器的服役环境越来越恶劣，对材料的要求也越来越苛刻。航空新材料在服役过程中，长期工作在极端环境条件下，如高温及温度梯度、多轴应力状态、气流冲击带来的高频振动、复杂起落循环、高低周复合循环应力、高湿热 / 高盐雾恶劣海洋环境，以及高压、高冲击、高过载、磨损、爆轰、高速碰撞、信息传输、光电效应、电磁感应、能量转换等。

2.1.1 航空材料的地位和重要性

高性能材料是发展航空装备的重要基础。航空材料技术是航空工业发展的关键技术。航空装备具有严酷的使用条件和高可靠的应用需求，要求航空材料具有轻质、耐高温、高强度和耐久性等特征。而且，结构设计总是把材料用到“极限”，这就要求航空材料还必须具有“极限”应用的特征[2]。材料技术的进步为航空新产品的设计与制造提供重要的物质基础与技术，从而对航空装备的发展起着有效的“推动”作用[3]。“一代材料，一代装备”是对航空装备与航空材料相互依存、相互促进紧密关系的真实写照。

世界航空强国极为重视材料在航空装备发展中的突出地位，大力推进航空材料技术发展。根据美国空军预测，在全部43项航空技术中，先进材料技术的重要性位居第二[4]；在美国国防部制定的科技优选项目中，先进材料技术也被列在第二位。美国空军的研究报告表明，从第二代到第四代战斗机减重，约70%的贡献来自材料技术；先进航空发动机推重比得以提高，70%以上的贡献来自高性能材料及其制备技术[5]。而且，国外航空强国安排了一系列的材料研究计划，大大推动了新材料和新工艺的发展和应用。我国也较为重视航空材料技术发展，《中华人民共和国国民经济和社会发展第十四个五年规划和2035年远景目标纲要》中多处与航空材料领域相关。

轻质高强度结构材料对降低结构重量和提高经济效益贡献显著。轻质高强度结构材料与工艺技术对提高飞行器性能、降低研制生产成本、改进使用可靠性具有极为关键的作用。例如，飞机结构重量系数的不断降低，是因为采用了钛合金、铝合金和复合材料等轻质高性能材料，以及先进成型工艺和损伤容限设计；发动机推重比的不断提高，是因为采用了高温合金、高性能钛合金、复合材料与热障涂层等材料，以及先进成型工艺等。碳纤维复合材料是20世纪60年代出现的新型轻质高强度结构材料，其比强度和比模量在航空材料中最高，复合材料在飞行器上的应用日益扩大，重量占比在不断增加，意味着同样重量的材料具有更大的承受有效载荷的能力，即可增加运载能力。结构重量的减少意味着可多带燃油或其他有效载荷，不仅可以增加飞行距离，还可以提高单位结构重量的效费比。

材料的可靠性事关飞行安全。飞行器是多系统集成体，所涉及的零部件达数十万计，元器件达数以百万计，要用到上千种材料。飞行器要在各种状态和各种极端环境条件下飞行，如何确保其飞行安全至关重要，材料的可靠性显得尤为关键。飞行史上的许多事故教训表明，材料失效是导致飞行事故的重要原因之一：大到一个结构件的断裂，小到一个铆钉或密封圈的失效，都可能导致飞行事故。因此，加强材料的可靠性评价研究对于提高飞行安全性具有不可忽视的作用。

航空材料引领促进材料技术发展。例如，航空发动机对高温结构材料的需求强烈地推动高温合金、金属间化合物、陶瓷基和金属基复合材料等的快速发展。例如，航空发动机涡轮进口温度的变化对材料的需求如图2-1所示。与此同时，在各类武器装备中，航空装备对材料技术的依存度最为突出。可以说，航空材料技术代表了一个国家材料技术的最高水平，其研发和应用水平反映了一个国家的综合实力和整体科技水平[6]。

航空材料的发展与经济社会互促共进、协同发展，除了推动武器装备更新换代以外，还牵引国家新材料产业发展[1]。航空材料性能和质量要求极为严格，产品制造技术复杂，飞行器要在各种极端环境条件下飞行，其材料技术涉及基础研究、材料研制、应用研究、工程化和服务保障的不同阶段，金属材料、非金属材料、复合材料、功能材料的设计和制备、制造、检测、试验、服务保障等技术的发展都引领和促进相关领域的技术发展和产业发展，并对全国起到辐射作用，成为我国材料科学研究的先进代表和辐射带动源，促进我国制造业整体技术的提升和技术转型[1]。航空材料作为新材料的试验田，是实现富国强军的基础，对材料的设计和制备、制造、检测、试验、服务保障技术等多行业的技术进步和经济发展具有很强的

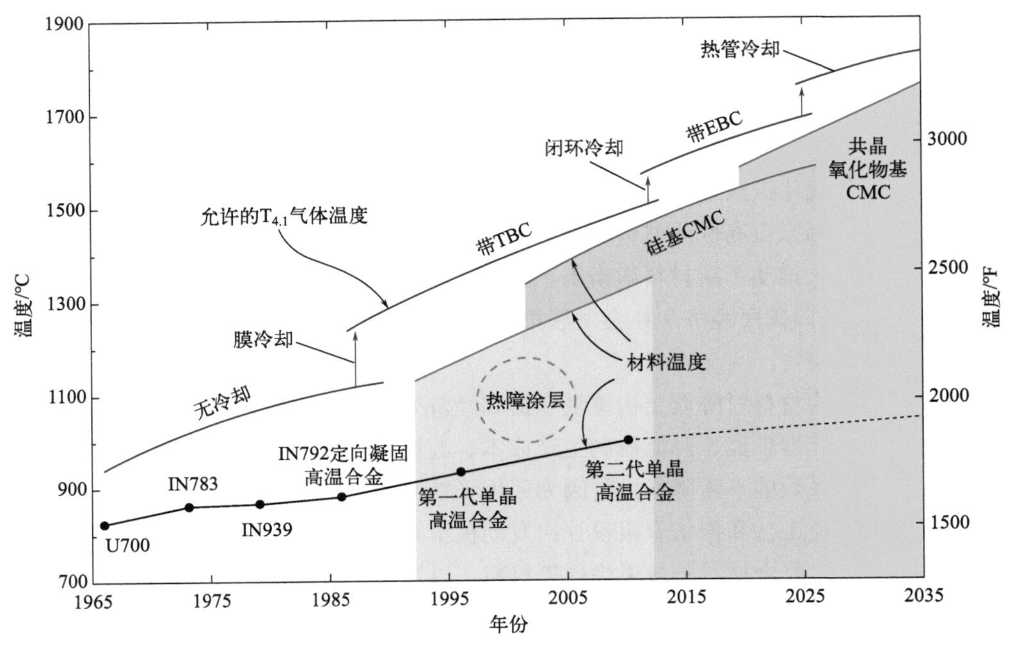

图 2-1 航空发动机涡轮进口温度的变化对材料的需求

（资料来源：http://www.virginia.edu/ms/research/wadley/high-temp.html）

辐射带动作用，为人类文明进步和社会可持续发展不断注入新活力[2]。目前，高端装备制造业已成为国民经济的支柱产业，新材料成为国民经济的先导产业。

2.1.2 极端服役环境的航空材料技术发展和应用情况

面对苛刻和复杂的服役环境以及航空装备发展提出的更高要求，为保障航空装备的性能、可靠性和安全性、经济性等，航空装备采用了大量先进且日益发展的结构材料和功能材料。飞机机体材料结构大致经历了 5 个发展阶段[6]，分别为木、布结构，铝、钢结构，铝、钛、钢结构，铝、钛、钢、复合材料结构（以铝为主），复合材料、铝、钛、钢结构（以复合材料为主）。第一代、第二代航空发动机的主要结构件均为金属材料，第三代航空发动机开始应用复合材料及先进的工艺技术，第四代航空发动机广泛应用轻质高温高强结构材料及先进的工艺技术[7]，更高代次的发动机将采用更为先进的新材料技术。此外，航空材料必须走完材料研制和应用研究两个全过程，才能确保材料的成熟应用，一种在极端服役条件下工作且高可靠性的航空新材料，需要经历较长的研制周期和应用考核的多次迭代才能走向成熟。

总体来说，轻质高强、更高的承温能力、更好的环境适应性、更好的功能特性、结构功能一体化、低成本等一直是航空材料研究的重要方向，而且先进制备技术、环保型制备技术、低成本制备技术等得到快速发展，以双层壁超冷涡轮叶片、双辐板盘、整体叶盘等为代表的新型复杂结构件日益受到重视且加快了考核应用。航空材料的考核评价技术也相应得到发展。

目前，国外航空强国建立了较为完备的、具有自主知识产权的航空材料技术体系，航空材料技术较为成熟，而且新一代航空装备需要的先进材料的技术储备较为充足，为航空装备的发展提供了有力支撑。其中，复合材料技术飞速发展，用量得以增加；传统金属材料仍是航空装备重要的骨干材料，得到持续发展，且涌现出一批新材料品种；功能材料的性能和应用快速发展[4, 8]。

随着航空装备的发展，我国在航空材料研制及零件制造方面取得了长足进步，部分材料性能水平已达到或接近国外先进水平，例如，以 DD6 为代表的第二代单晶高温合金的本征性能与国外同代次合金相当，而且价格高的 Re 元素含量低[9-10]。到目前为止，我国已基本形成比较完整的航空材料研制、应用研究和批量生产能力，并成功研制出一批较为先进的材料牌号，制定了一批材料验收、工艺及检测标准，为航空装备的发展做出了重要贡献。

航空材料的种类较多，针对极端服役环境，本章重点阐述先进高温合金、先进钛合金、先进铝合金、超高强度钢与齿轮轴承钢、先进陶瓷基复合材料、透明件、特种橡胶与密封材料、高性能防护涂层、极端服役环境的考核评价技术等方面。

2.1.2.1 先进高温合金材料

（1）铸造高温合金 铸造高温合金在航空发动机上的应用大致可分为叶片类和复杂结构件类，主要用于制造热端关键部件，服役温度最高、应力最复杂、工作条件最恶劣。铸造高温合金经过多年发展历程，逐渐从等轴晶发展到定向，再发展到单晶，承温能力不断提高。

等轴晶铸造高温合金目前主要用作低压涡轮工作叶片和导向叶片、涡轮机匣、叶轮等。国外等轴晶铸造高温合金使用成熟度高，在高纯化精炼、微量元素等方面控制良好。通过持续的成分改进，国外研发和使用了 Mar-M 系列等多个系列合金，其工作温度和性能已达到合金的使用极限，更多地集中在合金精铸件精铸技术研究方面，并专门开展了高温合金废料返回熔炼技术的研究。国内突破了预旋喷嘴制备技术，细晶叶轮精密铸造技术成熟度进一步提升，开展了一些新型铸造技术的探索研究。

定向高温合金与等轴晶铸造高温合金相比，由于消除了与主应力轴相垂直的横向晶界，具有良好的中、高温蠕变强度和塑性以及优良的热疲劳性能，在航空发动机上广泛用于涡轮工作叶片和导向叶片[2, 10]。国外发展了四代定向高温合金，第一代、第二代定向合金已在多种先进航空发动机上使用，并早已进入批量生产阶段；第三代定向合金比第二代定向合金承温能力提高约 30℃；正在探索研究第四代定向合金。我国也已经发展到第三代。

单晶高温合金由于消除了晶界，综合性能和承温能力进一步提升，已成为先进航空发动机涡轮叶片的首选材料。欧美自 20 世纪 80 年代初诞生第一代单晶合金至今，已经发展了五代单晶合金，承温能力每一代提高约 30℃，其中第一代 PWA1480、第二代 PWA1484/ RenéN5/ CMSX-4 及第三代 CMSX-10 等单晶合金均获得了应用，而且第二代单晶合金的应用最为普遍。日本研制的第一代至第五代单晶合金均未在航空发动机上应用。我国相继发展了四代单晶高温合金[11]。

（2）粉末高温合金 粉末高温合金用于制造航空发动机涡轮盘及封严盘、挡板等热端部件。国外发展了四代粉末高温合金[12-13]，承温能力从 650℃提高到 830 ～ 850℃，力学性能从单一的高强型向高强兼具损伤容限型、高抗蠕变等综合性能全面提高的方向发展；以 René104、RR1000 和 Alloy10 等为代表的第三代粉末高温合金已于近年来得以应用，并成为当前先进航空发动机盘件的主要材料。21 世纪初，国外开展了第四代粉末高温合金材料的研究，如 GE 公司的 René130 和 RR 公司的 RR1073 合金，并不同程度转入工程化应用研究阶段。国外还发展了双组织粉末盘、双辐板粉末盘及双合金整体叶盘等新型结构涡轮盘。此外，国外具有全封闭真空等温锻造设备，粉末盘普遍采用超塑性等温锻造成型，并研发了超气冷热处理技术。国内也研制了四代粉末高温合金材料[14-15]。

（3）变形高温合金　变形高温合金是最早研制的高温合金，现有种类超过 200 种，用量占高温合金总量的 60% 以上。航空发动机的压气机、涡轮和燃烧室广泛应用变形高温合金，应用形式几乎涵盖发动机中所有零件结构形式，包括涡轮盘、压气机盘、叶片、机匣、轴、钣金件、紧固件、管路等。目前，国际上对变形高温合金材料研究水平最高、应用技术及商业化最成熟的国家是美国，其次是俄罗斯、英国、法国、日本；美国、俄罗斯都建立了系统完善的变形高温合金材料体系，呈系列化发展，技术实力雄厚，生产经验丰富，如航空发动机盘件合金发展了使用温度 650℃及其以下、700℃、730℃、750℃、800℃、850℃的系列材料，形成了 René、Inconel、Udimet、Waspaloy 等牌号体系[15]。国内变形高温合金材料体系跟随世界先进国家的脚步发展[16-17]。在盘轴件合金方面，先后研制出 700 ～ 800℃合金；采用三联纯净化熔炼技术进一步提高了铸锭质量及合金纯净度；采用反复镦拔和径锻开坯工艺进一步提高了棒材组织和性能均匀性；针对难变形高温合金开坯难的问题，发展了热挤压工艺。在机匣用环形件合金方面，合金可分为传统时效强化合金、固溶强化合金和低膨胀高温合金。在紧固件合金方面，发展了多个牌号的合金。

（4）高熔点金属间化合物　为获得适合航空发动机用的低密度、高耐温且具有良好成本优势的高温结构材料，国内外学者研制了以 Ni_3Al 金属间化合物为基准的合金体系[18]。其中，美国橡树岭国家实验室、GE 公司，英国 R.R 公司、法国 SNECMA 公司及俄罗斯全俄航空材料研究院等的研究最为活跃和深入。美国研发了 NX-88、WAZ-20、IC-164、IC-72、IC-221M 和 IC-436 等 Ni_3Al 基合金材料；俄罗斯发展了 Ni_3Al 基单晶合金 BКHA-1B、BКHA-4y、BКHA-25、ВИН2 等，使用温度接近 1150℃，据称已在某小型航空发动机上应用。国内最早发展了用于航空发动机涡轮导向叶片的 Ni_3Al 基合金，目前正在发展承温能力更高的 Ni_3Al 基合金。

为打破镍基高温合金和 Ni_3Al 金属间化合物基合金的承温极限，国内外开展了 Nb-Si 系和 Mo-Si 系金属间化合物合金的研制，并已制备出具有定向凝固组织的 Nb-Si 合金空心叶片模拟件。

2.1.2.2　先进钛合金（含 Ti-Al 系金属间化合物）

航空用钛合金主要包括传统钛合金、Ti-Al 系金属间化合物和 SiC 纤维增强钛基复合材料。

（1）传统钛合金　在变形钛合金方面，国外已有的高强度钛合金强度水平主要在 1100 ～ 1250MPa 之间，断裂韧性 K_{IC} 主要在 45 ～ 60MPa・$m^{1/2}$ 之间，如 β-21S 钛合金、Ti-10-2-3、Ti-15-3、β-C、BT22 钛合金等。更高强度的钛合金一般只用于 ϕ10mm 以下丝材紧固件、弹簧等小尺寸产品中。国内先后研制并建立了低强高塑、中强高韧高损伤容限、高强高韧高损伤容限、超高强及高性能低成本等飞机结构用钛合金及其应用技术，实现了在多个新型飞机上的成功应用。此外，航空发动机用变形高温钛合金使用温度为 350 ～ 650℃，主要用于制造发动机风扇和高压压气机机匣、盘、整体叶盘、叶片、筒体等结构件。国外开发了各种耐温级别航空发动机用钛合金[19]，在航空发动机批量稳定应用，最具代表性的新型高温钛合金包括 600℃钛合金（IMI834、Ti-1100、BT36）和 Alloy C 阻燃钛合金。我国航空发动机用高温钛合金品类较为齐全[19-20]。

在铸造钛合金方面，欧美已形成航空铸造钛合金材料体系，大中小型钛合金铸件的铸造技术很成熟，钛合金铸件广泛应用于航空等领域，其中高强钛合金、600℃高温钛合金等在航空结构件中获得应用。我国开发了中强、高强、高温等系列的先进铸造钛合金，中强度钛合金有 ZTC4、ZTC4ELI、ZTA15 等，强度和断裂韧性较好，耐温能力较低，最高可在 500℃以下长时间使用；高强度钛合金有 ZTC18、ZTC21、ZTC27 等，抗拉强度可达 1100MPa 以上；高温钛合金有 TG6、TA29、TA33（Ti60），服役温度可达 600℃。目前 ZTC4 是国内使用最广泛、最成熟的铸造钛合金。此外，我国钛合金铸造技术研究取得进展，发动机铸造钛合金机匣构件最大可达 1500mm 左右，钛合金整体近无余量铸造成型工艺获得快速发展。

（2）Ti-Al 系金属间化合物 Ti-Al 系金属间化合物是目前先进航空发动机最具应用潜力的轻质高温结构材料之一[19]，包括 TiAl、Ti_2AlNb 和 Ti_3Al 三类材料，使用温度 650 为～ 850℃。在变形 Ti-Al 系金属间化合物方面，国外对 Ti-Al 系合金开展了大量考核验证，TiAl 合金叶片等获得实际应用。我国研制出多种构型 TiAl 合金叶片；Ti_2AlNb 合金典型零件以及 Ti_3Al 合金静子内环零件等[2]。在铸造 Ti-Al 系金属间化合物方面，国外 TiAl 合金成熟应用于航空发动机，并采用 Ti_2AlNb 合金制备了排气管嘴、压气机机匣和各种压气机构件等。

（3）SiC 纤维增强钛基复合材料 连续 SiC 纤维增强钛基复合材料（SiC_f/Ti）部件是推重比 12 ～ 15 航空发动机的标志，具有不可替代性，钛基复合材料叶环与整体叶盘相比可实现减重 40% ～ 70%，大幅度提高航空发动机的推重比。钛基复合材料主要用于制造发动机风扇盘，压气机整体叶环、涡轮轴、油缸活塞杆、机匣连杆等零件，也用于制造飞机起落架拉伸杆、机匣连杆等[21-22]。1994 年，美国启动了综合高性能发动机计划（IHPTET），为新一代发动机研制建立了一个 SiC 纤维增强钛基复合材料工业基地；欧洲于 1993 年就开始了以表征 SiC 纤维增强钛基复合材料和促进其工业化应用的研究计划。已研制的相关航空发动机部件大致可以分为盘、环类，叶片类，轴、杆类，管、框架类，支撑类等五大类，并对钛基复合材料开展了大量考核验证，钛基复合材料连接件等已获得实际应用。我国已部分突破纤维增强 600℃以下钛基复合材料制备技术。

2.1.2.3 先进铝合金（含铝锂合金）

先进铝合金具有轻质、高比强度 / 比刚度、良好的耐腐蚀性能与抗疲劳性能等优点，且制备工艺性能优异、成型容易、成本低，已广泛应用于飞机机身、机翼等部位的主承力框梁、壁板、蒙皮，以及航空发动机冷端复杂机匣、叶片、壳体等极端服役环境部位[23]。在变形铝合金方面，我国变形铝合金材料性能及应用技术已达到国际先进水平，其中，自主研制的第四代航空变形铝合金性能与国外同类材料性能相当；高强耐腐蚀铝合金、耐热铝合金的性能与国外报道相当；国外在铝合金整体壁板成型技术方面有明显优势，其时效成型、整体挤压成型的机翼壁板已获应用。在铸造铝合金方面，国外对复合增强铸造铝合金的前沿技术研究开展较早，强度最高已达 600MPa，耐热合金承温能力已接近 400℃[2]；国外已能够采用常用铸造铝合金制备高集成度的复杂结构件，未来将大量采用高度集成化设计，国内在铸造能力方面也取得一定进展。在铝锂合金方面[24-25]，国外具有合理的铝锂合金体系，以及完备的小试→中试→工业化生产设备，并发展了第四代铝锂合金，同时实现了铝锂合金近乎全流程的回收利用；我国铝锂合金的研究和应用主要集中在变形铝锂合金，已经突破第三代铝锂合金的多项关键技术并在航空装备中应用。在铝基复合材料方面，国外航空用铝基复合材料已形成系列，2××× 系、6××× 系粉末冶金铝基复合材料在航空装备上获得批量应用，耐热温度达 300℃的铝基复合材料进入考核验证阶段；我国铝基复合材料尚未实现系列化，工程化应用较少[26]。

2.1.2.4 超高强度钢与齿轮钢、轴承钢

超高强度钢是近几十年来为适应航空航天需求在合金结构钢的基础上逐渐发展起来的一种比强度高的结构材料，应用于飞机起落架等重要承力件[27]。国外超高强度钢成熟应用于飞机和航空发动机，其中 300M 钢成本低，综合性能优异，是应用最广泛、最成功的起落架用钢；美国于 1992 年成功研制出 AerMet100 高强度合金钢，其抗拉强度达 1960MPa，断裂韧度超过 110MPa • $m^{1/2}$，在同等强度水平下，其断裂韧度远高于 300M 钢，并且耐一般腐蚀性能明显优于低合金超高强度钢，已成功应用于美国 F-22、JSF-35 等飞机的前起落架；继 AerMet100 钢之后，国外发展了综合性能更好的超高强度钢，并应用于飞机和航空发动机。为了应对潮湿或海洋大气等苛刻服役环境对关键构件使用寿命的影响，航空用不锈钢也在朝着高强度甚至超高强度的方向发展，其中马氏体型超 / 高强度不锈钢应用最为广泛。我国也研制了多个牌号[28-29]，并应用于航空产品。其中，40CrNi2Si2MoVA 起落架可实现与飞机机体同寿命。近年来，我国研制和应用了更大规格的超高强度钢零部件，并研制了更高强度级别的超高强度结构钢和超高强度不锈钢。

国内外航空齿轮钢、轴承钢均经历了三代发展历程[30]。第二代轴承钢和齿轮钢以 M50NiL 为代表，是美国 20 世纪 80 年代研制成功的一种高强度表层硬化钢，最高使用温度可达到 320℃，显著提高了轴承、齿轮等传动构件的寿命和可靠性，但该钢的断裂韧度较低（50 ～ 60MPa • $m^{1/2}$），易出现铁素体相。20 世纪 90 年代，美国研制出第三代航空齿轮钢、轴承钢 - 高强度渗碳不锈钢 CSS-42L，其具有较好的强韧性和耐腐蚀性，最高使用温度为 430℃，但其屈服强度较低（1200 ～ 1300MPa），渗碳层存在残余奥氏体软区。我国第一代齿轮钢 10CrNi3Mo、第二代齿轮钢 16Cr3NiWMoVNb、第二代轴承钢 8Cr4Mo4V 和 13Cr4Mo4Ni4V 等已经应用于航空齿轮和轴承。近年来，我国发展了第三代齿轮钢、轴承钢，研制出高强度不锈齿轮钢、轴承钢 15Cr14Co12Mo5Ni2WA，并研制了超强耐热轴承钢 CH2000。

2.1.2.5 先进陶瓷基复合材料

航空发动机用陶瓷基复合材料主要有两大类。一类是碳化硅纤维增强的碳化硅基复合材

料（SiC_f/SiC 复合材料），包括衍生出的 SiBCN、SiCN 基复合材料等。SiC_f/SiC 复合材料的主要特点是质轻（密度 2.1 ～ 2.8g/cm^3）、耐高温（1200 ～ 1350℃长时间使用），主要应用于发动机高温热端部件，如燃烧室、高低压涡轮等部件。另一类是氧化物纤维增强的氧化物基复合材料（Ox/Ox 复合材料），主要是氧化铝纤维增强的氧化铝基复合材料。Ox/Ox 复合材料长时耐温能力可达 1150℃，密度通常为 2.5 ～ 2.8g/cm^3，成本相对较低，主要应用于发动机的尾喷部件及小型发动机的高温部位。

国外航空发动机公司投入大量研发力量，开展了陶瓷基复合材料构件的大量考核工作，实现了在航空发动机涡轮外环、导向叶片、火焰筒、中心锥等上的实际应用，正逐渐扩大应用范围。在 SiC_f/SiC 复合材料方面，典型进展包括：LEAP 发动机的一级高压涡轮外环最先进入商业化批量生产[31]；混气锥于 2015 年通过适航认证[32]；2021 年完成测试的首台自适应变循环发动机 XA100 广泛应用了陶瓷基复合材料。在 Ox/Ox 复合材料方面，典型进展包括：Passport 20 发动机中应用了整流罩、排气混合器、中心体，实现了氧化物复合材料的首次商业化应用；尾喷管、喷嘴及中心部件也进行了测试，其中，F414 的尾喷管二级封严片采用了 Ox/Ox 复合材料。国内碳化硅纤维及氧化铝纤维等原材料制备工艺逐渐成熟，形成了相应的材料体系，也制备出了涡轮外环等多类高温构件[33]。

2.1.2.6 透明材料

透明材料是一类具有较高可见光透光率的高分子材料或无机非金属材料，主要用于航空器风挡、座舱盖、观察窗和灯罩等部位，可分为有机透明材料和无机透明材料[4]。有机透明材料主要包括航空有机玻璃、聚碳酸酯、透明聚合物中间层和功能薄膜等，无机透明材料主要包括无机玻璃和透明陶瓷。

航空有机玻璃主要分为浇铸有机玻璃和定向拉伸有机玻璃，定向拉伸有机玻璃的室温抗应力 - 溶剂银纹性、冲击强度及断裂韧度明显高于浇铸有机玻璃，是飞机座舱盖透明件最重要的透明材料之一[34]。国外定向有机玻璃成熟应用；我国航空有机玻璃材料的研制和应用技术水平与国外基本持平，已经大量应用。聚碳酸酯具有很好的光学性能、较高的比刚度和比强度，冲击韧性在所有透明材料中最高，且热变形温度可达 130° 以上，在高马赫数飞机透明件上具有良好的应用前景，但耐环境性能和耐磨性不如有机玻璃。国外聚碳酸酯已在座舱透明件中得到应用[34]，如 F-22 就采用了聚碳酸酯整体舱盖；国内突破了航空级聚碳酸酯的关键技术。另外，航空有机玻璃、聚碳酸酯除单独使用外，还可以与其他透明材料经透明聚合物中间层粘接成多层结构以提高其抗鸟撞性能。定向有机玻璃 - 聚碳酸酯复合结构风挡已在美国多型舰载歼击机上应用，且其优越的抗鸟撞性能和光学性能已得到验证[2]；国内近年来也开始了有机玻璃 - 聚碳酸酯复合结构的研究。

无机玻璃耐热耐磨，但性脆易碎裂且强度低，通常需进行强化处理。欧美国家直升机和运输机等风挡透明件大量采用化学强化的铝硅酸盐玻璃；国内已研制出特种铝硅酸盐玻璃，并开展了大量应用研究工作。无机玻璃还经常和其他材料制成多层复合透明材料使用。此外，对于高马赫数飞机用关键结构透明件，气动加热引起制件升温问题变得严重，对透明材料的耐温性要求更高，因此兼具无机玻璃高耐温、耐老化特点和聚合物材料质轻、抗裂纹扩展性能好、易成型加工等特点的高聚物光学材料是国内外一个研究方向。

在透明件功能薄膜方面，由于先进航空器对透明件提出了功能性要求，如雷达隐身、电加温、电磁屏蔽、红外隐身、耐磨、防雾等的一种甚至几种，高可靠性功能薄膜成为透明件的重要组成部分[34]。国外透明件多功能薄膜技术得到快速发展和应用，我国多功能薄膜的研制和应用技术水平与国外基本持平。

2.1.2.7 特种橡胶与密封材料

航空特种橡胶材料主要包括含氟橡胶、硅橡胶、聚磷腈橡胶、聚硫橡胶等，密封材料包含有机聚合物及无机物密封材料；主要用于飞机、直升机和发动机的耐介质和油气综合密封及弹性功能件，实现密封、气动整形、阻尼减振、电磁屏蔽、防火耐烧蚀等多种功能[35]。

国外大量使用高性能航空特种橡胶。耐油系统（燃油、滑油、液压油）主要使用氟、氟硅、氟醚和全氟醚橡胶；空气和外露系统主要使用乙丙橡胶、有机硅橡胶；静密封使用低压缩永久变形胶料，动密封使用低摩擦系数、具有自润滑和导热性的胶料及其复合制品；大量使用织物增强的橡胶薄膜、补偿波纹管、减振器和高性能紧箍件，采用先进的密封结构优化设计技术、精密橡胶制品制造技术及性能评定技术；电磁、隔热防火、阻尼减振等功能密封材料大量使用，与其他材料集成技术和先进现场工艺发展迅速，如“阿帕奇”武装直升机旋翼系统中使用的弹性轴承和阻尼器是由高性能功能橡胶和不同金属复合而成的结构功能件；密封剂向宽温域、低密度、多功能和多品种方向发展。

我国航空领域橡胶与密封材料技术发展迅速，通用橡胶、氟醚和氟硅等耐介质橡胶、高阻尼硅橡胶、高承载天然橡胶等已在航空装备中应用，部分材料性能与国际先进水平相当；航空密封剂不断完善，耐高低温、耐介质、耐腐蚀、导电、快速修补等密封剂材料性能水平和密度与国外产品相当。

2.1.2.8 高性能防护涂层

（1）热障涂层和抗氧化涂层 先进航空发动机涡轮叶片广泛使用热障涂层。国外氧化钇部分稳定的氧化锆（YSZ）热障涂层已得到成熟应用，而且稀土改性 YSZ、稀土锆酸盐等新型热障涂层已进行了大量发动机试车考核，建立了较为完整的技术体系，部分新型热障涂层实现了应用。我国应用的热障涂层主要为 YSZ 热障涂层，电子束物理气相沉积 YSZ 热障涂层技术达到国际先进水平。针对高推重比航空发动机的极端服役环境需求，近年来，开展了多元稀土氧化物掺杂氧化锆、稀土锆酸盐（如 LaZrO 和 GdZrO）、抑制辐射传热等新型热障涂层研究[36-37]。

航空发动机涡轮叶片抗氧化涂层主要有 MCrAlY 体系和铝化物体系。国外两大类涂层在航空发动机中成熟应用。我国 MCrAlY 涂层实现了 1100℃环境中长时服役，形成了 HY1、HY3、HY5 等牌号系列，实现了在航空发动机涡轮叶片上的批量应用。近年来，开展了更高使用温度的新型抗氧化涂层的探索研究。在耐海洋腐蚀等极端环境的涡轮叶片内腔涂层方面，我国化学气相沉积（CVD）铝化物涂层取得较快发展，主要包括 AlSi、CoAl、PtAl 及 AlTi、REAl，其中，PtAl 涂层不仅用作涡轮叶片高温抗氧化涂层，还广泛用作热障涂层的金属粘接层。

（2）可磨耗封严涂层和耐磨涂层 可磨耗封严涂层按照工作温度可分为A1Si-聚苯酯等低温（400℃以下）封严涂层、NiCrAl-膨润土等中温（400～800℃）封严涂层及氧化锆陶瓷基等高温（800℃以上）封严涂层[38-39]。目前，国外以GE公司和Metco公司为代表，已形成一些成熟的粉末牌号，并广泛应用于其动力装备。国内近年来着力于中、低温封严涂层研发，并开展了高温封严涂层的研究。

高性能耐磨涂层方面，由于飞机襟翼滑轨、起落架、液压缸套、叶片凸台/榫头等应用部位的工况差异较大，整体呈现材料体系较多、制备工艺差异大的特点。国外耐磨涂层技术成熟度较高，在飞机、直升机和航空发动机中大量应用且性能稳定。目前我国已建立了WC–Co系、Ni-Al/CuNiIn系、Al-青铜系等多种耐磨防护体系，解决了滑动/微动磨损等核心防护难题，并应用于我国多型飞机和发动机。但在海洋大气环境下的稳定服役、自润滑防护等方面仍需进一步深入研究。

（3）镀覆层 目前，国内外航空装备常用的镀覆层技术体系基本相同，大多仍沿用传统的表面处理工艺，主要包括电镀层、阳极氧化膜、化学氧化膜、转化膜等。多数镀覆层的工艺较为成熟，镀层质量稳定，能够满足内陆环境的使用要求，并且针对钢、铝及铝合金、钛及钛合金、高温合金、铜及铜合金、镁合金等基体材料形成了常用镀覆层体系。国外航空装备的镀覆层技术已逐步向"绿色环保"方向转变，多种高性能、无污染的镀覆层技术已装机应用，包括硼硫酸阳极氧化、无铬化学氧化、电镀锌镍等。随着航空装备在极端恶劣环境下服役的增多，如海洋环境、沙漠环境、高寒环境等，传统镀覆层的性能已逐渐无法满足苛刻的使用要求，以微纳米增强复合电镀、微弧氧化、离子液体电镀、溶胶凝胶转化为代表的先进镀覆层技术已经显示出优异的综合性能，国内外逐步开展工程化应用研究，部分技术已实现了装机使用。

（4）有机涂层 有机涂层是航空装备重要的功能材料之一，主要用于飞机和发动机的外表面，实现腐蚀防护和特种功能，尤其是在极端服役环境下，是保护飞行器服役安全的第一道屏障。国外有机涂层发展和应用情况良好[40]，研制和使用了满足不同防护需要的有机涂层，甚至生产出使用温度高达1000℃的水性高温涂料，功能/防腐一体化涂层发展迅速，而且有机涂层环保化程度较高。我国也开展了系列研究和工程化应用：针对海洋腐蚀环境，部分关键部位已经批产应用有机涂层，主要包括铝合金和复合材料蒙皮外表面、作动筒等半封闭结构及起落架用防腐涂层系统等；针对超声速和高超声速飞行带来的高温环境，在200～600℃中温范围内，蒙皮用防腐防护有机涂层具备良好的技术基础，但耐高温（600～1000℃）同时具备高发射率（≥0.9）的有机涂层具有较大技术难度，成熟度较低；针对极地低温环境，就有机涂层的长期耐低温性进行过较长时间的实验室考核，有机涂层的耐低温性良好；针对砂石冲击环境，相应的防护性有机涂层成熟度较高，已实现工程化应用；针对热烧蚀环境，具有良好的技术基础，正在开展轻量化薄型涂层的技术攻关。

2.1.2.9 极端服役环境的考核评价技术

航空装备经常会在极端服役环境（包括自然环境和工况环境）下工作，针对航空装备遭遇的极端服役环境，国内外发展了试验条件更为苛刻的试验方法，而且考核评价技术逐步由静态试验方法向动态试验、环境－工况耦合试验方式转变，经历了由单参数模拟到多参数模拟，再到多参数综合动态试验的发展道路，试验平台也相应得到发展。其中，在腐蚀性能测试评价方面，美国材料试验协会（ASTM）、美国腐蚀工程师协会（NACE）等国外机构建立了大量相关标准方法。我国研究并建立了较为完善的材料腐蚀性能评价标准体系，并将其广泛应用于在岛礁、深远海等极端环境下服役的航空装备的设计和材料选用过程。此外，美国开展了长期、系统的材料极端环境效应数据积累，国内也陆续开展数据积累。

美国早在 20 世纪 70 年代就认识到仅采用标准力学性能试验很难真实表达材料在复杂服役环境下的力学行为和失效机理，基于标准试样建立的寿命预测模型准确性严重不足，并在发动机热端部件技术计划（HOST 计划）和国家涡轮发动机高循环疲劳科学与技术计划（HCF 计划）等科技计划中研究了材料“标准试样→元件 / 模拟件→全尺寸零件”的“积木式”评价技术。国外先进航空企业针对航空关键材料系统开展了积木式考核验证[41]，积累了大量宝贵的试验数据，并在企业内部形成了完整的材料近服役力学性能评价方法、测试标准和寿命预测软件。经过数十年发展，我国形成了相对完善的基于标准试样的材料标准，也开展了“积木式”评价技术研究。

2.2 航空材料对新材料的战略需求

随着科学技术的快速发展，航空装备所面临的服役环境开始由原本相对比较单一的环境向更加广泛和苛刻的极端服役环境转变，如海洋环境、极寒环境、高原环境、沙漠环境等及其复合环境。以海洋环境为例，具有高湿、高盐雾（Cl^- 含量较内陆地区高得多）等特点，其中，南海海洋环境比内陆年平均气温普遍高 10℃以上，相对湿度高约 20%，降雨量高出 4 倍以上，Cl^- 沉积率高出百倍以上。各种极端服役环境的特点不同，对航空装备产生的危害类型和原理也有差异，这就要求在航空材料全寿命周期内考虑各种环境因素的影响，以满足极端服役环境下航空装备正常使用的要求。

除自然环境外，航空材料在服役过程中还承受复杂工况，航空装备性能提升的需求也使航空材料的服役环境更加严峻复杂，同时航空材料需要满足质轻、寿命长、可靠性高等极高的使用要求[5]。航空发动机工作环境涉及高温、高压、高转速、高冲击、腐蚀等。

① 高温：高压涡轮进口温度可达 1700℃。

② 高压：压气机出口压力可达 40 ～ 50 个大气压。

③ 高转速：涡轮以每分钟几万转的速度高速旋转，产生巨大的离心应力，每片叶片需要承受高达几吨的离心载荷。

④ 高冲击：在使用过程中会受到飞鸟、冰雹甚至叶片断裂等的冲击。

⑤ 腐蚀：热端部件面临高温氧化问题，燃气流道处的零部件还会接触燃油燃烧产物，在海洋环境下服役的发动机还会面临海洋环境的综合作用。飞机和直升机则面临着结构振动和

冲击、腐蚀、低温、砂石冲击等严苛的环境。

航空装备苛刻的服役条件和高可靠性对航空材料提出了极高要求，而且随着航空装备向高性能、长寿命、高可靠、多用途、经济性、绿色化等方向发展，对航空材料提出了更高要求[8]。为了满足先进航空装备的研制需求，还需要采用大量的新材料及新结构。以航空发动机涡轮叶片和涡轮盘为例，随着航空发动机性能要求的提升，涡轮叶片使用了第三代单晶高温合金、陶瓷基复合材料等新材料，还采用了双层壁超冷空心结构等新结构；涡轮盘使用了第三代粉末高温合金，还采用了双性能盘、双辐板盘等新结构。以飞机基体材料为例，使用第三代和第四代铝锂合金代替铝合金可以起到减重的效果。

虽然我国航空材料行业获得较大发展，但是仍迫切需要提高现有材料的工程化应用水平，并加强新材料技术的应用研究，突破一批关键核心技术，满足航空装备研制急需和为未来航空装备发展做好技术储备。

2.3 当前存在的问题与面临的挑战

航空材料具有轻质、高强度、耐高温、耐久性及极限应用等特点，研制周期长、研制难度大。我国航空材料技术在不断进步、发展的同时，还存在统筹管理不够、材料应用研究缺失、考核验证不足等问题。

（1）航空材料研制与应用缺乏统筹管理 航空材料研制与应用统筹管理不够，在推动航空材料发展和应用方面发挥作用相对有限。首先，设计选材缺乏统筹管理。在航空产品材料选用上，缺乏统一性和系统性，增加了研制成本，也不利于每个牌号材料的数据积累和批量应用。其次，航空材料研究安排缺乏统筹管理，存在一定程度的碎片化现象，而且投入研发的项目也往往未做到材料先行。新材料研发投入有限。

（2）航空材料应用研究缺失 为实现航空材料稳定、可靠使用，必须经过系统的材料研制和应用研究两个全过程。材料应用研究是连接新材料研制和航空装备应用的关键环节和桥梁，跳过这个关键环节，只强调材料生产企业与航空产品总体单位供需对接，而忽视新材料应用过程中各类技术问题的解决的做法有违材料研制与应用的科学规律，严重制约新材料的应用。尤其是航空材料服役性能评价涉及材料学、固体力学、流体力学、传热学等众多学科，需要通过多学科交叉的方法协同解决。

（3）航空材料“积木式”验证缺乏 材料在航空装备上是以带有结构的零部件形式存在的，依靠材料标准试样得到的试验数据不能反映材料对结构特征和复杂载荷条件的敏感程度。航空材料从“材料研制”向“航空产品应用”转变的过程中，需要开展“试样—元件—模拟件—零件—组部件—大部件—整机”的积木式验证。然而在从“材料研制”向“航空产品应用”转变的过程中，部分材料元件 / 模拟件考核验证严重缺乏，一旦发现问题，需要重复研制过程，而且数字研发和数字制造技术发展不足，导致研制周期长、成本高。

例如，某发动机涡轮盘在部件考核试验中提前疲劳断裂，其失效部位承受明显的应力集中、应力梯度和多轴应力等应力状态。目前的材料级疲劳试验通常在简单的单轴应力状态下进行，其失效机理与涡轮盘实际失效机理存在巨大差异，急需针对涡轮盘典型部位开展近服役条件下的元件 / 模拟件级考核验证，充分考虑特征部位的真实应力状态，为涡轮盘在发动机上的高可靠应用提供理论和技术支撑。

2.4 未来发展

2.4.1 发展趋势分析

随着航空装备向高性能、长寿命、高可靠、多用途、经济性、绿色化等方向发展，对航空材料提出更高的要求，航空材料将进一步呈现出高性能化、多功能化、复合化、智能化、低维化、低成本、绿色化、整体化、信息化等新的发展态势[8]。未来一段时间，预计传统材料会持续挖潜，不断提高性能和成熟度，新材料及新结构将会得到进一步发展和应用，我国航空材料将获得飞速发展。纵观过去 10 年的国际材料领域发展历程，航空新材料正展现出以下几个重大发展趋势。

① 强劲的需求牵引使新材料向更高性能、更轻质、更耐极端环境、更趋近性能极限发展。传统金属材料大有潜力可挖，例如，In718 这一老材料近年仍不断焕发青春，优秀的材料可一材代替多个牌号。随着高超声速武器热潮的到来，超高温结构材料成为研发重点。高熵合金一般由相等或相似比例的 5 种或更多元素组成，在多种效应协同作用下可以具有出色的机械、热、物理和化学性能，有望解决极端服役环境所面临的材料“瓶颈”问题，在航空航天等多个领域具有广阔的应用前景，成为多个国家的重点发展方向之一。

② 多功能和结构功能一体化是一个重要的发展方向。例如，多波段兼容隐身材料是未来的一个发展重点，红外隐身与雷达、可见光隐身相兼容为多功能材料的使用提供了广阔的舞台；结构隐身复合材料等结构功能一体化材料将快速发展。

③ 复合材料未来有巨大的发展空间。先进复合材料具有轻质、高强度、耐腐蚀、耐高温、性能可裁剪等诸多优点，随着复合材料的发展，以及自动化工艺和低成本工艺等的推广应用，其在航空领域的用量将会增加，为先进航空装备的研制提供有力支撑。

④ 智能材料具有重大发展潜力。智能材料能感知环境变化并实时改变自身的一种或多种性能参数，做出与环境变化相适应的独特响应。压电材料、磁致伸缩材料、电流变体、磁流变体、形状记忆合金、形状记忆聚合物等在航空领域有可能得到应用。

⑤ 低维化是未来航空材料发展的必由之路。在航空领域，碳纳米管、石墨烯等纳米材料的应用研究虽然已开展多年，但是传统工程材料的纳米化技术，纳米材料的重大共性问题，纳米材料技术在极端环境航空领域应用的科学基础，纳米材料表征技术与方法等方面应持续加强研究。

⑥ 低成本材料及其制造技术继续成为发展趋势。通过低成本材料研制，短流程、近净成型、材料回收再利用等低成本制造技术的发展，合格率提升等途径，降低材料及其制件成本。

⑦ 无害化材料和绿色环保工艺备受青睐。由于环境保护政策的要求和绿色发展观念深入

人心，采用更加环保的材料和绿色环保工艺将是今后不可逆转的趋势。

⑧ 更多地采用整体结构设计。通过整体化，如航空发动机整体叶盘的使用，可以减少零件数量和装配结构，进而起到减轻重量、提高可靠性、降低维修次数等作用。

⑨ 计算辅助材料设计技术持续推进。材料基因工程、集成材料计算科学等材料设计新方法和增材制造等新技术正在深刻改变材料研发模式，使新材料研发空前加速。

此外，极端服役环境的考核评价技术也是需要发展的重点领域。开展更苛刻测试条件下的材料性能测试技术开发和试验平台建设；发展复杂环境－工况耦合试验技术、多因素协同试验技术，重现恶劣自然环境和工况的交替、耦合作用。另外，重视航空材料“积木式”考核验证，搭建复杂服役环境下材料及特征结构件的试验平台，强化特征元件、模拟件的考核验证和模拟仿真，并积累相关数据。

2.4.2 / 发展战略思考

为了更好地满足我国航空装备研制需要，结合航空材料技术发展现状和存在的问题，建议如下：

（1）加强对航空材料发展的统筹规划 从国家层面加强统筹规划，按体系规范航空材料选用、研制、生产、验收、使用等各环节。加强顶层策划，有计划地系统开展材料基础研究和研制工作，避免研究碎片化和低水平重复，并集中优势资源开展关键技术攻关。增强航空材料研制和航空产品研制的协调性，在航空产品研制前设立材料研究课题，为航空装备正向研制提供有力支撑。强化关键材料按体系发展原则，建立和完善航空关键材料主干体系，牵引航空关键材料自主创新研发。推动设计—材料—制造—使用等单位之间的沟通，促进各个环节的良好衔接。深化相关要素的军民良性互动，促进资源优化配置和开放共享，确保航空材料产业的健康发展。

（2）加大航空材料应用研究的支持力度 遵循材料研制和应用研究两个全过程的客观规律，大力支持航空发动机材料和飞机新材料的应用研究，进而打通从新材料研制到在航空装备中应用的关键环节，促进新材料应用过程中各类技术问题的解决，实现航空材料从“好用”到“用好”的跨越，切实推动新材料在先进航空产品中的成熟可靠应用和材料技术体系的发展。

（3）推进航空材料“积木式”考核验证 针对航空装备关键构件，重点安排新材料的试样 / 元件 / 模拟件 / 典型零件等在典型工作环境下的“积木式”考核验证，强化航空发动机关键材料技术使用服役性能表征测试平台建设，提升研制阶段材料的成熟度，缩短材料“从研到用”的周期，规范关键材料研制和应用秩序。

参考文献

作者简介

王晓红，北京航空材料研究院研究员，中国航空学会材料工程分会委员兼总干事。主持并带领研究团队圆满完成了多项国家级科研任务。作为规划编写专家，参与编写科技发展规划、咨询报告多份。

常伟，北京航空材料研究院高级工程师。曾从事科研工作，现任科技委办公室副主任，参与多项航空材料领域有关报告、书籍的编写。

赵凯，北京航空材料研究院高级工程师。主持或参与多项科研课题研究，现担任科技委秘书。参与撰写著作多部，咨询研究报告多项。

张国庆，北京航空材料研究院研究员，博士生导师，一级专职总师。长期从事航空高性能金属结构材料及其先进制备加工技术研究工作，受聘"十四五"国家重点专项"先进结构与复合材料"专家组组长，重点新材料研发与应用重大专项实施方案编制组成员，以第一完成人获国防技术发明一等奖，享受国务院政府特殊津贴。

第3章

高分子材料在高速铁路轨道工程中的应用

董全霄　常　杰　闫思梦

3.1 概述

速度是交通运输技术发展的永恒追求。然而，更高的运行速度带来高速铁路线路基础设施振动和噪声增加等问题[1]。新型功能高分子材料及其制品因特有的性能在轨道系统中起到缓冲、减振、降噪等作用，被广泛应用于高速铁路轨道工程中。高速铁路科技创新工程的实施将持续巩固我国高铁技术世界领跑地位，更高的运行速度会呈指数级增加，对工程结构的性能提出了更高的要求，进一步对铁路工程用高分子材料的性能也提出了更高的要求。

高分子材料在新型轨道工程中得到越来越广泛的应用，已经成为继混凝土、钢铁后的第三大类材料。国内外铁路线路及轨道结构中使用了大量的高分子材料，如混凝土防护涂料、隧道防水材料、嵌缝材料、轨下减振垫板、植筋锚固材料等，主要包括尼龙、橡胶、聚氨酯、聚丙烯、聚乙烯、环氧树脂、玻纤增强高分子复合材料等。随着西部高原铁路的建设，铁路沿线存在强紫外线、大温差、大风干燥、高湿热等复杂严酷环境，使高分子材料的服役工况更加苛刻，尤其是轨道工程中应用的高分子制品不仅承受环境作用，在列车通过时还受到高频疲劳荷载作用[2-3]。

在轨道工程中主要应用聚氨酯、聚酰胺、橡胶、聚丙烯等典型高分子材料。其中聚氨酯、聚酰胺、橡胶等被大量应用在扣件系统中，起到绝缘紧固作用；三元乙丙橡胶用在Ⅲ型轨道板凸台，起到缓存作用；聚丙烯纤维制备的土工布用在底座板与自密实混凝土间，起到缓冲隔离作用……这些高分子材料以扣件系统用的高分子材料最为典型，主要有尼龙复合材料、橡胶弹性体和聚氨酯弹性体[4]。

（1）聚酰胺复合材料在轨道工程中的典型应用 为满足快速增长的客运需求，国家在“四纵四横”高速铁路的基础上，部分利用时速 200 公里铁路，形成以“八纵八横”主通道为骨架、区域连接线衔接、城际铁路补充的高速铁路网，实现省会城市高速铁路通达。但由于我国地形复杂，气候条件多样，不同区域的线路对于扣件系统的性能需求也不尽相同。为了有效应对各个区域对扣件系统的性能需求差异，在铁路高速发展的环境下做好应对挑战的准备，对铁路扣件中聚酰胺复合材料制品性能提出了更高的要求[5]。

行业中生产铁路扣件所采用的原材料主要为玻璃纤维增强聚酰胺 66，该材料具有较好的拉伸性能、耐老化性，能够有效地保证扣件的性能要求。在生产过程中，由于玻璃纤维（简称玻纤）增强聚酰胺材料强度高，对于需求冲击性能、弯曲性能、耐磨性能等的扣件，存在加工窗口窄、性能波动大的问题[6]。近年来，行业内对高韧性耐磨型聚酰胺在铁路扣件中的应用进行了关键技术研究，并将玻璃纤维增强聚酰胺广泛应用在高铁扣件系统中。

玻纤增强聚酰胺材料的物理性能见表 3-1。我国高铁大部分采用改性聚酰胺 66，其熔点范围为 255 ～ 270℃，拉伸强度≥ 150MPa，弯曲强度＞ 200MPa，洛氏硬度≥ 110HRR，无缺口冲击强度≥ 80kJ/m^2。玻纤改性聚酰胺 66 被大量应用在高铁扣件中，主要是因为这种材料强度较高，同时电阻较大，可保证轨道系统绝缘性能的要求。原材料的干态体积电阻≥ $1\times10^{14}\Omega$，湿态体积电阻≥ $1\times10^{10}\Omega$。根据不同扣件性能的要求，不同制品对玻璃纤维的含量有不同的要求，套管和绝缘轨距块类产品要求达到 31% ～ 33%，轨距挡板、重载绝缘轨距块、客货共线绝缘轨距块等产品要求达到 33% ～ 35%。所有的玻纤增强聚酰胺除了对材料力学性能有严格要求，还需对材料的水分和收缩率进行限定，并且制品不应有内部空隙或气孔，要保持性能稳定。所有的制品都必须通过疲劳和耐久性测试，才可在扣件系统中进行应用。

表 3-1 玻纤增强聚酰胺材料物理性能

序号	项目	单位	要求	试验方法
1	密度	g/cm^3	1.33 ～ 1.42	GB/T 1033.1—2008
2	熔点	℃	255 ～ 270	GB/T 16582—2008
3	拉伸强度	MPa	≥ 150	GB/T 1447—2005
4	弯曲强度	MPa	≥ 200	GB/T 9341—2008
5	洛氏硬度	HRR	≥ 110	GB/T 3398.2—2008
6	无缺口冲击强度	kJ/m^2	≥ 80	GB/T 1043.1—2008
7	体积电阻率	Ω·cm	≥ 1×10^{14}（干态）	GB/T 31838.2—2019
			≥ 1×10^{10}（湿态）	
8	玻纤含量	套管类	31% ～ 33%	GB/T 9345.4—2008
		绝缘轨距块类	31% ～ 33%	
		轨距挡板类	33% ～ 35%	
		重载绝缘轨距块	33% ～ 35%	
		客货共线绝缘轨距块	33% ～ 35%	

预埋套管（图 3-1）的形式尺寸符合设计图的规定，垂直度应为 0.5mm，其表面应色泽一致，高度不大于 0.5mm 的合模线，不应存在气孔、焦痕、飞边和毛刺等可见缺陷。内螺纹不应有妨碍螺纹量规自由旋入的缺陷。预埋套管注塑成型后应进行调湿处理，经吸水调制后预埋套管的排水率不应小于 0.5%，以释放内应力，增加制品的韧性。预埋套管经 100kN 拉力试验后不应损坏，极限抗拔力一般为 150kN，并且抗拔力不应随时间延长而明显降低。为保证扣件系统的绝缘性能，预埋套管的电阻应大于 $5\times10^6\Omega$。

图 3-1　绝缘套管

WJ8 轨距挡板（图 3-2）的形式尺寸应符合设计图的规定，底面平整度（一角翘起高度）不应大于 0.5mm，轨距挡板与轨枕挡肩及钢轨接触面的平面度应小于 0.5mm。轨距挡板表面应色泽一致，无气孔、焦痕、飞边和毛刺等可见缺陷，其合模线、注塑口和顶杆位置均不应设在轨距挡板与轨枕或轨道板及铁垫板的接触面上，注塑口还应避开轨距挡板主要受力位置，制品应该采用单点注胶，翘角不应大于 0.5mm。为保证制品尺寸稳定，增加材料的韧性，轨距挡板应吸水调制，经吸水调制后轨距挡板的排水率不应小于 0.3%。在实际服役过程中轨距挡板主要承受压荷载作用，轨距挡板三点弯曲试验 35kN，保载 3min 后试样不损坏。并且要求具有较高的硬度，其硬度不应小于 105HRR。为了保证扣件系统的绝缘性能，轨距挡板的绝缘电阻应大于 $5\times10^6\Omega$。

图 3-2　轨距挡板

绝缘轨距块（图 3-3）的形式尺寸符合设计图的规定，扣压钢轨面及抵靠轨底侧棱面的平面度应为 0.5mm。其表面应为黑色且色泽一致，无气孔、焦痕、飞边和毛刺等可见缺陷，注塑口还应避开绝缘轨距块主要受力位置。为了提高制品韧性和尺寸稳定性，绝缘轨距块应吸水调制，经吸水调制后绝缘轨距块的排水率不应小于 0.5%，其硬度不应小于 105HRR。绝缘轨距块在服役过程中会受到剪切应力和冲击荷载的作用，需要具有较高的抗剪性能，其两端边耳经 4.5kN 力剪切试验后不应破损，且经冲击 6 次试验后不应破裂。为了保证扣件系统的绝缘性能，绝缘轨距块的绝缘电阻应大于 $5\times10^6\Omega$。

除了上述几种在高铁扣件系统大量应用的典型制品外，在普速铁路大量应用的主要是尼龙挡板座。挡板座（图 3-4）的形式尺寸及标志应符合设计图的规定，其边棱的直线度为

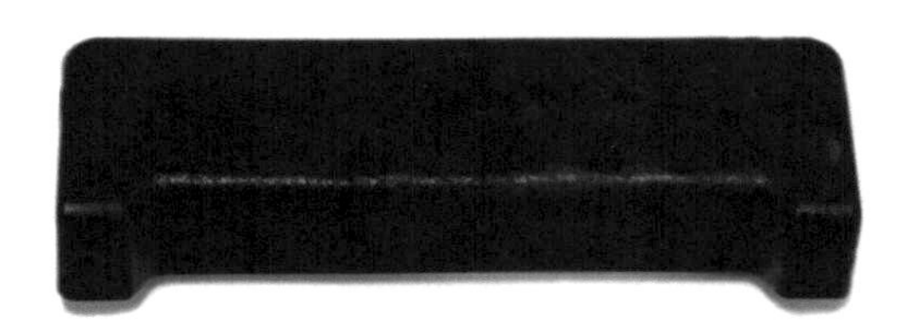

图 3-3　绝缘轨距块

0.8mm，挡板座与轨枕接触面的平面度为 0.8mm，在严寒地区铁路工程中使用的挡板座，应在号码后加 H 标志。挡板座的表面应色泽一致，无气孔、焦痕、飞边、毛刺等可见缺陷，其与轨距挡板接触的圆弧应圆顺，注塑口还应避开挡板座主要受力位置。挡板座生产过程中也需要进行调试处理，挡板座的排水率不应小于 0.4%。其要求具有一定的韧性，经压缩残余变形试验后，残余变形量不应大于 0.4mm，经挠曲试验后不应破裂，室温环境下经 6 次冲击不应破裂。严寒地区使用的挡板座还应进行低温冲击试验，经 1 次冲击不应破裂。

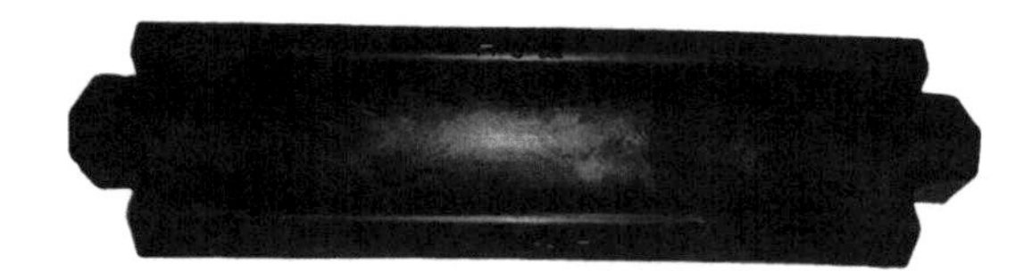

图 3-4　挡板座

（2）橡胶弹性体在轨道工程中的典型应用　橡胶弹性体具有良好的阻尼特性，在弹性范围内的相对滞后值可达到 10% ～ 65%，动静模数之比为 1.5 左右，橡胶的弹性变形比金属大得多（可达 10000 倍以上），而弹性模数比金属小得多（为 1/4000 ～ 1/700）。橡胶弹性元件所采用的橡胶主要为天然橡胶。天然橡胶虽然损耗因子较小，但其综合性能最好，具有优异的弹性、耐疲劳性，生热低，蠕变小，与金属件黏合性能好，耐寒性、电绝缘性和加工性能好等特点，以其优良的减振、缓冲、隔声和密封性能被广泛应用于轨道交通领域[7]。

橡胶材料应用于现代轨道交通中，能有效地减少轮轨作用力和改善系统走行性能，降低高速、重载所引起的机车车辆和线路的系统振动和噪声问题。中国现代轨道交通业向高速、重载、舒适方向发展，对橡胶弹性元件的要求也越来越高。随着技术的不断进步，轨道交通用橡胶弹性元件的应用品种和数量越来越多，对橡胶原材料的要求也越来越高，橡胶向高弹性、低蠕变、低生热和耐老化的方向发展。同时，随着减轻环境负担的要求越来越高，要求橡胶材料在轨道交通的应用更为环保，更应符合可持续发展的世界需求。在轨道交通领域中，为了获得良好的振动、稳定性、舒适度等性能，可利用橡胶材料可加工成简单形状橡胶件的特性，从而获得具有特定刚度的减振弹性元件。相较于金属构件，橡胶件具有各向异性的特性，可减少零部件数量，有利于检修和维护。例如，对于不同方向均需要进行弹性支承的构件，若用金属材料，需在不同方向进行零部件组合，而用减振橡胶则仅需 1 个元件即可。同理，利用减振橡胶自身具有的衰减振动特性，橡胶件自身就能实现衰减振动的功能，而无须像金属构件那样需要另外设置减振器。

铁路轨道中的橡胶制品主要包含轨下垫板、绝缘缓冲垫板、套靴、微孔垫板等。橡胶减振垫板铺设在钢轨之下，是扣件系统中起减振作用的关键部件，主要应用于高速铁路、客运专线、普速铁路、重载铁路中。不同的运载与使用条件对橡胶垫板提出了不同的性能要求。

橡胶垫板是设在钢轨和混凝土轨下部件之间起绝缘减振作用的垫板（图 3-5），用来弥补混凝土刚性材料的不足。橡胶垫板应铺设于钢轨下方，主要作用是缓冲车辆通过时产生的高速冲击振动，保护路基和轨枕，并对铁路信号系统进行电绝缘。高速铁路橡胶垫板主要包含 RP4、RP5、WJ7、WJ8 型橡胶垫板及其复合垫板。普速铁路橡胶垫板主要包含 50-10、60-10、60-10R、60-12、Ⅲ b 橡胶垫板。列车在快速行驶时，为保证列车运行平稳，在快速行驶的过程中垫板刚度变化显得尤为重要。动静刚度比作为评判此项性能的重要指标，一般要求为 1.5 ～ 2.0。动静刚度比数值越小，列车在运行时越平稳。除此之外，疲劳作为另一个重要指标，可以对垫板的使用寿命进行评测，一般要求垫板在 3×10^6 次循环荷载下不应裂损，同时垫板的永久变形≤ 10%、静刚度变化率为 10% ～ 20%。橡胶垫板放置于轨下，为保证列车在运行过程中电信号传输的稳定性，垫板的工作电阻要求≥ $1\times10^6\Omega$。除上述垫板性能外，还对垫板硬度（邵尔 A）、老化前后拉伸强度与断裂伸长率、200% 定伸应力、拉伸永久变形、压缩永久变形、耐油性能、压缩耐寒系数、阿克隆磨耗等橡胶的一般物理性能进行了限制，具体性能指标在表 3-2 已列出。

图 3-5　橡胶减振垫板及复合垫板

表 3-2　高速铁路橡胶垫板物理性能指标

序号	项目		单位	指标						
				橡胶垫板 RP4	橡胶垫板 RP5	复合垫板 CRP5	WJ7-A/WJ7-B 橡胶垫板	WJ7-A/WJ7-B 复合垫板	WJ8 橡胶垫板	WJ8 复合垫板
1	邵尔 A 硬度		Shore A	≥ 65	≥ 65	≥ 65	≥ 65	≥ 65	≥ 80	≥ 80
2	工作电阻		Ω	≥ 1×10^8	≥ 1×10^8	≥ 1×10^8	≥ 1×10^8	≥ 1×10^8	≥ 1×10^6	≥ 1×10^6
3	拉伸强度	老化前	MPa	≥ 12.5	≥ 12.5	≥ 12.5	≥ 12.5	≥ 12.5	≥ 12.5	≥ 12.5
		老化后	MPa	≥ 10	≥ 10	≥ 10	≥ 10	≥ 10	≥ 10	≥ 10
		变化率	—	≤ 30%	≤ 30%	≤ 30%	≤ 30%	≤ 30%	无	无

续表

序号	项目		单位	指标						
				橡胶垫板RP4	橡胶垫板RP5	复合垫板CRP5	WJ7-A/WJ7-B橡胶垫板	WJ7-A/WJ7-B复合垫板	WJ8橡胶垫板	WJ8复合垫板
4	断裂伸长率	老化前	—	≥ 250%	≥ 250%	≥ 250%	≥ 250%	≥ 250%	≥ 250%	≥ 250%
		老化后	—	≥ 180%	≥ 180%	≥ 180%	≥ 180%	≥ 180%	≥ 150%	≥ 150%
		变化率	—	≤ 40%	≤ 40%	≤ 40%	≤ 40%	≤ 40%	无	无
5	200% 定伸应力	老化前	MPa	≥ 7	≥ 7	≥ 7	≥ 7	≥ 7	≥ 9.5	≥ 9.5
6	永久变形	拉伸永久变形（50%，100℃，24h）	—	≤ 25%	≤ 25%	≤ 25%	≤ 25%	≤ 25%	无	无
		压缩永久变形（50%，100℃，24h）	—	≤ 30%	≤ 30%	≤ 30%	≤ 30%	≤ 30%	≤ 20%	≤ 20%
7	耐油性（46# 机油，常温，24h，质量变化率）		—	≤ 20%	≤ 20%	≤ 20%	≤ 20%	≤ 20%	≤ 20%	≤ 20%
8	黏合剥离强度		kN/m	无	无	≥ 4	无	≥ 4	无	≥ 4
9	阿克隆磨耗		cm^3/1.61km	无	无	无	无	无	≤ 0.6	≤ 0.6
10	压缩耐寒系数（严寒地区采用）		—	≥ 0.5	≥ 0.5	≥ 0.5	≥ 0.5	≥ 0.5	无	无
11	静刚度		kN/mm	60±10	60±10	60±10	35±5	25±5	—	—
12	动静刚度比		—	≤ 2.0	≤ 2.0	≤ 2.0	≤ 1.5	≤ 1.5	—	—
13	疲劳	永久变形	—	10%	10%	10%	10%	10%	10%	10%
		静刚度变化率	—	15%	15%	15%	15%	15%	15%	15%

橡胶绝缘缓冲垫板铺设于轨道扣件结构中的铁垫板下（图 3-6），对工作电阻与静刚度有较高的要求，工作电阻要求≥ $1\times10^9\Omega$，静刚度要求≥ 1000kN/mm。垫板表面不应有缺角和大于 2mm 的毛边。橡胶绝缘缓冲垫板不要求老化前性能，要求老化后性能，即拉伸强度≥ 7.5MPa，老化后断裂伸长率≥ 60%。除此之外，垫板还要求耐环境脆性，摩擦系数≥ 0.40，压缩永久变形≤ 25%。具体性能指标在表 3-3 已列出。

图 3-6 橡胶绝缘缓冲垫板

表 3-3 WJ7 绝缘缓冲垫板物理性能指标

序号	检测项目	单位	指标
1	工作电阻	Ω	≥ 1×10^9
2	老化后拉伸强度	MPa	≥ 7.5
3	老化后断裂伸长率	—	≥ 60%
4	摩擦系数	—	≥ 0.40
5	压缩永久变形（B 型试样，100℃、24h，压缩 25%）	—	≤ 25%
6	静刚度	kN/mm	≥ 1000
7	耐环境脆性	—	无破坏

套靴和微孔垫板配套应用于弹性支承块式无砟轨道（图 3-7），轨道的轨枕是由两个独立支承块构成的，复合橡胶材料构成的弹性套靴紧密包裹在支承块的周围，在支承块底部与弹性套靴之间还设置有微孔橡胶垫板，由于多层弹性结构的设置，弹性支承块式无砟轨道的整体弹性接近有砟轨道结构，能够充分吸收轮轨作用所产生的振动。

套靴采用三元乙丙橡胶制造，配合支承块使用，尺寸要严格按照规定设置。通常橡胶套靴的表面不是平整的，会按照实际需要，刻出深浅不一的沟槽，用以提供不同的套靴刚度和弹性，以缓冲横纵向荷载，弹性套靴底部主要作用是将支承块与道床板隔离开来，所以一般不设沟槽以保持其表面平整。微孔垫板放置在橡胶套靴与支承块底面之间，主要用来提供竖向弹性，其表面积的设置应保证与弹性支承块完整贴合，以实现各轨道结构部件间的刚度匹配。

由此可见，套靴与微孔垫板作为弹性支承块重要组成部分，其质量稳定性是影响线路平稳运行的重要因素之一。在生产与使用过程中受材料与环境等因素影响，套靴与微孔垫板性能会发生波动。因此，对两者的性能做了严格的要求。

套靴与微孔垫板的指标分为客专与重载两种标准，主要区别在于静刚度不同。套靴静刚度在客专线路要求 70 ～ 100kN/mm，重载线路要求 200 ～ 300kN/mm；微孔垫板静刚度在客专线路要求 60 ～ 90kN/mm，重载线路要求 70 ～ 100kN/mm。除静刚度的区别外，其他性能基本保持一致。

套靴除硬度、拉伸强度与断裂伸长率（热氧老化前后）、200% 定伸、静刚度、压缩永久变形、阿克隆磨耗等一般性能外，还要求低温脆性＜ −35℃、耐碱性能≤ 5%、耐油性能≤ 10% 以及良好的耐臭氧性能。此外，还要求在经历 3×10^6 次疲劳荷载后静刚度变化率≤ 20%、厚度变化率≤ 10%，并且外观无异常黏着、碎裂现象。具体性能指标在表 3-4 已列出。

微孔垫板除拉伸强度与断裂伸长率（热氧老化前后）、压缩永久变形、静刚度、动静刚度比等一般性能外，还要求耐水性能≤ 0.8%、耐寒性能≤ 25%、耐水性能中等、拉伸强度≥ 3.5MPa 且断裂伸长率≥ 130%，微孔垫板的疲劳性能在套靴的指标上增添一项吸水率≤ 1.0%。具体性能指标在表 3-5 已列出。

图 3-7 套靴与微孔橡胶垫板

表 3-4 套靴物理性能指标

<table>
<tr><th>序号</th><th colspan="2">检测项目</th><th>单位</th><th>指标</th></tr>
<tr><td>1</td><td colspan="2">邵尔 A 硬度</td><td>Shore A</td><td>75 ～ 85</td></tr>
<tr><td>2</td><td colspan="2">拉伸强度</td><td>MPa</td><td>≥ 12</td></tr>
<tr><td>3</td><td colspan="2">断裂伸长率</td><td>—</td><td>≥ 250%</td></tr>
<tr><td>4</td><td colspan="2">200% 定伸应力</td><td>MPa</td><td>≥ 8.5</td></tr>
<tr><td>5</td><td colspan="2">压缩永久变形（B 型试样，100℃、24h，压缩 25%）</td><td>—</td><td>≤ 22.5%</td></tr>
<tr><td>6</td><td colspan="2">静刚度（270mm×160mm 短侧边试样，荷载范围：2 ～ 72kN）</td><td>kN/mm</td><td>70 ～ 100（客专）、200 ～ 300（重载）</td></tr>
<tr><td>7</td><td colspan="2">阿克隆磨耗</td><td>cm^3/1.61km</td><td>≤ 0.6</td></tr>
<tr><td>8</td><td colspan="2">脆性温度</td><td>℃</td><td>＜ −35</td></tr>
<tr><td rowspan="4">9</td><td rowspan="4">热空气老化（100℃ ±1℃、72h）</td><td>抗拉强度</td><td>MPa</td><td>≥ 10</td></tr>
<tr><td>断裂伸长率</td><td>—</td><td>≥ 200%</td></tr>
<tr><td>硬度变化</td><td>—</td><td>≤ 8%</td></tr>
<tr><td>静刚度变化率</td><td></td><td>≤ 20%</td></tr>
<tr><td>10</td><td colspan="2">耐臭氧老化性能［臭氧浓度：(50±5) $\times 10^{-8}$。拉伸率：20%±2%。40℃ ±2℃。暴露时间：96h］</td><td>—</td><td>无龟裂</td></tr>
<tr><td>11</td><td colspan="2">耐碱性能（饱和 $Ca(OH)_2$ 溶液、23℃ ±2℃、全浸 24h、体积变化率）</td><td>—</td><td>≤ 5%</td></tr>
<tr><td rowspan="3">12</td><td rowspan="3">疲劳性能（270mm×160mm 短侧边试样，荷载范围：14 ～ 70kN，4Hz，3×10^6 次）</td><td>静刚度变化率</td><td>—</td><td>≤ 20%</td></tr>
<tr><td>厚度变化率</td><td>—</td><td>≤ 10%</td></tr>
<tr><td>外观</td><td>—</td><td>无异常黏着、碎裂现象</td></tr>
<tr><td>13</td><td colspan="2">耐油性能（46# 机油、23℃ ±2℃、全浸 24h、质量变化率）</td><td>—</td><td>≤ 10%</td></tr>
</table>

表 3-5 微孔垫板物理性能指标

序号	检测项目		单位	客专指标
1	拉伸强度		MPa	≥ 4.0
2	断裂伸长率		—	≥ 150%
3	压缩永久变形（70℃ ±1℃、放置 22h，压缩 50%）		—	≤ 20%
4	静刚度（尺寸：1 ∶ 1 原样。荷载范围：2 ～ 62kN）		kN/mm	60 ～ 90（客专）、70 ～ 100（重载）
5	动静刚度比（在室温条件下和 4Hz 频率下）		—	≤ 1.8
6	热空气老化（100℃ ±1℃、72h）	拉伸强度（抗拉强度）	MPa	≥ 3.5
		断裂伸长率	—	≥ 120%
		静刚度变化率	—	≤ 20%
7	吸水性能	吸水率	—	≤ 0.8%
8	疲劳性能（尺寸：1 ∶ 1 原样。荷载范围：13 ～ 20kN。4Hz、3×10^6 次）	静刚度变化率	—	≤ 20%
		厚度变化率	—	≤ 10%
		外观	—	无异常黏着、碎裂现象
		吸水率	—	≤ 1.0%
9	耐水性能（23℃ ±2℃、全浸 96h）	拉伸强度	MPa	≥ 3.5
		断裂伸长率	—	≥ 130%
10	耐寒性能（−30℃、保持 16h）	静刚度变化率	—	≤ 25%

（3）聚氨酯材料在轨道工程中的典型应用 聚氨基甲酸酯（简称聚氨酯）是由柔性链段与刚性链段组成的两相嵌段共聚物。柔性链段是聚醚或聚酯组成的软段非晶区，刚性链段为硬段晶区。这种独特的两相结构赋予了聚氨酯材料优异的物理、化学和力学性能。聚氨酯原料广泛，通过调节柔性链段和刚性链段的比例可以满足不同的使用要求，因此聚氨酯材料在轨道工程中的应用日益广泛。

聚氨酯弹性垫板是高速铁路扣件中关键的减振部件，其在火车高速运行过程中起到缓冲减振的作用，减少高频振动对基础设施的影响。聚氨酯固化道床是将软质聚氨酯泡沫灌注到有砟轨道的道砟中，将道砟粘接在一起，形成弹性轨道，被称为继有砟轨道和无砟轨道之后的第三种轨道结构，被用于地震断裂带、长大桥梁等特殊地段。聚氨酯注浆抬升材料是一种硬质聚氨酯泡沫，其主要用于轨道平顺性修复，轨道线路发生沉降，可采用向路基下注入聚氨酯注浆抬升材料，将轨道抬升，恢复线性。

聚氨酯弹性垫板的尺寸应符合设计图的规定（图 3-8），其外观不应有缺角和大于 2mm 的毛边，老化前的拉伸强度 ≥ 2MPa，老化前断裂伸长率 ≥ 150%，老化后的拉伸强度 ≥ 1.8MPa，老化后断裂伸长率 ≥ 120%，其压缩永久变形 ≤ 5%，工作电阻 ≥ $1\times10^7\Omega$，耐油性 ≤ 5%。聚氨酯弹性垫板有两种形式，其静刚度分别为（35±5）kN/mm 和（23±3）kN/mm，动静刚度比不应大于 1.35，经 300 万次荷载循环后不应裂损，永久变形不应大于 10%，静刚度变化率不应大于 15%，用于严寒地区的聚氨酯弹性垫板低温静刚度变化率不应大于 20%。聚氨酯弹性垫板是高速铁路扣件中关键的减振部件，其在服役过程中受高频动荷载和环境耦合作用，发生物理和化学老化，导致减振性能衰减，垫板静刚度升高，使脱轨风险显著增加。

图 3-8　聚氨酯弹性垫板

聚氨酯固化道床一般是现场施工成型，将混合好的 AB 混合料灌注到道砟缝隙中，其发生化学反应，在道砟的受限空间内膨胀，形成双梯形道床结构（图 3-9）。其自由发泡的密度≥ 150kg/m^3，压缩强度≥ 12kPa，拉伸强度≥ 0.25MPa，断裂伸长率≥ 140%，撕裂强度≥ 500N/m，压缩永久变形≤ 10%，干热老化后拉伸强度保持率≥ 70%，断裂伸长率保持率≥ 70%，湿热老化后拉伸强度保持率≥ 70%，断裂伸长率保持率≥ 70%，阻燃性能的平均燃烧时间≤ 30s，平均燃烧高度≤ 250mm，氧指数≥ 26%。聚氨酯固化道床为户外现场施工，由于聚氨酯材料在潮湿界面粘接强度会迅速衰减，在雨后需要对道砟进行热烘处理，以保证粘接强度。在施工过程中还要对断面进行确认，确保形成双梯形连续固化道床结构。

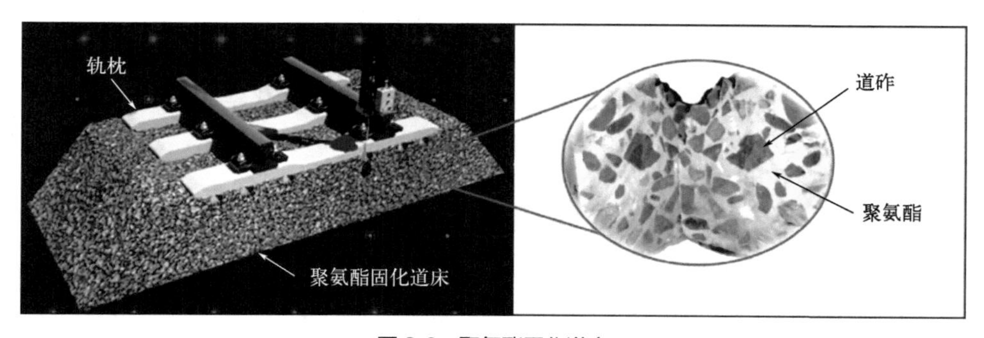

图 3-9　聚氨酯固化道床

聚氨酯注浆材料是一种特殊硬泡聚氨酯材料，其注入级配碎石中，可以将级配碎石粘在一起，形成有机无机结合的固结体（图 3-10），其发泡密度≥ 200kg/m^3，其起发时间为 5 ～ 10s，表干时间为 10 ～ 30s，黏度≤ 250mPa • s，自由膨胀抗压强度≥ 0.7MPa，膨胀力≥ 0.5MPa，收缩率≤ 0.5，断裂伸长率≥ 2%，经历 1000 万次疲劳不开裂，残余变形≤ 5%，在 pH 值为 2 ～ 13 的溶液中浸泡 90d，外观无变化。聚氨酯注浆材料一般也是现场施工，在雨天或路基下有水的工况下，还要求聚氨酯注浆材料遇水不发泡，与级配碎石有较好的粘接强度。

图 3-10　聚氨酯注浆材料固化的级配碎石

3.2 轨道工程对新材料的战略需求

铁路工程对抗疲劳和环境耦合作用的高性能高耐久高分子材料，如对适应更高速度运行要求高速铁路扣件用材料、适应更复杂环境的高原铁路工程用高分子材料、适应更苛刻严酷的重载铁路工程用高分子材料需求迫切。在铁路工程中高分子材料除了承受强紫外、强温变、高湿热等严酷环境的作用，还可能受到列车运行过程中的高频动载作用发生疲劳应力老化，尤其是疲劳应力与环境耦合作用下，会进一步加快高分子材料老化，导致材料性能衰减。虽然应力不能改变材料的化学组成和基本结构，但应力作用会引起高分子材料的物理结构发生变化，加快材料的老化进程。应力可以通过影响分子链断裂活化能和氧的扩散进而加速材料的老化。在低应力的情况下，分子链断裂活化能的降低并不明显，但较大应力或应力作用时间过长时，分子链断裂活化能显著降低，高分子链断裂时间缩短，材料的老化速度明显提高，材料表面一旦出现裂纹，水分子和氧气扩散到材料内部的速率加快，高频疲劳与恶劣环境耦合作用会进一步加快高分子材料的老化速率[8-11]。对高分子材料的静态力学性能研究较多，疲劳性能研究较少。随着它们在结构中的应用，作为工程中最普遍的失效形式之一的疲劳失效，主要通过室内试验进行性能测试来调整高分子材料的结构，对其疲劳—环境耦合作用下的老化机理研究较少。

关于高分子材料疲劳—环境耦合损伤机理尚无报道，目前对橡胶的疲劳老化研究较多，一般认为高分子材料的疲劳破坏机理主要有两种[12]。一种是分子理论，高分子材料的疲劳主要是由于橡胶分子链中的化学键发生断裂，在外加周期作用力下，外加应力使分子链中化学键最弱的地方断裂，分子链被扯断后，生成游离基，游离基与空气中的氧气结合形成过氧自由基，过氧自由基再夺取另一大分子的氢，形成新的大分子自由基和一个氢过氧化物，这个氢过氧化物分解形成两个新的自由基，这些生成的自由基继续反应，引发产生了氧气参与的连锁老化反应。该过程受应力的诱发，且应力越大，频率越高，温升越大，分子链的断裂就越快，引发微裂纹，微裂纹在外力作用下容易引发应力集中，加速周围弱键的断裂，导致更多裂纹出现，宏观上表现为裂纹不断扩展直至破坏。另一种是唯象理论，主要认为高分子材料之所以产生疲劳破坏，最主要的原因是材料内部本来就具有微裂纹、缺陷和气泡，在外力作用下，微小缺陷逐渐发展，最终导致疲劳失效。高分子材料的疲劳破坏主要与其黏弹性有关，分析疲劳过程中微结构和宏观性能演变规律，有助于揭示材料的疲劳老化机理。

荷载与环境耦合作用下，材料的疲劳寿命会加速降低。分析不同热循环对粘接材料疲劳性能的影响发现，随着热循环增加，材料疲劳寿命随着老化周期的增加而减少。室温条件下碳纤维增强树脂和钢的粘接性能较高，耐疲劳性能较高，但是当在一定温度下进行疲劳试验时，材料的耐疲劳寿命显著降低，向材料中添加抗氧剂，可以显著提高材料的疲劳寿命，这是因为抗氧剂可提高材料在疲劳过程中结构变化的稳定性，特别是在高温条件下，这种抗氧剂能够减缓应力活化所引发的氧化反应。也有研究表明，高频疲劳老化过程中材料内部会发生相分离，小分子助剂（抗氧剂、抗紫外剂等）向表层的迁移速率加快，使材料的抗老化性能降低。目前，关于湿度对高分子粘接材料疲劳特性的研究几乎呈现出类似的结果，疲劳寿命随着湿度增加而降低。在不同湿度条件下，失效荷载随着温度的升高而降低，相同温度条件下，湿度越高，失效荷载越低。研究结果表明，升高温度可降低材料的疲劳寿命曲线斜率，而吸湿不改变材料疲劳寿命曲线斜率，只降低了疲劳强度，温度升高可以加速湿气扩散，影响聚合物胶黏剂的疲劳强度，当温度和湿度耦合作用时，对复合材料疲劳性能影响更加明显。紫外辐照能加速材料的失效，使疲劳寿命缩短。应力和紫外的共同作用使苯乙烯 - 丁二烯 - 苯乙烯热塑性弹性体疲劳寿命急剧缩短。这是因为只有应力作用时，表面裂纹生成速度和扩展速度较低，而在应力和紫外的共同作用下，分子链断裂更为容易，裂纹生成速度和扩展速度加快，并且微裂纹的生成使氧能顺利进入材料内部，加剧材料内部氧化断链反应，从而更快引发材料失效，疲劳试验后材料表面出现裂纹更明显，破坏更严重[13]。

橡胶的类型对橡胶材料的疲劳寿命影响很大，处于结晶期的橡胶能降低对环境的敏感度，从而提高材料的疲劳寿命[14]。对天然橡胶和丁苯橡胶进行拉伸疲劳试验，结果表明由于橡胶应变结晶的影响，两种橡胶的耐疲劳性能随着应变的增加发生了变化，具体表现为低应变时，丁苯橡胶的疲劳性能优于天然橡胶；在较高应变时，天然橡胶的疲劳性能则高于丁苯橡胶。橡胶的交联类型和密度影响其疲劳性能，在平均交联密度的情况下，以单硫交联键为主的硫化胶的耐疲劳性能要比多硫交联键的硫化胶差[15-16]。当硫黄与促进剂的用量太大时，会导致橡胶的屈服疲劳性能变差，只有当硫黄和促进剂的配比为 2 ∶ 1 时，硫化橡胶的耐屈服疲劳性能最好，这是因为此时橡胶内部交联密度的增加，对其强度的提高以及弹性的破坏达到一个平衡状态。通过向橡胶基体中添加炭黑等填料可以延长其疲劳老化寿命，炭黑的分散性以及炭黑与橡胶体的结合力大小也是影响橡胶疲劳性能的重要因素[17]。通过对填料表面进行改性，可以有效提高填料与橡胶基的结合力及填料的分散性，硫化天然橡胶的抗疲劳破坏性能可以得到明显改善。

稀土具有硫化促进、热稳定、交联、填充补强等作用，能作为交联剂或硫化促进剂来影响橡胶的性能，使橡胶具有更好的抗热氧化性，提高热稳定性、抗疲劳等[18]。分析氧化铈填充硫化橡胶的单轴循环特性，发现氧化铈的添加类型和份数对硫化橡胶的疲劳寿命有着重要的影响，在相关的应变加载值下，氧化铈填充的天然橡胶的疲劳寿命随着氧化铈添加的类型和份数的不同而变化，但都大于未添加氧化铈的硫化橡胶的疲劳寿命。添加微米级氧化铈的硫化橡胶疲劳寿命大于添加相同份数的纳米级的硫化橡胶的疲劳寿命，添加大分数的氧化铈可以更大程度地提高橡胶的疲劳寿命[19-20]。

3.3 当前存在的问题与面临的挑战

轨道工程用高分子材料在高频疲劳荷载—环境耦合作用下微结构与性能的关系急需建立。轨道工程用高分子材料，尤其是扣件系统用高分子受到高频疲劳和环境耦合作用，其性能衰减速率较常规服役环境要快，急需深入研究近服役条件扣件系统用高分子材料在高频荷载与环境耦合作用下化学结构和微相结构的演变规律，揭示其疲劳老化机理，建立服役条件下高分子材料长效稳定性的评价模型，并指导 / 预测高分子材料的最优结构。设计材料成型工艺，调控微相结构和界面结构，利用发展的模型和平台，对其高稳定性 / 长服役寿命进行验证和评估。轨道工程用高分子材料生产过程精细化程度有待提高。高分子材料的微相结构影响材料的性能，传统高分子材料加工精细化程度有待提高，如何在加工过程中调控抗疲劳的微相结构是一项关键技术。

3.4 未来发展

截至 2023 年年底，我国铁路总里程约 15.5 万公里，其中高速铁路约 4.4 万公里，新建和运营铁路需要用大量的高分子材料。随着公转铁的实施，重载铁路轴重的增加，对在重载铁路工程中服役的高分子材料耐久性要求更高。我国幅员辽阔，随着西部铁路的建设，高寒、强紫外、大温差等更加恶劣的环境会出现，对高分子材料的性能要求更高。目前，铁路工程中应用的高分子材料已经大部分实现了国产化，聚氨酯弹性垫板用关键原材料目前主要依赖进口，急需攻克聚氨酯弹性垫板用关键原材料国产化，进一步提高材料的性能，满足未来铁路工程需求。

参考文献

作者简介

董全霄，博士，研究员，毕业于中国科学院化学研究所，之后在化学和土木工程两个领域从事博士后研究工作。主要从事轨道高分子材料应用研究，先后主持国家自然科学基金、河北省科技重大专项等 5 项，参与国家重点研发计划等各类课题 20 多项。参与编写行业标准 3 项，授权发明专利 39 项，核心技术已在高铁工程、工民建领域实施应用，发表论文 48 篇，参与完成译著 3 部，参编行业标准 3 项，《聚氨酯工业》编委，*Composites Part B: Engineering* 等期刊审稿人。

常杰，高级工程师，毕业于河北科技大学高分子材料与工程专业，之后在工程塑料配方应用和加工成型方面从事研究和产业化。主要从事双螺杆改性材料配方研发、工艺研究及设备改造、热塑性弹性体产品注塑加工成型、高铁塑料扣件材料配方研发以及注塑成型、尼龙雷制品自动化生产改造等。主持 2 项市级课题，先后参与河北省重点研发计划等课题 19 项，发表学术论文 7 篇，获得发明专利 8 项，获河北省高企协科技进步一等奖。

闫思梦，工程师，毕业于河北科技大学材料工程专业，研究方向为高性能橡胶复合材料。目前主要从事轨道弹性材料应用研究，先后主持和参加国家重点研发计划 2 项，河北省科技重大专项 2 项，河北省课题 1 项，石家庄市课题 2 项。参与编写团体标准 1 项，发表论文 14 篇，授权专利 13 项，相关技术已应用于铁路扣件领域。

第 4 章

热伏发电技术与应用进展

李克文　陈　阳　何继富　朱昱昊　杨国栋　杨路余

在全球能源和环境危机日益加剧的背景下，废热回收（WHR）成为解决能源效率和环境影响的关键领域。热伏发电技术即 TEG 技术在这一领域具有很大的应用潜力，该技术能够将工业和电力生产过程中没有利用的废热（WH）直接转换为电能，为企业和社会提供一个减少能源消耗、降低碳排放和降低成本的有效途径。

本章将重点探讨 TEG 在废热 / 余热回收方面的最新进展，特别是在汽车、工业和燃料电池领域的应用。在汽车行业中，TEG 能够将发动机和尾气系统产生的废热有效转换成电能，提高整车的能源效率并减少尾气排放。在工业领域，通过应用 TEG，企业能够利用生产过程中产生的废热发电，从而显著降低能源消耗和减少对环境的影响。此外，在回收燃料电池废热的应用中，TEG 同样能够实现发电，从而进一步提高系统的能源效率。

通过深入分析 TEG 在这些关键领域的应用案例，本章旨在展示 TEG 技术在提高能源利用效率、减轻环境压力及降低运营成本方面的重要价值。随着技术的进步和创新，TEG 在废热 / 余热回收应用的前景将更加广阔和多元化。

4.1 汽车废热回收

传统化石燃料动力汽车通过尾气系统排放出大量的废热，对环境造成了影响。将这些废热的一部分转换为电能，即使是以 6% 这样的比例，也能减少高达 10% 的燃料消耗 [1]，有利于改善环境和提高能源效率。因此，很有必要高效回收汽车的废热 [2]。

尽管 TEG 的效率较低，但由于其具有重量轻、无运动部件、低维护和可靠性高等优点，在汽车废热回收方面大有可为。汽车尾气系统中使用 TEG 可以追溯到 20 世纪 90 年代初，Hi-Z 公司为了柴油卡车的尾气余热，采用了 TEG 技术 [3-4]。该 TEG 系统配有 72 个 Bi_2Te_3 模块和水冷散热器，能够利用尾气废热产生 1kW 的电力。2004 年，汽车尾气 TEG 项目尝试应用于 GM 汽车皮卡，实现的发电量为 140 ～ 225W [5]。2007 年，Thacher 等 [6] 在一辆皮卡车的尾气系统中安装了 16 个 HZ-20 TEG 模块，测试结果显示，当皮卡车的车速为 112.6km/h 时，可以产生高达 229W 的功率。2009 年，宝马公司（BMW）启动了 ATEG 项目，该项目将基于 Bi_2Te_3 材料、ZT 值为 0.4 的 TEG 集成到 BMW 530i 车型中。测试结果显示，当汽车以 130km/h 的速度行驶时，TEG 可以产生高达 200W 的电力。经过一系列测试和分析，预计通过集成 TEG 可使车辆油耗降低 1% ～ 8% [5]。2011 年，Hsu 等 [7] 开发了一套集成了 24 个 TEG 模块的废热回收系统，该系统在 30℃的温差下可以产生 12.41W 的功率。

为了进一步提升 TEG 废热回收系统的性能，研究人员提出了多种改进措施，包括集成热管、优化热交换器、使用纳米流体冷却剂以及改进 TE 模块设计等。在热管的利用方面，Kim 等 [8] 提出将 10 个热管整合到 TEG 废热回收系统中［图 4-1（a）］来改善传热，该集成系统包含了 224 个 TE 模块，并实现了 350W 的高功率输出。在此概念的基础上，研究人员还探索使用可变热导热管（VCHP）来优化热传递，该方法在改善传热的同时可以避免 TE 模块温度过高 [9-11]。此外，Orr 等 [12] 提出了一种新型热管 TEG 装置［图 4-1（b）］。这一系统的独特之处在于它巧妙地使用了不同类型的热管，包括以水为换热介质和以萘为换热介质的热管，尾气首先通过萘热管而后通过水热管。模拟结果表明，该装置能够从 8kW 的机械功率中产生 53.75W 的电力，同时还能减少 1.125% 的二氧化碳排放量，从而实现高效能和环境友好的双重目标。

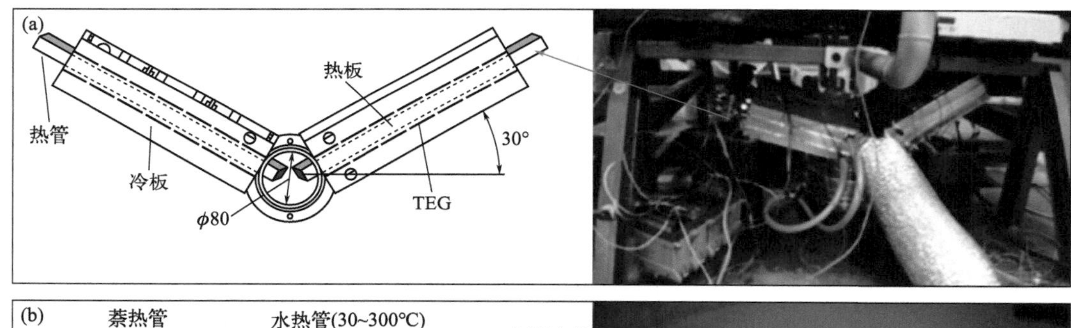

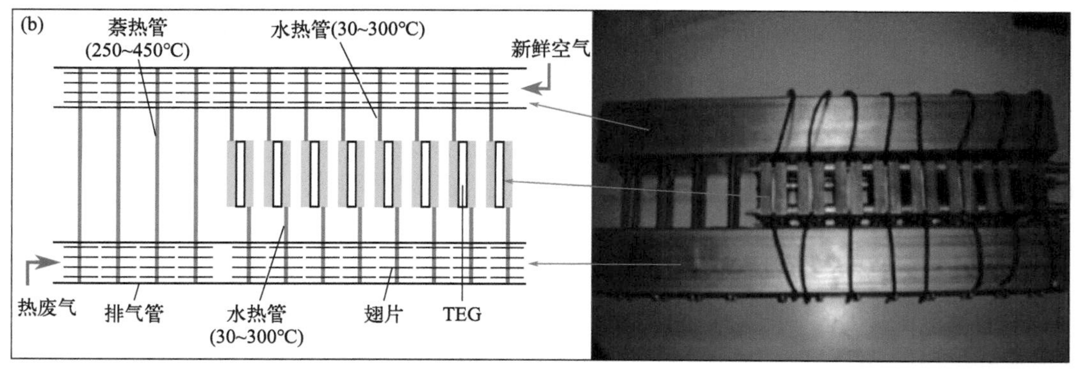

图 4-1　带热管的汽车尾气 TEG 余热回收系统

（a）TEG 的热侧连接到热管（功率 =350W）[8]，（b）TEG 的两侧连接到热管（功率 =53.75W）[12]

此外，研究人员还提出了一系列不同的换热器设计方案，旨在通过优化换热器的内部结构来增强热传递效率。例如，一些研究尝试改变换热器内部翅片的长度和分布模式，构建了诸如鱼骨形、不规则形和长翅片换热器等来提高热传递效率[13-14]。Liu 等[13]比较了使用不规则形和鱼骨形换热器的汽车尾气废热回收系统的性能［图 4-2（a）］，模拟结果显示，使用不规则形换热器的系统输出功率为 183.24W，而基于鱼骨形换热器系统的输出功率为 160.21W，这表明不规则形换热器的热传递效率更高。Ma 等[15]将纵向涡流发生器（LVG）集成到板翅式换热器中［图 4-2（b）］，相比于简单的具有平滑通道的板翅式换热器，这种设计使温差提高了 41% ～ 75%，输出功率增加了 59% ～ 153%。Choi 等[16]提出了一种带有穿孔板的翅片式换热器［图 4-2（c）］，这一改进使 TEG 废热回收系统的功率输出提升了 44.5%，能量转换效率提高了 10.1%。然而，需要注意的是，为了避免过大的背压，穿孔板的孔隙率必须高于 0.32。进一步研究显示，在发动机转速为 1400r/min、多孔板孔隙率为 0.32 的条件下，TEG 的最大输出功率可达 92.3W。不同于上述研究，Karana 和 Sahoo[17]提出了一种基于纽带式换热器的 TEG 废热回收系统［图 4-2（d）］。他们的实验研究表明，在特定的绞带配置下，该系统的最高净功率输出可达 75W，比基于传统具有光滑内部结构换热器的系统高出约 30%。

虽然通过集成翅片和纵向涡流发生器可以增强热交换效率，但它们也可能会导致背压升高，从而可能增加燃料消耗[18]。为了解决这一问题，一些研究提出在热交换器的内表面上创建凹槽，以期在防止背压升高的同时增强传热。Wang 等[18]对基于这种换热器的 TEG 废热回收系统进行了研究，他们减少了换热器内部翅片的数量，并在内表面增加了圆柱状凹槽来增强换热［图 4-2（e）］，后续的研究在这种结构的基础上进行了进一步的改进，将换热器内表面的圆柱状凹槽替换为了圆形凹坑［图 4-2（f）］，这种方法在增强传热的同时最小化了压力损失，从而显著提升了净功率输出[19]。凹坑式换热器的一个显著优势在于它能够减少压力损失。进一步研究显示，在车速为 125km/h、发动机功率为 47kW 时，采用凹坑式换热器的 TEG 余热回收系统比采用翅片式换热器的系统多产生 133.46W 的功率，功率提升幅度达到了 173.60%[20]。此外，也有研究提出利用金属泡沫填充换热器，以在不显著增加流动阻力的同时改善传热[21]。相关研究表明，与空心换热器相比，使用金属泡沫填充的换热器使外表面温度提高了 62.1℃，并将 TEG 输出功率提高到 323.42W，相比空心换热器的 119.02W 输出功率，增幅可达 170%。

除了对换热器内部结构的优化外，Kim 等[22]提出了一种无内部结构的直接接触式汽车尾气废热回收系统。在该系统中，TE 模块直接与热源连接，而不是连接到换热器的外表面。实验结果显示，在发动机转速为 2300r/min 时，该系统的最大输出功率为 43W，转换效率为 2.0%。此外，Zhao 等[23]也提出了一种新型的 TEG 废热回收系统，该系统不与换热器直接接触。相反，尾气通道浸入中间流体中，该中间流体因废热而蒸发，在 TE 模块的热侧冷凝并释放热量。模拟结果表明，与传统 TEG 系统相比，该系统的峰值输出功率增加了 32.6%，TE 模块最优面积减少了 73.8%，功率密度峰值可达 1162W/m^2，是传统 TEG 系统的 5.12 倍。除了对 TEG 热侧换热器的优化外，Gürbüz 等[24]针对 TEG 废热回收系统的冷侧换热器进行了优化。他们使用蛇形铜管作为丙烷的流动通道，发动机冷却剂在其周围循环，并通过散热器将热量传递到环境中。丙烷的引入提高了 TEG 的温差，从而提高了发电量。在发动机转速为 4500r/min 的条件下，使用丙烷时 TEG 的最大直流功率输出为 90.2W，能量转换效率为 3.02%；而在没有使用丙烷的情况下，TEG 的输出功率为 79.6W，能量转换效率为 2.69%。在另一项

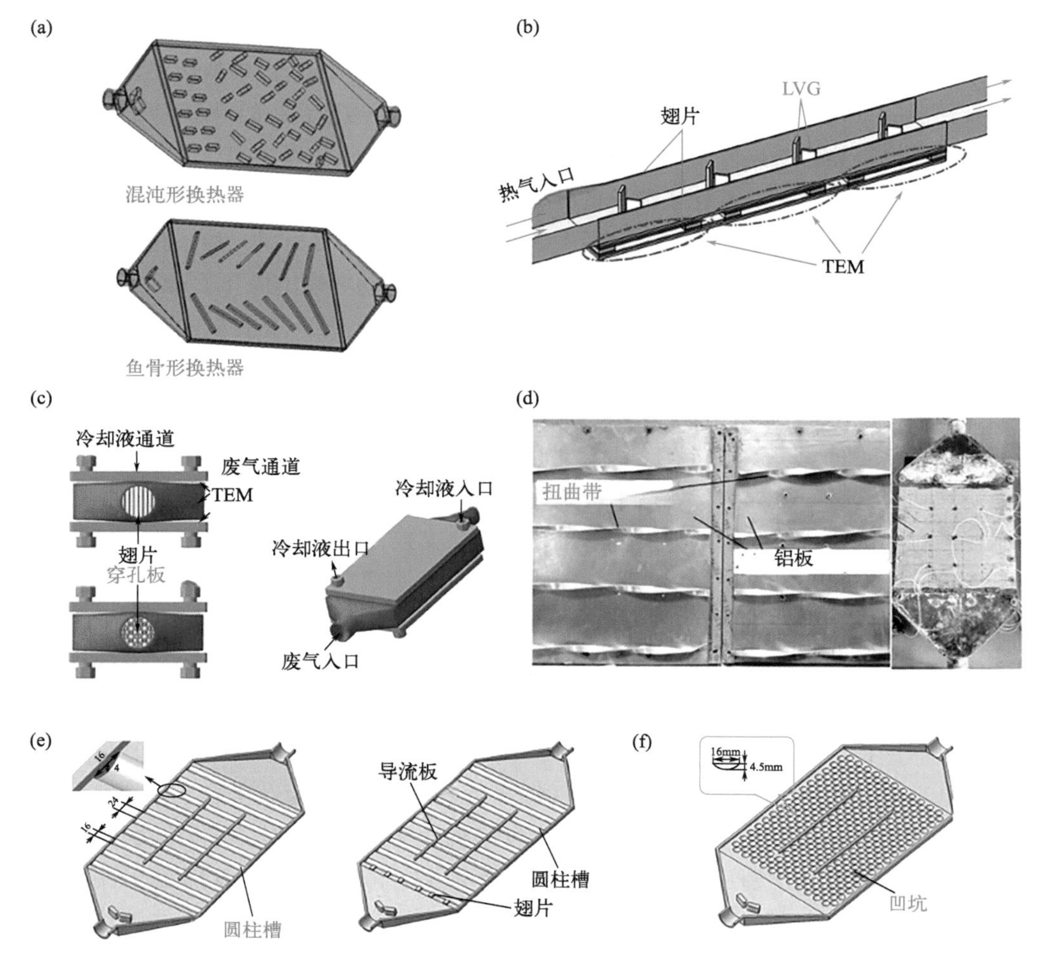

图 4-2　不同内部结构的汽车尾气 TEG 余热回收系统的换热器

(a) 带有不规则和鱼骨形翅片的换热器[13]，(b) 带有纵向涡流发生器的换热器[15]，(c) 配备穿孔板的翅片式换热器[16]，(d) 带扭曲带的换热器[17]，(e) 带圆柱槽的换热器[18]，(f) 带凹坑的换热器[19]

研究中，Ge 等[25]探讨了 TE 模块数量对 TEG 废热回收系统性能的影响。研究显示，虽然增加模块数量可以提高总输出功率，但也会显著降低每个模块的平均输出功率。

考虑到 30% 的燃油消耗能量会通过发动机冷却液以废热的形式排放到环境中，一些研究除了使用 TEG 回收汽车尾气的废热，也会用其来回收发动机冷却液中的废热。Kim 等[26]研究了一个 TEG 系统，其 TE 模块的热侧连接在发动机冷却液换热器的外表面，而冷侧通过热管和散热器进行冷却。实验结果显示，在 80km/h 的行驶速度下，TEG 模块的最大输出功率可达 75W，计算效率为 2.1%。

表 4-1 对上述研究进行了总结。需要指出的是，虽然大量研究探索了 TEG 在汽车废热回收系统中的应用，但大多数研究仍局限于实验室环境。未来需要进行更多的道路测试。此外，虽然相关研究已经提出了各种换热器优化方法，但仍需进行系统性的比较研究以确定最有效的方案。目前的研究已经证明了将 TEG 技术应用于汽车行业的可行性，但基于 Bi_2Te_3 的 TEG 的高成本和低效率阻碍了其广泛采用。

表 4-1 TEG 在内燃机驱动车辆中的应用

年	结构新颖性	温差 / ℃	发动机转速 /（r/min）	车速 /（km/h）	功率 /W	功率密度 /（mW/cm^2）	效率 /%	参考文献
1994	旋流鳍片安装在中心位移体上	—	1700	—	1068	521.35	—	[3]
2004	—	—	—	—	140～225	—	—	[5]
2007	—	—	—	112.6	229	2290	—	[6]
2009	—	—	—	130	200	—	—	[5]
2011	在进气口增加了两个倾斜块	30	3500	—	12.41	9.74	0.3	[7]
2011	采用热管增加传热面积	—	—	—	350	97.66	—	[8]
2014	使用鱼骨形换热器	—	3000	—	183.24	122.16	—	[13]
2015	TE 模块的两侧都使用热管进行传热	—	—	—	53.75	119.44	2.95	[12]
2016	提出了一种带有内部圆柱形槽的换热器	—	—	—	207.8	85.94	1.04	[18]
2017	使用了泡沫金属换热器	140	—	—	323.42	179.68	—	[21]
2017	提出了一种直接接触式汽车 TEG 系统	—	2300	—	43	55.53	2	[22]
2018	提出了一种内表面凹陷的换热器	—	—	—	618	126.64	0.68	[20]
2019	提出了一种带穿孔板的翅片式换热器	—	1400	—	92.3	91.67	—	[16]
2019	提出了一种新型的基于中间流体的汽车 TEG 系统	130	—	—	—	116.2	5.4	[23]
2021	应用了扭曲带式换热器	—	—	—	75	119.58	—	[17]
2022	对 TE 型号两侧的换热器进行了优化	150	4500	—	90.2	119.84	3.02	[24]

4.2 工业废热利用

工业废热是工业生产过程中产生的热量，通常这部分能量没有被有效利用并被排放到环境中[27]。有研究估计，工业生产中消耗能量的 20% ～ 50% 会转变为热量，而由于回收能力有限，其中 33% 会以废热的形式排放到环境中[28]。有研究表明，ZT 值在 1 ～ 2 之间的 TEG 系统具有从工业废热中回收 0.9 ～ 2.8TWh/ 年的潜力。此外，随着纳米技术的进步，TEG 系统的发电效率甚至可以达到 15% 或更高[29]。工业废热根据温度的不同，可以划分为高温废热（＞ 400℃）、中温废热（100 ～ 400℃）和低温废热（＜ 100℃）[30]，其中低温废热最为常见，但又经常被忽视。TEG 可以回收利用这些不同类型的废热，是针对工业废热回收的一个有潜力的技术。接下来，我们将介绍 TEG 在各种工业环境中的应用。

TEG 技术已被应用于能源密集的钢铁行业。Kuroki 等[31-32]介绍了一种利用钢铁产品辐射热发电的 TEG 系统［图 4-3（a)］，该系统由 56 个 TEG 单元组成，每个单元包含 16 个 Bi_2Te_3 TE 模块。实验结果显示，在板坯温度约为 915℃、板坯宽度为 1.7m 的条件下，一个尺寸为 4m×2m 的 TEG 系统，能够产生约 9kW 的输出功率。在另一项研究中，Ghosh 等[33]对基于 TEG 的铸钢板辐射热余热回收系统进行了数值模拟研究。模拟结果表明，具有特定特性的纳米级 $Bi_{0.5}Sb_{1.5}Te_3$ 和 $Bi_2Te_{2.7}Se_{0.3}$TEG 模块，在距离温度为 927℃热钢板 2m 处可实现高达 1.5kW/m^2 的功率密度和 4.6% 的系统效率。这种设计预计的电力成本为 0.2USD/W，与现有的光伏或太阳能 TEG 系统相比具有良好的市场竞争力。最近，Miao 等[34]通过数值模拟进一步改进了 TEG 的设计，并在我国一家钢铁公司的生产线上进行了测试［图 4-3（b)］。改进后

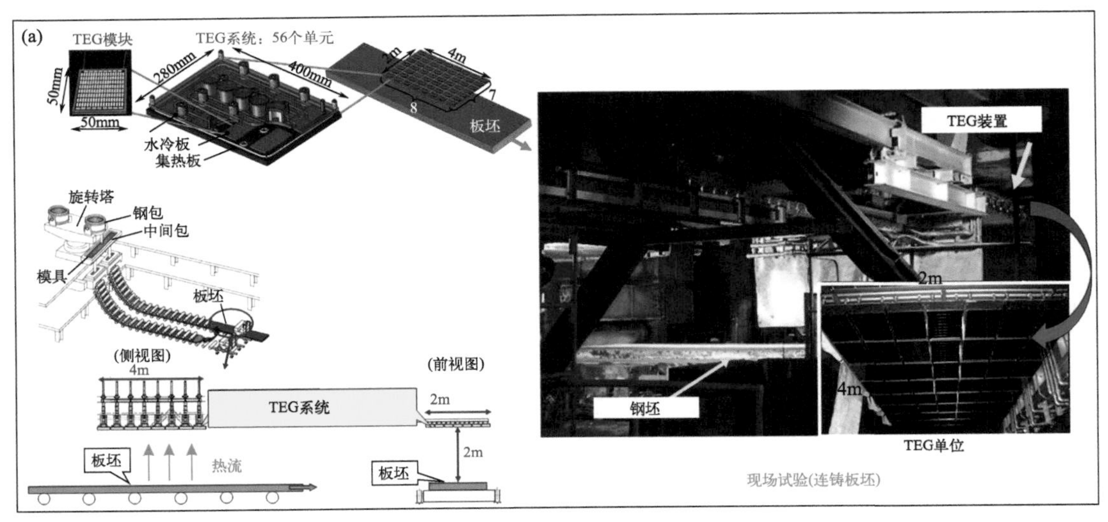

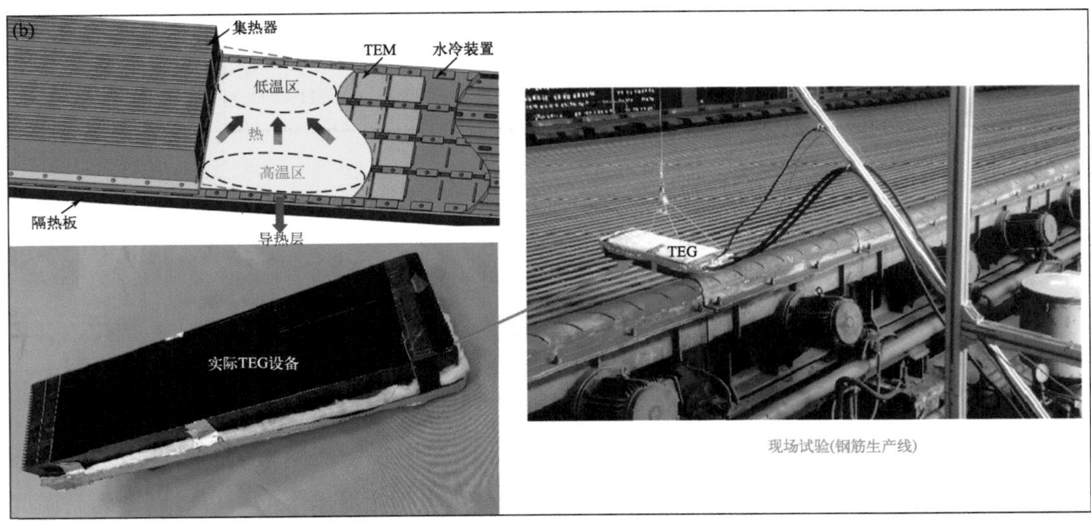

图 4-3　利用（a）连铸板（功率 =9kW）[31-32]和（b）钢筋生产线（功率 =55.7W）[34]的辐射热发电

的 TEG 由 TE 模块、水冷系统、柔性石墨导热层、碳纤维绝缘层和铝合金集热器组成。水冷系统放置在 TE 模块的冷侧，而热侧通过导热层确保均匀加热。在导热层的另一侧，放置了一个集热器，此外，TEG 用绝缘层包围。现场试验采用了 20cm×70cm TEG 系统，集热器面向生产线放置。在稳定运行状态下，TEG 热侧可以达到 75.8℃，两侧温差 53.5℃。在此状态下，TEG 系统发电 55.7W，成本约为 1.69USD/W。

水泥生产过程中也会产生大量的废热，其中 10% ～ 15% 的废热会通过回转窑的外表面释放到环境中。目前，已经有相关研究提出利用 TEG 系统来回收这部分废热，由于回转窑是连续旋转的，TEG 无法直接安装在其表面，因此通常将其放置在距离回转窑一定距离处，并通过回收辐射热来发电。2013 年，Hsu 等[35]利用 32 个 TEG 单元来回收回转窑表面的辐射热，实验中 TEG 两侧的温差可以达到 120℃，并输出 214W 的功率，但该装置的可扩展性仍未得到证实。在另一项研究中，Luo 等[36]提出利用 TEG 系统来回收波特兰水泥窑表面的辐射热，并预测使用 Bi_2Te_3-PbTe 混合 TE 材料可实现 210kW 的大输出（图 4-4），然而，其平均效率较低，仅为 2.81%，引发了对该系统经济可行性的质疑。2019 年，Mirhosseini 等[37]提出将环形铝合金吸热板集成到 TEG 废热回收系统中，并对该系统进行了数值模拟研究。在该研究中，回转窑表面温度被设定为 500℃，与吸热板之间有 0.4m 的间隙。模拟结果显示，填充因子为 0.1 的基于 Zn_4Sb_3 的 TEG 系统的功率密度约为 $0.25kW/m^2$，而填充因子为 0.05 的基于 Bi_2Te_3 的 TEG 系统的功率密度约为 $0.119kW/m^2$。Bi_2Te_3 基的 TEG 系统投资回收期为 8.30 年，而 Zn_4Sb_3 基的 TEG 系统投资回收期为 3.58 年，后者更适合水泥回转窑余热回收。2022 年，Gomaa 等[38]对比了水冷和风冷对水泥厂 TEG 废热回收系统性能的影响。与之前的研究类似，

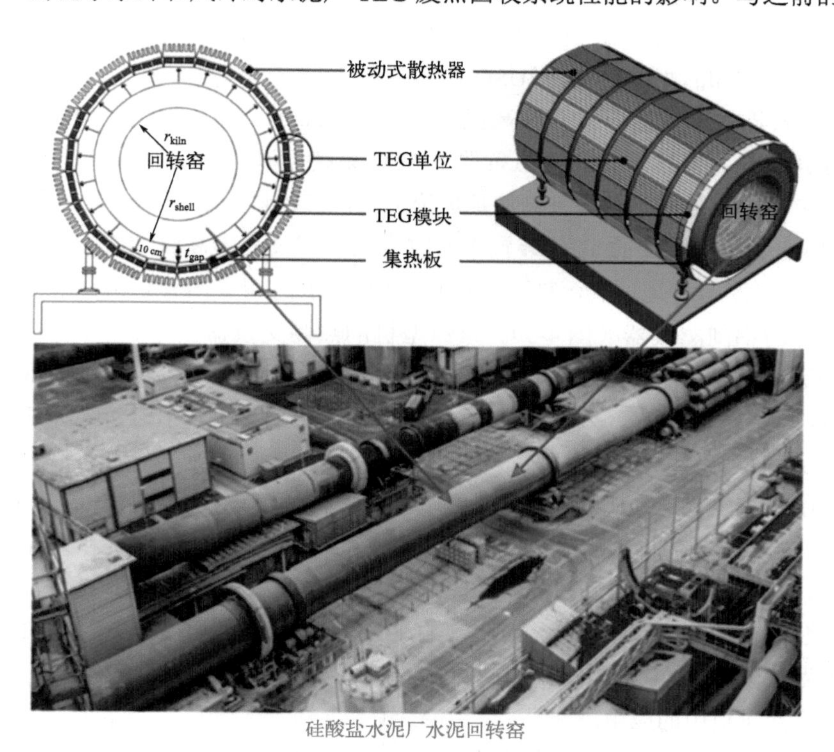

图 4-4 使用 TEG（功率 =210kW）从回转窑表面回收余热[36-37]

TEG被放置在一个辅助同轴外壳上。在风冷的条件下，该系统可以输出11.8W的功率，效率为4.47%，而在水冷的条件下，该系统可以输出12.37W的功率，效率为4.71%。虽然水冷将TEG输出功率提高了4.4%，但成本也提高至2.2USD/W，而强制风冷的成本为0.75USD/W。总体而言，尽管TEG效率和电力输出不断提高，但这些系统在水泥生产中的财务和运营实用性仍然不确定。

烟囱是各个工业场景下排放废气的主要通道，这些废气中往往携带着大量的余热，因此，一些研究提出采用TEG系统来回收烟囱壁的废热。2013年，Jang等[39]模拟了嵌入烟囱壁的TEG系统，模拟结果显示，TEG两侧的温差可以达到150.7℃，在该温差下，TEG系统的功率密度可达3000W/m^2。然而，这项研究仅为模拟，其实际适用性尚未经过验证。2015年，Aranguren等[40]则将TEG系统安装在了烟囱的外部，该系统也可输出21.56W的电力。2019年，Khalil和Hassan[41]使用改进的散热器将输出功率显著提高了129%，但没有解决长期可靠性问题。2022年，Eldesoukey和Hassan[42]提出了一种使用微通道换热器的TEG烟囱余热发电系统。他们还研究了纳米流体对TEG输出功率的影响。结果表明，与传统水冷却相比，Cu-水纳米流体和Al_2O_3-水纳米流体使TEG输出功率分别提高了约14%和4%。使用Cu-水纳米流体冷却，结合8cm×8cm散热器和微通道换热器，TEG系统可输出10W（功率密度为6.25kW/m^2）的电力。

熔化玻璃需要极高温度的热气体（1500℃），一般通过火口引入玻璃熔池。这意味着大量的废热通过火口流失到环境中。Yazawa和Shakouri[43]提出将水冷TEG嵌入火口的耐火墙中以回收废热。进一步研究表明，嵌入火口墙壁的TEG系统的温差可以维持在1440℃，功率密度可达到1721W/m^2[44]。改进的TEG系统有潜力利用500t/d玻璃制造工艺中的余热产生55.6kW的电力，增加的成本为1～2USD/W。

类似地，岩棉生产过程中也含有高温工作程序。Araiz等[45]建议在熔炉尾气管上安装TEG来回收其废热，研究认为在理想条件下TEG系统可以产生高达45.8kW的电力。值得注意的是，这一发现在很大程度上仍然是理论上的，有待进一步的验证。在另一项研究中，Casi等[46]构建了一个紧凑的TEG装置来回收岩棉生产过程中高温烟气中的废热。该TEG由1根含23个铜棒的管道、4个TE模块和2根充满水的铜管热管组成。这些管子连接到带有冷凝翅片的铝制蒸发器（图4-5）。该原型机的热侧交换器位于340℃的高温烟雾通道中，并经过隔热处理以最大限度地减少热量损失。在30d的测试中，TEG两侧的平均温差为70.8℃，可以产生4.6W功率，效率为2.38%。这种有限的效率引发了对其经济可行性的质疑，表明该TEG系统仍需进一步优化。

除了上述研究之外，Huang等[47]利用TEG将大气压等离子体射流（APPJ）系统中的废热转化为电能。产生的电力用于运行多功能监控系统，监控APPJ温度和附近的空气质量。在该研究中，作者将两个TEG（3cm×3cm）放置在方孔平台上。顶部TEG两侧可以实现120℃的温差并输出1.25W的电力，而底部的TEG两侧温差为40℃，产生约0.5W的电力。它们在电压为7～8V下共同提供1.5～2.0W的功率，足以为监控系统供电。表4-2总结了TEG在工业余热发电中的应用。

总而言之，TEG技术在工业余热发电、炼钢、水泥生产、石棉制造、玻璃熔化和工厂烟

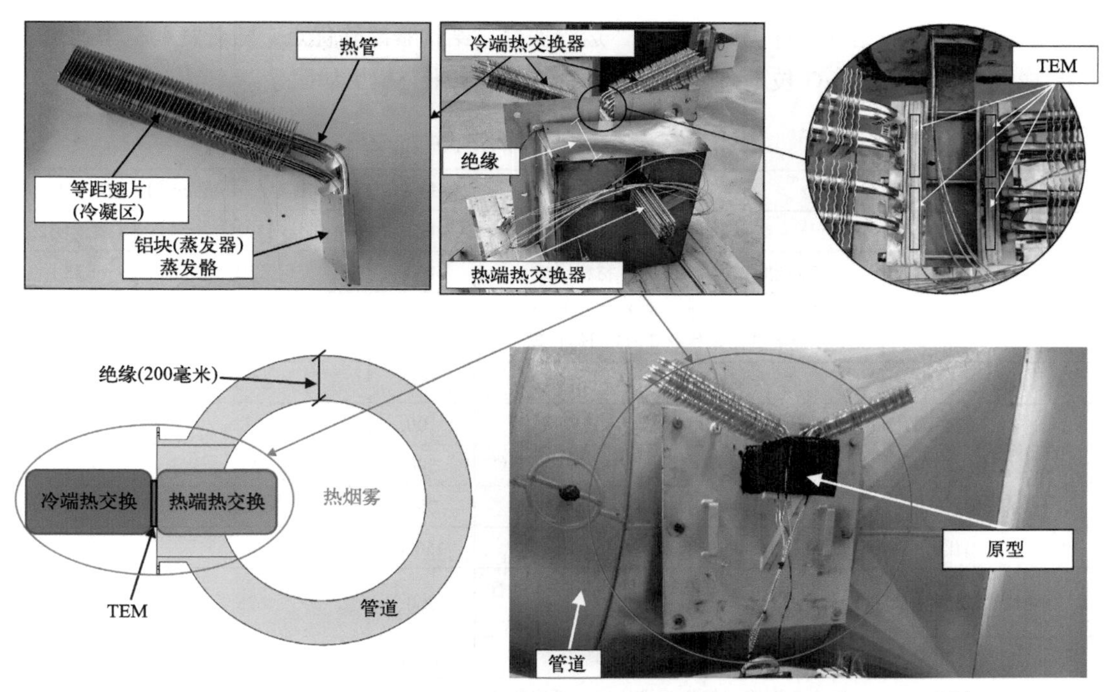

图 4-5 用于从岩棉生产过程中产生的热烟中回收废热的 TEG 系统（功率 =4.6W）[46]

囱等领域有着广泛的应用。图 4-6 总结了不同研究的 TEG 系统的功率密度。这些研究报告的功率密度范围为 25 ～ 625mW/cm^2，功率密度通常随着温差的增加而增加。虽然 TEG 技术在众多研究中显示出巨大的工业废热回收的潜力，但值得注意的是，由于 TE 材料的热膨胀和收缩，与升级 TEG 模块相关的挑战，暴露于较大反复温度波动的 TEG 可能会对 TE 元件和焊点产生更大的应力，从而可能影响性能和使用寿命。尽管如此，与传统的余热发电系统相

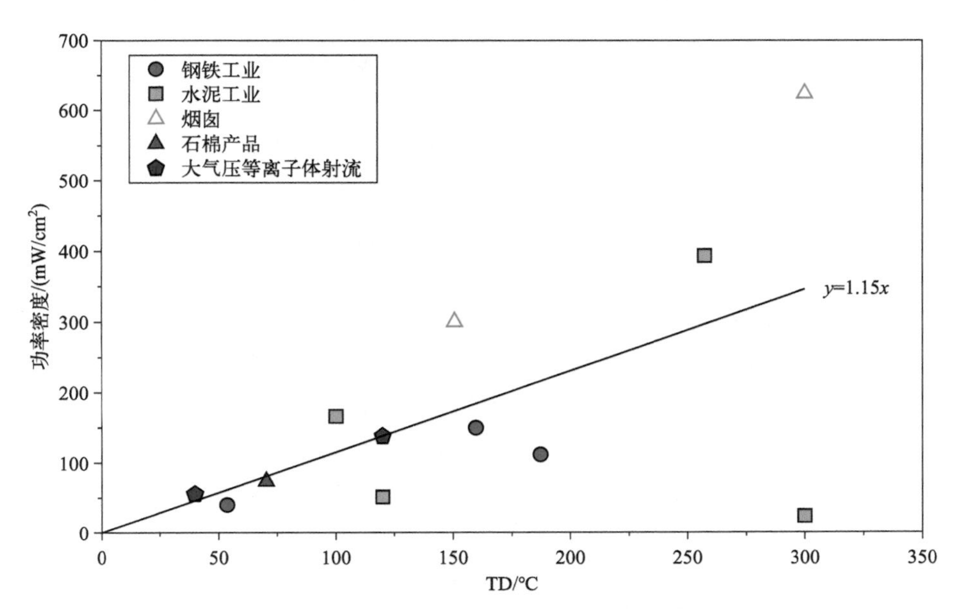

图 4-6 应用于各种工业场景的 TEG 系统的功率密度与温差的关系

比，TEG 技术具有运动部件少、排放少、运行安静、结构紧凑等优点。随着材料科学的进步和集成技术的提高，TEG 技术在废热回收方面的优势未来有望更加明显。

表 4-2　TEG 在工业余热回收中的应用

序号	应用场景	特性	温差 /℃	功率密度 / (mW/cm²)	参考文献
1	钢铁行业	采用集热板	187	112.5	[31][32]
2	钢铁行业	TEG 模块由纳米级 TE 材料组成	160	150	[33]
3	钢铁行业	采用柔性石墨导热层、碳纤维绝缘层和铝合金集热器来优化 TEG 的热管理	53.5	39.79	[34]
4	水泥生产工艺	采用集热板	120	52.3	[35]
5	水泥生产工艺	采用 Bi_2Te_3-PbTe 混合 TE 模块	100	167.6	[36]
6	水泥生产工艺	带有环形铝合金吸收板的 TEG WHR 系统	300	25	[37]
7	水泥生产工艺	比较了风冷和水冷 TEG 系统的性能	257	394.45	[38]
8	烟囱	TEG 模块嵌入烟囱壁中	150.7	300	[39]
9	烟囱	采用微通道换热器和铜－水纳米流体进行热交换	300	625	[42]
10	熔化玻璃	TEG 嵌入火口的耐火墙中	1440	172.1	[44]
11	岩棉生产	一根实心铜棒用作热侧换热器，两根热管用作冷侧换热器	70.8	71.88	[46]
12	AAPJ	两个堆叠的 TEG 用于回收废热	40 120	55.6 138.9	[47]

4.3 燃料电池中的废热利用

燃料电池（Fuel Cell）是一种电化学装置，通过与氧气的反应将燃料中的化学能转化为电能[48]。它们以高效率（45% ～ 60%）[49]、无污染和运动部件少而闻名[50]。然而，燃料电池中的化学反应会产生废热，这会影响其效率和电压[51-52]。为了解决这个问题，研究人员探索将 TEG 集成到燃料电池系统中，以回收废热并提高其效率。

虽然存在多种类型的燃料电池，但由于质子交换膜（PEM）技术更为成熟，PEMFC-TEG 系统最受关注[53]。Gao 等[54-56]、Guo 等[57]和 Shen 等[58]的研究表明，集成 TEG 可以将 PEMFC 系统的效率提高约 10% ～ 21%。然而，这些大多是理论发现，需要实验验证。虽然已经开展了一些实验研究，但取得的进展有限。Hasani 和 Rahbar[59]建立了一个 5kW 的 PEMFC-TEG 系统（图 4-7），其中 TEG 两侧温差为 15℃，在该温差下，其转换效率仅为 0.35%，输出功率也仅为 0.42W。此外，Sulaiman 等[60-61]在汽车场景中也仅实现了 218mW 的峰值功率。这与理论预测形成鲜明对比，需要进一步研究这些系统的可扩展性和实际应用的适用性。

除了质子交换膜燃料电池之外，TEG 也被用于回收其他类型燃料电池产生的废热。Yang 等[62]提出了一种混合碱性燃料电池（AFC）-TEG 系统，该系统使 AFC 的功率密度提高了

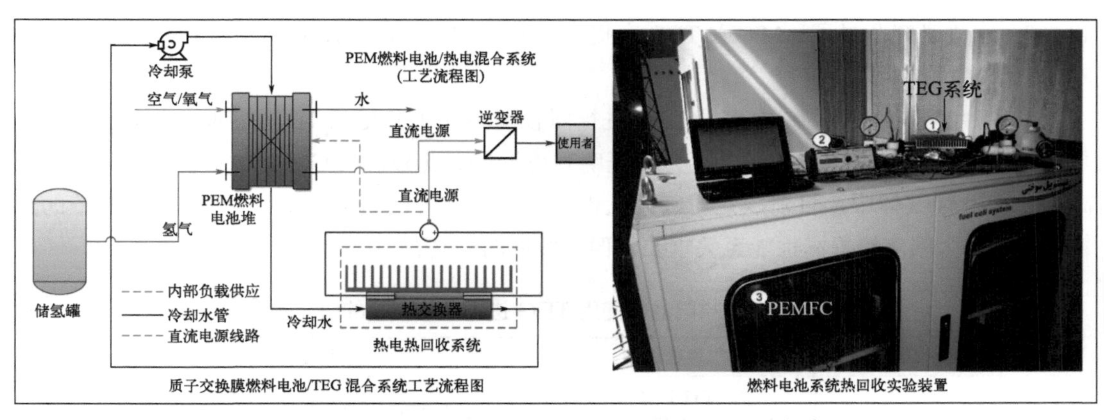

图 4-7　PEMFC-TEG 混合系统（功率 =0.42W）[59]

23%。而 Wu 等 [63-64] 提出了一种熔融碳酸盐燃料电池（MCFC）-TEG 混合系统，研究称燃料电池的功率密度和效率均有超过 30% 的提升。这些结果虽然令人鼓舞，但基于数值模拟，并非实验数据。Rosendahl 等 [65] 展示了一种混合固体氧化物燃料电池（SOFC）-TEG 系统，该系统通过将 TEG 集成在烟气和热水回路之间，而不需要其他冷却装置。在 3kW 燃料输入的条件下，这种集成将 SOFC 系统的电力输出从 945W 增加到了 1085W。

此外，一些研究将碱金属热电转换器（AMTEC）引入 FC-TEG 系统中，形成新型三循环系统。AMTEC 是一种利用钠离子导电性将热能直接转换为电能的能量转换装置 [66]。Han 等 [67] 提出了一种 MHDCFC-AMTEC-TEG 三循环系统，其功率密度比独立的 MHDCFC 高 92%，效率高 26%，比 MHDCFC-AMTEC 混合热电系统分别高 11% 和 10%。Guo 等 [68] 提出了 SOFC-AMTEC-TEG 三循环系统（图 4-8），与单个 SOFC 系统相比，最大功率密度提高了

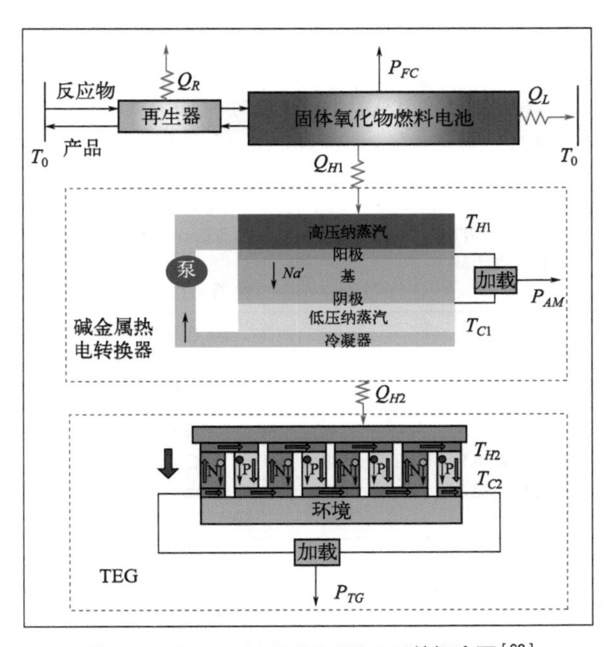

图 4-8　SOFC-AMTEC-TEG 系统概念图 [68]

42.0%。这些研究凸显了 AMTEC-TEG 在提高热回收效率方面的潜力。表 4-3 总结了 TEG 在 FC 热回收中的应用。

在各种类型的 FC 系统中使用 TEG 进行回收废热的研究见表 4-3。然而，大多数研究都是理论性的，需要进一步的实验研究来证明其可行性。此外，TEG 在 FC 系统中经常暴露在高温和腐蚀性气体中，目前缺乏对其耐久性和长期稳定性的研究。此外，TEG-FC 系统的热管理对于最大限度地提高性能至关重要，但该领域的研究有限。

表 4-3　在燃料电池中使用 TEG 进行废热回收的研究摘要

系统类型	研究类型	主要思想	主要发现	参考文献
PEMFC-TEG	数值分析	评估 TEG 在高温 PEMFC 电力系统中的潜在应用	引入 TEG 可使系统效率提高约 10%	[54]
PEMFC-TEG	数值分析	通过建立高精度、灵活的数值模型，优化系统设计，协助系统制造	① 尾气参数和换热器结构对系统输出功率有显著影响 ② 提出了热回收系统的优化配置	[55]
PEMFC-TEG	数值分析	优化高温 PEMFC 中 WHR 的 TEG 子系统	① 燃料电池系统的功率输出上升了约 3.5% ② 提出了一种新颖、更高效的 TEG 模块电气连接方案	[56]
PEMFC-TEG	数学模型	全面评估高温 PEMFC-TEG 混合系统的性能	与单独运行的 PEMFC 系统相比，混合动力系统的发电量增加了 21.13%，效率提高了 15.54%	[57]
PEMFC-TEG	数值分析	通过数值模拟研究 TEG 尺寸对混合系统的影响	① 如果 TEG 尺寸增加，则电流密度、产生的热量、FC 的功率输出和 TEG 功率输出都会增加 ② TEG 越小，转换效率越高 ③ 较小的 TEG 可以提高燃料电池的工作温度，降低燃料电池中的水浓度，这可能有利于其使用寿命	[58]
PEMFC-TEG	实验	使用 TEG 利用 5kW PEMFC 的 WH	① TEG 在 68℃下工作时达到 0.35% 的峰值转换效率 ② 余热回收系统的最佳外部负荷在 5.6 ～ 10Ω 之间	[59]
PEMFC-TEG-heat pipe	实验和数值	使用 TEG 从 1kW PEMFC 中回收废热	① TEG 的输出电压和最大功率分别为 33.5mV 和 113.96mW ② 当 FC 负载低于 500W 时，实验结果与理论结果相符	[60]
PEMFC-TEG-heat pipe	实验和数值	2kW PEMFC 的低品位热回收	① 在 37℃低温条件下，TEG 最高电压可达 25.7mV，最大功率可达 218mW ② TEG 的最佳取向是垂直于热流方向	[61]
AFC-TEG	数学模型	评估 AFC-TEG 混合动力系统的性能	① 混合动力系统的最大功率密度比单 AFC 高约 23% ② 混合系统的效率比单一 AFC 高约 10.1%	[62]
MCFC-TEG	数学模型	评估 MCFC-TEG 混合系统的性能	① 给出了混合动力系统在各种工况下的功率输出和效率的数值表达式 ② 混合动力系统的最大功率密度和效率超过单个 MCFC 的 30% 以上	[63]

续表

系统类型	研究类型	主要思想	主要发现	参考文献
PAFC-TEG	数学模型	评估 PAFC-TEG 混合系统的性能	混合动力系统的功率密度和效率分别略高于 PAFC 的 2.3% 和 2.8%	［64］
SOFC-TEG	使用 TEG 从 SOFC 中回收废热	提出了基于 SOFC 和 TEG 的微型热电联产系统的量化	混合动力系统的输出功率从 945W 提高到 1085W	［65］
MHDCFC-AMTEC-TEG	数学模型	研究三循环系统的性能特点和决定性因素	① 与单个 MHDCFC 系统相比，三周期系统的最大功率密度输出提高了 92.3%，效率提高了 26.1% ② 与 MHDCFC-AMTEC 热电联产系统相比，三周期系统的最大功率密度提高了约 11.4%，效率提高了约 10%	［67］
SOFC-AMTEC-TEG	数学模型	实现 SOFC 产生的 WH 的梯级利用	① 混合系统的最大功率密度比单个 SOFC 系统高 42% ② TEG 级的增强不利于系统性能的提高 ③ 存在优化三循环系统性能的最佳 TEG 元件数量	［68］

参考文献

作者简介

李克文，教授，石油天然气、地热能开发及热伏发电等能源领域的国际知名专家，历任美国斯坦福大学能源资源工程系资深研究员、北京大学教授、长江大学“楚天学者”特聘教授、中国石油天然气总公司石油勘探开发研究院油层物理实验中心主任，现任中国地质大学（北京）教授。曾任 *SPE REE* 杂志（为石油工程领域国际权威杂志）副主编，目前还担任国际地热协会教育委员会委员、中国行业（地热能）标准化技术委员会委员以及 *SPEJ* 杂志等多个国际专业期刊的技术编辑等职务。公开发表 SCI 论文 90 多篇，专著 3 本，并拥有 10 多项发明专利。

第三篇

工业关键核心领域

第5章

半导体存储器的关键材料和器件

王桂磊　董博闻　卢永春

5.1 存储器技术概述

集成电路芯片是信息产业发展的基石，它的进步直接推动了互联网、智能手机、大数据、机器学习和人工智能等相关产业的繁荣。随着科技的不断发展，电子设备对数据存储提出了多样化的需求，对数据传输速度、容量和功耗等方面的要求日益提高，引起了产业的关注。根据不同的功能，传统计算体中的存储架构需要使用不同类型的存储器。半导体存储器是由许多存储单元组成的，每个存储单元都能够存储一定量的数据，可以分为随机存取存储器（RAM）和只读存储器（ROM）两种，分别对应易失性（Volatile）存储器和非易失（Non-volatile）存储器。其中，易失性随机存取存储器在电子设备断电或重启后会丢失其中存储的数据，分为静态随机存取存储器（SRAM）和动态随机存取存储器（DRAM）两种类型。SRAM是一种基于触发器的存储器，读写速度快、功耗低，但容量较小，占用面积较大，主要用于处理器的高速缓存；DRAM则是一种基于电容器的存储器，面积较小，容量大，但读写速度较慢，主要用于电子设备的主存储器。ROM用于存储固定数据，包括程序代码和数据表，其中有一种闪存（Flash Memory）存储器，具有非易失性和高密度的特点，广泛应用于固态硬盘（SSD）、USB闪存驱动器、存储卡等设备。闪存包括NOR与NAND两大类，其中NAND存储器是闪存存储器中重要的一种，按存储单元结构摆放方式又可分为2D NAND与3D NAND，近年来3D NAND技术发展迅速，为大容量固态存储的实现提供了廉价有效的解决方案。

传统的存储解决方案已经难以满足日益增长的数据处理和存储需求。因此，寻找新的、更高效的半导体存储材料和技术变得至关重要，多种新型存储技术被开发出来，这些存储器在性能和成本上有独特的优势，可以满足在不同应用场景下的特殊需求。其中，以阻变式随机存取存储器（Resistive Random Access Memory，RRAM）、铁电随机存取存储器（Ferroelectric Random Access Memory，FeRAM）、磁随机存取存储器（Magnetoresistive Random Access Memory，MRAM）和相变存储器（Phase Change Memory，PCM）为代表的新型存储器技术具有广阔的应用前景。

尽管在存储器领域取得了一些进展，但半导体存储技术仍然面临许多挑战。确保数据的持久性、提高存储密度和降低成本等问题仍是该领域的关注重点。为了解决这些问题，技术研发人员正在探索各种方法和技术，包括开发新的存储器材料、架构设计策略和制造工艺等。本章将介绍集成电路存储技术领域所采用的关键材料和器件，分析各种存储器新技术的优势和局限性，并讨论当前面临的挑战和未来的发展方向。接下来，我们将详细介绍各种半导体存储器材料和器件技术。

5.2 存储器材料与器件技术

5.2.1 DRAM 材料与器件

5.2.1.1 DRAM 器件简介

动态随机存取存储器（Dynamic Random Access Memory，DRAM）是计算机系统中重要的半导体存储元件，也是当前世界半导体市场中份额最大的存储器产品。DRAM 直接与中央处理器（CPU）进行数据交换，必须具有极低的读写延迟（不超过 10ns）和极高的读写耐久力（高于 10^{16}）。主流的 DRAM 存储单元是由一个存取晶体管（Transistor）和一个电容器（Capacitor）组成的 1T1C 结构，信息以电荷的方式存储在电容器中。在存储单元构成的阵列中通过行、列解码器分别对交叉配置的字线和位线进行选择，以打开特定的存取晶体管沟道对对应的电容器进行充放电，实现二元信息（二进制“0”和“1”）的读、写等操作。此外，DRAM 芯片还需要在阵列外围配置逻辑电路等实现逻辑控制、数据传输等功能。DRAM 芯片基本架构如图 5-1 所示。1T1C DRAM 具有结构简单、读写速度快等优势，然而由于读

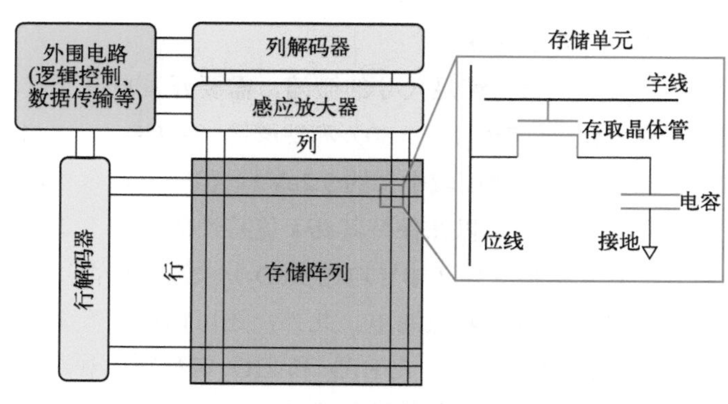

图 5-1 DRAM 芯片基本架构

操作过程中需要释放电容器存储的电荷，同时 DRAM 晶体管在未选择（沟道关闭）状态下也存在漏电流，导致非读、写操作时电容器保存的电荷也不可避免地发生持续性的泄漏，因此 DRAM 是一种易失性存储器，需要依靠回写、定期刷新等操作保证存储单元中信息的准确性。

5.2.1.2 传统平面 DRAM 发展对新材料的需求

存储单元是 DRAM 的核心，是实现存储功能的最基本结构，在实际 DRAM 芯片结构中，存储阵列的面积可占芯片总面积的一半以上。因此，近年来 DRAM 的技术迭代：一方面是 DRAM 性能的提升，如通过 DDR 技术的演进提升频率和传输速度；另一方面是通过存储单元尺寸的微缩实现存储密度的提升，以实现单个芯片容量和单个制造晶圆的存储容量的提升，最终降低单位存储容量的制造价格。由于 DRAM 的市场体量巨大，是半导体领域重要的大宗商品，因此降低单位容量的成本具有极高的商业价值。

新材料是 DRAM 技术发展中性能和存储密度提升的重要基础。DRAM 电容器通常具有金属—介质—金属结构，为了保证读操作时电容器存储的电荷量足够被感应电路读取，需要保证其电容 C 达到一定水平。而由于电容大小的提升通常与物理尺寸的微缩矛盾，因此需要改进结构增加电容面积或提高电容器电介质的介电常数 k 来保证电容存储的电荷量。结构上，最初的电容为平面结构，在衬底平面上占据了较大的面积，后来随着工艺的进步，发展出嵌入式沟槽电容和具有高垂直深宽比的三维圆柱形电容。早期的电容器主要采用氧化硅（$k \approx 3.9$）和氮化硅（$k \approx 7$）等传统硅基化合物绝缘材料及其叠层作为电容器的介质材料，在 DRAM 技术节点进入纳米量级后带来的工艺的挑战愈发显著，在不改变材料体系的前提下为了提升电容可以降低介质层厚度，但厚度的降低易造成薄膜缺陷变多并带来漏电等问题，因此寻找并引入新的高 k 值材料是避免增加电极面积以致增加电容尺寸和制造难度，同时保证电荷存储量的重要手段之一。在 100nm 及以下工艺节点，先后开发并采用了氧化铝（Al_2O_3，$k \approx 9$）、氧化钽（Ta_2O_5，$k \approx 20$）、氧化铪（HfO_2，$k \approx 25$）和氧化锆（ZrO_2，$k \approx 25 \sim 40$）等高 k 值材料，并先后成功应用于 DRAM 的制造中。电容器介质材料的选择除了考虑介电常数 k 之外，还需要其在工作电压下具有极低的漏电流，因而对禁带宽度有一定要求。然而，通常介质氧化物的 k 值与其禁带宽度具有相反的变化趋势[1]，即 k 值越大，禁带宽度越小，导致漏电流提高。因此，在 20nm 的技术节点，通常采用氧化锆 / 氧化铝 / 氧化锆（ZAZ）叠层电容器介质材料来实现高 k 值低漏电的性能。

在 20nm 以下的工艺节点，为了满足尺寸的微缩，需要开发更高 k 值、低漏电流的介质材料，目前潜在的材料有氧化钛（TiO_2，$k \approx 80$）和钛酸锶（$SrTiO_3$，$k > 100$）等。对具有极高 k 值的钛酸锶而言，虽然其禁带宽度较小（约 3.2eV），但是有研究表明通过调节锶和钛的化学计量比以及晶粒、晶界的分布可以在保持其高 k 值特性的前提下实现较低的漏电流。氧化钛材料可以通过特定的基底材料选择（如导电的 RuO_2）实现高结晶度材料的低温生长，能够有效抑制沿晶界的导电通道形成、降低漏电。此外，还可以通过掺杂提高氧化物的 k 值以满足先进 DRAM 工艺节点的要求。例如，在 HfO_2 和 ZrO_2 等材料中利用低电负性和高离子半径的稀土元素进行掺杂，有助于形成高对称性的晶体结构从而提高 k 值，同时导致氧空位电荷态向导带的转移，从而降低漏电。针对上述介质材料，需要开发满足结构和性能需求的工艺制程进行材料的沉积，在半导体制造过程中，通常选择原子层沉积（ALD）以实现电容器三维结构中高均一性介质薄膜的沉积。

除了介质材料外，合适的电容器电极板材料也有助于降低漏电，其材料选择的主要考量是需要具有较高的功函数，同时与介质材料之间的界面清晰、扩散较少。早期 DRAM 电容器采用导电的掺杂多晶硅作为电极，在纳米级工艺节点，通常采用氮化钛（TiN）作为电极材料。在 10nm 工艺节点下，随着介质材料厚度的降低，氮化钛已不足以抑制漏电，需要开发性能满足需求且工艺兼容的新材料体系。目前正在开发中的电极材料主要有两种，一种是贵金属材料，另一种是导电氧化物材料。贵金属材料如钌（Ru）具有较高的功函数和干法刻蚀工艺兼容性，然而由于其表面能较高，导致其表面粗糙度较大，需要工艺优化提升表面形貌以实现应用。导电氧化物材料如氧化钌（RuO_2）、钌酸锶（$SrRuO_3$）等，具有相对单质金属更高的功函数，而且能与高 *k* 介质材料实现结构一致性，有利于实现更低的漏电流，但是这些材料的工艺兼容性和可大规模生产性需要进一步探索。

5.2.1.3 三维 DRAM 对新材料的需求

随着 DRAM 的技术发展，传统的平面 1T1C DRAM 技术迭代发展即将遭遇瓶颈。存储单元的尺寸微缩主要依赖光刻工艺的发展，近年来，主要的 DRAM 技术厂商已经将极紫外光刻（EUV）逐步导入最新的制造工艺中，然而 EUV 高昂的成本及难以突破的物理极限，导致 DRAM 10nm 以下的工艺节点还未有明确的工艺和材料解决方案。为了进一步推进 DRAM 的发展，需要开辟新的技术迭代路线，其中三维（3D）DRAM 是目前业界探索的潜在方案之一。高带宽存储器（High Bandwidth Memory，HBM）是 3D DRAM 中一种已经量产的产品，其利用硅通孔（Through-Silicon VIA）和微凸块（Micro-Bump）技术将制造好的 DRAM 存储芯片垂直堆叠，可以提高通信带宽、降低功耗；HBM 的应用场景主要涵盖了图形处理、数据中心、服务器、高性能计算和人工智能加速等领域，能够满足这些应用对高带宽、低延迟和大容量内存的需求，但由于其堆叠设计和制造复杂性，HBM 的成本相对较高，这限制了其在大规模应用中的普及。然而，对单个芯片而言，依旧利用传统的单层 DRAM 存储单元的制造技术，无法有效进一步提高存储密度，且堆叠工艺会带来额外的制造成本，另一种颇有潜力的 3D DRAM 技术是类似 3D NAND 以堆叠层数来提高存储单元密度的 3D 集成方案。

3D DRAM 的开发需要实现全新的三维堆叠的存储单元架构，同时也对材料提出了新的需求。目前在探索中的主流 3D DRAM 方案是将传统竖直 1T1C 存储单元结构 90° 翻转至水平并堆叠，这种方案在晶体管的构建上可以部分借鉴 3D NAND 的工艺和经验，且电路设计上可参考传统的平面型 1T1C DRAM，因而受到了广泛的关注。然而对于存储单元中的存取晶体管，如何实现多层堆叠且符合 DRAM 性能要求是一大难题。目前业界探索的主要技术方案包括基于多层外延硅沟道的晶体管和基于非晶氧化物半导体沟道的晶体管两种方案，这两种方案分别对应不同的新材料体系。

（1）硅锗 / 硅外延叠层材料 1T1C 存储单元中的晶体管不仅要求具备足够大的开态电

流，也要求极低的关态电流，电流开关比应达到 10^8 甚至更高，传统的 1T1C DRAM 通常利用硅衬底的高质量单晶硅通过刻蚀和不同元素的掺杂构建晶体管源极、漏极和沟道。在 3D DRAM 1T1C 结构中，需要构建三维堆叠的高性能晶体管，首先要实现单晶 Si 和 SiGe 刻蚀牺牲材料的高质量交替外延生长。从晶体结构角度出发，锗和硅在元素周期表中同属Ⅳ族元素，具有相同的金刚石结构，且晶格常数仅相差约 4%，一定比例的硅锗化合物与硅具有更小的晶格失配，因此硅锗 / 硅异质结可以实现共格外延生长。此外，由于硅锗和硅之间可以实现高选择比刻蚀，在外延硅锗 / 硅异质结叠层的基础上，可以利用硅锗作为刻蚀牺牲层、硅作为沟道材料层构建晶体管器件。近年来，在先进逻辑工艺制程的研发中，硅锗 / 硅叠层通常被用于构建水平多桥式并联沟道（Multi-Bridge Channel）的栅极全环绕式晶体管，为了实现高密度 1T1C 三维 DRAM 堆叠结构，需要实现数十甚至上百层硅锗 / 硅叠层的外延生长。然而由于硅锗、硅材料的外延生长需要精细的反应条件控制，如何实现超高叠层数生长的同时保持薄膜厚度、组分和晶体质量的一致性、降低晶体缺陷和外延成本是巨大的工艺挑战。在这一方向上，国际上的存储器公司纷纷布局，目前已经取得了一定的进展。2023 年，美光首先披露了高达 100 层硅锗 / 硅的外延结构，证明了高叠层数外延异质生长的技术可行性。同年，三星在国际超大规模集成电路会议（VLSI）上展示了约 80 层硅锗 / 硅外延叠层的结构和堆叠的 1T1C 器件的切面电镜图及部分电学性能结果。

（2）非晶氧化物半导体 IGZO 材料 近年来以 IGZO 为代表的非晶氧化物半导体受到了广泛的关注，其优异的特性使其成为 3D DRAM 中晶体管沟道材料的潜在选项。2004 年，日本东京工业大学的细野秀雄首先发现在有机柔性衬底上沉积的非晶态的铟镓锌氧（Amorphous In-Ga-Zn-O，a-IGZO）材料具有半导体导电特征，且迁移率约为 $10cm^2/Vs$ [2]。由于材料本身的光学特性，在其出现不到 10 年的时间内就被大规模应用在显示领域，基于 a-IGZO 材料沟道的薄膜晶体管被用于大尺寸 OLED 显示面板。在半导体存储领域，a-IGZO 材料的优良电学特性也使其具有潜在的应用价值。IGZO 相对硅具有较大的禁带宽度（约 3eV，大于硅 1.1eV），用于晶体管沟道材料时可使其具有更低的关态电流（I_{off}）和高电流开关比，因此 IGZO 晶体管非常适合在 1T1C DRAM 存储单元中充当存取晶体管。在半导体制造方面，a-IGZO 具有良好的工艺兼容性，可以选择物理气相沉积、原子层沉积等手段沉积，后者工艺温度较低且在高深宽比结构中具有优良的厚度均一性和保形性，更加适合 3D 集成。因此，基于 a-IGZO 沟道的晶体管是 3D 1T1C DRAM 的潜在选项。2023 年，国际半导体器件会议（IEEE IEDM）上，三星展示了基于 IGZO 沟道的垂直沟道晶体管，实现了 $4F^2$ 的存储单元，验证了相关材料面向 DRAM 应用的可靠性。同年，在国际电子器件技术和制造（IEEE EDTM）会议上，三星也透露了其利用 IGZO 进行 3D DRAM 存储阵列开发的计划。

此外，氧化物半导体材料的低漏电特性使实现无电容式 2T0C DRAM 成为可能。与 1T1C 存储单元不同的是，2T0C 将信息以电荷的形式存储在一个晶体管（写晶体管）的漏极和另一个晶体管（读晶体管）的栅极之间，信息的读取通过检测存储电荷对读晶体管造成的开关电压漂移实现。通过读晶体管的增益作用，可以实现无损的信息读取。在 2T0C 结构中，由于信息以少量电荷（相对 1T1C 结构中电容器存储的电荷量）的形式存储，为了使数据信息具有足够的保持时间，需要写晶体管具有比传统单晶硅沟道的晶体管更低的关态电流，因此 IGZO 晶体管更适用于 2T0C 存储单元。目前基于 IGZO 晶体管的 3D DRAM 结构和器件还未有明确报道，但基于平面结构的原理性器件已经被广泛关注。中国科学院微电子研究所近期报道了基于 IGZO 氧化物的沟道全环绕式可堆叠晶体管，利用堆叠实现了 2T0C 存储单元结构，且成功验证了存储性能。

总体而言，基于单晶硅沟道材料和基于氧化物半导体 a-IGZO 沟道材料的 3D DRAM 还处在探索开发的初期阶段，未来发展需要材料研发端、业界芯片设计端、设备供应商和芯片制造商的协同努力。

5.2.2 3D NAND 存储材料与器件

5.2.2.1 3D NAND 简介

NAND 是闪存技术的一种，其核心结构按照工作原理不同可分为浮栅（Floating Gate）器件和电荷俘获（Charge Trapping）器件。两种器件均通过改变传统晶体管的栅极结构，将电荷能够半永久性地储存在栅极中，存储的电荷引起沟道阈值电压的漂移，难以实现“0”和“1”的信息存储，因此 NAND 是一种非易失性存储器。

早期平面型 NAND 存储密度的提升寄希望于存储单元尺寸的缩小，存储单元内电荷数也随之减少，但器件尺寸微缩至一定程度时，存储的电荷数量难以实现两种存储状态的区分，为进一步提高存储密度，三维结构 NAND（3D NAND）被发明出来，并成为了技术发展的主流。2013 年三星公布第一款商用 3D NAND 闪存芯片，至今已开启了 NAND 存储技术的新纪元，近年来堆栈层数快速增长，从最初的 24 层结构发展超过 200 层，并有希望在短期内实现 300 ～ 400 层结构的量产[3]。主流的 3D NAND 有浮栅型和电荷俘获型两种不同的构型[4]，对材料的需求也有所不同。

5.2.2.2 3D NAND 常用材料介绍

图 5-2（a）是典型的英特尔、美光等公司研发的浮栅型 3D NAND 存储阵列结构示意图及芯片截面扫描电镜图[5]。浮栅存储单元的形成需要经过薄膜沉积、干法刻蚀、湿法刻蚀、高温热氧化等工艺的组合和循环，如图 5-2(b) 所示[6]。该工艺基于氧化硅 / 氮化硅（ONON）的多层堆叠结构，通过干法蚀刻形成通孔后，利用横向蚀刻在伪字线氮化硅层上形成一定的空间，然后逐层沉积氧化硅、氮化硅薄膜，之后采用湿法刻蚀的方法去除氧化硅层侧壁的多余薄膜，形成隔离字线和悬浮栅结构的绝缘介质层，该绝缘介质层通常是由氧化硅和氮化硅交替形成的绝缘介质层，（又称 IPD，Inter-Poly Dielectric）总厚度只有 10 ～ 20nm，可以有效防止漏电，并在缩小存储单元尺寸的同时保证字线能够有效地控制悬浮栅。介质层制备完成后，需要进一步形成悬浮栅，悬浮栅材料通常选择掺杂磷的 N 型多晶硅，掺杂浓度可达 $10^{20}/cm^3$ 以上，更高的掺杂浓度意味着更好的导电性，有利于存储更多的电荷。实现层间相互独立的浮栅结构后，通常利用高温热氧化工艺将部分多晶硅转换为致密氧化硅层。随后沉积多晶硅作为晶体管的沟道材料，最后沉积氧化物介质进行填充。此外，为了形成晶体管栅极字

线，需要对伪字线氮化硅进行去除并进行金属栅极材料替换。浮栅存储单元还可以基于氧化硅 / 多晶硅（OPOP）叠层构建，与 ONON 叠层不同的是，直接沉积重掺的多晶硅充当字线，后续不需要替换为金属材料。

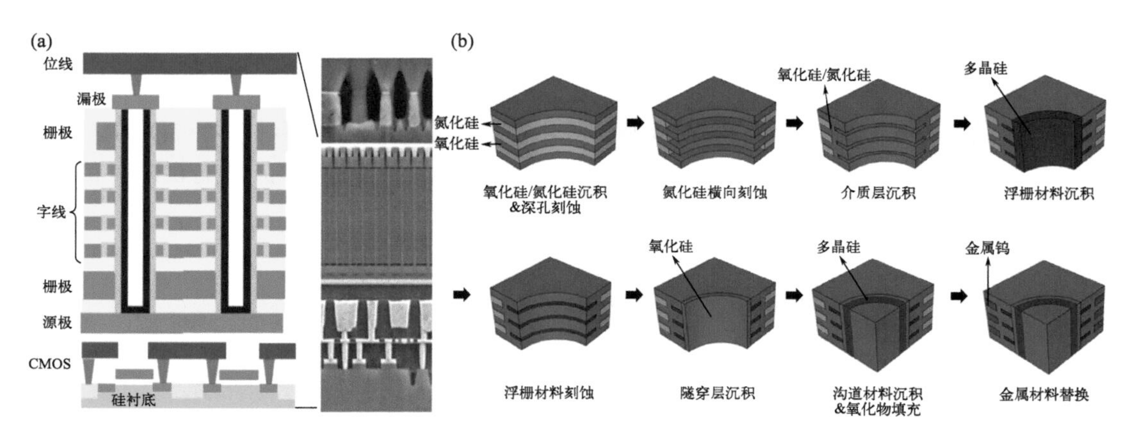

图 5-2 （a）3D NAND 浮栅结构示意图及芯片剖面扫描电镜图 [5]；
（b）3D NAND 浮栅结构存储单元工艺流程图 [6]

当前另一种为多家厂商所采用的 3D NAND 存储单元则是基于图 5-3（a）所示的电荷俘获型结构，三星、海力士、西部数据、铠侠等国内外厂商均主要基于此结构开发各自的 3D NAND 闪存芯片 [5]。从材料和工艺角度上说，ONON 叠层的高深宽比干法刻蚀挑战成熟度较高，容易实现更多叠层，从而实现存储密度的增加。与浮栅所采用高掺杂的多晶硅或金属导体存储电荷有所不同的是，电荷俘获型 3D NAND 则是采用具有电荷俘获中心的氮化硅介质薄膜材料来俘获电荷，实现信息的存储。

图 5-3（b）展示了电荷俘获型 3D NAND 芯片的存储单元制备工艺流程 [6]。与悬浮栅型存储单元的制备工艺相似，需要在氧化硅、氮化硅堆栈叠层薄膜材料上刻蚀通孔，并在通孔侧壁依次沉积氧化硅、氮化硅、氧化硅薄膜。与独立的浮栅结构不同，电荷俘获材料氮化硅在竖直方向上层间连续，得益于氮化硅自身的材料性质，电子、空穴可以被氮化硅中较深的

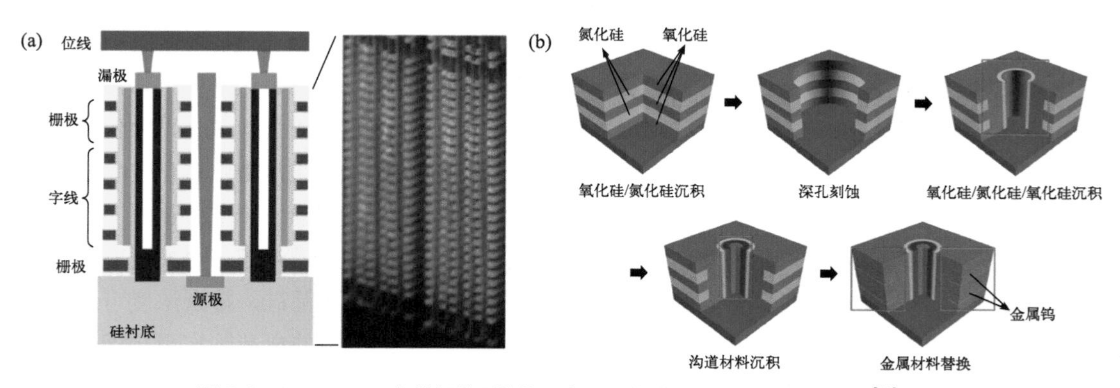

图 5-3　3D NAND 电荷俘获型结构示意图及芯片剖面扫描电镜图（a）[5] 与
3D NAND 电荷俘获型结构存储单元工艺流程图（b）[6]

能级势阱俘获。电荷俘获结构形成后，沉积多晶硅作为沟道材料，之后把竖直方向的刻蚀孔用氧化硅填满，最后通过使用金属替换氮化硅介质层形成字线。该工艺形成的电荷俘获型器件，工艺难度降低，制备步骤较少，具有成本优势。

5.2.2.3 材料对 3D NAND 器件性能的影响

3D NAND 存储单元器件一般使用多晶硅作为沟道材料，但是多晶硅的载流子迁移率较低。随着技术的迭代，需要对沟道材料优化以提升开态电流。目前，存在多种优化方案，其中主要包括通过热处理工艺改善多晶硅材料的晶粒尺寸以提高沟道迁移率，通过优化沟道掺杂提高沟道迁移率，通过外延生长或金属诱导方式形成单晶硅沟道，以及开发使用其他高迁移率半导体材料等。

多晶硅薄膜由硅晶粒组成，晶粒之间通过晶界连接。参与电输运的载流子易被捕获在晶界处，从而提高了这晶界处的势垒，造成材料的迁移率降低。多晶硅沟道的迁移率随晶粒尺寸增大而增加[7]，因此增大多晶硅晶粒尺寸或使用单晶硅沟道是提升材料载流子迁移率的重要手段。多晶硅中的缺陷可以使用常规退火或氢钝化硅进行改善[8]，也可以利用激光热退火，改善沟道晶粒尺寸提升沟道开态电流。激光退火具有速度快、加热范围可控等优点，可对局部区域进行快速加热，减小对其他区域的影响[9]。此外，特定元素掺杂也可以提升沟道迁移率，例如锗具有比硅沟道更高的本征迁移率，但是由于 Ge 的引入会额外带来更高的陷阱密度，因此传统的多晶硅锗沟道具有较差的沟道特性，但是通过控制沿沟道深度方向的锗分布，可以减少界面陷阱密度从而同时增强沟道迁移率，使锗掺杂多晶硅沟道得以应用[10]。

改善多晶硅晶粒尺寸和掺杂可以有效提升材料内部的载流子迁移率，但是工艺的不均一性容易造成不同存储单元之间阈值电压的差异，不利于实现存储芯片的功能。单晶硅材料本征无晶界，理论上能够实现更高的沟道开态电流。三维器件集成中实现单晶硅沟道是一个业界难题，目前已有单位报道在 3D NAND 存储阵列中使用外延硅和外延硅锗替代多晶硅沟道，其实现方式是利用单晶硅衬底实现硅或硅锗的外延生长，在制备时对衬底表面进行清洁处理，并通过工艺设计使单晶硅沟道仅从存储器孔的底部开口进行外延生长。使用该方法制备的垂直单晶硅沟道晶体管已经证明有更好的电性，其电子迁移率、亚阈值摆幅和跨导都有很大改善[11]。除直接外延生长以外，金属诱导结晶（Metal Induced Crystallization，MIC）形成类单晶硅也是一种备受关注的新型提高沟道迁移率的方式，该方法主要利用金属与非晶硅形成硅化物，并通过表面能驱动的金属原子迁移实现将非晶硅至多晶甚至单晶硅的转换，目前已将使用镍金属诱导结晶技术制成的单晶硅用于具有超高层数的 3D NAND 器件中，实现了垂直通孔中 14μm 长的单晶硅（Si）沟道的转换[12]。金属诱导结晶方法转化效率高，并具有较好的工艺兼容性，该方法为提升多晶硅沟道迁移率提供了崭新路径。

除此以外，使用Ⅲ - Ⅴ族半导体或金属氧化物作为沟道材料也能够满足高迁移率的需求，已有报道使用 $In_xGa_{1-x}As$ 材料作为沟道，得到了较大的迁移率和沟道开态电流。并且一些非晶金属氧化物的载流子迁移率是多晶硅材料的 10 ～ 100 倍，也可能是未来 3D NAND 产品中沟道材料的首选[13]。

5.2.3 阻变存储器材料与器件

5.2.3.1 阻变存储器和材料简介

（1）阻变存储器的定义、分类及材料　阻变存储器即阻变式随机存取存储器（Resistive Random Access Memory），通常采用“金属—电介质—金属”三明治结构。在电压或电流的激励下，其电介质层在高阻态与低阻态之间切换，实现器件的写入与擦除。阻变存储器具有诸多优势：第一，阻变存储器具有非易失性，断电后数据仍然保存；第二，阻变存储器的读写速度可以达到纳秒级别；第三，阻变存储器单元面积小，可以做到很高的存储密度，有利于实现超大容量存储；第四，阻变存储器的功耗较低。阻变存储器与其他存储器的特点对比具体可见表 5-1。

表 5-1　阻变存储器与其他存储器的特点对比

类型	成本	非易失	速度	功耗
动态随机存取存储器	低	否	约 10ns	约 100pJ
闪存存储器	低	是	约 100μs	约 100nJ
相变存储器	较低	是	约 100ns	约 100pJ
磁随机存取存储器	高	是	约 10ns	约 5pJ
铁电随机存取存储器	较低	破坏读取	约 100ns	约 10pJ
铁电场效应晶体管	较高	是	约 100ns	约 10pJ
阻变式随机存取存储器	低	是	约 10ns	约 1pJ

阻变存储器的阻变机理主要分为三种：离子效应、电子效应及热效应。离子效应是指在外加电场的作用下，器件中的离子发生迁移引起电阻改变；电子效应是指通过控制电荷的移动（包括电荷捕获、电荷释放、电荷转移、电荷注入等方式）引起器件电阻的改变[14-15]；热效应是指由于电压加载过程的热效应使器件发生相变或氧化还原反应导致器件电阻的改变[16-17]。目前，基于离子效应的阻变存储器占据了主导地位，根据迁移的离子类型，又可以分为阴离子迁移型与阳离子迁移型[18-19]。阴离子迁移型主要是指氧离子（即氧空位）作为器件的迁移离子，一般结构为惰性电极 / 氧化物阻变材料 / 惰性电极。氧化物阻变材料［钛氧化物（TiO_x）[20-21]、铪氧化物（HfO_x）[22-23] 和钽氧化物（TaO_x）[24-25] 以及钙钛矿结构的三元氧化物[26-27] 等］中氧空位在电场的作用下迁移，使器件的电阻发生改变，在正电压的作用下，氧空位向下电极发生迁移，并在形成一条完整的氧空位导电通道后，器件由初始的高阻态转变为低阻态；在负电压的作用下，氧空位迁移方向改变，导电通道断裂，器件由低阻态转变为高阻态[28-29]。阳离子迁移型阻变存储器一般是基于 Ag^+、Cu^{2+} 等离子形成导电细丝，其结构通常为活性电极 / 阻变层 / 惰性电极。活性电极为 Ag 或 Cu，惰性电极一般为 Pt、Au 等。在电场作用下，活性电极的原子被氧化成离子并沿电场方向迁

移，导致器件的电阻发生变化。在正电压的作用下，金属原子 M 被氧化，其离子 M^{n+} 在正电场的作用下向惰性电极迁移，并在惰性电极的表面被还原为金属原子 M，金属原子 M 在惰性电极表面逐渐累积，直到形成金属导电通道后，器件由初始的高阻态转变为低阻态；在负电压的作用下，由于焦耳热及电场的作用，导电通道断裂，器件由低阻态转变为高阻态。

（2）阻变存储器技术的应用情况 金属—氧化物—金属结构中电致阻变现象最早被发现于 20 世纪 60 年代，随后阻变现象在多种材料中被研究与报道，但是并未引起学界广泛的关注及工业界的兴趣。直到 21 世纪，硅基晶体管的尺寸微缩受到了量子效应的挑战，具有结构简单、非易失性、读写速度快、低功耗等优点的阻变存储器则逐渐引起了学界的关注及工业界的兴趣。2008 年，惠普实验室在 TiO_2 材料上实现了阻变行为并与美国华人学者蔡少棠的忆阻器概念关联，开启了学界及工业界对阻变存储器研发的新一轮热潮。通过利用阻变存储器的优势能够有效实现存算一体，突破冯 • 诺依曼瓶颈。因此，学界主要目标是将阻变存储器用于存算一体芯片的开发。其发展主要分为三个阶段：

第一阶段（2008—2015 年），学界主要集中于阻变存储器的制备与性能优化，以获得更稳定、性能更佳的器件用于实现存算一体。

第二阶段（2015—2018 年），存算一体的阵列演示，在这一阶段，陆续出现了存算一体的阵列并实现了相关的应用演示。

第三阶段（2018 年—至今），该阶段学界主要集中于存算一体原型芯片的研制，存算一体原型芯片相继被报道，并且其规模和功能也在逐步提升。

近年来，工业界也在积极布局阻变存储器技术。主要的国际半导体厂商如台积电、英特尔、格罗方德、联电等都开发了自己的阻变存储器技术，并已实现量产，见表 5-2。松下、索尼、富士、美光、Crossbar 等半导体厂商针对阻变存储器进行了布局并发布了自己的技术路线及时间表。同时，国内半导体企业也针对阻变存储器进行了重点布局。兆易创新和 Rambus 宣布合作建立合资企业合肥睿科微，开发具有自主知识产权的阻变存储器；由 Crossbar 投资的昕原半导体宣布已建成阻变存储器的量产线，并实现了 28nm 阻变存储器量产，已具备阻变存储器设计、制造的一体化能力。厦门工研院与清华大学深入合作，基于厦门联芯的 28nm/22nm 产线，建成了阻变存储器的后端产线，与台积电、英特尔等各大半导体公司基本保持同步，可同时支持嵌入式与独立式存储技术。中芯国际在 2017 年已发布了 40nm 工艺的阻变存储器芯片，28nm 及以下的先进工艺也在进一步研发中。

表 5-2 半导体厂商及其阻变存储器技术

半导体厂商	台积电	格罗方德	联电	英特尔
量产技术节点	22nm	22nm	28nm/22nm	暂无
研发技术节点	16nm	12nm	14nm	22nm
主要应用场景	边缘人工智能、模拟集成电路、微控制单元	模拟集成电路、微控制单元	模拟集成电路、微控制单元	暂无

5.2.3.2 阻变存储器面临的问题与对新材料的战略需求

（1）阻变存储器面临的问题与挑战　阻变存储器目前主要面临稳定性和可靠性、制造成本、集成与兼容性等技术问题，如下所述。

① 稳定性和可靠性：稳定性和可靠性是阻变存储器面临的重大挑战之一。阻变存储器由于其材料和原理的特殊性，存在较大的器件差异性和较差的可靠性，急需进一步优化与研究，以满足工业化产品的需求。

② 制造成本：阻变存储器目前的制造成本仍然远高于传统的 NAND、Nor Flash 器件。主要原因首先是阻变存储器的制造过程及工艺更复杂；其次是阻变存储器需要与晶体管搭配使用，晶体管的大尺寸限制了阻变存储器本身的尺寸优势，导致存储密度受限。

③ 集成与兼容性：新技术的推广非常需要适宜的生态与“杀手级”应用。目前的阻变存储器虽然器件性能优于传统存储器，但是缺乏相关的生态与对口的应用场景，并且与传统存储器的集成、工艺兼容性仍然面临重大挑战。

同时，阻变存储器在当前国际形势下也面临了诸多挑战，包括如下。

① 技术竞争：目前，中美在阻变存储器领域处于领先地位，两国竞争激烈。在学术界，以清华、北大为代表的阻变存储器及存算一体技术已经在国际上处于领先水平，研究成果上与美国斯坦福等名校难分伯仲。在产业界，国际厂商的美光、英特尔、格罗方德及中国台湾地区的台积电在阻变存储器领域仍保持领先地位，工艺节点已达到 14nm 及以下。相比较而言，中国大陆地区的厂商如中芯国际、昕原半导体、厦门工研院等，目前主要集中在 28nm 工艺节点，与国际领先水平仍有差距。

② 知识产权保护：阻变存储器作为一种新型存储器，其专利及知识产权尤为重要。目前已量产的阻变存储器技术及专利由起步更早的欧美占据了有利地位。但是阻变存储器用于存算一体芯片是一个较新的应用及领域，在该领域我国发展迅速，专利布局也较早，已经形成了具有自主知识产权的完整技术路线。

③ 制造能力和供应链：阻变存储器的制造需要有自己的专用设备，且目前的专业设备仍然依赖于国际厂商。在当前的国际形势下，设备和零部件的供应随时有断供风险。这是目前我国阻变存储器技术面临的一个“卡脖子”问题。因此，加大对阻变存储器专用设备的研发投入具有重要的意义。

（2）阻变存储器对新材料的战略需求　随着人工智能技术的快速发展，人工智能模型的参数与训练数据呈现指数形式增长，根据 OpenAI 发布的数据，从 GPT-1 到 GPT-3，模型参数从 10^9 增加至 10^{12}；训练数据也由 5GB 增加至 45TB。但是，在冯·诺依曼架构下，由中央处理器和存储器分别进行计算和存储功能，二者通过数据总线交换数据。处理器性能随摩尔定律逐年提升，但是内存的性能提升更加困难，二者的性能差距越来越大，整个系统的性能与效率受到了严重的制约，导致了“存储墙”的形成，影响了人工智能技术的进一步发展与应用。近 20 年，GPU 的性能提升了约 10^5 倍，但是 GPU 与内存的带宽增长仅有几十倍，内存的容量与速度也难以满足 GPU 的需求，这些都大大制约了人工智能计算效率的进一步提升。阻变存储器性能优异，是实现存算一体、打破存储墙的最佳方案之一。阻变存储器的单元面积小、读写速度快、功耗低，同时利用阻变存储器的电阻特性，可实现乘加运算，从而形成新的存算一体运算架构，突破现有冯·诺依曼架构瓶颈，有望实现能效比的指数级提升。因此，为了满足人工智能芯片对器件性能的多方面需求，阻变存储器对器件性能有高阻值比、高速读写、低功耗等要求，并且需要克服稳定性和可靠性、制造成本、集成与兼容性等技术问题。

针对阻变存储器的战略需求，材料的发展主要集中在三个方向：第一，对各种氧化物材料（TiO_x、HfO_2、SiO_x、WO_x、VO_x、MoO_x、SnO_2、$SrTiO_3$、NiO_x 等）和电极材料（Ta、Pt、TiN、TaN、W、Al、Cu、Ag、Cr、Ru 等）进行尝试，通过不同的搭配与组合进行器件性能的调优。第二，对材料、器件进行调控。例如，对钙铁石氧化物进行单晶化；通过硅锗合金（SiGe）中的位错缺陷来诱导导电细丝的形成；引入 TiN、Ta、Ti 界面层来提高器件均匀性；对氧化物材料进行金属掺杂；引入金属纳米点诱导等。第三，对新材料进行探索。例如，石墨烯、氧化石墨烯，MoS_2、$MoSe_2$ 等过渡金属二硫属化物的二维材料都被应用于阻变存储器中，获得了不错的效果。

5.2.4 铁电存储器材料与器件

5.2.4.1 铁电存储器简介

铁电存储器（铁电随机存取存储器）是一种非易失性存储器，基于存储单元结构，可分为铁电电容（FeRAM）、铁电场效应晶体管（FeFET）和铁电隧道结（FeTJ）三种类型，三种器件均通过铁电材料的极化状态实现存储功能，如图 5-4 所示。基于铁电电容的 FeRAM 可以被看作是在传统 DRAM 基础上，将电容极板间的介电材料换作具有记忆属性的铁电材料而形成。器件工作时，信息“0”和“1”对应的电流经过位线，在字线开关导通下通过晶体管，到达铁电电容的下电极，在与上极板的一端（PL）电势协同作用下，对极板间铁电材料的极化状态进行改变，如“0”对应上电极化，“1”对应下电极化，从而完成二进制信息的存储；读取时，在 PL 端施加电压改变铁电材料的极化状态，通过感知电路中电流变化来判断“0”和“1”的状态。由此可知，铁电电容式的存储器在信息读取方面属于破坏性读取。以 FeFET 为存储单元的铁电存储器不依托传统电容，仅需 1 个铁电晶体管搭配源、漏极组成，简称 1T0C 结构。在存储器 3D 化的发展趋势下，FeFET 结构十分兼容 3D 结构的制造工艺。FeFET 主要是通过改变铁电材料的电极化矢量对半导体沟道阈值实现调控，从而非破坏性地感知信息的存储状态。铁电隧道结是一种以金属 / 铁电 / 金属为核心的三明治结构。该结构将

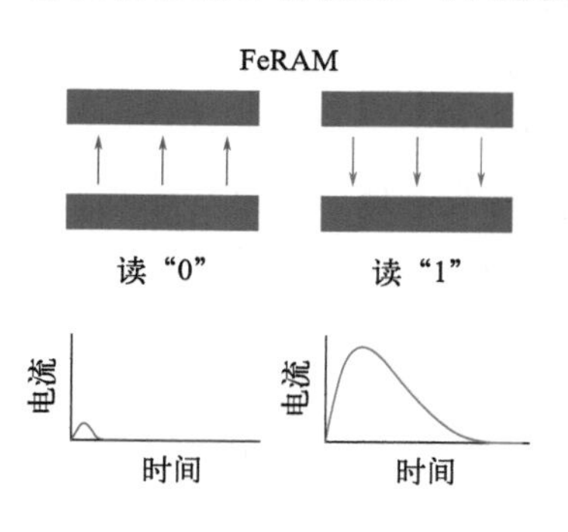

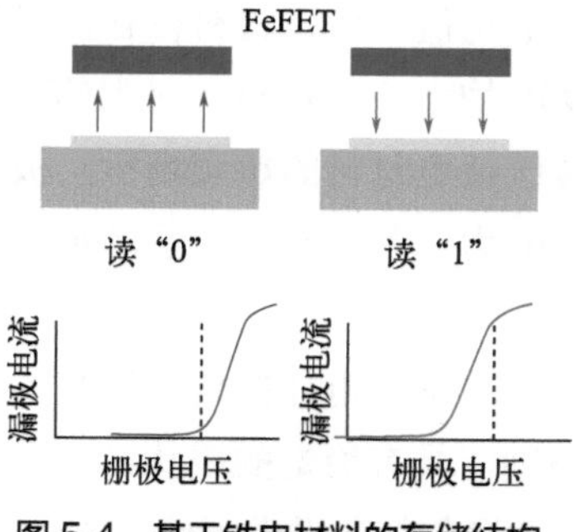

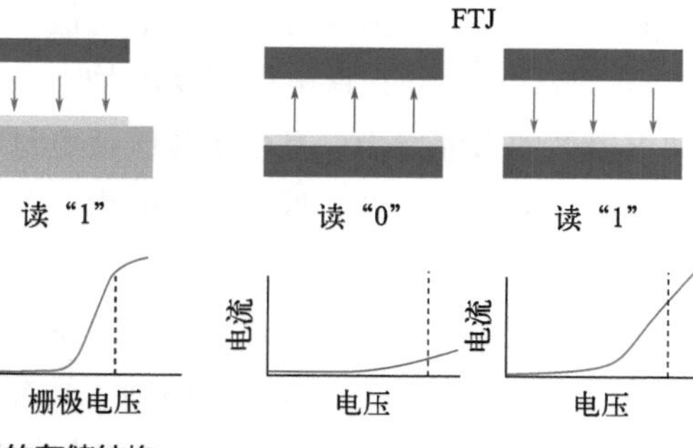

图 5-4 基于铁电材料的存储结构

超薄铁电材料作为隧穿势垒层，基于量子隧穿效应，通过施加电压改变铁电材料电极化状态存储信息，不同极化状态的铁电势垒层对应电子隧穿透射率不同，从而影响隧穿电流的大小，最后以器件电阻的形式非破坏性地读出。

铁电材料在没有外加电场的情况下，在一定温度范围内具有自发极化的现象。由于铁电体晶格中的正负电荷中心不重合，施加外加电场可以改变或重新定义自发极化的方向，撤掉外加电压可以保持非零的剩余极化，以两种或两种以上的极化状态存在。因此，铁电材料可用于制备非易失性存储器，进而被广泛应用于消费类产品、通信产品、智能电网、医疗产品、工业产品等[30]。

5.2.4.2 铁电存储器材料简介

铁电材料的发展和应用历史悠久。20世纪20年代初，法国人Valasek在罗息盐（$C_4O_6H_4KNa$，酒石酸钾钠）中首次发现了铁电现象[31]；20世纪50年代，人们发现了传统的钙钛矿铁电材料，如铁酸铋 $BaFeO_3$(BFO) 和锆钛酸铅 $Pb(Zr,Ti)O_3$(PZT) 等材料[32-33]，至此铁电材料获得认可并得到快速发展。后来随着微机电系统（MEMS）的发展，科学家成功地将铁电薄膜与硅互补金属氧化物半导体（CMOS）集成制造技术结合，制成铁电器件，并将其广泛用于高介电常数陶瓷、铁电薄膜存储器、声光探测器等各种商业化的产品中[34]。最近十几年，为了满足笔记本电脑和移动电话等便携式设备的需求，铁电材料已被广泛应用并集成在FeRAM、FeFET、射频识别（RFID）和压电转换器中[35-36]。此外，铁电材料也可以用于模拟生物突触，实现高速、低损耗的人工智能和计算[37]。

从材料角度划分，铁电材料可以分为传统铁电材料、柔性铁电材料、二维铁电材料及最近10年间兴起的铪基铁电材料。

（1）传统铁电材料 传统铁电材料包括钙钛矿型、铌酸锂型、无青铜型等，其材料内部的特点是含有氧八面体结构，又称为含氧八面体的铁电材料[38]。钙钛矿这一名称来源于天然矿物质 $CaTiO_3$，其结构通式为 ABO_3 型，钙钛矿材料可以通过在单晶衬底上进行应变工程来生长，即通过改变衬底的取向和斜切角，来控制生长薄膜的晶体结构。这在当时受到了科研人员和工业界的高度关注，被认为具有广阔的应用前景。其中钛酸铋是铁电材料研究的热点之一。20世纪50年代，科学家成功合成了钛酸铋；1970年，Teague等测得了铁酸铋的第一个电滞回线[39]，其极化值为6μC/cm^2。经过多年的发展，2007年，Lebeugle等和Shvartsman等发现，在钛酸铋晶体中，沿［111］晶向的极化值为100μC/cm^2，沿［001］晶向的极化值为60μC/cm^2，由于钛酸铋有较大的极化值，使该材料在存储器领域的应用中具有较大潜力[40]。但是传统铁电材料在铁电层厚度较大时（$>$70nm）才具有较强铁电性和低泄漏电流，限制了铁电器件的微缩能力，且由于传统铁电材料的矫顽场小，极化容易受到外加电场影响而发生反转，导致器件失效、保持数据能力较差，已经无法满足当今主流存储技术发展和微缩化的需求。

（2）二维铁电材料 近年来，二维铁电体的研究引起了人们对功能电子学应用的极大兴趣。二维材料不受尺寸效应的限制，具有稳定的层状结构和较低的表面能，这使其成为探索低维铁电体的新途径，为超高密度设备制备提供可能，并保持摩尔定律的延续。

早在 1976 年，Feder 从理论上提出了某些二维材料可能存在铁电性[41]。2004 年石墨烯从石墨中分离出来[42]，二维材料展示了出色的性能，也激发了人们寻找具有铁电性的二维材料的热情。2012 年，科学家通过密度泛函理论（DFT）计算发现了二维单层过渡金属二硫化物材料，包括氮化硼（BN）、二硫化钼（MoS_2）等[43-44]可能存在铁电性，并已得到实验证实。二维铁电体的研究为探索功能电子学应用提供了新的途径，其独特的物理特性也为获得新的铁电材料提供了可能。未来的研究重点将集中在新二维材料的设计和制备，以及潜在应用价值的实现等领域。

（3）柔性铁电材料 随着可穿戴设备的发展，电子设备需要更加灵活，并进行持续微缩。现代科学技术的发展也使柔性电子器件对钙钛矿氧化物的可弯曲性提出了新的要求。大多数功能陶瓷的传统钙钛矿氧化物在弯曲、高脆性和刚性上挑战较大，因此铁电氧化物在柔性存储器和传感器设备领域已成为新兴的研究热点。

柔性存储器、传感器和纳米发电机通常选择聚酰亚胺、聚对苯二甲酸乙二醇酯（PET）和其他聚合物作为柔性基板，聚偏二氟乙烯－三氟乙烯［P(VDF)-TrFE］薄膜等铁电聚合物常用作功能层。这些柔性电子产品是在室温或接近室温的有机基板上制备的，包括低温生长法和薄膜转移法两种主要方法：低温生长法是指可以在接近室温的柔性基板上生长 P(VDF)-TrFE 等材料；薄膜转移法则是将铁电氧化膜在较硬的硅衬底上制备，后通过蚀刻与硅衬底分离转移到有机衬底上产出柔性电子器件[45-46]。学者们对柔性铁电材料进行了大量研究，发现其在柔性电子器件中具有广阔的应用前景。目前已经报道了对高速、超高极化和无疲劳的柔性存储器、高灵敏度和纳米级柔性传感器及能量发生器的研究。研究人员在材料选择、制造方法和性能方面付出了巨大努力，并在恶劣环境和生物医学行业中取得了一些进展。

（4）铪基铁电材料 长期以来，二氧化铪（HfO_2）因高熔点（2800℃）和比 SiO_2 更高的介电常数常被用作高 k 栅极电介质。与传统钙钛矿的 ABO_3 结构相比，HfO_2 是萤石晶体结构，由矿物 CaF_2 命名，Hf^{4+} 阳离子占据立方体角和面中心，8 个 O^{2-} 阴离子在八个小立方体中心，共同组成面心立方结构（立方体体心未填充原子）。通常，HfO_2 在室温下以单斜晶相（monoclinic phase，m 相）稳定存在，和 ZrO_2 材料相似，在大约 1770℃的高温条件下，HfO_2 中 m 相会转换为正方晶相（tetragonal phase，t 相）[47]，当温度达到 2550℃以上时，则会变为立方相（cubic phase，c 相[48]。此外，中心对称的正交相（orthorhombic phase，o 相）已被证实可以在高压下稳定存在于 HfO_2 中。在纯 HfO_2 材料中，改变温度和压力均难以诱导出铁电相。在 21 世纪初期，Kisi 等首次在 Mg 掺杂 ZrO_2 材料中发现，退火过程中电极导致的不对称应力可以诱导材料从 t 相转换为 o 相[47]。由于 t 相和 o 相的体积差（1.3%）相对于 m 相的体积差（5%）较小，所以 Mg 掺杂 ZrO_2 材料的 t 相更容易转换为 o 相[48]。2011 年，德国小组在 10nm 厚的 Si 掺杂的 HfO_2 材料中首次发现其具有铁电特性[49]。此外，Wei 等报道了在外延生长的铪锆氧 $Hf_xZr_{1-x}O_y$ 薄膜层中出现了斜方六面体菱形的 r 相（rhombohedral ferroelectric phase，r-phase），该晶相也具有铁电性，并且在相对应的 X 射线衍射仪（GIXRD）图像中观察到 2θ=27.13° 的位置出现了相对应 r 相的衍射峰[50]。实际上，m 相的自由能较低，使其更易形成。但是，在所有可能的萤石晶体结构材料中，具有铁电性的极性相（o 相）是最常见的，表现为非中心对称的相。各相的晶体结构如图 5-5 所示，各相的晶格参数见表 5-3。

各相均由在拐角处的 Hf^{4+} 离子和在四面体间隙位置分布的 O^{2-} 离子构成。HfO_2 的极性则是由于氧离子的上下移动以及四个氧原子和 Hf 原子键长的不同产生。正交相（o 相）为非中心对称结构且具有铁电极性。与 t 相相比，o 相的 *a*、*b* 方向受到约束，*c* 方向则由于热膨胀系数的变化而被拉长[51]。因此，在实验过程中需要通过施加外部应力或利用其他方法来获得亚稳态 o 相[52-53]，包括施加夹持应力[54]和利用表面能效应[55]等方法来诱导相对应的 o 相。在纯 HfO_2 中 m 相很稳定，通过掺杂后的 HfO_2 中 t 相和 c 相比较稳定，而 o 相是不稳定的。对 HfO_2 掺杂可以降低其他相转变为铁电 o 相的势垒，更容易获得稳定的铁电 o 相，在铪基薄膜为 10nm 左右时可以获得较大的剩余极化强度 P_r、矫顽场 E_c 和低漏电特性。

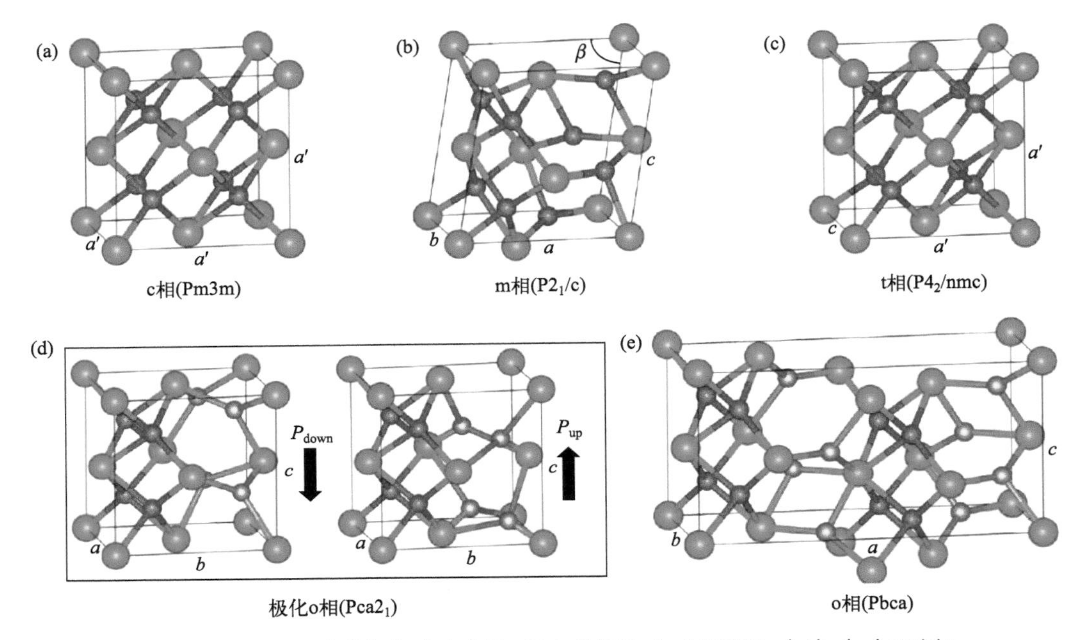

图 5-5　HfO_2 的晶体结构（a）立方相；（b）单斜相；（c）四方相；（d）、（e）正交相

表 5-3　不同晶体结构的 HfO_2 的晶格参数

晶相结构	*a*/Å	*b*/Å	*c*/Å	*α*	*β*	*γ*
m 相	5.12	5.17	5.29	90°	99.11°	90°
t 相	5.08	—	5.17	90°	90°	90°
o 相	5.24	5.06	5.07	90°	90°	90°

Si:HfO_2 薄膜中铁电性的发现为解决上述挑战带来了新的机遇。基于二氧化铪的铁电材料可以在 10nm 以下维持较好的铁电特性，生长工艺与 CMOS 兼容，且 $Hf_{0.5}Zr_{0.5}O_2$（HZO）具有超低晶化温度，这引发了科学家们对铪基铁电材料和器件的兴趣和关注。截至目前，掺杂 Si、Al、Zr、Y、Gd、La、Sr、Fe、Ce、Ta 等元素的 HfO_2 薄膜已被证明具有铁电性。铁电氧化铪材料有望解决现有的钙钛矿结构铁电体的厚度限制、与 CMOS 工艺不兼容等传统铁电材料相关问题。近几年，基于掺杂 HfO_2 材料的铁电存储器展现出可扩展性、高速性和低功耗特性等多方面的技术潜力，目前科学界研究方向主要面向器件结构的创新以及铁电材料可靠性

和稳定性的提升。随着对基础材料的研究和器件的性能优化，铁电存储器有望成为下一代存储器件的有力竞争者。

5.2.5 ╱ MRAM 存储材料与器件

5.2.5.1 MRAM 简介

磁随机存取存储器（MRAM）（简称磁随机存储器）是 20 多年来备受关注的新型存储器技术之一[56]。与 SRAM、DRAM 等传统的、依赖电子电荷的存储技术相比，MRAM 信息存储依靠的是材料中电子的自旋属性及其宏观表现，即由材料的磁化方向代表存储的信息，这也决定了 MRAM 具有非易失的特性。如图 5-6 所示，按照不同工作原理，主流 MRAM 的形态可分为以电流的奥斯特场实现自由层磁化的 Toggle-MRAM、以自旋极化电流的自旋转移矩效应（Spin Transfer Torque，STT）实现磁化翻转的 STT-MRAM、以自旋轨道耦合产生纯自旋流注入自由层产生自旋轨道矩（Spin Orbit Torque，SOT）实现翻转的 SOT-MRAM，以及通过电压调控磁各向异性（Voltage-Controlled Magnetic Anisotropy，VCMA）降低写入功耗的 VCMA-MRAM[57] 等。目前 Toggle-MRAM 和 STT-MRAM 已经实现了大规模量产，其中 STT-MRAM 是独立式 MRAM 最主流的形态。美国 Everspin 公司于 2021 年发布的独立式 STT-MRAM 存储芯片容量达 1GB，主要面向航空航天、自动驾驶、IoT 等领域。SOT-MRAM 和 VCMA-MRAM 等新技术具有较大应用潜力，有望进一步扩展 MRAM 的应用场景[58]。

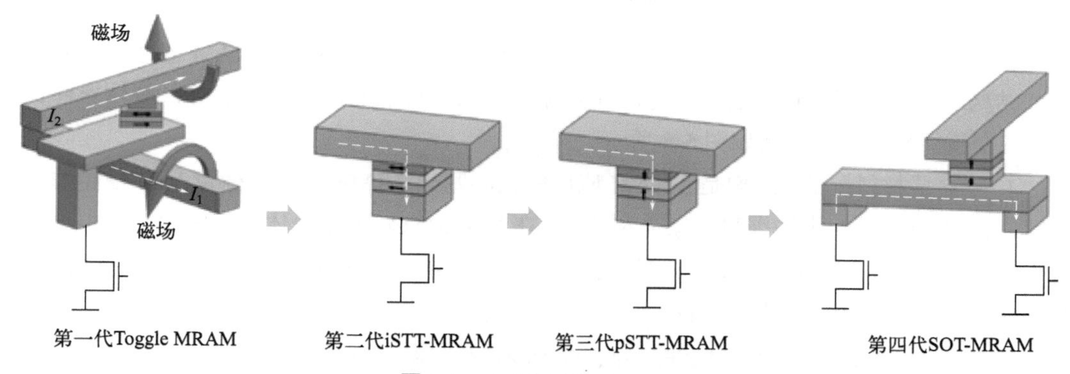

图 5-6 不同构型的 MRAM

5.2.5.2 MRAM 存储器材料简介

MRAM 对材料的需求集中在其核心结构磁性隧道结（Magnetic Tunneling Junction，MTJ）。如图 5-7 所示，MTJ 是由两个磁性功能层夹着一个绝缘势垒层组成的三明治结构，磁性功能层一般使用铁磁性材料作为存储介质，其中一个铁磁层磁矩翻转的矫顽力较大，被称为参考层，另一个铁磁层的矫顽力较小，被称为自由层，隧穿层使用氧化物材料作为电子隧穿时的势垒层。在信息写入的过程中，通过特定技术手段（如磁场、自旋极化电流和自旋流等）改变自由层的磁化状态，使其与参考层平行或反平行排列[59]。在不同的磁化状态下，位于费米面处的电子在外加电场的作用下存在态密度的对称或者不对称性隧穿，即隧穿磁电阻效应［Tunnel Magneto Resistance，数值定义为 TMR=（$R_{反平行}-R_{平行}$）/$R_{平行}$ ×100%］，使隧道结宏观上呈现出低电阻态或高电阻态，分别对应二进制信息中的逻辑状态“0”或“1”，从而实现信息的存储。此外，通过对 MTJ 膜层材料的优化，可以提升器件性能。

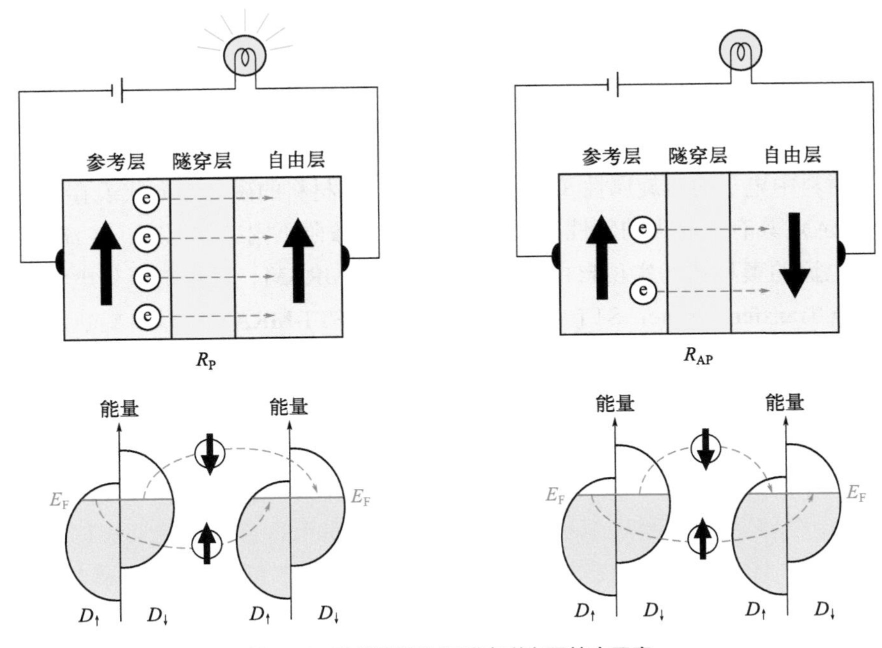

图 5-7　磁性隧道结和隧穿磁电阻效应示意

（1）自旋转移矩器件（STT-MRAM）关键材料　在实际的 STT-MRAM 器件中，完整的 MTJ 结构包括覆盖层、自由层、参考层和隧穿层、人工反铁磁层和种子层等，整体器件性能受到各个膜层材料协同影响如图 5-8 所示。

① 隧穿层材料：MTJ 结构是 MRAM 应用的核心基础，TMR 比值是衡量 MTJ 性能的重要指标。TMR 效应最初由法国科学家朱利亚[93]在 Fe/Ge-O/Co 多层膜体系中发现，但由于其极端的温度条件和较弱的磁电阻信号，导致其难以进行实际应用。1995 年，来自日本[60]和美国[61]的研究组几乎同步报道了基于 Al_2O_3 隧穿层的磁性隧道结在室温下的显著 TMR 效应。自此，基于 TMR 效应的器件重新获得关注。为了进一步提高室温下隧道结的 TMR，研究人员结合第一性原理等手段，预测出由特定（001）取向的单晶 MgO 隧穿层和单晶 Fe 为铁磁层组成的磁性隧道结，能够实现 Δ_1 电子的共振隧穿，展现出巨大的 TMR 效应的潜力[62]。这一预测后来被多个研究组利用不同的薄膜制备手段成功验证[63]。然而，在多层膜结构中，MgO（001）取向结构的制备需要下层材料具备特定的晶化方向和匹配的晶格尺寸，但为了实现磁性参考层的钉扎效应，在隧穿层以下通常需要具有面心立方（111）织构的反铁磁材料（如人工合成反铁磁的 Co/Pt 多层膜），导致其难以诱导出（001）取向的 MgO 层。因此，通常采用非晶 CoFeB 合金作为铁磁功能层，一方面可以通过降低其晶化程度为 MgO 提供高均匀性的生长表面，另一方面也可以诱导出 MgO 的（001）取向织构，提高体系的 TMR 比值[64]。目前，以 CoFeB/MgO/CoFeB 为基础的三明治结构是最主流且被广泛应用的磁性隧道结核心结构。

覆盖层	金属覆盖层	Ta, Mo
	氧化物覆盖层	MgO
自由层	自由层2	CoFeB
	各向异性层	Ta, Mo, W
	自由层1	CoFeB
隧穿层	氧化物层	MgO
参考层	铁磁层	CoFeB
人工反铁磁层1	间隔层	Ta, Mo, W
	铁磁层	$(Co/Pt)_x$
人工反铁磁层2	间隔层	Ru, Ir
	铁磁层	$(Co/Pt)_x$
种子层	金属种子层	Ta, W

图 5-8 一种典型垂直磁性隧道结膜层结构[56]

② 自由层材料：STT-MRAM 利用垂直于 MTJ 薄膜平面的自旋极化电流进行铁磁自由层的翻转以实现信息的写入，因此降低自由层磁矩翻转的临界翻转电流对器件的低功耗应用至关重要。MTJ 单元尺寸的微缩有助于在提高存储密度的同时，降低磁矩翻转电流。然而，在缩小尺寸的同时会降低磁化状态的热稳定性，进而导致存储数据的保持能力下降。为了解决这一难题，研发人员基于 CoFeB 材料开发了具有垂直磁各向异性的多层膜材料体系[65]，在 CoFeB/MgO 体系中铁磁金属 Co 原子（以及 Fe 原子）的 3d 轨道与 O 原子的 2p 轨道发生杂化作用产生界面垂直各向异性场[66]，其磁矩方向倾向垂直于薄膜表面，在小尺寸下仍然具有较高的热稳定性，同时具有相对较低的磁阻尼因子，使其翻转电流密度相对较低。因此，基于 CoFeB/MgO 体系的垂直磁各向异性薄膜是 STT-MRAM 中理想的 MTJ 铁磁自由层材料。

③ 参考层材料：铁磁参考层的磁化方向在自由层翻转过程中保持固定，因此通常利用反铁磁 / 铁磁体系的交换偏置效应改变其磁化翻转的矫顽力，实现钉扎效应。在易磁化轴垂直膜面的材料体系中，通常使用人工反铁磁体系（即两层铁磁材料通过中间非磁隔离层的厚度优化实现反铁磁耦合）实现铁磁参考层的钉扎，显著降低单一铁磁参考层产生的杂散场对铁磁自由层稳定性产生的影响。其中，与 MgO 隧穿层邻近的铁磁参考层通常选择具有垂直各向异性的 CoFeB 与自由层匹配以实现高 TMR[67]。

④ 种子层和覆盖层材料：除作为核心结构的自由层、隧穿层和参考层外，覆盖层、种子层和反铁磁层的材料选取也能够帮助 MTJ 实现更高的热稳定性和更好的器件性能。已有研究表明，MTJ 覆盖层分别使用不同覆盖材料，如金属钽和钼，可以对自由层的结晶度和垂直磁各向异性产生影响，从而提高 TMR[68]。与覆盖层类似，种子层也对 MTJ 薄膜结晶度有影响，Lee 等[69] 对种子层材料钽和钨进行了对比实验，结果表明，种子层元素扩散水平的不同导致生长的 MTJ 膜层结晶度不同，基于钨作为种子层的氧化镁结晶度更好，具有更高的 TMR。

可见，覆盖层和种子层的材料选择会影响整个磁隧道结的性能。

⑤ 人工合成反铁磁层：人工合成反铁磁层也被称为钉扎层，一般是由磁矩方向反平行的两段铁磁多层膜组成。两段多层膜之间通过非磁金属层隔开，形成由反平行排列的铁磁性材料组成的反铁磁耦合多层膜，多层膜通常选择具有高垂直各向异性的 Co/Pt、Co/Ni 等材料。两个铁磁层之间的非磁金属层通常为特定厚度的 Ru 或 Ir 等材料，以实现两个铁磁层之间的磁矩通过巡游电子相互作用形成反铁磁耦合，同时保证体系具有较高的热稳定性。人工合成反铁磁层与参考层之间一般使用金属钨、钽和钼作为间隔层，为参考层提供铁磁耦合的同时，也使参考层界面有更好的垂直磁各向异性。人工合成反铁磁层具有很强的交换耦合作用并且杂散场小，因此用于钉扎参考层，不仅漏磁场很小，还能提高磁隧道结的稳定性和可靠性。

（2）自旋轨道矩器件（SOT-MRAM）关键材料 STT-MRAM 中的读取、写入操作都需要有电流通过隧穿层，特别是高写入电流的频繁操作容易使 MRAM 势垒层击穿，导致 STT-MRAM 器件存在耐久度的问题。相比 STT-MRAM，基于自旋轨道矩的自旋电子学器件（SOT-MRAM）具有翻转速度更快、写入功耗更低、读写次数更多等优势，近年来受到了来自科研界和工业界的特别关注。SOT-MRAM 器件除 MTJ 膜层结构外还存在自旋轨道矩层。该器件根据不同使用场景以及膜层的功能和膜层之间相互影响来选择适合的材料及结构。

自旋轨道矩层：目前主流的 SOT-MRAM 构型多依托于由自由层和自旋轨道矩层构成的异质结构，其隧道结构大多与 STT-MRAM 相同，但将顶钉扎结构的下电极替换为自旋轨道矩层。当有电流通过自旋轨道矩层时，由于自旋轨道耦合效应激发产生的带有特定极化矢量的自旋流作用于相邻自由层磁矩，驱动其发生翻转，实现数据的写入。在选择自旋轨道矩层材料时，参考的重要参数指标是自旋霍尔角，自旋霍尔角代表材料中通过的电流转化成自旋流的效率，自旋霍尔角越大，电荷流 - 自旋流的转化效率越高，驱使自由层翻转所需的电流也就越小。目前常见的自旋轨道矩材料包括铂[70]、钨[71]、钽[72]等非磁性重金属材料，铜铂[73]、金铂[74]等合金材料和铱锰[75]、锰铂[76]和锰锡[77]等反铁磁金属材料。除此之外，基于铋锑化合物及其衍生结构形成的拓扑绝缘体，因其巨大的自旋霍尔角，也是自旋轨道矩层的重要候补材料。拓扑绝缘体是一类体态绝缘、表面态导电的特殊材料，通过电子在表面产生自旋积累会对自由层产生耦合作用，从而实现自旋轨道耦合效应，使用拓扑绝缘体作为自旋轨道矩层，最大能够得到超过 100 的自旋霍尔角[78]。SOT-MRAM 结构中，重金属材料、合金材料和拓扑绝缘体材料的强自旋轨道耦合作用得到了扩展和应用。

总体而言，磁隧道结虽然膜层结构复杂，但各膜层功能明确，这对新材料的使用和引入提供了较大的探索空间。MRAM 的应用对以 MTJ 为核心的新材料要求较高，为获得满足实际应用场景要求的 TMR 效应，MTJ 需要实现多达几十层金属和氧化物的堆叠，每一层材料需要精确控制至几个埃（Å）的厚度，并保证多层膜在量产 12 寸晶圆上具有均匀的厚度与成分、较低的表面粗糙度和准确的化学成分比，因此给材料的选择和沉积工艺带来较大的挑战。特别针对 MgO 介质隧穿层而言，需要严格控制其厚度至百分之一埃的量级，同时实现其特定的晶格取向和高致密性，以满足 MTJ 的高 TMR、稳定的电阻面积乘积（Resistance-Area Product，RA）和高击穿电压等性能。

目前主流的 CoFeB/MgO 基垂直磁各向异性隧道结的 TMR 值约为 200%，为了更进一步提升 TMR 的同时降低磁化翻转所需的驱动电流，需要对材料进行根本的优化。例如，以 Co_2MnSi 为代表的哈斯勒（Heusler）合金，理论上具有费米面处 100% 自旋极化的半金属性质和较低的磁阻尼因子，有望在隧道结体系中替代 CoFeB，在实现更高 TMR 的同时具有较低的磁翻转电流[79]。同时，为了匹配新的铁磁材料，需要开发新的氧化物隧穿层，具有尖晶石结构的 $MgAl_2O_4$ 相对 MgO 在结构上与哈斯勒合金具有更高的晶格匹配度，理论上可以实现更好的外延生长从而提高 TMR 性能[80]。同时，SOT-MRAM 器件由于更高的耐久性和更快的写入速度受到了各界青睐，有望应用在大容量高速读写领域。此外，电压调控磁化翻转效应的发现为降低 SOT-MRAM 临界翻转电流带来了新的思路，近年来以 VCMA-MRAM 为原理的器件构型受到了研究人员的广泛关注，有望实现超低功耗的 MRAM 应用。该类器件的崛起开拓了自旋电子学器件的设计思路，丰富了自旋器件调控的技术手段，进一步推动了 MRAM 的应用。

MRAM 作为当前除主流的 DRAM、NAND 存储器之外的新兴存储器之一，结合了 DRAM 的高速随机读写和高耐久性，以及 NAND 的非易失性的特点，有望填补存储框架中 DRAM 和 NAND 之间的性能差距，具有较高的发展价值。当前，国际主流的半导体厂商，如 IBM、英特尔、台积电、三星等均根据不同领域的应用需求对 MRAM 进行了全方位的布局。我国 MRAM 起步较晚，但近年来在国家的推动下取得了显著的进步，国内部分城市如杭州、青岛等地均布局了 MRAM 的研发和生产基地。未来随着人工智能、自动驾驶等产业的发展，对高性能存储器的需求日益增长，以 MRAM 为代表的高性能存储器将会进一步体现出价值，为未来信息社会的发展提供解决方案。

5.2.6 相变存储材料与器件

随着大数据时代业务需求的增加，非易失性的存储级内存（Storage Class Memory，SCM）概念初步进入内存替代市场，相变随机存取存储器（Phase Change Random Access Memory，PCRAM）是填补易失性 DRAM 和非易失性闪存存储器之间性能差距的 SCM 的领先竞争者[81]。PCRAM 是一种非易失性的电阻式随机存储器，具有操作速度快、功耗低、耐久性高、数据保持久、尺寸小和抗辐照特性好等诸多优势，一直被认为是与 CMOS 兼容度最高、技术成熟度最优的存储技术。

PCRAM 基于材料的结构相变效应进行信息存储。相变介质材料主要是硫族化合物，利用该材料在非晶态和晶态间物理性质上的温度可控性，通过适当的能量传递，以纳秒电流脉冲的形式诱导产生焦耳热，可引起硫族化合物材料发生可逆的非晶相 - 结晶相间的结构变化。两结构相之间电阻率不同（非晶相为高电阻，结晶相为低电阻），将两阻态分别用于对应存储状态的二进制代码“0”和“1”。相变存储技术可在低电压下读写，其产品也逐渐量产化。英特尔和美光公司联合发布基于相变存储技术的 3D XPoint 技术，指出了 PCRAM 3D 化技术的发展方向。

硫族元素包括氧、硫、硒和碲，它们的化合物被称为硫族化合物。相变材料作为相变存储器的存储介质，研究主要集中于 $Ge_2Sb_2Te_5$，也涉及 GeTeAsSi[82]、GeTe[83]、GeSbTe[84]、

GeTeBi[85-86]、GeSb(Cu,Ag)[87]、GeTeAs[88]、InTe[89]、AsSbTe[90]、SeSbTe[91]和PbGeSb[92]等其他材料。

其中，$Ge_2Sb_2Te_5$（GST）是最常用的相变材料之一，具有良好的相变性能和热稳定性。碲原子占据一个面心立方（FCC）亚晶格的晶格位置，而锗和锑随机地填入第二个亚晶格的位置，其晶格常数约为6.02Å。实验中观察到其结晶温度约为175℃，熔化温度约为610℃。GST材料约在200℃从a-GST转变为面心立方晶体（亚稳态NaCl型晶体）。因此可通过对GST材料施加一个短时间、较低功率的激光脉冲，将材料加热到低于熔点的温度，然后迅速冷却以锁定亚稳态，将非晶态的$Ge_2Sb_2Te_5$转变为亚稳态的NaCl型晶体结构，实现“0”和“1”的存储状态切换。复位时，将温度加热至GST熔化温度以上，之后迅速退火形成非晶态[93]。在PCRAM应用中，电流通过GST材料，在感知电阻的同时，产生热效应以诱导相变。

相比传统的GST材料，$Sc_{0.2}Sb_2Te_3$（SST）具有更高的结晶速度，可以实现更高的写入速度和更短的写入时间，并且在室温下复位后的非晶态具有良好的稳定性，可以确保数据的长期保留。SST中的钪元素具有适当的配位数和键长，有助于稳定掺杂，并提供了合适的结构和化学环境，以实现快速相变。可基于特定的功能需求对相变材料性能进行定向优化和选择。

目前，业界仍在致力于PCRAM新材料的研发。一方面，通过对相变材料的化学气相沉积及原子层沉积工艺进行深入研发，以满足三维器件的工艺需求，提高PCRAM的规模效益[94-95]；另一方面，通过以新材料结构为基础进行研发，进一步提升器件性能。例如，最近发现具有网状结构的相变材料，其功耗达到了0.05pJ以下，相较主流产品功耗降低到原来的千分之一[96]。近年来，业界将PCRAM的研究转向面向人工智能的存算一体[97-98]及类脑计算[99]等方向，探索开发PCRAM在不同场景应用的可能性。

英特尔开发的3D XPoint技术是目前PCRAM应用化的领先者，3D XPoint速度上虽逊色于DRAM，但具备1000倍闪存的擦写速度、1000倍的可靠性及10倍的容量密度，充分体现了存储级内存的特点。目前，PCRAM的研究仍处于战略化阶段和产业化初期。从产品角度出发，2022年英特尔放弃了3D XPoint业务，转向研究能够将SSD和DRAM直接连接到CPU的CXL内存技术，以达到与SCM相似的性能，这使PCRAM的规模应用化速度放缓；从市场角度出发，由于PCRAM必须逐层构建，且每一层都必须采用单独的光刻和蚀刻工艺步骤，导致成本与层数等比例增加，因而PCRAM产品价格无法与闪存相抗衡；从容量角度出发，市面上已经发布的PCRAM产品容量较小，三星宣称推出的PCRAM芯片最高也仅有8GB，容量上不占据优势；从技术角度出发，PCRAM的信息写入操作是在存储单元的底层电极上加电压，向“加热器”注入电流脉冲引发局部产生高焦耳热，从而对相变材料进行加热，诱导GST的相变。其中，材料被熔化后的快速淬火是从结晶相变为非晶相（复位操作）的技术关键，该过程需要约600℃的高温，这使复位电流（几毫安）通常较高[100]。对于PCRAM而言，其未来技术发展的关键是优化多级存储性能、提高每个单元的存储容量、减少功耗和成本。

驱动PCRAM市场化的关键是提升性能和降低成本，这需要依靠以下三个方面去实现：一是新材料的开发，进一步提升材料性能，如更高的存储容量、更低的功耗和更长的数据保持时间；二是新存储结构的探索，研究和设计多层结构、垂直三维结构等新的存储结构以提高存储密度和性能；三是优化器件设计和工艺，以实现更高的可靠性、更低的功耗和更低的制造成本，进而推动其市场化。存储器技术的迭代速度日新月异，要寻找功耗更低、速度更快的相变存储器材料，仍需依靠基础研究的不断突破。

5.3 存储器技术发展趋势和专利分析

存储器作为信息的主要载体，是支撑计算机工程、信息技术等领域发展的重要支柱。在过去的半个多世纪里，每片晶圆的晶体管数量增加了1000万倍，处理器速度提高了10万倍。伴随存储技术的不断演进，DRAM、NAND Flash从21世纪开始成为主流的存储器技术。

随着器件微缩，单元晶体管的漏电流成为最大的技术挑战之一。然而，在新兴的计算机工程、信息技术领域，为了跟上从以处理为中心到以存储（或数据）为中心的计算的转变，对更高密度、更高性能的新型存储技术需求正日益增加。经过多年的研发，几种新型存储技术正在加速发展，一方面是RRAM、FeRAM、MRAM等具有非易失性和低功耗性能的新型存储技术；另一方面是新材料、新工艺和新架构设计等解决主流存储器技术瓶颈的新的设计方案。未来会有更多的存储技术的研究，但这些技术若要实现更大的突破，材料创新至关重要。

5.3.1 氧化铪材料及氧化铪基铁电材料

在新型存储技术中，FeRAM在半导体市场上已得到商业验证，代表公司包括Ramtron、Symetrix、英飞凌、日本富士通半导体，但钙钛矿材料很难实现与CMOS集成电路的高度融合，成为FeRAM批量商业化的核心工业瓶颈之一。为解决材料带来的技术发展阻碍，产业界和学术界进行了大量的研究工作并取得了一定的突破。2011年，德国Qimonda等研发团队利用ALD技术制备了硅掺杂的HfO_2薄膜，并首次在实验上观测到铁电材料特有的电滞回线。2021年，荷兰格罗宁根大学Pavan Nukala等利用原子显微镜直接对氧原子进行原位成像实验，并揭示了HfO_2基材料在纳米尺度上具有铁电性的原因是可逆的氧（空位）迁移和相变[101]。2023年，中国科学院微电子所刘明院士团队发现了关于HfO_2基铁电材料的新结构，有望解决HfO_2基铁电材料高矫顽场的本征问题[102]。同时，基于氧化铪［HfO_2或$(Hf，Zr)O_2$］铁电材料的铁电存储器，因具有读写速度快、寿命长、功耗低、可靠性高特点，被认为是最有潜力的下一代非易失性存储器。

如图5-9和图5-10所示，近20年HfO_2基材料的专利布局处于持续增长态势。自2019年起，每年公开的相关专利数量呈显著的增长趋势，且存储器行业内主要的参与企业及科研院所均有一定量的专利布局，三星电子拥有全球超过2300件相关专利申请，其次是台积电和美光。

与目前主流HfO_2介电材料相比，HfO_2基铁电材料以非易失性的方式改变晶体管的阈值电压，读/写速度快，数据不易丢失，易于集成到CMOS，以其作为高K电介质材料的存储技术引起了1z以下技术节点DRAM存储器产业的关注[103]。如图5-11～图5-13所示，HfO_2基铁电材料相关的专利申请中超过30%的专利围绕HfO_2基铁电材料作为高K电介质展开布局，近

10 年每年公开的相关专利呈显著的增长趋势，且存储器行业内主要的参与企业及科研院所均有一定量的专利布局，美光拥有全球约 100 件相关专利申请，其次是台积电和英特尔。值得业界关注的是，英特尔在 2020 年 IEDM 上曾公开发表了一篇基于 HfO_2 基铁电材料电容器的超高密 eDRAM 新架构，该架构读 / 写时间约 10ns，数据保持时间可长达 1ms [104]。

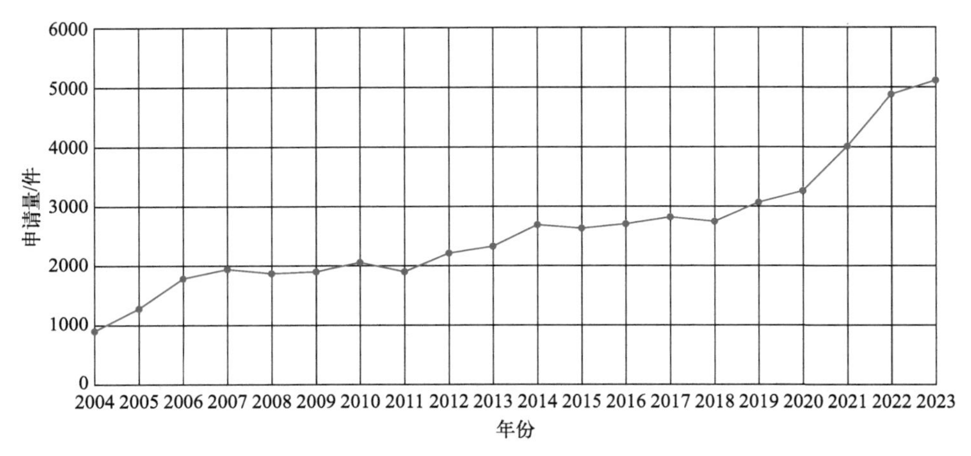

图 5-9　全球氧化铪材料专利申请趋势（2004—2023 年）

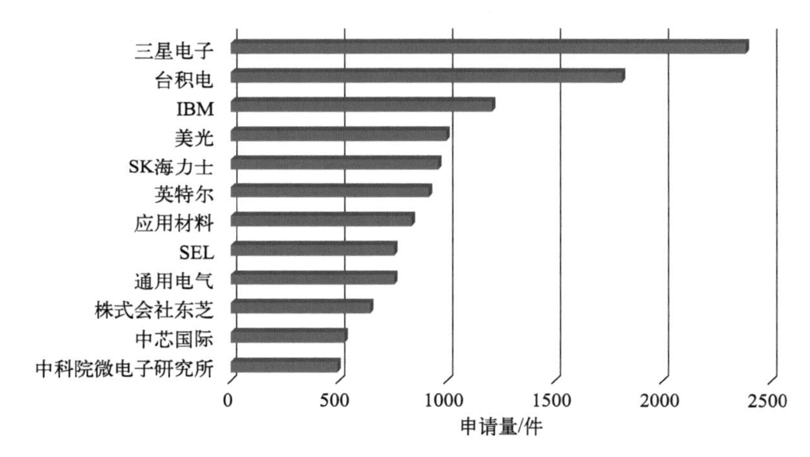

图 5-10　氧化铪材料专利布局主要申请人申请量对比（2004—2023 年）

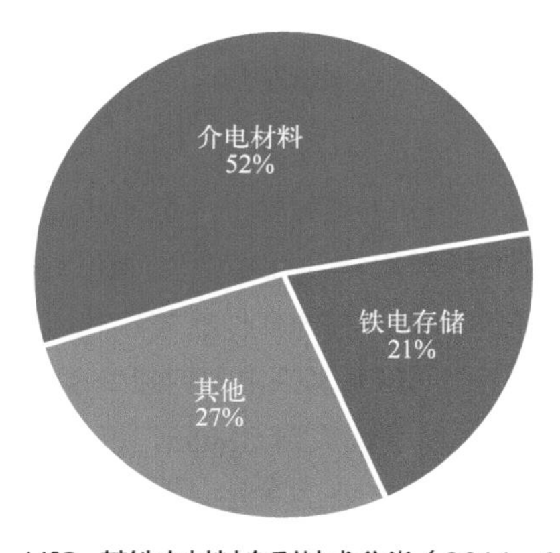

图 5-11　HfO_2 基铁电材料专利技术分类（2014—2023 年）

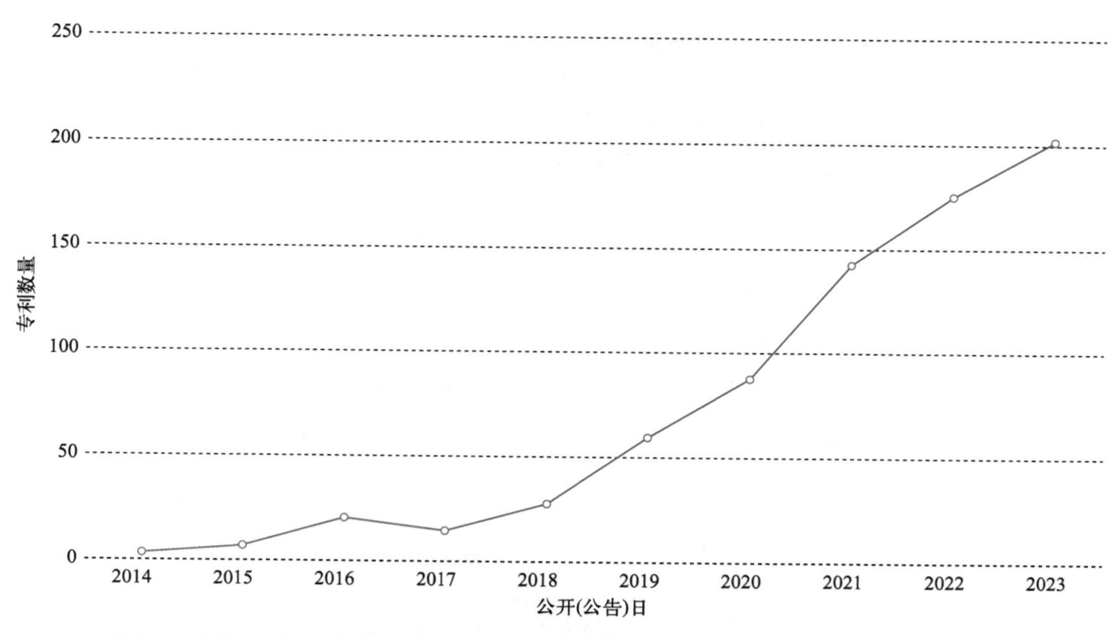

图 5-12　HfO_2 基铁电材料作为主流存储器高 K 电介质材料的专利申请趋势（2014—2023 年）

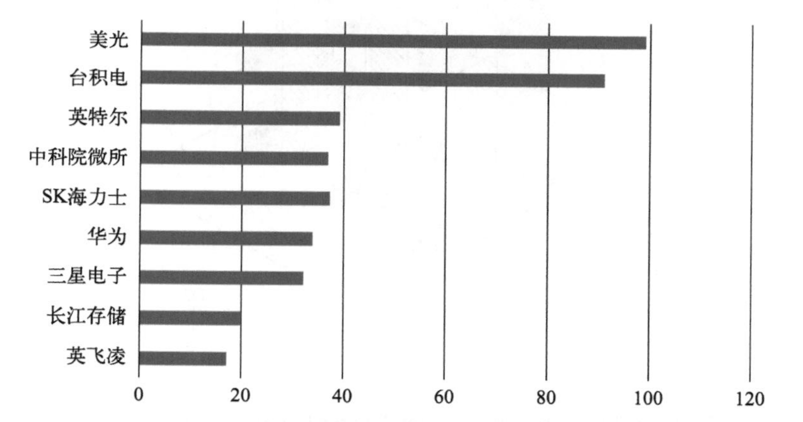

图 5-13　HfO_2 基铁电材料作为主流存储器高 K 电介质材料专利布局主要申请人申请量对比（2014—2023 年）

5.3.2 IGZO 材料

在当前主流的存储技术中，DRAM 因广泛应用于手机、个人计算机、服务器等内存领域，成为电子信息产业必不可少的通用存储器件。在半导体产业中，DRAM 是最大的单一品类，市场份额占比约 20%，市场规模近 1000 亿美元。但 DRAM 在制程上的演进呈现放缓趋势。按照 Techinsight 2022 年的预测，DRAM 技术如保持 $6F^2$ 单元设计以及当前主流的 1T1C 结构的 D/R 设计，到 2027 年或 2028 年，10nm D/R 将是 DRAM 的最后一个技术节点[105]。DRAM 行业迫切需要材料和架构的新突破，以实现 DRAM 产品性能的进一步扩展，获得更低的成本、更小的功耗和更高的速度。按照行业预测，融合更高深宽比电容器的垂直晶体管、基于 1T1C 单元水平翻转结构的 3D 堆叠、基于 IGZO 沟道材料的无电容结构等技术将是进一步提高 DRAM 存储密度、提升存储性能的重要备选方案[106]。

3D 堆叠是目前获得最广泛关注的下一代 DRAM 解决方案，以三星、美光等为代表的全球主要内存制造商已积极布局研发。2023 年 3 月 13 日，行业公开消息表明，三星和 SK 海力士将加速推进 3D DRAM 商业化，以克服 DRAM 的物理局限性。美光的 $4F^2$ 存储单元技术核心在于新材料的引入，如使用 IGZO 替代 DRAM 存储单元的硅基访问晶体管，这种材料的宽带隙可以确保 DRAM 单元具备低关态电流，是 DRAM 存储单元晶体管必要的功能特性。此外，IGZO 晶体管具备的超低漏电流特性还有可能开启一条全新道路，即建立无电容的 DRAM 存储单元。

三星电子公司的 1T1C 单元水平翻转的 3D 堆叠 DRAM 代表性专利（US11355509B2），如图 5-14 所示。

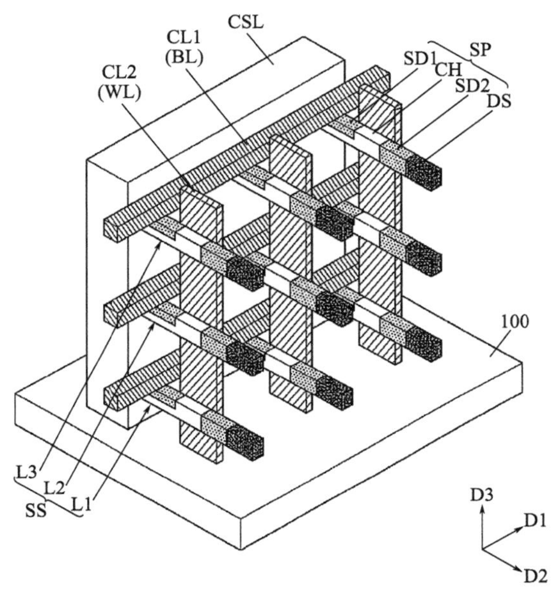

图 5-14　三星电子公司的 1T1C 单元水平翻转的 3D 堆叠 DRAM 代表性专利（US11355509B2）

英特尔公司的 2T0C 无电容 DRAM 代表性专利（US20210151437A1），如图 5-15 所示。

如图 5-16 和图 5-17 所示，围绕基于 IGZO 沟道材料的 DRAM 存储器的专利申请最早起始于 2009 年，自 2020 年开始每年公开的相关专利呈指数增长态势。美光、三星、SK 海力士、英特尔等存储厂商及科研院所都在积极布局这项新的存储技术，并均进行了一定量的前瞻专利布局，其中美光拥有全球超过 130 件相关专利申请，其次是英特尔和 SK 海力士。基于 IGZO 沟道材料的无电容 DRAM 单元结构近几年更是成为研究热点，美光、英特尔和中国科学院微电子所在该技术方向上的专利申请基本始于 2020 年以后。

2004 年，IGZO 材料被东京工业大学的细野教授发现并将研究成果发表在 *Science* 杂志上。在 2020 年的 IEDM 上，比利时微电子研究中心（IMEC）首次展示了基于 IGZO 沟道材料的无电容 DRAM 单元，这种单元结构具有两个 IGZO-TFT，无存储电容，有望克服主流 1T1C DRAM 在密度缩放方面的关键障碍。在 2021 年的 IEDM 上，IMEC 改进了前一种架构，提

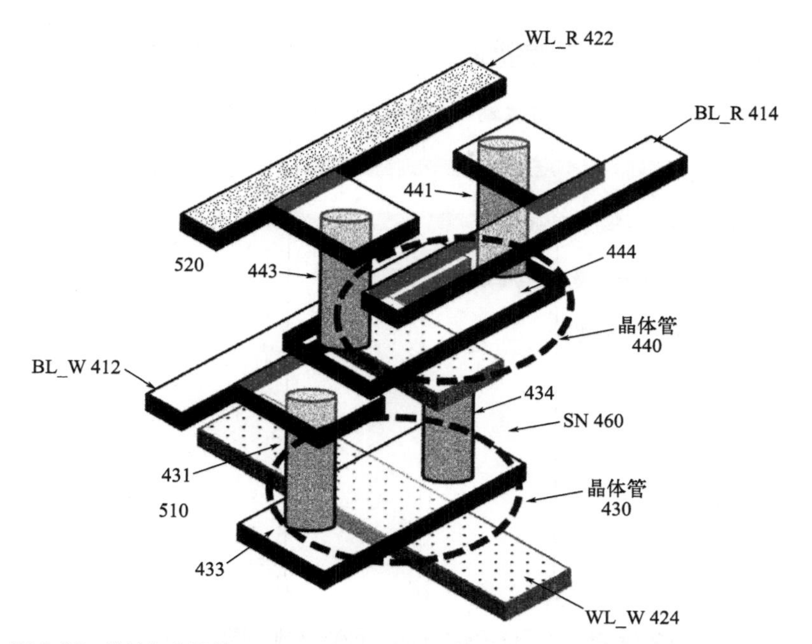

图 5-15　英特尔公司的 2T0C 无电容 DRAM 代表性专利（US20210151437A1）

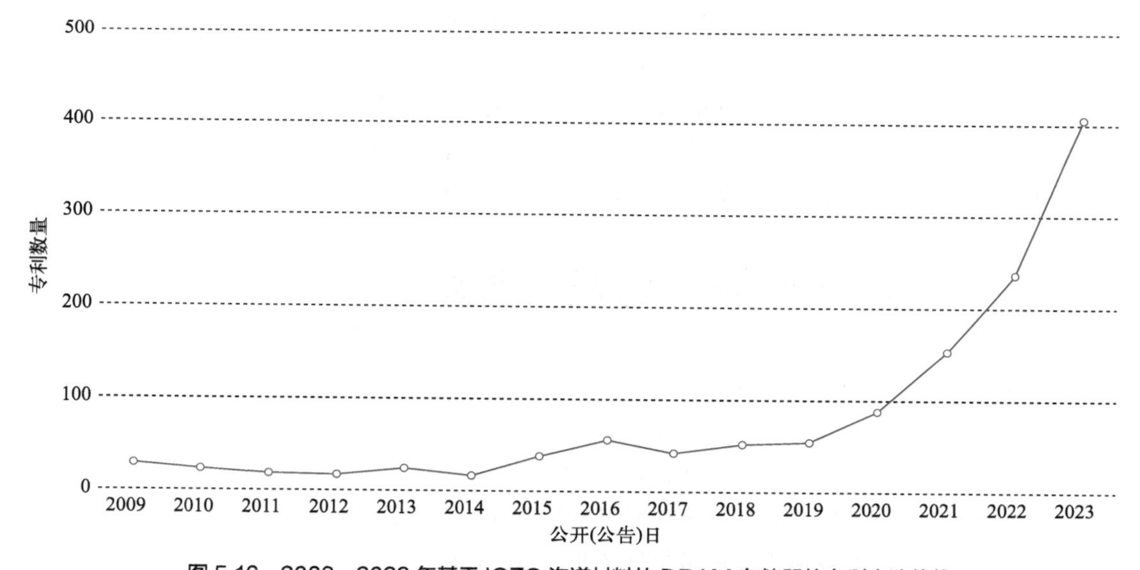

图 5-16　2009—2023 年基于 IGZO 沟道材料的 DRAM 存储器的专利申请趋势

升了保持时间和耐久性；中国科学院微电子所刘明院士团队与华为海思团队联合报道了 CAA IGZO FET。IGZO 沟道材料正式成为实现高密度 DRAM 存储器的理想备选技术。但是，基于 IGZO 沟道材料的 DRAM 存储器技术在制程工艺、单元设计、存储电路设计与系统架构设计等方面均面临挑战，专利布局方面也存在诸多空白点，例如，泄漏和读取速度的权衡是技术难点之一，即低泄漏意味着可以忽略关断电流，但快速读取速度意味着中等甚至高的接通电流。近期，北京超弦存储器研究院赵超研究员和王桂磊研究员在 *National Science Review*（《国家科学评论》）上发表题为 Amorphous oxide semiconductor for monolithic 3D DRAM: an enabler

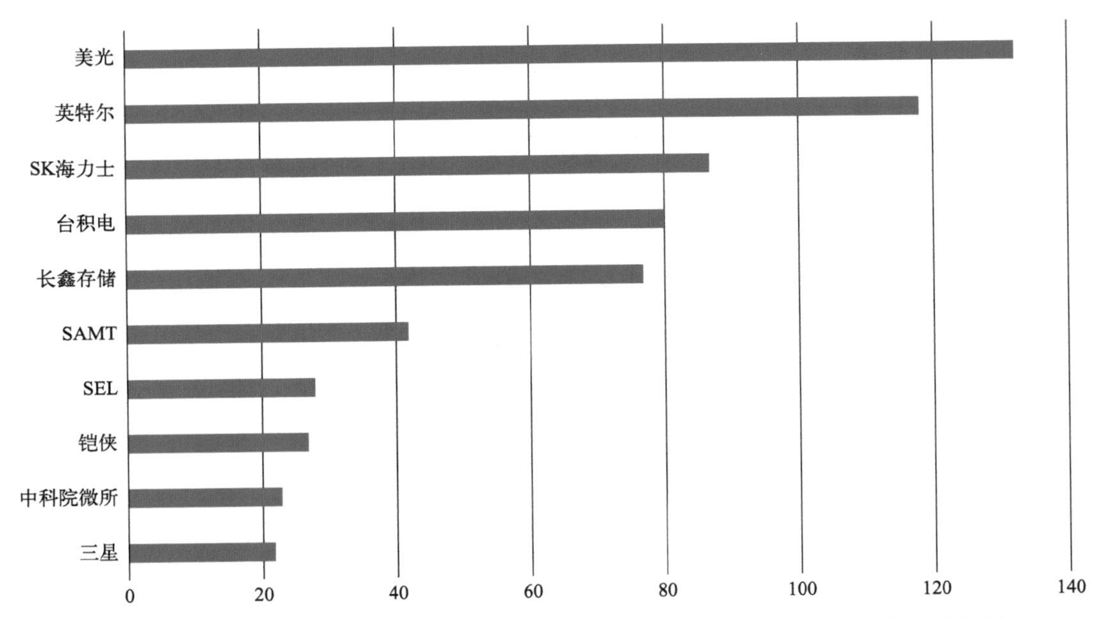

图 5-17　2009—2023 年基于 IGZO 沟道材料的 DRAM 存储器专利布局主要申请人申请量对比

or passer-by 的展望文章[107]，综述了非晶氧化物在 3D-DRAM 领域应用探索的热点进展，重点分析了非晶氧化物 3D DRAM 商业化所面临的几大问题，为未来非晶氧化物存储技术发展提供新思路。基于 IGZO 沟道材料的 DRAM 研究尚处于初期阶段，距离商用仍需一段时间，但这种新的存储技术展现出的前景十分引人注目。如果基于 IGZO 沟道材料的存储器技术能够实现创新突破解决上述技术难题，DRAM 存储器技术也将开启一个崭新的时代。

5.4 半导体存储器件的发展展望

半导体存储器的发展，从材料的角度来看，研发人员对可持续的技术材料进行了深入研究探索，以满足半导体存储行业的需求。这些新材料不仅能够提高存储设备的性能，还能降低生产成本和对环境的影响。在存储设备的结构和设计方面，逐步聚焦于新型存储技术，这些新技术为提高存储密度、降低功耗和增强设备的可靠性提供了新的可能性。在行业领域方面，半导体存储芯片产业属于技术密集型产业，与国外同行业企业相比，中国的存储芯片产业起步晚、技术基础薄弱，尽管由于存储密度提升速度逐步放缓，有利于后进企业技术追赶，但存储器行业的进入仍存在诸多技术挑战。尤其是 DRAM 存储器，全球市场规模持续增长，中国市场的需求量极大，随着 5G 技术发展，DRAM 存储器产业中心存在转移到中国大陆的机会。经过近几年的发展，中国 DRAM 产业发展势头良好，合肥长鑫存储已实现 LPDDR5 DRAM 产品的量产，但与 DRAM 行业三巨头的三星、海力士及美光相比还存在技术差距。从知识产权角度看，DRAM 全行业有十余万的技术专利，大多为海外同行业企业申请，中国要发展 DRAM 存储芯片产业还存在一定的知识产权壁垒。

因此，未来围绕存储器芯片领域的重要发展方向与技术研发趋势，应提前制定专利布局与风险规避策略，构建核心技术的自主知识产权壁垒，形成技术领先优势与市场核心竞争力。国内存储器芯片产业的发展急需材料和架构上的创新突破，知识产权的系统性、前瞻性布局将为抢占未来技术和产业竞争的制高点铸造核心竞争优势。

未来，半导体存储器有望在更广泛的领域得到应用，如边缘计算、物联网、机器学习和人工智能等，这也为半导体存储技术带来了新的机遇和挑战。半导体存储器预期将会更多关注于新材料的开发、存储设备的小型化、多功能化以及与其他领域的交叉应用。总之，半导体存储技术在未来仍将持续发挥其核心作用，为人类社会带来更多的便利和创新。

参考文献

作者简介

王桂磊，博士，北京超弦存储器研究院研究员。先后工作于中芯国际、中国科学院微电子研究所与北京超弦存储器研究院。主要从事集成电路薄膜材料生长和工艺研发、器件集成研究。迄今发表学术论文 100 余篇，英文专著 1 本，英文编著 1 部，国内国际专利申请 245 项，目前获得中国发明专利授权 65 项，美国授权专利 12 项。

董博闻，北京科技大学材料科学与工程专业工学博士，现任职于北京超弦存储器研究院。长期在半导体集成电路领域从事新型存储技术的研究，曾在国际知名半导体企业技术研发部参与开发业界领先的三维闪存技术，目前主要负责新型高密度存储路径探索和技术开发，已发表论文 SCI 论文 10 余篇。

卢永春，吉林大学物理化学博士，具备专利代理师资格，北京市顺义区知识产权百人专家库成员，现任职于北京超弦存储器研究院。长期在半导体行业及存储器行业从事知识产权管理、高价值专利挖掘、专利运营与行业专利分析等工作。授权专利超过 40 项，授权区域包括中国、美国和欧洲。

第6章

锑化物半导体

牛智川　赵有文　杨成奥　张　宇　郝宏玥　徐建星　关　赫　杜瑞瑞
赵建忠　黄　勇　吴东海　蒋洞微　王国伟　徐应强　倪海桥　夏建白　范守善

6.1 锑化物

半导体技术发展一代材料体系、形成一代器件技术。硅基半导体技术向纳米极限制程迅速推进，Ⅲ - Ⅴ族化合物半导体材料功能更加丰富，氧化镓 / 氮化铝 / 金刚石超宽带半导体、锑化物窄带隙半导体及各类二维晶体材料和钙钛矿材料、拓扑超导材料等新技术不断涌现。在至关重要的红外光电器件领域，传统窄带隙材料几十年来始终无法打破谱段单一、稳定性差、制造良率低、成本超高等瓶颈，严重阻碍器件加速迭代趋势，不能满足装备升级与智能改造的重大需求。半导体材料体系发展趋势如图 6-1 所示。

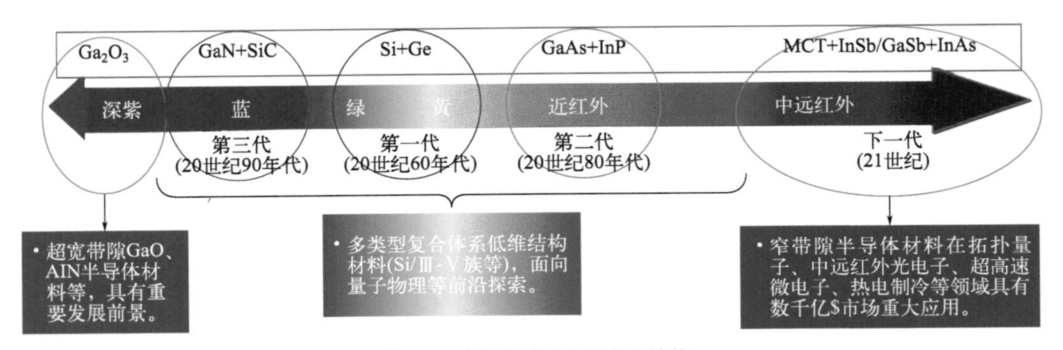

图 6-1　半导体材料体系发展趋势

21 世纪初，锑化物半导体材料即 GaSb 基晶格匹配异质结、量子阱、超晶格体系获得业界高度重视，其破隙型窄带隙能带构型和材料组分适用于能带工程设计调控和先进的Ⅲ - Ⅴ族半导体工艺，为突破传统红外半导体长期瓶颈提供全新路径。锑化物半导体特指以 GaSb

为基的 6.1Å 族晶格匹配体系，基于铝（Al）、镓（Ga）、铟（In）等Ⅲ族以及砷（As）、锑（Sb）Ⅴ族元素组成 InAs、AlSb 二元或 GaInSb 三元、GaInAsSb 四元及 AlGaInAsSb 五元异质结材料，可构成多变的能带结构（图 6-2），包括Ⅰ型量子阱、Ⅱ类超晶格（图 6-3）等，可设计和制备高性能红外激光器与探测器、超高速微电子器件、热电制冷器件、太赫兹器件等诸多具有重大应用价值的核心器件，还在拓扑量子效应等基础前沿方向具有重要研究意义，同时锑化物半导体作为Ⅲ - Ⅴ族材料，其制备工艺技术与现有商用先进半导体工艺技术高度兼容，满足发展小体积、轻质量、低功耗、低成本等高端量产芯片严苛要求，因此锑化物半导体材料体现出了兼具基础科学研究意义和重大应用价值的下一代半导体技术的特征[1]。

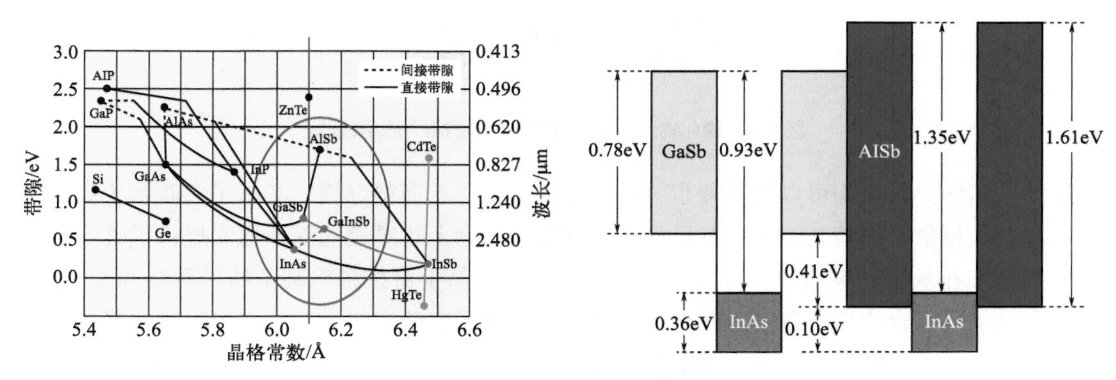

图 6-2　GaSb 基 6.1Å 族锑化物半导体异质结晶格与带隙

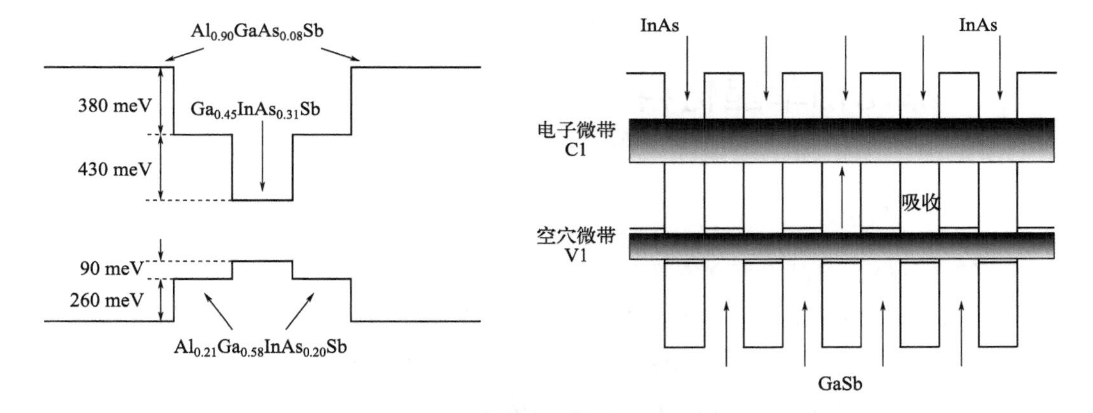

图 6-3　锑化物半导体具有多变的能带结构、丰富的物理效应

20 世纪末锑化物低维材料可控外延生长与表面处理技术获得突破，兴起了锑化物半导体的新一轮研究热潮。近年来，GaSb 单晶、衬底与外延材料技术的突破，极大地促进了中波红外激光器、中长波红外探测器的技术跨越，其应用价值得到确认[2]，红外光电器件敏感应用领域的特殊属性促使锑化物半导体器件技术的实验室探索向实用化技术迅速升级[3]，2009 年起西方实施锑化物半导体出口管控，主要以红外探测器、激光器技术为引领。锑化物红外激光器与探测器的重大应用领域如图 6-4 所示。

在基础研究方面，当分数量子霍尔效应物理前沿面临挑战性难题——在相互作用玻色子系统中如何产生具有拓扑序的分数量子霍尔态时，锑化物 InAs/GaSb［包括 InAs/(In)GaSb］

图 6-4　锑化物红外激光器与探测器的重大应用领域

半导体 - 超导异质结构可以构建理想的马约拉纳平台，从而得以探究其电子关联效应导致的拓扑序、长程量子纠缠、衍生规范场和分数激发等，为上述难题的深入探索提供了唯一的经典半导体拓扑量子材料的理想方案 [4]。从长远来看，易于可控精确制备的异质结 InAs/GaSb 反转型量子阱平台为电子和空穴配对等效玻色子即激子态研究提供理想实验材料，提供了可在螺旋边缘态上构建时间反演守恒的马约拉纳模，不仅丰富了传统激子凝聚相图，而且开辟了关联玻色子系统中拓扑物态研究的新方向，在拓扑量子计算领域具有重大价值。

6.2 锑化物单晶材料

6.2.1 锑化镓（GaSb）单晶材料

锑化镓（GaSb）单晶典型立方晶系闪锌矿结构，晶格常数为 6.0959Å，与 InAs、AlSb、InSb 同属 6.1Å 材料体系，其基片材料是发展锑化物半导体多功能器件不可或缺的基底，与 GaInSb、InAsSb、InGaAsSb、AlGaAsSb 等三元、四元化合物晶格匹配。20 世纪 50 年代国际上开展了 GaSb 晶体制备技术研究，通过长期发展，GaSb 单晶生长制备技术和材料质量得到了极大提升。目前，主要采用 LEC 法和 VGF/VB 法生长单晶（图 6-5）。国际上 GaSb 材料主要供应商是 IQE 集团旗下的英国 Wafer Technology 公司（图 6-6）、美国 Galaxy compound semiconductors 公司和 5N Plus 集团公司 [5-6]。

我国于 20 世纪 80 年代开展 GaSb 材料研究，中国科学院长春物理研究所、半导体研究所、上海冶金研究所和北京有色金属研究总院、峨眉半导体材料研究所等采用 HB 法、LEC 法 GaSb 单晶生长技术，制备出掺锌 p 型和掺碲 n 型单晶样品（图 6-7）。中国电子科技集团公司第四十六研究所和武汉高芯科技有限公司采用 VB 法生长出 GaSb 单晶。武汉高芯科技有限公司利用温度动态补偿改进的 VB 法生长直径为 53mm、等径长度为 85mm 的低位错单晶。中国科学院半导体研究所的 GaSb 材料研究经过了 30 年的发展，在单晶热场设计、单晶

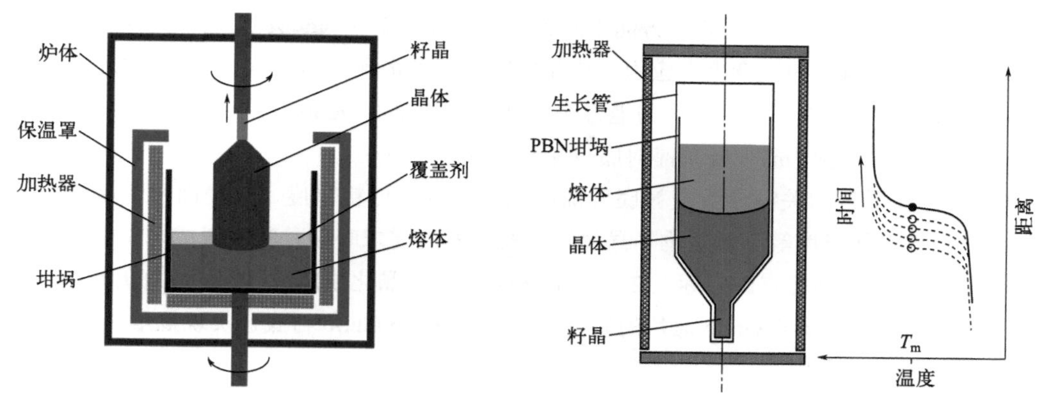

图 6-5　LEC（左）和 VGF（右）法晶体生长原理图

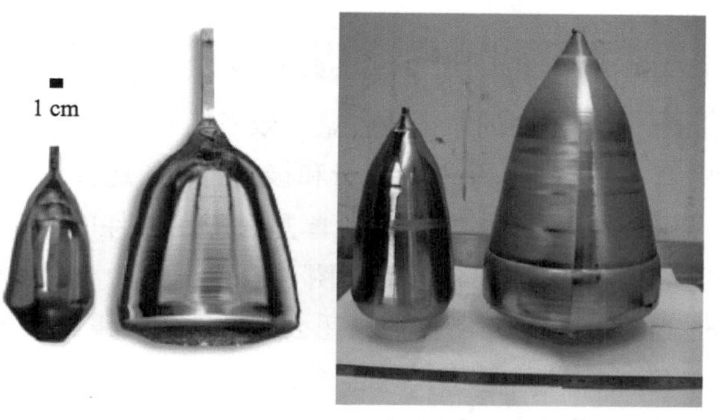

图 6-6　Wafer Technology 公司生产的 2in、4in、5in、7in GaSb 单晶

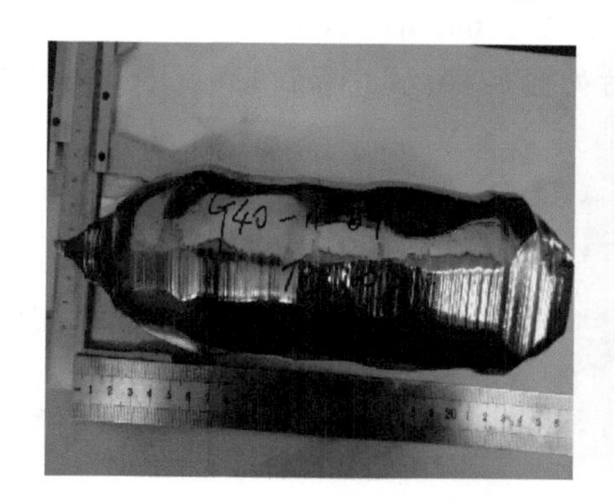

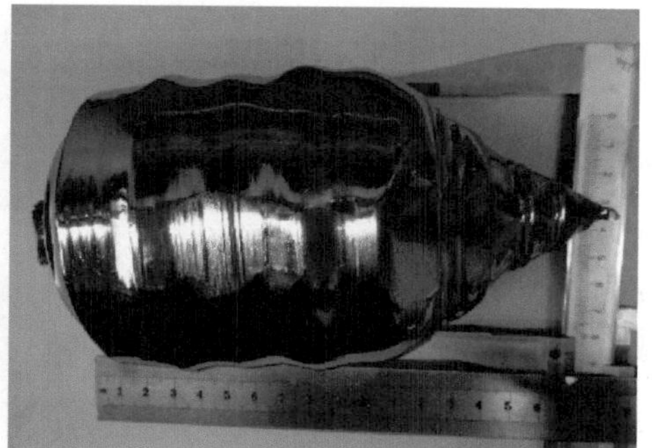

图 6-7　中国科学院半导体研究所用 LEC 法生长 2in、3in、5in、7in GaSb 单晶

生长、晶片表面制备、材料缺陷等方面不断突破，实现了 2 ～ 4in（英寸，1 英寸＝2.54 厘米）n 型和 p 型 GaSb 衬底的批量生产应用，单晶性能与国外水平相当，是目前国内 GaSb 材料的主要技术来源。近年来，他们已经与地方企业合作，开发了 GaSb 产业化技术实现成果转化，GaSb 单晶尺寸可达到 7in，6in 单晶衬底也在开发中[7-9]。

GaSb 衬底质量的关键参数是衬底表面的高平整度、低粗糙度、低表面残留杂质、低缺陷和低表面氧化层厚度等。锑化物半导体器件技术发展需求旺盛，实现低成本制造，大尺寸 GaSb 单晶制备是当前热点。国际上 2 ～ 4in GaSb 晶片产品化成熟度很高，正在开展 6in 及以上更大尺寸、更高质量的 GaSb 晶片的研发。国内 2 ～ 4in GaSb 衬底也实现批量生产，6in 衬底技术也在研发中[10-13]。

6.2.2 锑化铟（InSb）单晶材料

锑化铟（InSb）是典型窄禁带Ⅲ - Ⅴ族化合物半导体，物理化学性质稳定、工艺兼容性优良，InSb 在 3 ～ 5μm 光谱范围内的本征吸收量子效率接近百分之百，是制备中波红外探测器的首选材料，它同时具有极小的电子有效质量和极高的电子迁移率，应用广泛[14]。

自 20 世纪 50 年代起国际上开始研发 InSb 单晶材料，器件的制备方法经历优选，现在主流厂商采用 CZ（Czochralski）法制备单晶（图 6-8），国际上 InSb 材料供应商主要有 IQE 集团、英国 Wafer technology 公司、5N Plus 集团公司等。IQE 集团和 5N Plus 集团已经实现了 5in InSb 晶片材料的产品化，并且正在进行 6in、8in 等更大尺寸、更高质量 InSb 晶片材料的商业化研究。为满足发展需求，更大尺寸、高质量 InSb 晶体是热点技术。IQE 集团的 2 ～ 5in 产品达到 GaAs 和 InP 同等质量，2014 年报道了 6in Insb 晶体材料。Galaxy compound Semiconductor 公司产品——150mm 直径 Insb 晶片如图 6-9 所示。Wafer technology 公司的 2in、

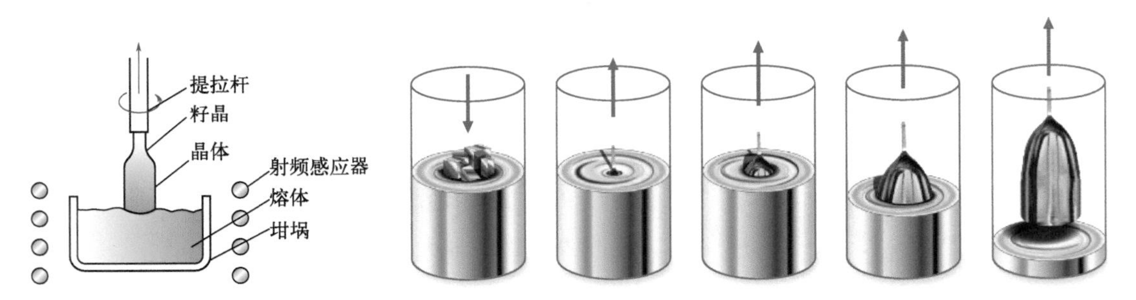

图 6-8　CZ 法 InSb 晶体生长原理图

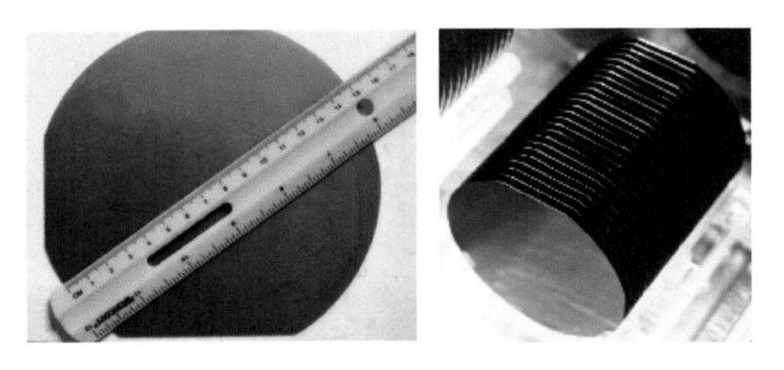

图 6-9　Galaxy compound Semiconductor 公司产品——150mm 直径 InSb 晶片

3in 和 4in Insb 晶体如图 6-10 所示。

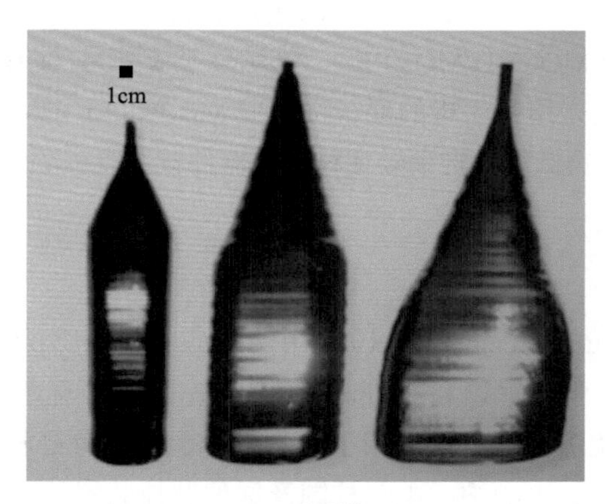

图 6-10　Wafer technology 公司的 2in、3in、4in InSb 晶体

我国在 1958 年开展 InSb 晶体材料研究，主要研制单位有昆明物理研究所（图 6-11）、华北光电技术研究所（图 6-12）。20 世纪 80 年代我国制备的 InSb 晶体直径最大到 20mm。经过半个世纪的发展，国内较小尺寸 InSb 晶体材料较为成熟，2in、3in InSb 晶体材料参数甚至优于国外，但大尺寸 InSb 晶体、自动化工艺和技术标准方面与国外尚有差距[16]。

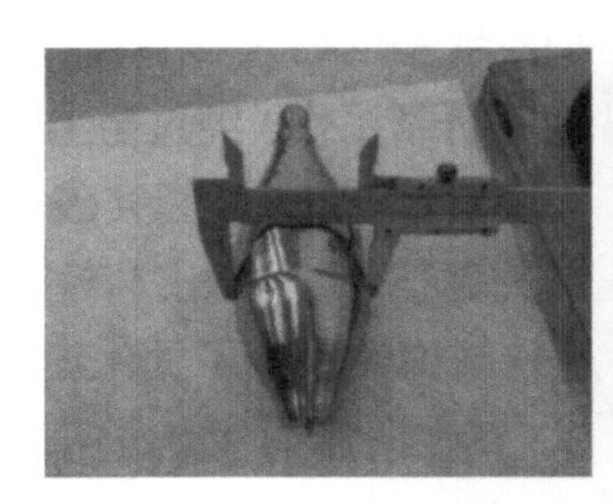
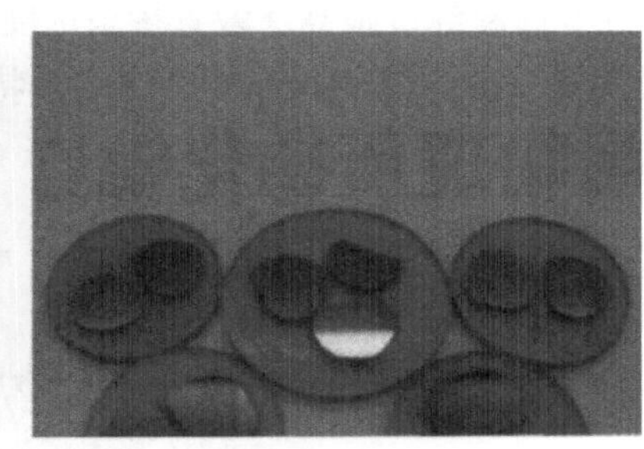

图 6-11　昆明物理研究所研制的 InSb 单晶及 InSb 晶片

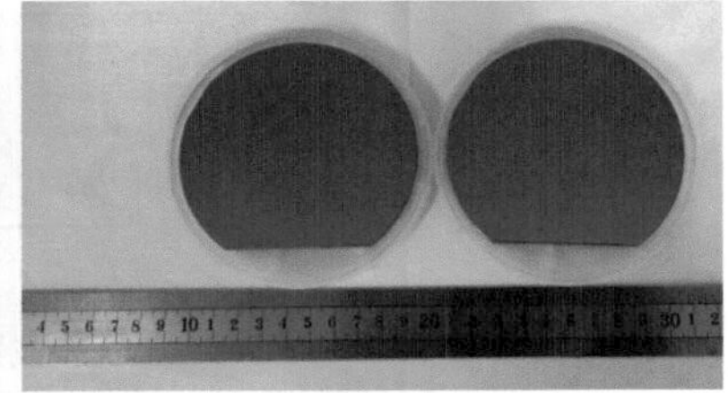

图 6-12　华北光电技术研究所 InSb 单晶及晶片

6.3 锑化物低维结构外延材料

外延技术是半导体器件基础性技术之一。外延生长技术是指在某种起始单晶衬底上生长具有相同或接近的结晶学取向的薄层单晶的过程。基于能带工程设计的锑化物低维结构外延

层中，通常含有 As、Sb 的Ⅴ族和 Al、Ga、In 等Ⅲ族元素，组分和能带结构较为复杂。外延材料的高精度生长技术难度较大，其主要方法包括液相外延（LPE）、分子束外延（MBE）、金属有机化学汽相外延（MOCVD/MOVPE）、化学分子束外延（CBE）等。迄今为止，锑化物低维结构外延材料主要采用最先进的原子级精度 MBE 和 MOCVD 技术。得益于先进的原子级精度外延技术，锑化物低维结构半导体材料和器件技术得以顺利发展。

6.3.1 分子束外延（MBE）

分子束外延（Molecular Beam Epitaxy，MBE）是 20 世纪 70 年代由美国贝尔实验室的阿瑟（Arthur）和华人科学家卓以和（Cho）等发明出来的一种单晶薄膜外延生长的技术，具有单原子层精度可控优势，被广泛应用于新型低维异质结外延材料的制备。MBE 设备系统构成部件包括真空腔体、束源炉、电气控制及原位监控装置等（图 6-13）。其基本原理是在超高真空（$P < 10^{-9}$Torr）腔内配置的高温蒸发高纯金属源炉（金属纯度在 99.9999% 以上），通过加热蒸发出的原子团束流直接喷射到基片表面，入射分子（原子）在表面完成吸附、分解、迁移、脱附和与衬底结合等表面物理动力学过程。生长过程中主要通过控制源炉温度、控制挡板快门开关、快门开启时间、衬底温度来调控外延速率、厚度、组分、掺杂等，以及优化温度、Ⅴ族与Ⅲ族元素束流和外延形貌等质量。分子束外延超高真空生长技术优点是：外延材料纯度很高（背景掺杂浓度低）、衬底温度低、生长速率适中，以及易于精确控制膜层组分、界面变化和掺杂浓度，特别适用于原子层单晶薄膜（如超晶格异质结材料）的生长。

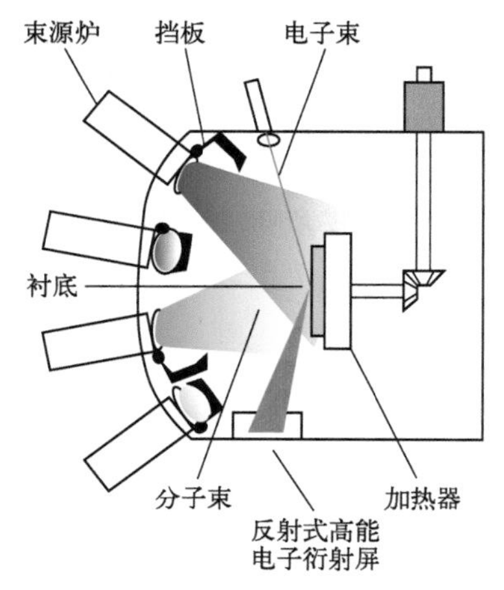

图 6-13　MBE 设备原理图

MBE 外延生长温度较低，可以有效抑制界面热膨胀晶格失配效应和自掺杂扩散影响。MBE 生长速率约 1μm/h，相当于每秒生长一个单原子层，有利于实现精确控制厚度、结构与成分和形成陡峭的异质结构，因此也特别适用于包括锑化物Ⅱ类 InAs/GaSb 超晶格（Superlattices）、InGaAsSb/AlGaAsSb 量子阱（Quantum Wells）等纳米周期结构的生长。分子束外延快门控制技术在锑化物超晶格多元素化合特性和复杂界面的灵活调控方面体现独到的优势[17-18]（图 6-14）。

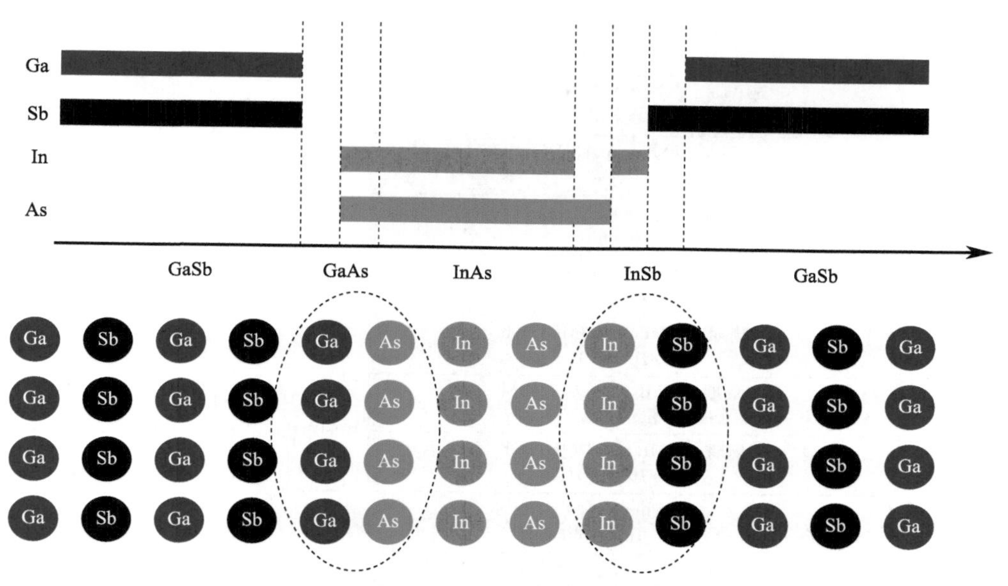

图 6-14　利用 MBE 快门装置，精确控制超晶格界面应变组分

外延材料质量分析主要采用表面形貌、光学性质，结晶质量包括原子排布、周期性、应变及界面等。高分辨 X 射线衍射 HRXRD 是衡量晶体质量最重要的手段之一。根据 HRXRD 衍射谱零级峰与衬底峰位置、一级衍射卫星峰的半高宽、卫星峰级数及相邻卫星峰之间的间距等可得到超晶格周期厚度、应变及衡量超晶格的界面质量等。如图 6-15 所示为三色（甚长波、长波及中波三谱段）锑化物超晶格材料总厚度超过 10μm 的 XRD 测试数据，超晶格一级卫星峰半峰宽分别为 21arcsec、28arcsec 与 25arcsec，应变分别为 0.021% 的拉应变、0% 以及 −0.071% 的压应变，显示出极高的结晶质量[19]。

原子力显微镜（AFM）分辨率可达到横向 1.5nm、纵向 0.05nm 的原子级分辨率，适用于外延材料表面非接触式无损伤测试，得到超晶格材料表面粗糙度及缺陷密度等，进而反馈材料生长参数。用透射电镜（TEM）可以观察超晶格原子排布界面类型或缺陷、应变弛豫等。通过原子力显微镜及高分辨透射电子显微镜所得到的超晶格材料表面及内部的测试结果如图 6-16 所示。

傅里叶红外光谱仪（FTIR）用于测试外延材料光学性质。高于半导体材料带隙的激励光在材料表面会产生电子 - 空穴对的复合造成的辐射光（即光致发光 PL），通过分析光谱强度间接了解带隙、杂质水平及缺陷等。短波、中波、长波锑化物超晶格样品的 PL 谱如图 6-17 所示。

目前，锑化物半导体低维结构外延材料技术逐步成熟，能够与半导体能带工程设计方法完美结合，极大地推动了锑化物半导体技术的发展。MBE 外延设备复杂性较高，国际上仅有的几家厂商对高端外延设备均受其所在国的出口限制，大力发展国产化设备成为共识。近年来，国内厂商积极推动技术进步，多家产品的整体技术水平正在逐步接近国际高端，这为我国独立发展锑化物半导体材料外延技术奠定了重要基础。

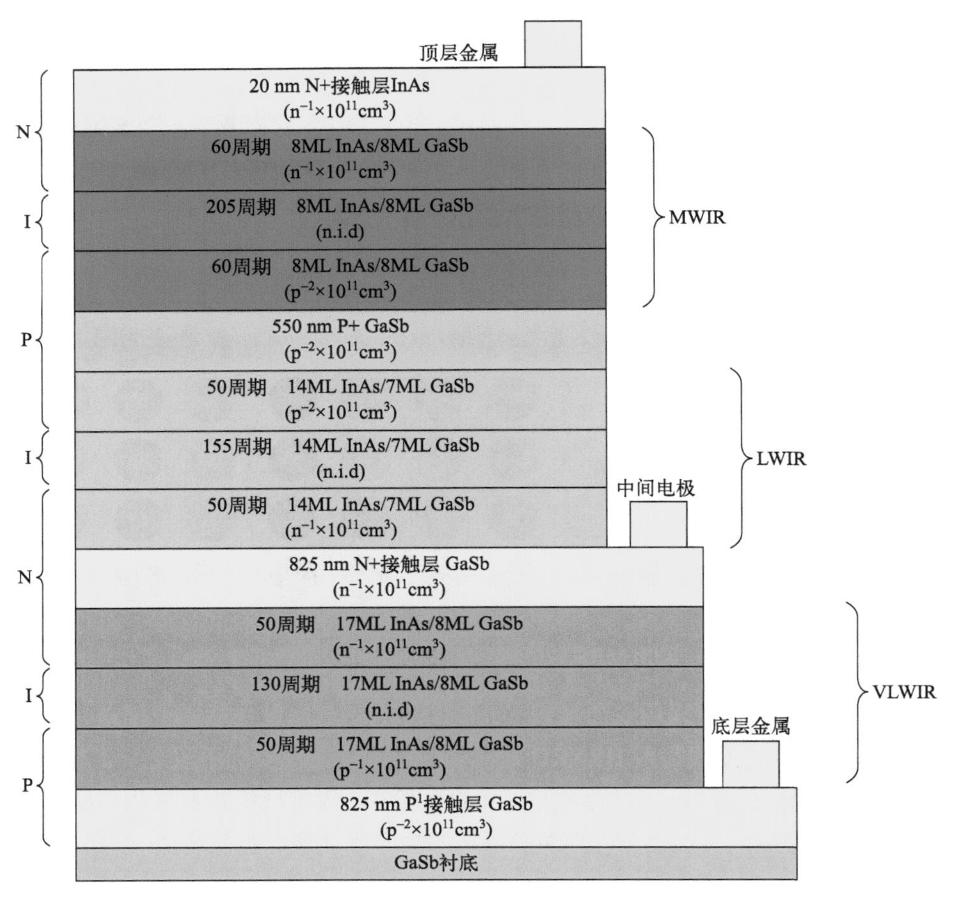

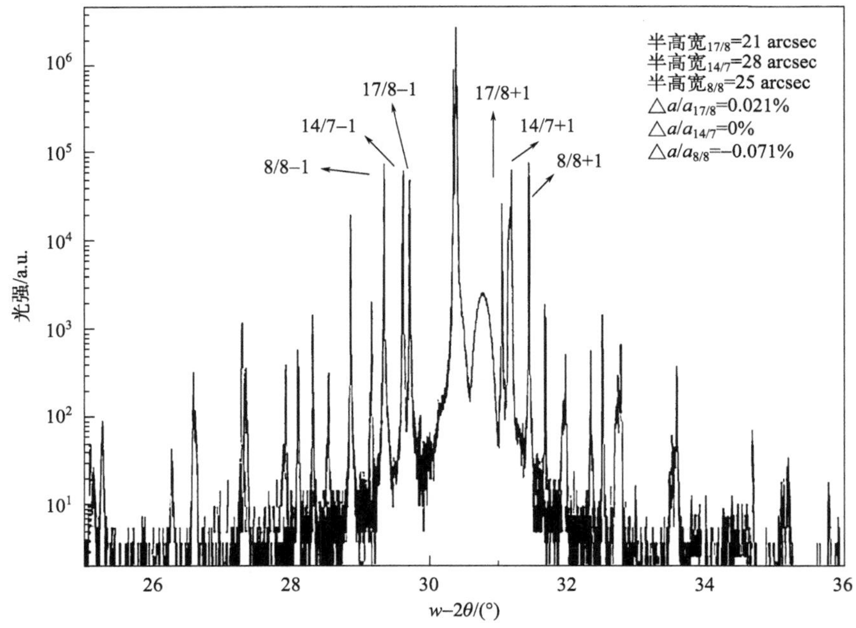

图 6-15 中 / 长 / 甚长波三色红外超晶格外延层结构、XRD 测试结果

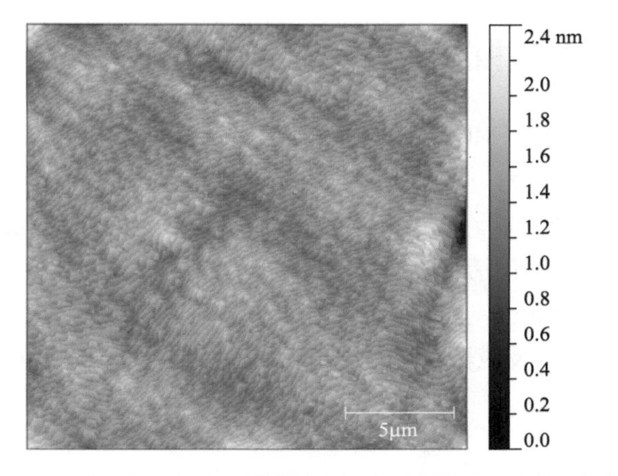

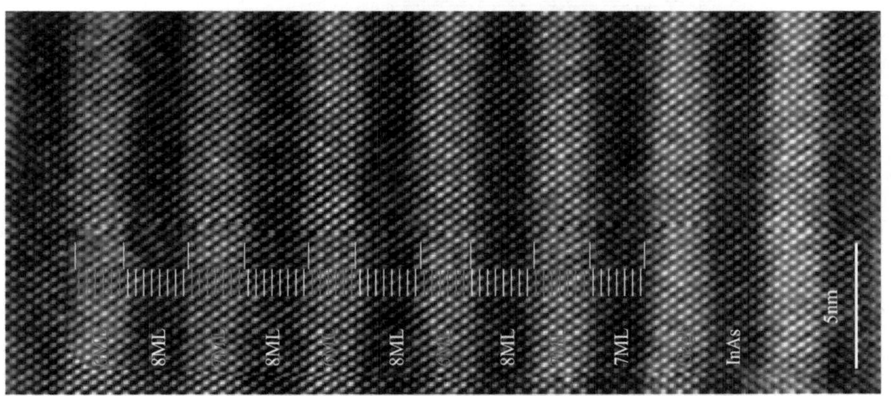

图 6-16　超晶格样片的 AFM 测试结果与超晶格结构的 TEM 测试结果

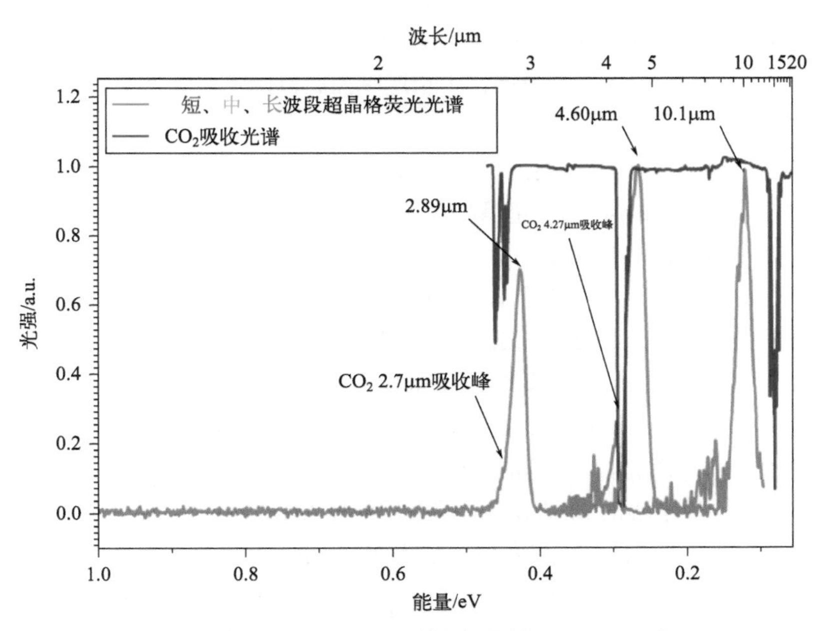

图 6-17　短波、中波、长波锑化物超晶格样品的 PL 谱

6.3.2 金属有机化学汽相沉积（MOCVD）

金属有机化学汽相沉积（MOCVD）通常也称为金属有机化学汽相外延（MOVPE），是应用广泛的另外一类外延技术。它是马纳斯维特（Manasevit）于 1968 年提出来的一种制备化合物半导体薄层单晶的方法。MOCVD 设备（图 6-18）以热分解反应方式在单晶衬底上进行汽相外延，可用于生长包括 GaAs、InP 和 GaSb 在内的Ⅲ - Ⅴ族化合物半导体材料和器件。用氢气或惰性气体作载气，通入装有该液体的鼓泡器，将其与Ⅴ族、Ⅵ的氢化物（PH_3，AsH_3，NH_3 等）混合，通入反应器。当它们流经加热衬底表面时，就在上面发生热分解反应，并外延生成化合物晶体薄膜。

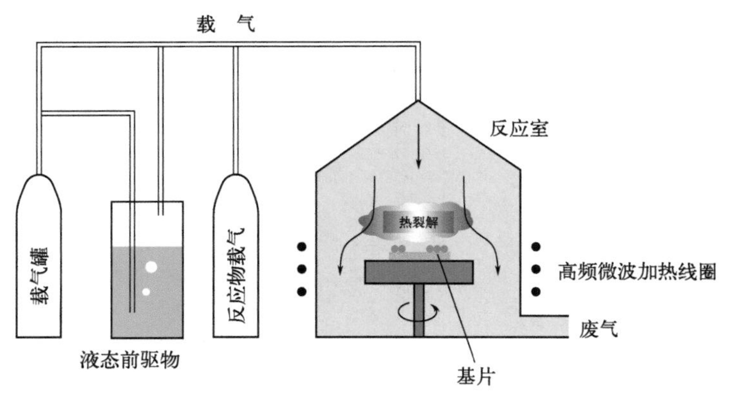

图 6-18 MOCVD 设备原理图

MOCVD 技术是单温区生长，生长温度范围宽；各组分和掺杂剂以气态通入，导入量容易控制，控制范围宽，再现性好，由于气体容易迅速改变，易于得到陡峭的界面；只需要改变原料就能容易地生长出各种组分的化合物晶体；原料气不含刻蚀成分，自动掺杂作用小；反应室可以做到大面积均匀，适合量产；生长速率控制范围宽，既易于制作精细结构，又易于实现量产[20-21]。

采用 MOCVD 在垂直常压石英反应器的 InSb 衬底上可以制备表面形貌良好的 InSb 和 InAsSb 的外延层和 InSb/$InAs_{0.2}Sb_{0.8}$ 超晶格结构，用 Zn 和 Cd 实现 p 型掺杂。MOCVD 生长制备的 $InAs_{1-x}Sb_x$/InSb（x=0.83 ～ 0.81）应变超晶格制备出了红外探测器，波段为 10μm 处光响应效率良好，展示应用潜力。采用 MOCVD 在 InAs 衬底上生长了压缩应变 $InAs_{0.94}Sb_{0.06}$ 多量子阱，实现激光器的波长为 3.5 ～ 3.6μm，在脉冲模式下激光器的工作温度 135K 条件下的特征温度为 33K，与用 MBE 生长的 InAsSb/InAlAsSb 注入激光器最高特征温度等同。用 MOCVD 方法成功生长了 AlSb 和 $AlAs_xSb_{1-x}$ 外延层并将其应用于电子注入激光器的光学限制层。在脉冲模式下，激光器可在高达 210K 的温度下工作，发射波长为 3.8 ～ 3.9μm。同年，西北大学量子器件中心的 M. Razeghi 等采用低压 MOCVD 技术生长了压应变的 InAsSb/InAs 多量子阱（MQW）激光器，其发射波长为 3.65mm，最大峰值功率达到了 1W，是该波长范围内激光二极管的最高峰值功率。1998 年，德国哈尔布莱特技术研究所的 A. Behres 等同样利用低压 MOCVD 技术在 InAs 衬底上成功生长了含有应变 InAsSb 的超晶格。他们通过比较超晶格本身的结构、光学性质、随温度的变化及 Sb 含量对发射波长的影响，证明了采用 InAsP 势垒可以获得在结构质量和光学性能方面的最佳结果。2000 年，圣地亚国家实验室的 R.M. Biefeld 等报告了采用 MOCVD 并利用高速旋转盘反应器生长并制备的 InAsSb/InPSb 应变层超晶格中红外光泵浦激光器[22-25]。

MOCVD 也实现了 InAs/GaSb 短周期 SLs 的生长。这种方法有利于生长 $InAs/InAs_{1-x}Sb_x$ T2SLs，具有相对简单的界面结构，降低了生长过程中界面控制的复杂性。当 Sb 组分为 0.14 ～ 0.27 时，观察到了 5 ～ 10μm 范围内的光致发光发射。目前，国内研究机构包括中国科学院半导体研究所报道了 MOCVD 生长短周期 InAs/GaSb 超晶格，中国科学院西安光机所和吉林大学联合报道了 MOCVD 生长长周期 InAs/GaSb 超晶格的研究结果，以及哈尔工业大学报道了通过金属有机化学气相沉积在 GaAs 衬底上生长 60 周期 4.6nm InAs/1.9nm GaSb 超晶格。中国科学院苏州纳米所全面研究了 MOCVD 生长 InAs/GaSb 二类超晶格材料，成功制备了涵盖短波、中波、长波及中长波的双色红外探测器，表明采用 MOCVD 可以生长高质量锑化物超晶格材料和器件。

6.4 锑化物量子阱红外激光器

锑化物量子阱结构红外激光器具有十分重要的研究意义和应用价值，随着技术的进步，中红外锑化物激光器的功效性能已经可以与最为成熟的近红外波段砷化镓（GaAs）与磷化铟（InP）基激光器可比。利用锑化物特有的三种典型量子阱能带结构，可实现覆盖近红外到长波红外谱段高性能半导体激光器（图 6-19）。

锑化物 I 型量子阱、带间级联 ICL 量子阱的优势波段覆盖 2 ～ 4μm 中红外区域，该波段包含了大气窗口和诸多气体特征吸收谱线，如水（H_2O）为 2.7μm、一氧化碳（CO）为 2.33μm、一氧化氮（NO）为 2.65μm，甲烷（CH_4）为 3.3μm 等，基于气体对单模激光的吸收特性，可以发展出具有重要应用价值的高灵敏度、快速、非接触检测、污染物监测和卫星遥感探测技术，利用红外波传输窗口特性可发展红外光电对抗、激光制导、雷达与勘探测绘、化学和生物制剂和爆炸物监测、工业过程控制、医学诊断治疗、量子通信等创新装备。美国“好奇号”火星探测器装备搭载的 2.7μm 和 3.3μm 两个波段的锑化物半导体激光器，成功探测到了火星表面的 H_2O、CH_4 浓度。美国研制的定向红外光电对抗 DIRCM（Directional Infrared Countermeasure）系统也采用了 2 ～ 5μm 中红外半导体激光。基于 1.95μm 单模激光器泵浦非线性晶体自发参量下转换还可以实现高效率、低噪声单光子探测，如图 6-20 所示。

21 世纪以来，锑化物激光器技术进展迅猛。2013 年德国 m2k 公司制备的 2μm 激光器输出功率达到 1.7W，10bar 条激光器阵列输出功率达到 140W，创下当年的纪录。2016 年，美国纽约州立大学石溪分校研制的 I 型级联量子阱结构将 2μm 激光器单管室温连续功率提高到 2W，阈值电流为 80A/cm^2。

分布反馈布拉格（DFB）单模锑化物激光器也是重要的研究课题。1999 年，Wurzburg 大学首次报道了 2μm 室温脉冲工作、功率 5mW 的锑化物横向耦合（LC）DFB 激光器。2008

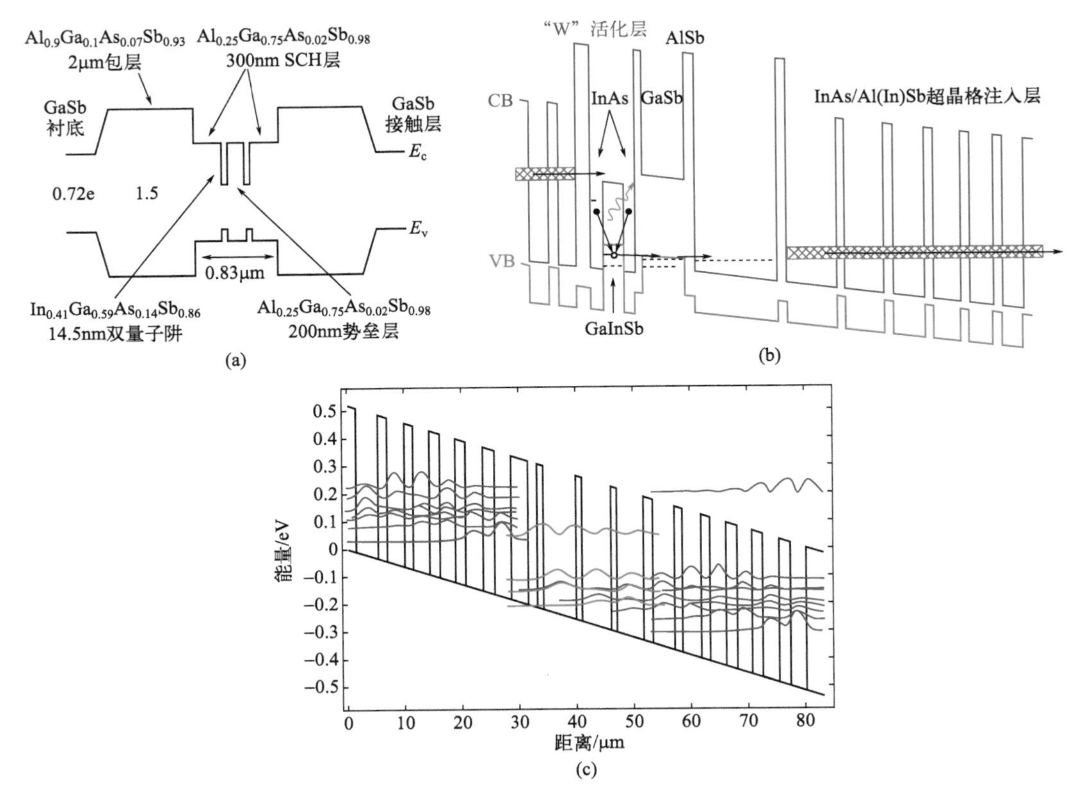

图 6-19 （a）2 ~ 3μm 波段采用的 I 型量子阱，（b）3 ~ 4μm 波段采用的带间级联量子阱，（c）4 ~ 30μm 波段采用的量子级联

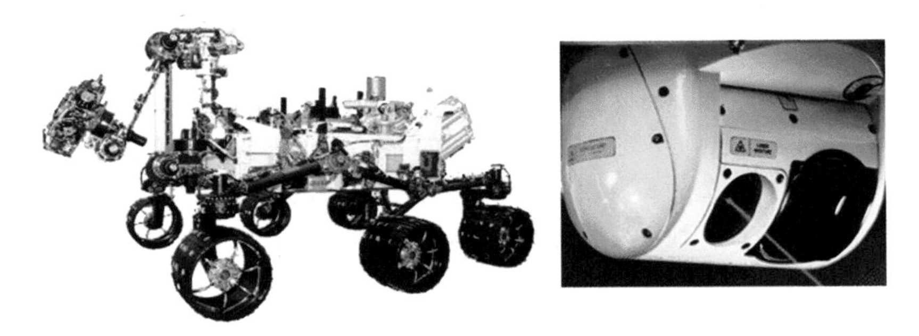

图 6-20 从左到右："好奇号"火星车、定向红外对抗

年，Lehnhardt 采用一阶金属铬光栅实现了 3μm 室温连续单模工作，输出功率为 3mW、边模抑制比为 30dB。2012 年，加州理工学院 S. Forouhar 采用二阶浅刻蚀光栅折射率耦合结构实现 2μm 的 LC-DFB 激光器，室温连续输出功率为 40mW、边模抑制比为 40dB。2016 年，芬兰 Tampere 大学采用纳米压印光栅的单模激光器实现室温连续工作，输出功率 25mW、边模抑制比 50dB 是锑化物激光器边模抑制比最高指标（图 6-21）。锑化物激光器优良性能吸引了商业公司的开发热情，德国 DILAS 公司和立陶宛 Brolis 公司的 2.0μm 波段激光器功率达 1W，美国 Nanoplus 公司研制的锑化物 DFB 单模激光器功率达 3mW，边模抑制比达 35dB。

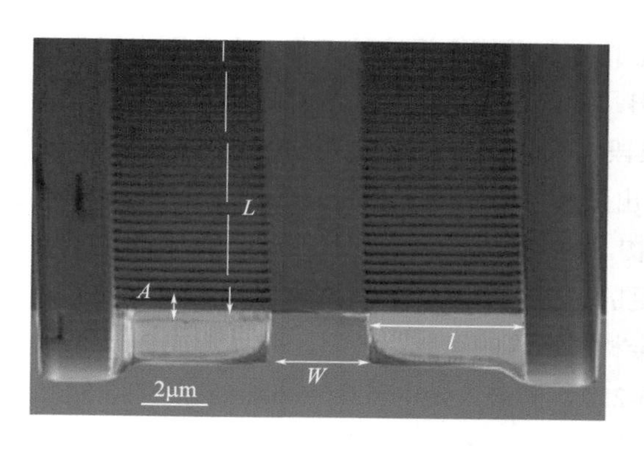

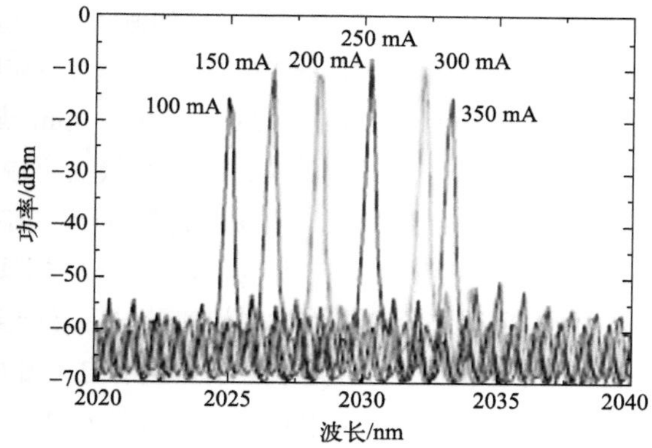

图 6-21 （左）光栅结构 SEM 图像；（右）DFB 激射谱

锑化物激光器研究难点是波长拓展，能带中的价带带阶的减小和非辐射复合增加使激光器效率下降。采用量子阱五元势垒可以部分解决价带带阶不足的问题，继续拓展锑化物激光器发光波长主流方向是采用由 R. Q. Yang 于 1995 年提出的带间级联量子阱。2001 年，美国陆军实验室研制成功 3.6μm 的 InAs/GaInSb 的 ICL。2002 年，Maxion 公司实现了 InAs/GaInSb/InAs 双量子阱结构激光器 80K 阈值电流密度从 $56A/cm^2$ 下降到 $13A/cm^2$，实现室温脉冲工作。2008 年，NRL 提出内生载流子再平衡结构（图 6-22），使激光器脉冲功率阈值电流密度下降一个量级。基于载流子平衡原理的 ICL 激光器激射波长为 3.6 ～ 3.7μm，实现了室温连续工作输出功率 290mW、外量子效率 15%。2013 年，NRL 研制了分布反馈布拉格 ICL 激光器，激射波长为 3.8μm，室温连续输出功率达到 27mW。

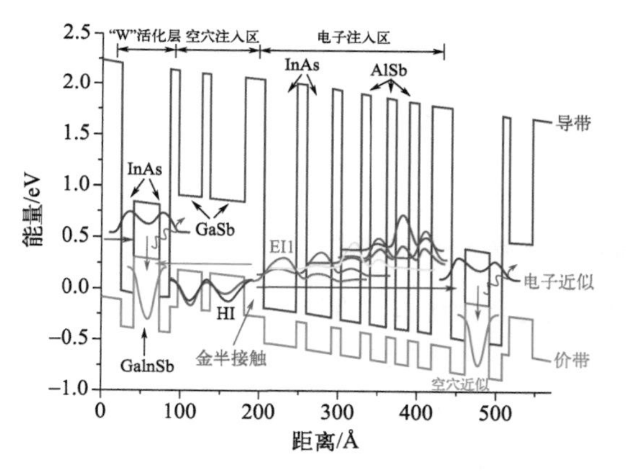

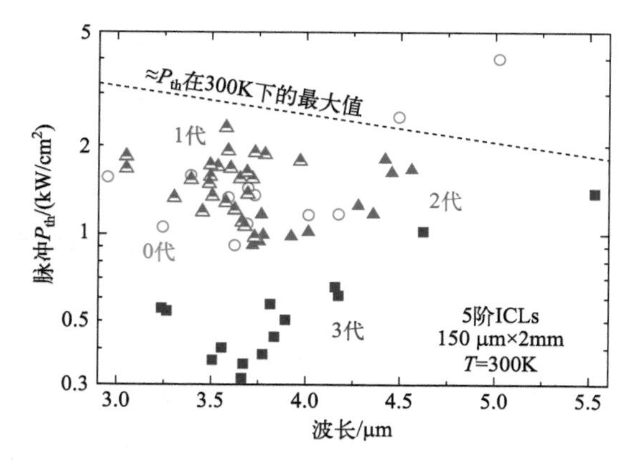

图 6-22 （左）内生载流子再平衡 ICL 能带图和（右）Gen0-Gen3 阈值功率密度

我国近年来对锑化物半导体激光器给予高度重视，以中国科学院半导体研究所为领衔机构，先后在科技部、基金委设立相关重大项目，合力发展攻关，在锑化物半导体大功率、长波长、窄线宽、单横模激光器的研制方面不断取得突破，在 2010 年实现了高质量 GaSb 基 InGaAsSb/AlGaAsSb 量子阱激光器外延生长，制备了室温连续激射功率为 80mW 的器件。2015 年将 GaSb 基 2μm 激光器单管功率提升至超过 1W，最大效率超过 25%，阈值电流低至约 $80A/cm^2$；2016 年激光器单管功率达到 1.45W，同时 bar 条功率达到 8.5W。2015 年半导体所完成了 GaSb 基分布反馈激光器的制备，实现了 2μm 单模室温连续工作，在腔面未镀膜的情况下，单面输出功率 8mW，边模抑制比 28dB。锑化物Ⅰ型量子阱激光器的室温连续发光波长连续推进到了 2.4μm、2.6μm、和 2.9μm 波段，锑化物Ⅰ型 InGaAsSb/AlGaAsSb 量子阱结构在实现了 2 ～ 3μm 的室温连续瓦级功率输出基础上，创新了 AlSb/AlAs/AlSb/GaSb 短周期超晶格数字合金势垒与渐变层新型量子阱结构，解决了四元合金 AlGaAsSb 体结构量子阱材料的组分精确控制、有源区价带空穴限制不足的难题，提高了 2 ～ 3μm 波段的激光发光效率，同时采用二元超晶格材料构建了与四元合金材料相同的有效折射率，构建形成 2μm 波段大功率高效率数字合金量子阱激光器结构（图 6-23），其最大光电转换效率达到 27.5%，插头效率超过 15%，激光器单管功率提高至 1.62W，巴（bar）条功率超过 16W，在相关指标上实现了对锑化物大功率激光器技术封锁的突破。在此基础上，研究团队通过不断优化设计，在 2021 年实现 2.043W 的单管室温连续输出功率，这也是目前该指标的国际最高纪录。

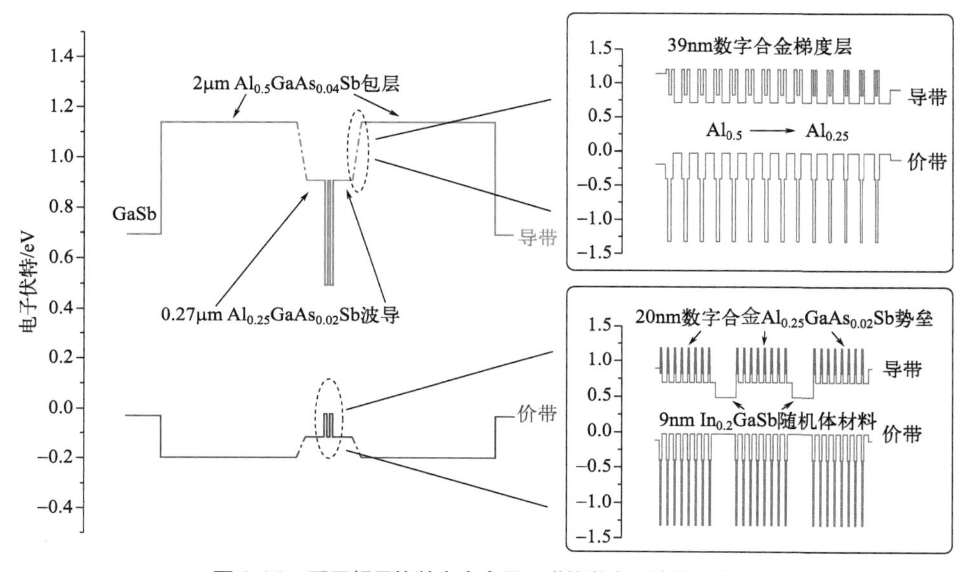

图 6-23　采用超晶格数字合金量子阱的激光器能带结构图

通过在有源区中引入高铟组分和 AlGaInAsSb 五元合金势垒，将锑化物Ⅰ类量子阱光致发光的波长拓展到 3.83μm。进一步通过调整 InAs 电子阱的厚度来调节 W 形量子阱的发光波长，验证了其可覆盖整个中红外波段；研究团队深入研究了锑化物侧耦合分布反馈半导体激光器：2018 年完成锑化物的剥离工艺，实现了边模抑制比为 35dB 的单模激光；2019 年实现了室温连续输出功率为 40mW、边模抑制比为 53dB 的单模激光，相关成果发表后，国际半导体产业杂志《化合物半导体》给出了“该类型激光器为天基星载雷达系统和气体检测系统提供了有竞争力的光源器件”的评价；2021 年，研究团队实现了室温连续输出功率为 60mW 的单模激光，并将最大边模抑制比提高至 57dB，这标志着研究团队在锑化物单模激光器的研究工作已经处于国际领先水平[26]。单模激光光谱随温度和电流变化关系如图 6-24 所示。

2022 年 12 月，由中国科学院半导体研究所牵头完成的国家自然科学基金重大项目“锑化物低维结构中红外激光器基础理论与关键技术”获得一系列重要突破，在外延材料、单模

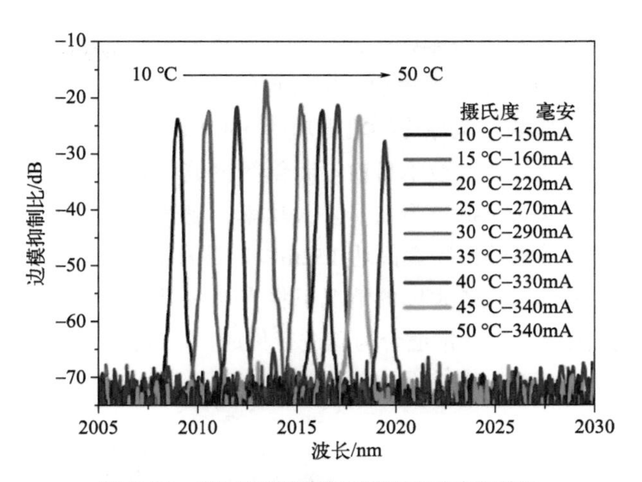

图 6-24 单模激光光谱随温度和电流变化关系

与大功率激光器技术等性能方面均超越国际水平保持当前领先地位，提升了我国锑化物半导体材料和激光器研究的国际竞争力（图 6-25）。其中，2μm 锑化物激光器单管，室温连续输出功率 2.05W 达到了国际领先水平（国际水平 2W）。2μm 锑化物激光器阵列室温连续输出功率 170W 达到国际领先水平（国际水平 140W）。锑化物单模激光器室温连续输出功率 60mW、边模抑制比 57dB 达到了国际领先水平（国际上光纤激光器边模抑制比为 53dB）；实现了功率为 316W、斜率效率为 61.7%、光束质量因子为 1.18 的 1950nm 单频激光输出，为目前报道的 2.0μm 波段全光纤单频激光最高功率纪录；实现了 3.5μm 波长 7 周期结构 FP 腔单管 20℃功率达 373mW，3.25μm 波长 5 周期结构 DFB 单模功率达到 24mW，未封装管芯寿命 1.5 万小时；巴条 20℃功率 1.2W；自主研制的 2μm 波段高光束质量半导体激光源被成功应用于机动平台防护。自主研制的 1.9μm 激光器也通过了大族激光集团的可靠性测试和评估，满足其在激光医疗和塑料焊接应用的要求。在光泵浦固体激光器系统中，提出采用双折射标准化，可同时调控激光输出的中心波长和线宽，最终实现光谱宽度小于 0.1nm、最大连续功率为 603mW 的大功率单模激光器：实现 1.95μm 大功率单模激光器，室温连续输出功率 >500mW，

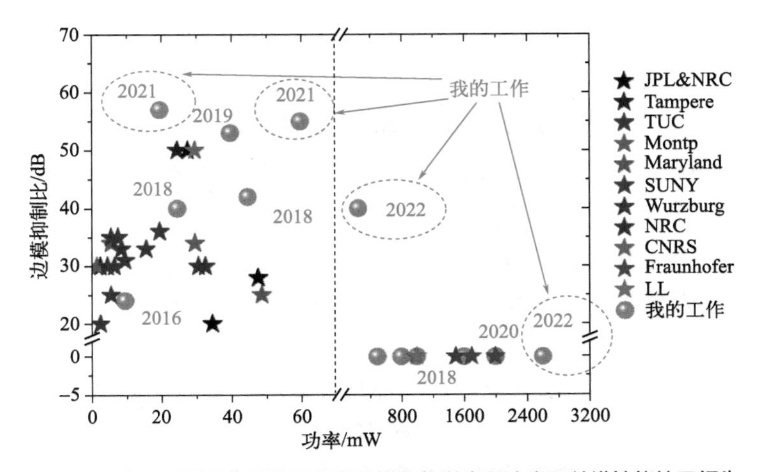

图 6-25 中国科学院半导体研究所的锑化物激光器功率和单模性能处于领先

线宽 <0.1nm。通过外腔合束技术将多巴条锑化物半导体激光器功率整合，并将其耦合到光纤中，最终实现 200μm 光纤耦合激光器模块，室温连续输出功率为 31.3W，超过预期目标：实现 200μm 光纤耦合激光器模块，室温连续输出功率 >30W，光束质量 BPP<12mm•mrad [27-28]。

锑化物半导体的新型发光器件技术目前不断创新突破。最近，中国科学院半导体研究所团队研发了一种 InGaSb/AlGaAsSb Ⅰ型量子阱大功率、宽光谱超辐射发光二极管（图 6-26）。在室温下连续工作时的单横模输出功率高达 152mW，具有半高宽 42nm 宽光谱，与目前最好的器件相比，该器件在保证了光谱宽度的情况下将光功率提高了 25%。该器件具有高功率光谱密度特性和良好的光束质量，非常适合与硅进行集成，以及应用于吸收光谱领域 [29]。

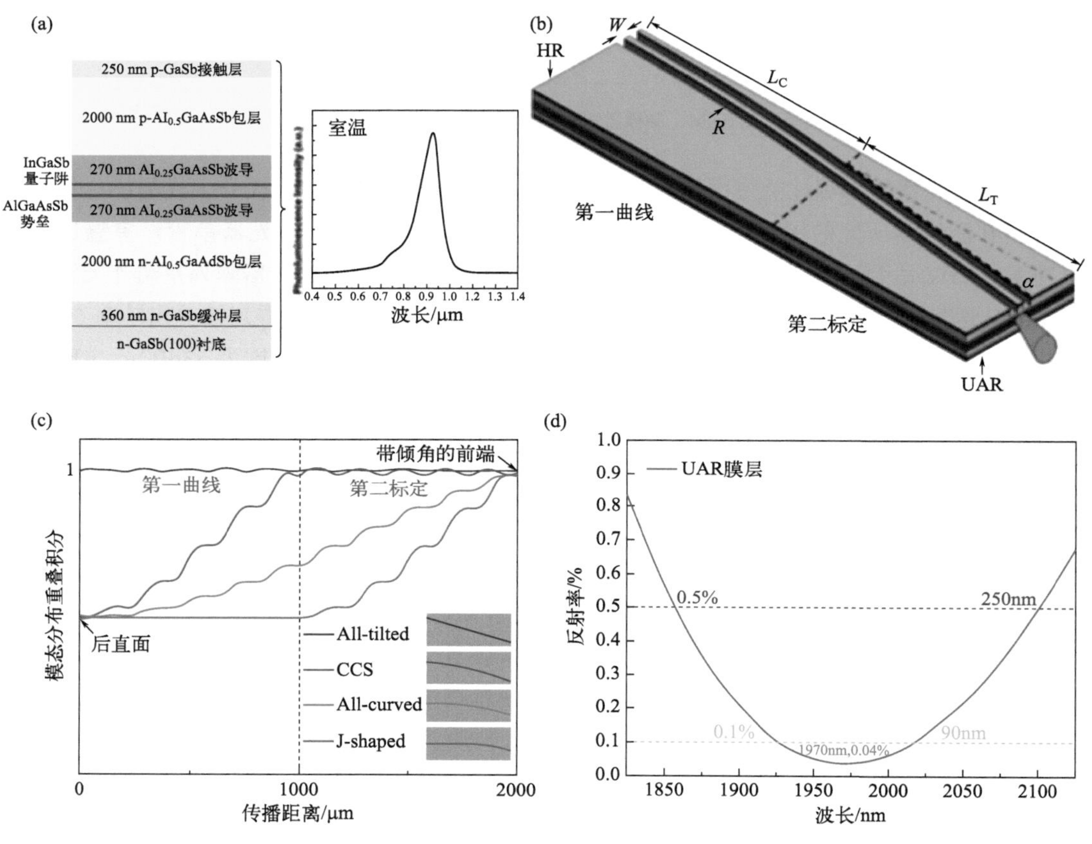

图 6-26　InGaSb/AlGaAsSb Ⅰ型量子阱大功率、宽光谱超辐射发光二极管

近期，新加坡南洋理工大学团队构建拓扑能带翻转的体态连续谱中束缚态，在量子级联激光芯片中实现了全动态范围内单模和矢量光场输出的太赫兹量子级联激光器。该成果展示了一种小型化的 THz QCL，其能显示出侧模抑制率约为 20dB 的单模激光（图 6-27）。单模光束工程太赫兹激光器小型化方面的演示在成像、传感和通信在内的许多领域中均具有应用潜力 [30]。

美国密歇根理工大学研究团队设计了一种具有高功率（约 400mW）和高光束质量（约 1.25）的边发射激光器（图 6-28）。实验所采用的材料和制造工艺符合半导体激光器的工业标准，该研究证明了 PT 对称性在构建具有更高性能激光器几何结构中的重要作用，揭示了

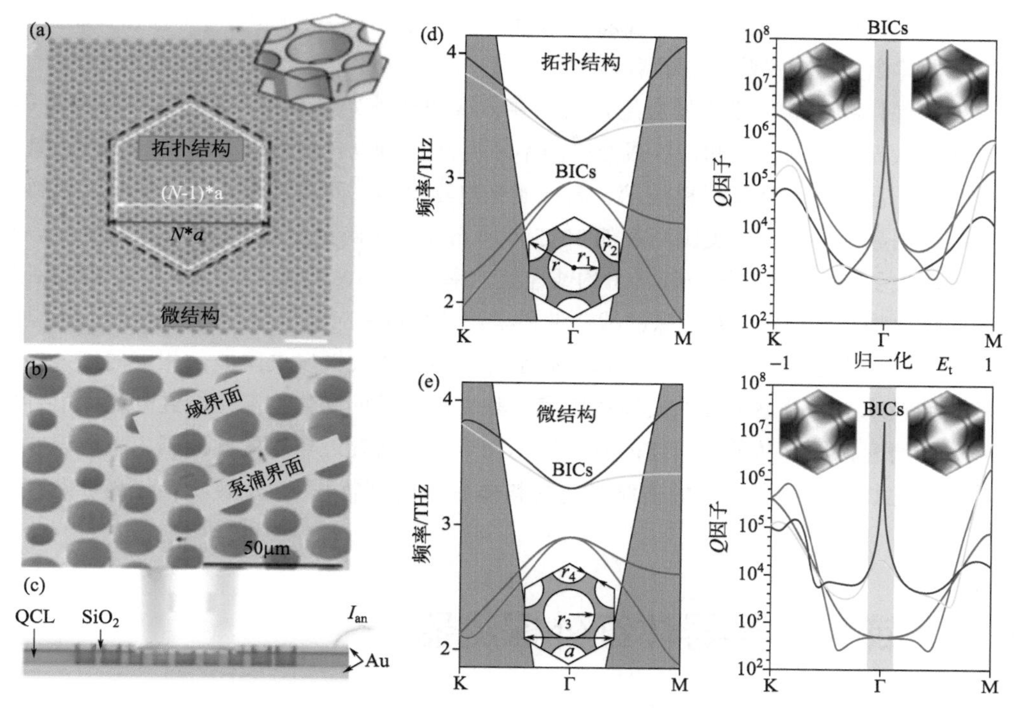

图 6-27 太赫兹（THz）频率电泵浦拓扑体量子级联激光器（QCL）

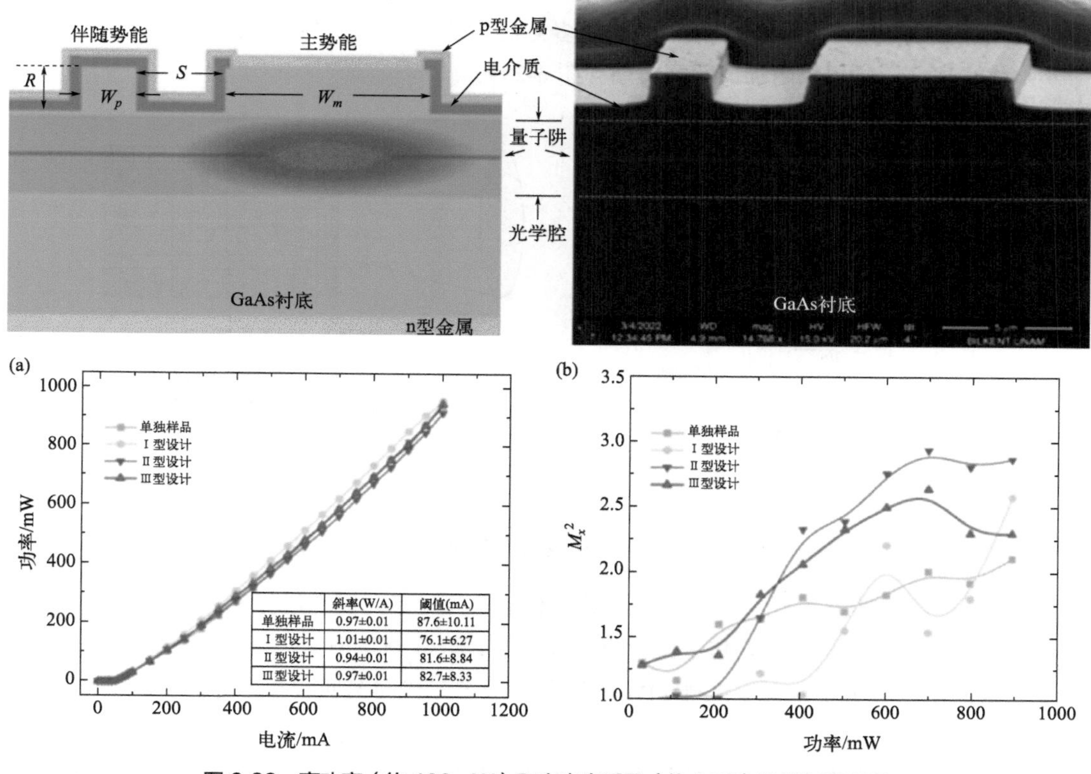

	斜率(W/A)	阈值(mA)
单独样品	0.97±0.01	87.6±10.11
Ⅰ型设计	1.01±0.01	76.1±6.27
Ⅱ型设计	0.94±0.01	81.6±8.84
Ⅲ型设计	0.97±0.01	82.7±8.33

图 6-28 高功率（约 400mW）和高光束质量（约 1.25）边发射激光器

非厄米光子学在设计与提高激光器性能领域的应用价值，并验证了 PT 对称性在抑制大面积、高功率半导体激光器中高阶模式的潜力[31]。

总之，锑化物半导体激光器应用价值主要体现在红外光电装备，其相关技术高度敏感。随着锑化物激光器研制技术和性能成熟度的不断提升，2009 年开始西方国家对华开始禁运封锁了锑化物单晶衬底、外延材料技术、高性能光电器件等，而与锑化物相关的元素材料也被欧盟等列为国家战略资源，美国商务部 2015 年颁布文件明确指出对于波长大于 1.9μm、平均或连续功率大于 1W 的激光器单管，平均或连续功率大于 10W 的激光器巴条和阵列禁止出口，充分表明锑化物半导体研究对国家的战略性科学意义和重大应用价值。

我国军民诸多领域的红外光电技术正处于升级换代的关键发展阶段，相关的红外核心元器件的制造技术大部分掌握在欧美发达国家，独立自主发展锑化物高性能红外光电器件成为非常重大的研究课题。从前面所述的有关锑化物半导体研究近年来的国际国内发展现状和趋势来看，锑化物半导体成为突破传统光电材料体系性能“瓶颈”、发展新一代高性能红外激光器的机遇。

6.5 锑化物半导体红外探测器

半导体红外光探测器，特别是焦平面 FPA 探测器是一类至关重要的芯片技术，由探测像元阵列与读出电路（Readout Integrated Circuit，ROIC）通过铟柱倒焊互连构成，其技术复杂度非常高，涉及光、机、电一体化混合集成多方面，是半导体芯片技术的集大成者，长期处于半导体光电芯片领域高附加值行列前端（图 6-29）。

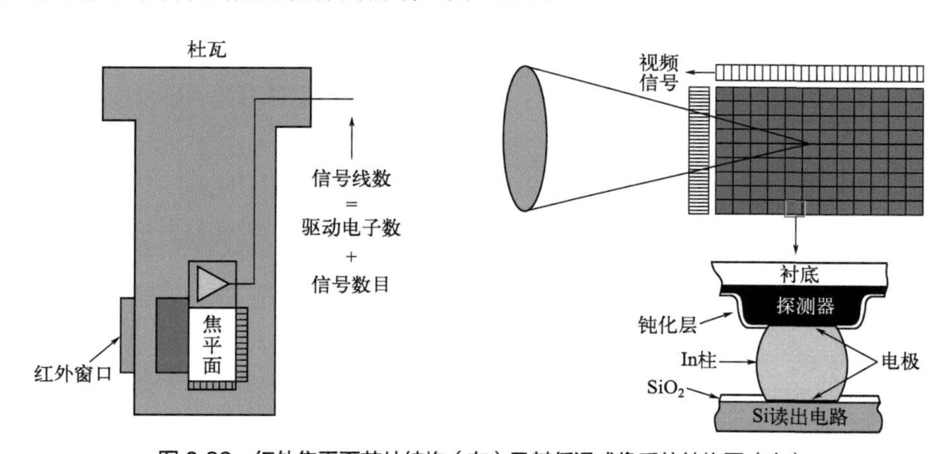

图 6-29 红外焦平面芯片结构（左）及其低温成像系统结构图（右）

红外探测器的发展经历了三代更迭，第一代以单元、多元器件进行光机串 / 并扫描成像；第二代是线列或中小规模面阵焦平面；第三代是凝视型红外焦平面，以大面阵、高分辨、高灵敏、多波段为特征。目前，红外 FPA 探测器处于第三代向第四代技术跨越变革关键时期，各类先进装备平台对红外光电器件先进性和功能性的需求日益增长，不断牵引和加快红外光电器件发展方向和迭代速度。红外光电技术系统正在由局限于孤立平台点对点工作模式，向多子系统组网的信息链交互模式迅速推进。

为适应这一变化，红外光电器件中最关键的红外焦平面芯片技术变革首先是扩大规模及弥补缺失响应谱段，即短波红外、中波红外和长波红外。短波红外 1.0 ～ 3.0μm 范围，在满月和晴朗星空条件下月光的大部分光谱辐射亮度集中在短波红外波段，包括高温物体辐射和自然环境反射，短波红外探测器可在较高温度工作，制冷成本较低。中波红外探测波段在 3.0 ～ 5.0μm 范围，一般对应目标温度高于 300K，尾焰，舰载探测。长波红外波长 8.0 ～ 14μm，目标温度较低，长波探测目标温度 300K 时，其黑体辐射峰值波长在 10μm 附近，随着温度降低，其峰值辐射波长更长。其次是提升工作温度和发展主被动结合、智能化芯片集成技术（图 6-30）。例如，发展长 / 长波红外双波段大规模阵列、低串扰焦平面探测技术对陆基中段反导装备系统升级至关重要，而甚长波段大阵列低噪声焦平面探测技术对于超视距战略目标跟踪系统升级至关重要。此外，突破成像像素规模受基片尺寸的制约（4in 衬底基片只能做到 4k×4k），发展满足更高分辨率红外成像技术必须的 6in 以上基片工艺等也是当前的重点。总体而言，红外光电器件发展趋势是向多功能多波段集成、宽谱域覆盖、成像识别芯片化推进，同时为适应多种平台应用的复杂性要求而满足 Low-SWaP-C［小体积（Size）、轻质量（Weight）、低功耗（Power）、低成本（Cost）］的严苛规范。上述由装备换代驱动下的红外光电器件前沿技术重大发展动态对基础红外光电材料提出了更大尺寸、更高稳定性、更多功能性、更低成本等系统性变革要求。

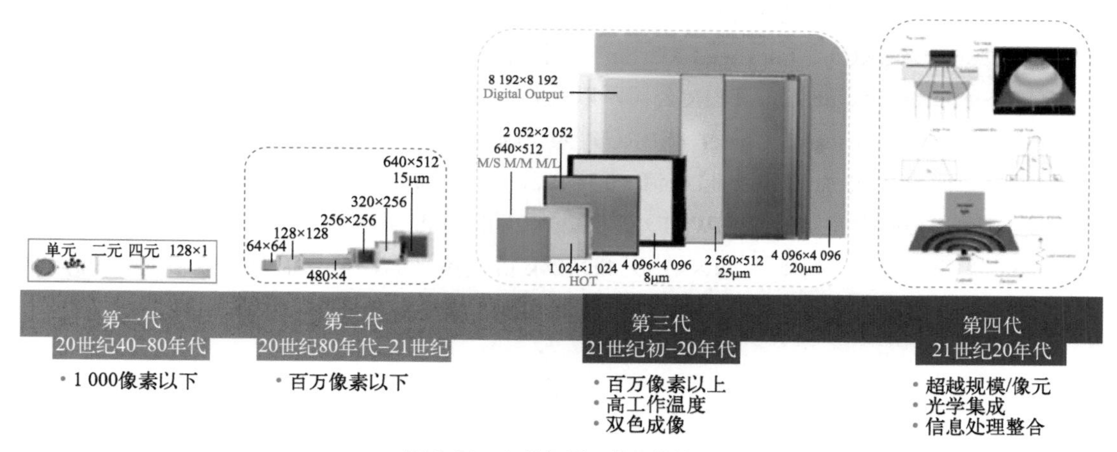

图 6-30 红外探测器发展趋势图

长期以来，传统红外光电探测材料主要包括短波红外 InGaAs 材料、中波红外铅化物［硫化铅（PbS）、硒化铅（PbSe）、碲化铅（PbTe）和中长波的碲镉汞（HgCdTe，MCT）等，以及利用能带工程结构的量子阱红外探测器（Quantum Well Infrared Photodetector，QWIP）、InAs/GaSb- Ⅱ类超晶格（T2SL）材料等（图 6-31）。相较于体材料结构，利用量子限域效应灵活调控能带结构的超晶格体系可调整的探测波段覆盖整个红外区域，同时具有类直接带隙跃迁机理，器光电转化效率很高。特别在长波红外探测波段，虽然碲镉汞（MCT）、量子阱（QWIP）和 InAs/GaSb Ⅱ类超晶格（T2SL）都可以实现长波红外探测，但碲镉汞组分和均匀性控制变得困难。量子阱 GaAs/AlGaAs 探测器（QWIP）窄谱吸收光跃迁属带内子带跃迁，只对平行于生长面的光响应，量子效率较低。

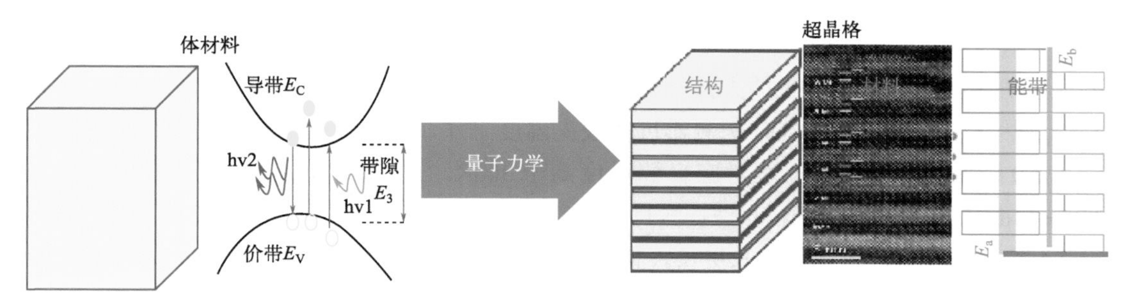

图 6-31 半导体材料与低维超晶格材料

6.5.1 ／InSb 中红外探测器

基于 InSb 单晶的中红外探测器历经半个世纪的发展，在 3 ～ 5μm 波段实现了近百分之百的探测量子效率，InSb 探测器暗电流小，响应线性度好，响应率和灵敏度极高，性价比优势突出。在天文观测、精确制导、预警探测、搜索跟踪、安全监视、辅助驾驶、工业检测等军民领域广泛应用，至今仍是制备高性能中波红外探测器的重要首选材料。

国际上 InSb 红外焦平面探测器阵列规模实现了从 320×256、640×512 到 1k×1k、2k×2k 及 4k×4k（拼接型）覆盖。主要公司包括：美国 Raytheon 公司（Santa Barbara Research Center, SBRC）、Lockheed Martin 公司（Santa Barbara Focal plane）、CMCEC 公司（CMC Electronics Cincinnati）、FLIR 公司，以色列 SCD 公司及英国 Qineti Q 公司等。1996 年，美国 Santa Barbara Research Center（SBRC）为“阿拉丁”（ALADDIN）计划研制的 1k×1k 的 InSb 焦平面像元尺寸 27μm，暗电流 <0.1e/sec，后被 Raytheon 公司收购于 2004 年为美国宇航局 James Webb 空间望远镜（JWST）提供 2k×2k 的 InSb 探测器，如图 6-32 所示。2009 年，Raytheon 公司发布了阵列规格 4k×4k 及 4k×24k 拼接焦平面，是目前最大规格的 InSb 焦平面，如图 6-33 所示。大规格 InSb 焦平面探测器实现了太空红外图像，如图 6-34 所示。

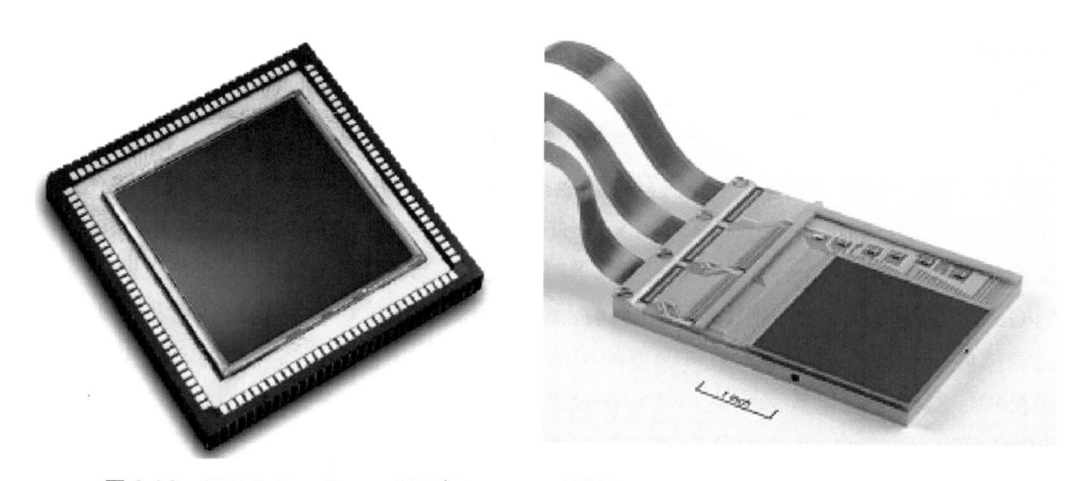

图 6-32 SBRC /Raytheon 公司（ALADDIN 计划）1k×1k、天文观测 2k×2k InSb FPA

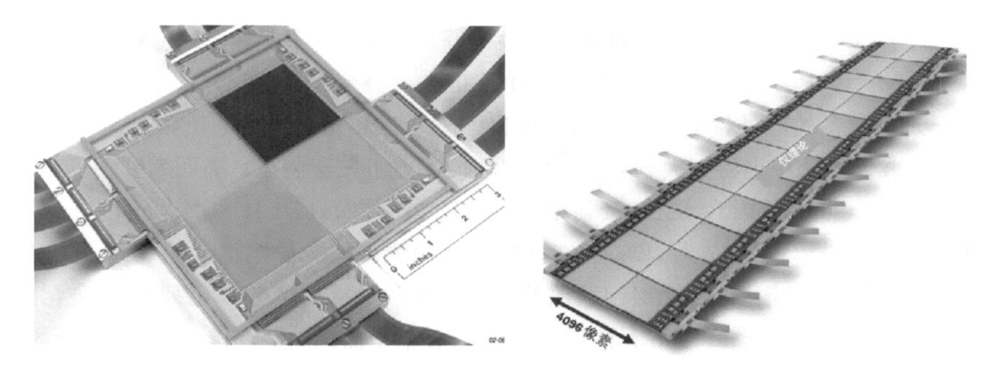

图 6-33 Raytheon 公司研制的 4k×4k 和 4k×24k（拼接）InSb FPA

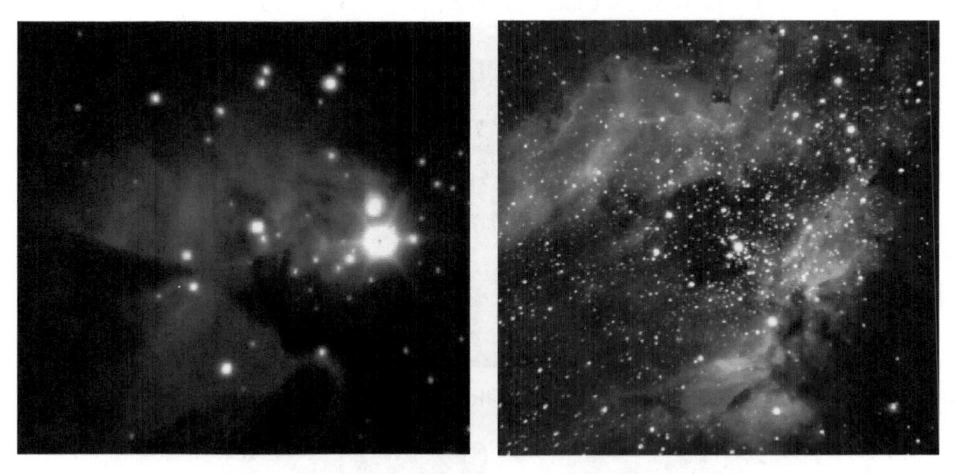

图 6-34 采用大规格 InSb FPA 实现的太空红外图像

InSb 探测器早在 1969 年开始用于便携式装备和巡航平台的高帧频速度平台，在轨卫星中也装配了 6000 元 InSb 线列红外探测器。著名 THAAD 末端高空防御拦截导引头配置了 512 元 ×512 元的 InSb 红外焦平面探测器。Lockhead 公司 640 元 ×512 元、20μm 像元间距 InSb 红外焦平面阵列如图 6-35 所示。

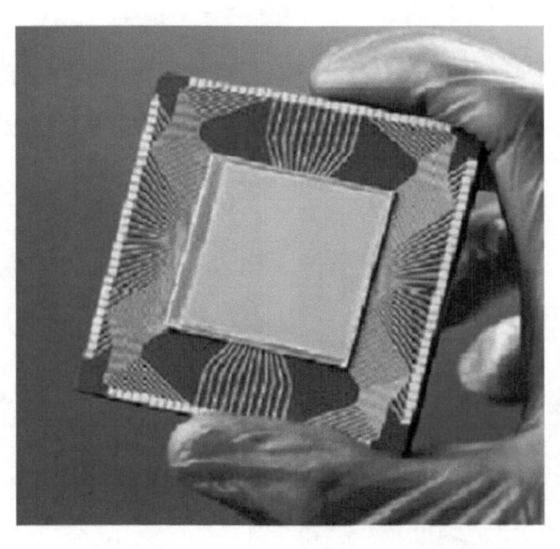

图 6-35 Lockheed 公司 640 元 ×512 元、20μm 像元间距 InSb 红外焦平面阵列

InSb 红外探测器灵敏度及可靠性和稳定性很好，*F* 数大，工况环境适应性强。在舰载红外搜索与跟踪系统中大量配备了 640 元 ×480 元 InSb 红外焦平面探测器，主要用于探测空中目标。无人机装备的红外搜索与跟踪系统中也配备了 320 元 ×240 元 InSb 红外焦平面探测器。在红外成像系统中也得到大量应用，应用环境涵盖了安全监视、辅助驾驶、工业检测等各个领域。图 6-36 为美国 CMCEC 公司批量生产的 2k×2k、1k×1k 红外焦平面阵列及配套红外成像相机系统。图 6-37 为 1k×1k 红外焦平面探测器的成像图像，图 6-38 是从 2k×2k 红外焦平面探测器中获得的各个级别缩放的红外成像图像。2014 年以色列 SCD 公司推出了 Blackbird 型 10μm 1920 元 ×1536 元数字化 InSb 红外焦平面探测器，像元合格率大于 99.8%，暗电流小于 1.3pA，采用了数字式读出电路，探测器组件抗干扰能力得到大幅提升，噪声明显降低，成像效果优异，图 6-39 为 Blackbird 探测器组件及其高空间分辨率红外成像图像。

图 6-36　CMCEC 公司 2k×2k、1k×1k 红外焦平面阵列和红外成像系统

图 6-37　CMCEC 1k×1k 红外焦平面探测器成像图像

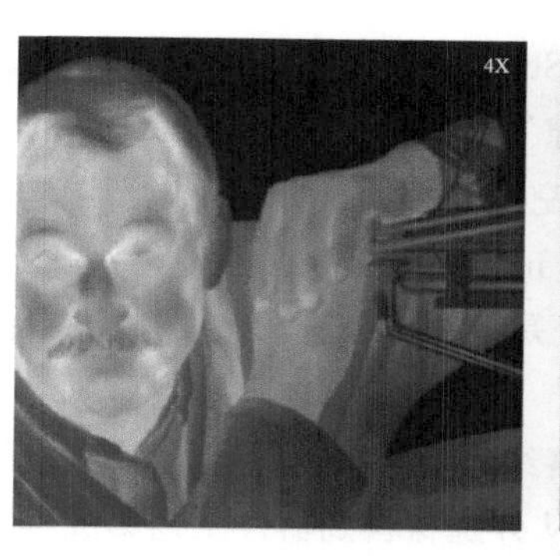

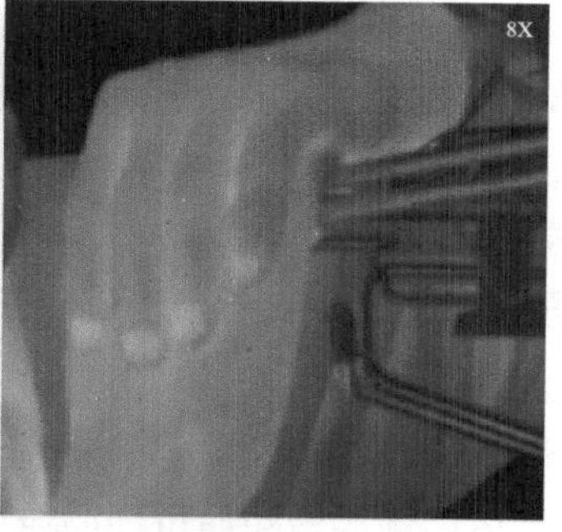

图 6-38　CMCEC 公司 2k×2k 红外焦平面探测器各级别缩放成像图像

图 6-39　Blackbird 探测器组件及其在 *F*/3、2km 远的成像图像

总之，InSb 晶体中波红外探测器材料和焦平面器件技术历经多年发展，国内外已经掌握了生长和加工技术，伴随大尺寸 5in 单晶产品化，6in、8in 等迅速推进，为提高中红外探测器产量及性能、降低价格奠定良好基础。

6.5.2 ／锑化物 II 类超晶格探测器

锑化物 II 类超晶格是另一种能满足上述先进技术需求的新型红外焦平面材料体系。锑化物超晶格包括 InAs/InAsSb、InGaAs/GaAsSb 等[32]。锑化物材料能带结构及锑化物超晶格能带结构如图 6-40 所示。

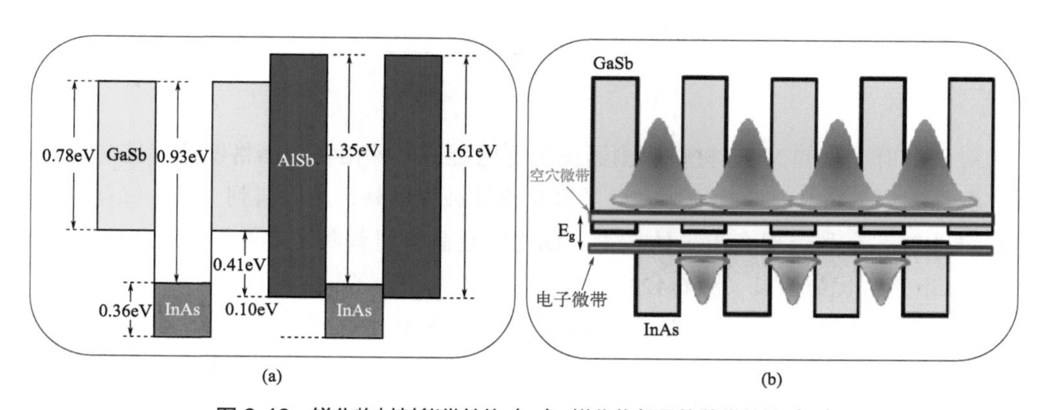

图 6-40　锑化物材料能带结构（a）；锑化物超晶格能带结构（b）

InAs/GaSb Ⅱ类超晶格体系的 InAs 和 GaSb 组合具有十分特别的能带排列：InAs 的导带底位于 GaSb 的价带顶之下，构成“断裂带隙”Ⅱ类超晶格。当纳米厚度多周期生长 InAs/GaSb 形成 InAs/GaSb Ⅱ类超晶格，其电子和空穴在空间上分离：电子限制在 InAs 层中、空穴限制在 GaSb 层中（图 6-40 右）。通过调节 InAs 和 GaSb 层厚度调整带隙响应探测波长覆盖 1 ～ 30μm 的短中长波至远红外波段。特别是在长波和甚长波段，具有优良的探测效率和高可靠性。

含砷锑化合物多元异质结的锑化物超晶格结构复杂，精确可控外延技术直到利用分子束外延技术才得以解决。锑化物超晶格探测器从外延材料到器件工艺集成芯片综合性能均衡，制造优势突出。MCT、QWIP 和锑化物超晶格红外焦平面综合对比见表 6-1。MCT 和锑化物超晶格红外焦平面（FPA）芯片产业链对比如图 6-41 所示。

表 6-1　MCT、QWIP 和锑化物超晶格红外焦平面综合对比

主要参数	探测器主要功能		
	HgCdTe	QWIP	InAs/Ga(In)Sb
工作波长	1 ～ 15μm	3 ～ 30μm	1 ～ 30μm
红外吸收	常规入射	Eoptical 垂直于阱面	常规入射
量子效率 @10μm	≥ 70%	≤ 10%	>50%
谱宽	宽光谱	窄光谱（FWHM≈1 ～ 2μm）	宽光谱
载流子寿命	≈1μs	≈10ps	≥ 0.1μs
RoA@10μm	300Ω·cm^2	10^4Ω·cm^2	200Ω·cm^2
探测率 @10μm	2×10^{12}cm·$Hz^{1/2}$/W	2×10^{10}cm·$Hz^{1/2}$/W	8×10^{11}cm·$Hz^{1/2}$/W
工作温度	<200K	<77K	<150K
可否增益	可	否	可
制备面积	7cm×7.5cmCdZnTe	6in GaAs	6in GaSb
衬底价格（晶格匹配体系）	100 美元 /cm^2	<200 元（2in 圆片）	3000 元（2in 圆片）
均匀性 @10μm	差	优	优
半导体工艺兼容性	小部分兼容	部分兼容	大部分兼容

优　　良　　中

相对于目前主流的 MCT 材料探测器技术制造链条，锑化物超晶格制造工艺与现有商用半导体器件制造工艺几乎全部兼容，除了理论设计独特之外，从原料到工艺，锑化物超晶格焦平面产业链完全利用现有半导体技术。锑化物超晶格材料制造芯片数量比 MCT 多 30%，大尺寸 GaSb 基片优势明显（图 6-42）。

锑化物超晶格所具有的二型能带结构使探测器结构设计非常灵活，在整个红外光谱范围内对材料带隙精确控制，降低外延难度，而且能够达到的可控波长范围更宽，两波段探测片上集成是锑化物材料独有的优势。

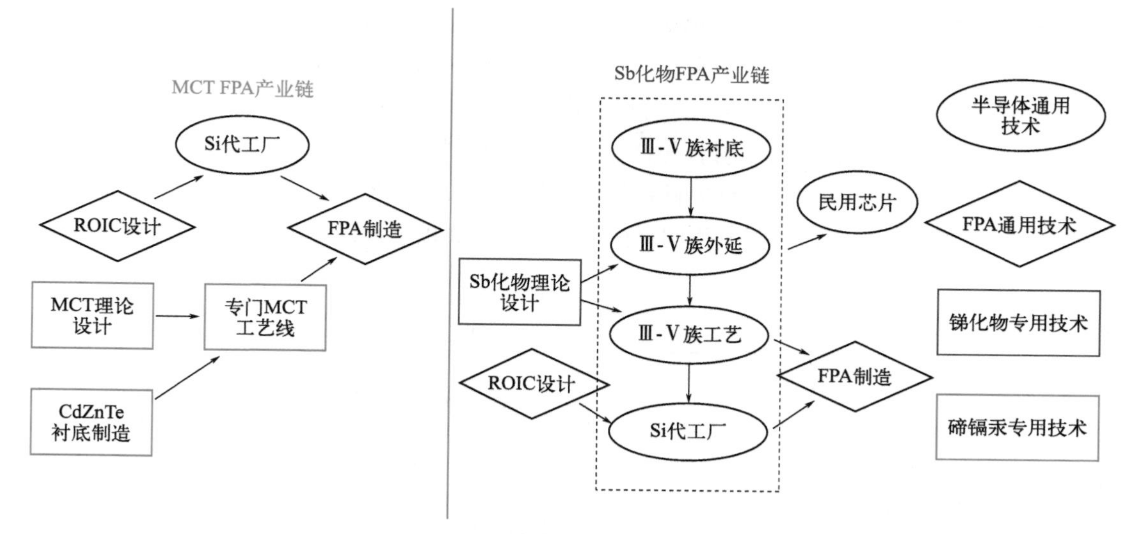

图 6-41 MCT 和锑化物超晶格红外焦平面（FPA）芯片产业链对比

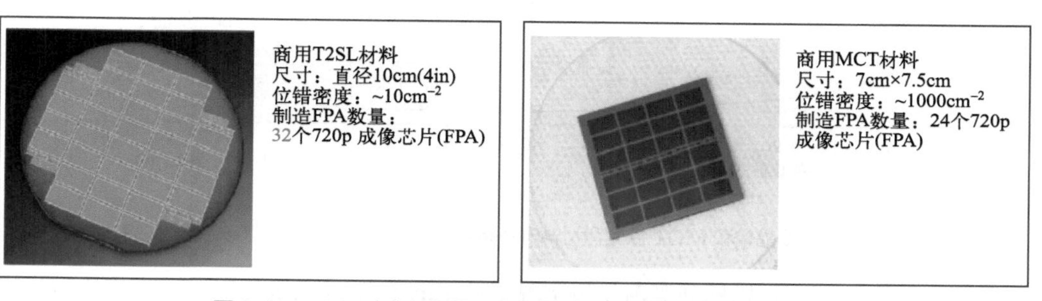

图 6-42 MCT（右）与锑化物超晶格（左）材料制造规模对比

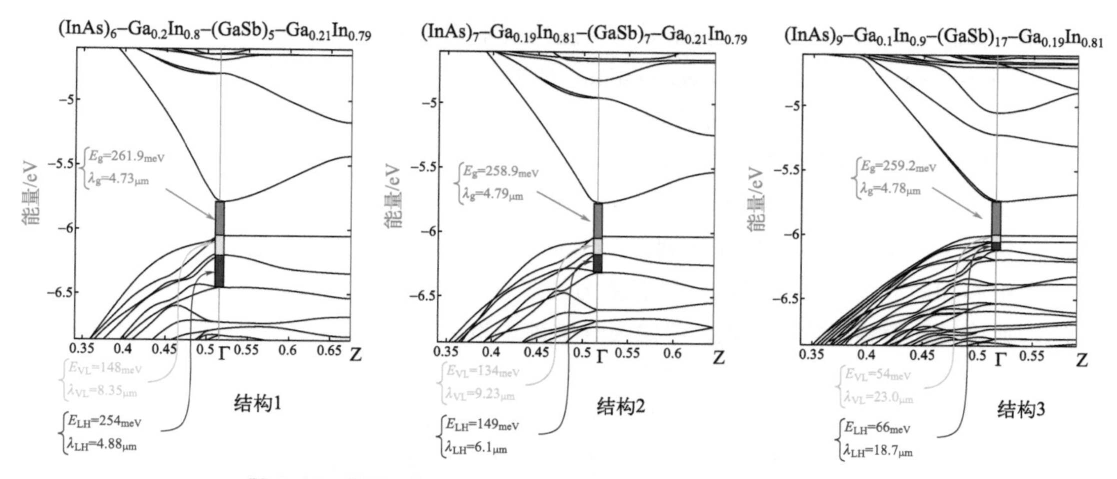

图 6-43 带隙同为 4.8μm 的三种 InAs/GaSb 能带结构设计对比

锑化物超晶格能带结构在带隙完全一样的前提下，通过改变超晶格各子层厚度单独对能带轻重空穴子操作，实现轻、重空穴带及自旋轨道分裂带间距扩大的效果，抑制非辐射复合增加光生载流子寿命以提高红外探测器的量子效率（图 6-43）。通过同样的方法还能够增加锑化物超晶格材料中的电子有效质量。理论上，锑化物超晶格有效质量主要取决于相邻近的GaSb层与InAs层的电子波函数交叠，而不是如导体材料的价带与导带互作用。锑化物超晶格电子有效质量近似恒定（与InAs的电子有效质量接近）。有效抑制长波和甚长波器件隧穿暗电流。图6-44左对比了MCT材料与锑化物超晶格材料的电子有效质量随波长的变化，探测波长越长，锑化物超晶格与MCT材料的电子有效质量差异越明显。锑化物探测器阻抗值已经达到MCT红外探测器的阻抗值同样的水平，在长波以上波段红外光谱区阻抗值甚至超过MCT器件对应指标。

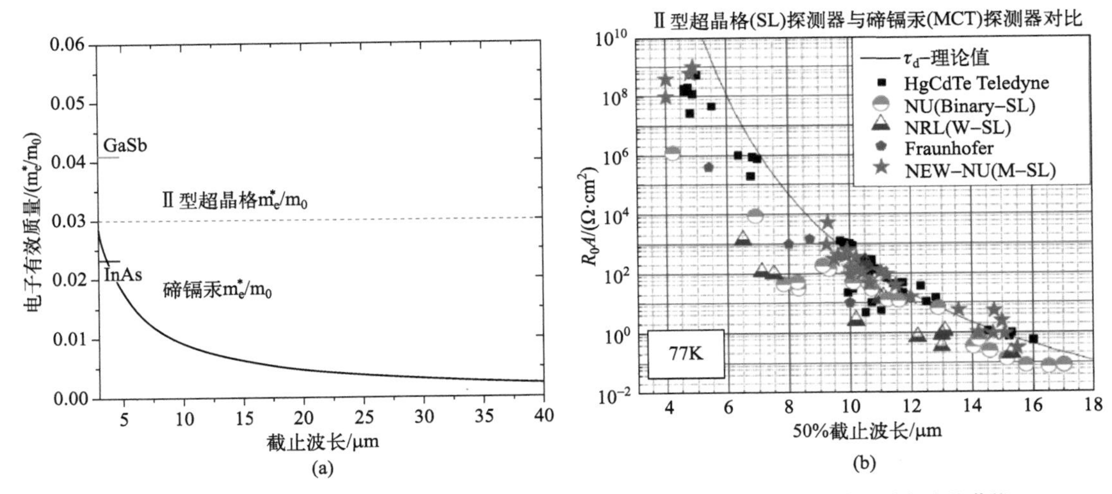

图6-44　锑化物超晶格和MCT探测器材料电子有效质量（a）及阻抗值（b）随波长变化曲线

美国、德国、瑞典、以色列等国先后实现了从1μm到十几微米超宽谱域响应的锑化物超晶格红外焦平面芯片及应用演示，锑化物半导体材料与器件迅速成长为各大国高度关注并严格管控的敏感高技术体系。锑化物半导体探测器技术成功案例是美国2014年实施的VISTA（Vital Infrared Sensor Technology Acceleration，重要红外传感器技术加速）计划，它将美国各大先进科研院所与一流装备企业紧密组成完整技术链条协同攻关，将锑化物超晶格焦平面芯片技术从基础成果推升为装备定型系列产品。

美国的VISTA为期5年（2011—2016年），计划由美国国防部资助、夜视和电子传感器总局（NVESD）领导。VISTA计划采用国家组织研究团队的方法，把来自美国联邦资助的研发中心和政府首脑及美国红外界有能力的工程师聚集在一起共同研发，这种模式非常成功，吸引了其他相关项目加入。美国喷气推进实验室（JPL）作为美国国防部信任的合作伙伴之一，负责Ⅱ类超晶格材料结构的设计并领导整个研究计划。JPL组织休斯研究实验室（HRL）、雷声公司（Raytheon）、L3通信公司、洛克希德·马丁公司（LMC公司）、泰利迪公司（Teledyne）、BAE系统公司、菲力尔系统公司（FLIR Systems）、DRS公司8大企业组成行业联盟来进行这项研究工作。

VISTA计划采用水平（横向）集成模型，各参与单位采用相同的材料结构、相同的材料生长技术和相同的读出电路。由于有良好的Ⅲ-Ⅴ族半导体工业基础，VISTA计划从衬底到材料生长、再到焦平面制造节约了大量成本，压缩了发展时间线，美国国防部对VISTA计划的投资还不到 1 亿美元。VISTA 计划及技术进展如图 6-45，主要研究成果列于表 6-2。

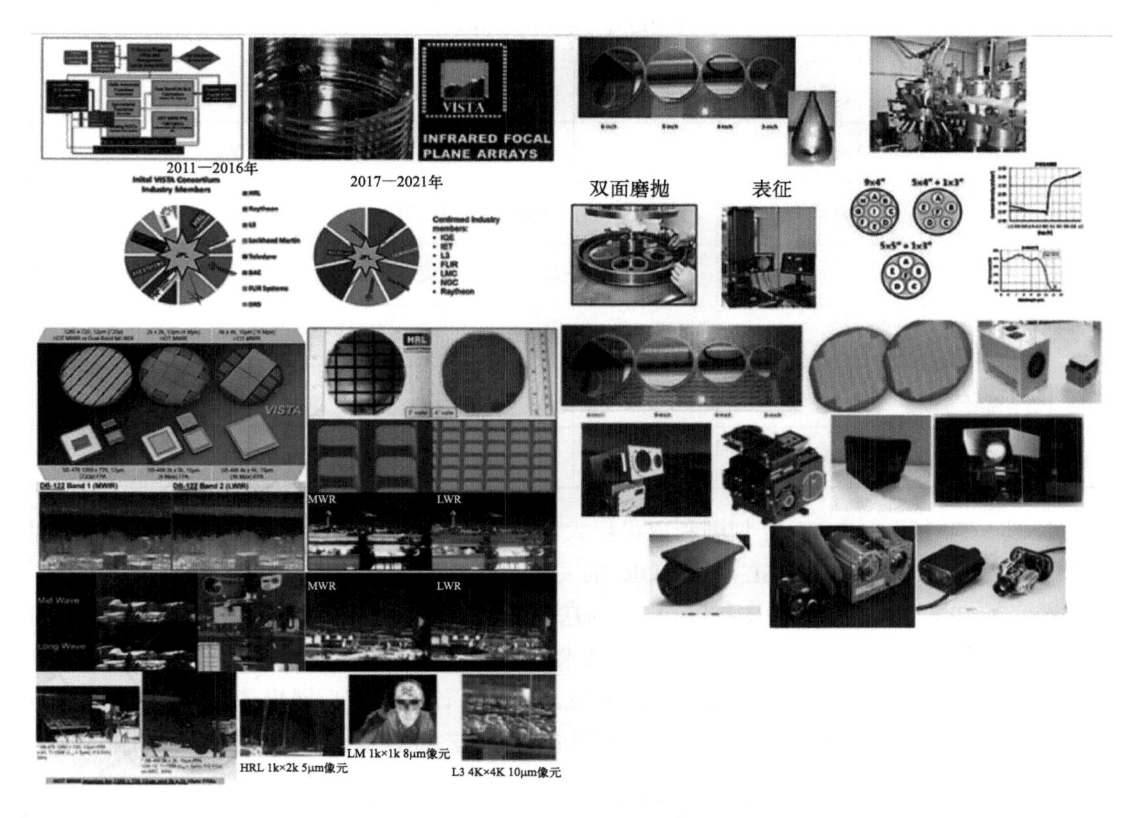

图 6-45　美国 VISTA 计划发展状况及主要成果展示

表 6-2　美国 VISTA 计划参与机构取得的器件技术进展

高温工作 MWIR FPA			
FPA 制备商	规格	中心距 /μm	典型的 FPA 性能
LMCO	640×480　1k×2k	25/10	＞65%*QE*（最高 80%）
RVS	1280×1024　2k×2k	12.5/8	＞99% 的可操作性
L3	720×1280　2k×2.5k	12/5	高的均匀性
HRL	4k×4k		没有 1/*f* 噪声，没有暗电流
单色长波红外 FPA			
FPA 制备商	规格	中心距 /μm	典型的 FPA 性能
L3	640×480	20	*QE*-30%
HRL	1280×720	12	＞99% 的可操作性 / 高的均匀性
RVS	1344×784	14	没有 1/*f* 噪声
TIS	2k×2k	5	

续表

双带中波 / 长波红外 FPA			
FPA 制备商	规格	中心距 /μm	典型的 FPA 性能
RVS	640×480	20	MW *QE* 60% ～ 75%，LW *QE* ＜ 30%
TIS	720×1280	12	＞ 99% 的可操作性
HRL			高均匀性，满足团簇定义
数字读出集成电路			
MIT Lincoln Lab	640×480	20	14 和 16 位
	1280×480		

经过 5 年时间，VISTA 计划顺利取得巨大成功。实现了大面阵、小像元尺寸 MW、LW 和 MW/LW Ⅲ -V 族 Sb 基 T2SL 及 D-ROIC 的发展。建立了两家大型 GaSb 衬底产业基地——IQE 公司和 IET 公司，很好地支持以 GaSb 为基础的红外探测器产业的发展。IQE 公司在研制 6in 以上（最大 8in）大尺寸 GaSb 衬底生长技术，标准尺寸为 4in；6in 小规模生产。IET 公司生产 2 ～ 4in 外延型 GaSb 衬底，6in 正在开发。VISTA 计划结束后展出了包括大尺寸 GaSb 衬底等 20 多款 Sb 基 T2SL 产品，还展出了制成的相机产品，重约 10 磅（bl, 1bl=0.454kg），寿命为 10 年。展现出低成本、高产量、高均匀性、高像元合格率、高稳定性以及高性能、小尺寸、轻质量和低功耗（SWaP）等很多优势。VISTA 计划之后，部分公司继续在联盟中保持合作关系，JPL 又组织成立了新的行业联盟，其中包括 IQE 公司、IET 公司、L3 公司、FLIR 公司、洛克希德 • 马丁公司（LMC）公司、诺斯罗普 • 格鲁曼公司（NGC）、雷声公司等，进行另一个 5 年（2017—2021 年）的研发工作。VISTA 后续计划目标是改进技术并开发新的产品，如中波 / 中波、短波 / 中波红外焦平面阵列等[33]。

我国科研机构与国际同步开展锑化物红外光电器件相关研究，也取得一系列关键技术的突破，实验室研究成功的器件关键性能在多方面超越了国外同行。但受制于项目任务分散、管理条块分割、迭代链条不完整等老问题，从实验室的基础研究到工程化技术、再到适于装备应用的高端芯片及其功能集成验证，依旧面临条块分割、技术迭代生态紊乱、形不成装备长期需求的核心器件支撑的问题。

表 6-3 大致列出了近几年国内Ⅱ类超晶格 FPA 的进展情况。主要聚焦于中波、长波和中 / 长波双色，工作温度在 60 ～ 80K，半导体所开发 160K 工作的 320×256 规格的超晶格 FPA，上海技物所开发了截止波长 10μm 的 1k×1k 规格的超晶格 FPA；武汉高德、上海技物所和半导体所也均开发出了不同规格阵列的中 / 长波双色；中国电科十一所也进行了中波、长波和中 / 长波双色 T2SL 材料的生长器件工艺研发和组件制备工作。与国外相比，国内的 T2SL FPA 发展部分性能参数接近国际水平，但从 SL 发展的成熟度和多样性尤其是距离商业化规模发展还有很大的发展空间。

表 6-3　国内Ⅱ类超晶格发展概况表

单位	规格	结构	波长 /μm	中心距 /μm	QE/%	D^* 探测率 /（cm·Hz$^{1/2}$·W^{-1}）	响应率 /（A·W^{-1}）	NEDT/mK	暗电流 /（A·cm^{-2}）	R_0A/（Ω·cm^2）	工作温度 /K
昆明物理所	384×288	pin	4.1	25				18	5×10^{-10}	3.0×10^4	
	384×288	pin	5.6	25				10			
武汉高德	320×256	p×Ma	14	30	30	1×10^{10}	2.6	50.8	1.03×10^{-2}	2.4	
	640×512	p×Mn	10.5	15	38.6			26.2	3.8×10^{-5}	2.4×10^3	
	320×256（MW/LM）	npn	4.5/10.5	30	45/33	1.84×10^{11}		16.6/15.6	5.94×10^{-7}/1.72×10^{-4}	1.74×10^5/159	80
上海技物	640×512 双色	NPN	4.5/5.8	30		7.73×10^{10}/7.81×10^{10}	2.35×10^7/2.34×10^7			10^9/10^{11}	
	320×256		10	30				26			80
	320×256		10.5					30			
	1k×1k		10	18				37			80
	320×256		12	30		6.2×10^{10}					70
	320×256 (InAs/GaAsSb)	PB×BN	11		30			21			80
	640×512		7.5～10.4	15		≥ 1×10^{11}		≤ 30			≥ 60
半导体所	320×256（MW/LW）		3.5/11.8			2.15×10^{12}/2.31×10^{10}	1.6/2.6	108/25		1.7×10^4/97	
	384×288		4.1		22/23			18			77
	320×256		4.1					13			160

我国在提高 T2SL 器件性能在能带结构设计创新方面的最近的一个工作是在 InAs/InAsSb nBn 长波红外探测器结构中引入阶梯式Ⅱ类超晶格吸收层，可以有效增强载流子输运而提升量子效率。基于多阶应变平衡 $InAs/InAs_{0.5}Sb_{0.5}$ 超晶格阶梯结构的 nBn LWIR 探测结构，其电荷载流子的传输和收集可以通过多级阶梯价带进行改善，在 0.20V 的偏置电压下，改善后 *QE* 从 19.3% 增加到 20.8%。结果表明，采用多级阶梯结构的器件具有较好的性能，如暗电流密度低（$4.13\times10^5A/cm^2$）、响应率高（1.23A/W）、峰值探测率高（达 $3.10\times10^{11}cm\cdot Hz^{1/2}/W$）（图 6-46）。通过优化多级阶梯吸收器的吸收长度，*QE* 可以从 20.8% 进一步提高到 28.4%，同时保持较低的暗电流。

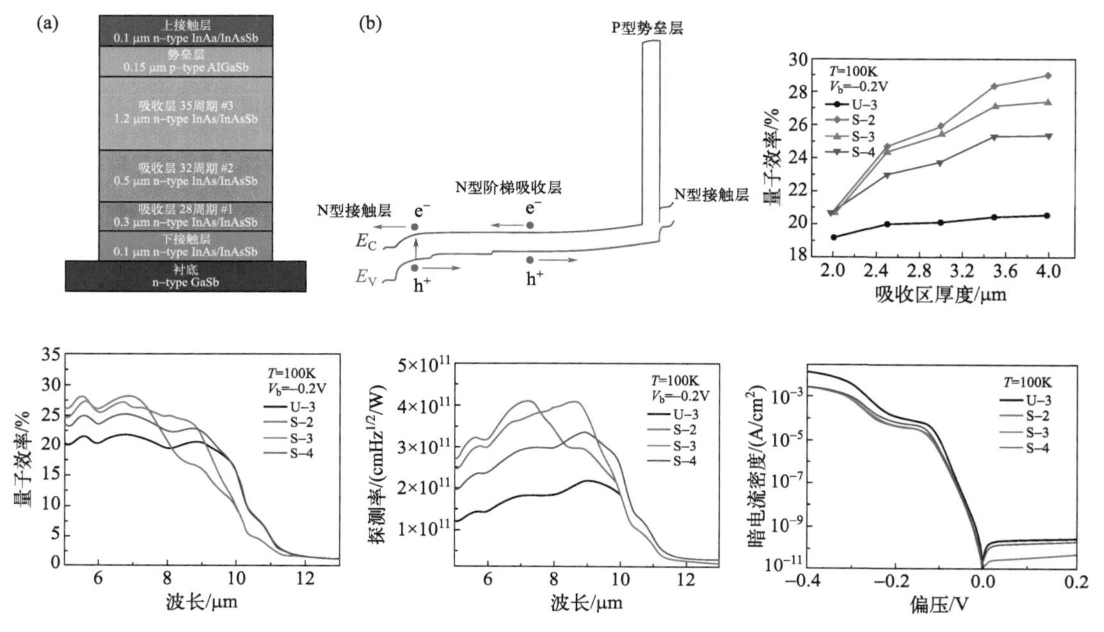

图 6-46　基于多阶应变平衡 InAs/InAsSb 超晶格阶梯结构的 nBn 型长波探测器量子效率得到显著提升

综上，锑化物Ⅱ类超晶格红外探测器技术自 21 世纪以来，受到德国、美国（CQD、JPL、QmagiQ、NRL、Teledyne 和 Raytheon）、瑞典（IRnova）、以色列（SCD）、日本、中国等国家的高度重视[34-36]。其中，美国的 VISTA 计划的成功实施使锑化物超晶格探测器技术实现应用突破，加速验证了Ⅱ类超晶格红外探测技术的应用价值，具备了整体性能，制造成本上挑战 HgCdTe 材料实力，形成变革替代 HgCdTe 技术的“新势力”，全方位适应红外探测器升级换代、多功能多波段集成、宽谱域覆盖、高灵敏度、高分辨、成像识别智能化的技术需求，同时满足 Low-SWaP-C［低成本（Cost）、小体积（Size）、轻质量（Weight）、低功耗（Power）］的严苛规范要求。与国外相比，国内Ⅱ类超晶格技术的发展已经具有一些技术基础，但距离产业化推广应用还有一定的差距，可以借鉴国外的先进理论和技术经验并结合具体实际工艺逐步取得突破。基于锑化物半导体红外光电器件性能的进步、功能的拓展，有力地促进作战平台模式进化的核心推动力模式，有望突破我国红外芯片技术与国外先进技术存在代差的难题。

6.6 锑化物半导体微电子学与其他器件

锑化物半导体在高速微电子学器件、光子数级高灵敏雪崩倍增探测器件、太赫兹与热电制冷器件等重要领域也有十分重要的研究意义和应用前景。以 InAs/AlSb HEMT 射频器件为典型代表的微电子器件，具有高截止频率、良好的噪声性能和极低的功耗等显著优势，被视为下一代低噪声放大器（LNA）、移动通信、雷达等高速、低噪声、低功耗射频芯片领域的重要前沿技术方向[37]。

6.6.1 InAs/AlSb HEMT 微电子学器件

以 AlSb 为势垒层、InAs 为沟道层的 InAs/AlSb HEMT 结构具备非常优异的物理性能，如高截止频率、极低功耗和良好的噪声性能等。InAs 电子迁移率分别为 GaAs 材料和 InP 材料的 3 倍和 5 倍，电子饱和漂移速度约为 GaAs 和 InP 材料的 5 倍，电子的有效质量为 GaAs 和 InP 材料的 1/3，电子平均自由程为 GaAs 材料的 2 倍，且禁带宽度非常窄，只有 0.35eV，使其在较低的电压下拥有优良的电性能，经常被用作高速 HEMT 的沟道材料。因此被称为下一代 HEMT[38]（图 6-47）。

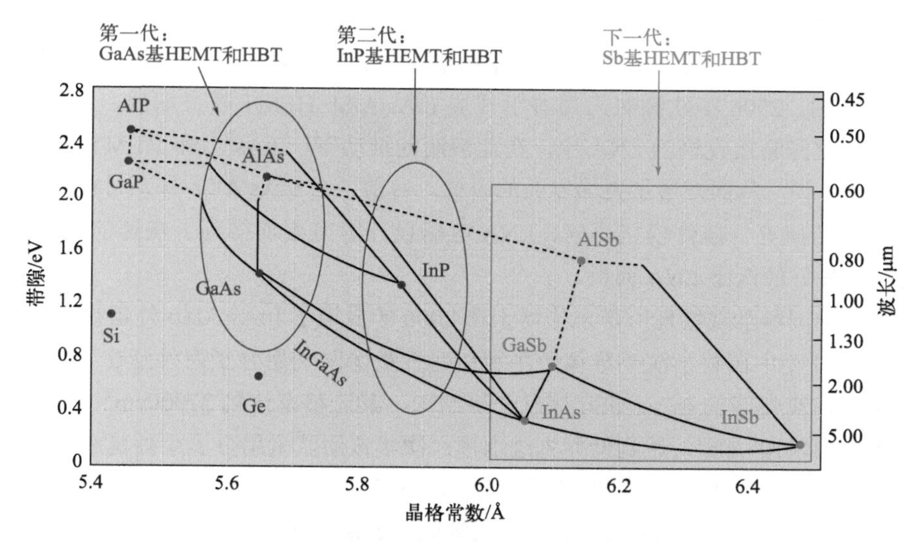

图 6-47　锑化物 HEMT 第三代高迁移率体系

InAs/AlSb HEMT 为典型的 2DEG 结构（图 6-48），当栅极外加电压时，栅极接触界面处半导体能带发生弯曲形成肖特基势垒，肖特基势垒下方耗尽区的分布情况随着栅极电压的改变而改变，从而调节二维电子气的浓度，产生沟道电流。也就是说，势阱中的二维电子气浓度受控于栅极下面的肖特基势垒，当栅极的负压达到足够大时，电子势阱中的二维电子气在肖特基势垒的作用下完全耗尽，源漏间没有电流流过，器件关断。近年来采用“δ 掺杂 InAs/AlSb 双量子阱 +Si 掺杂 GaSb 背栅”结构的优化器件获得发展。

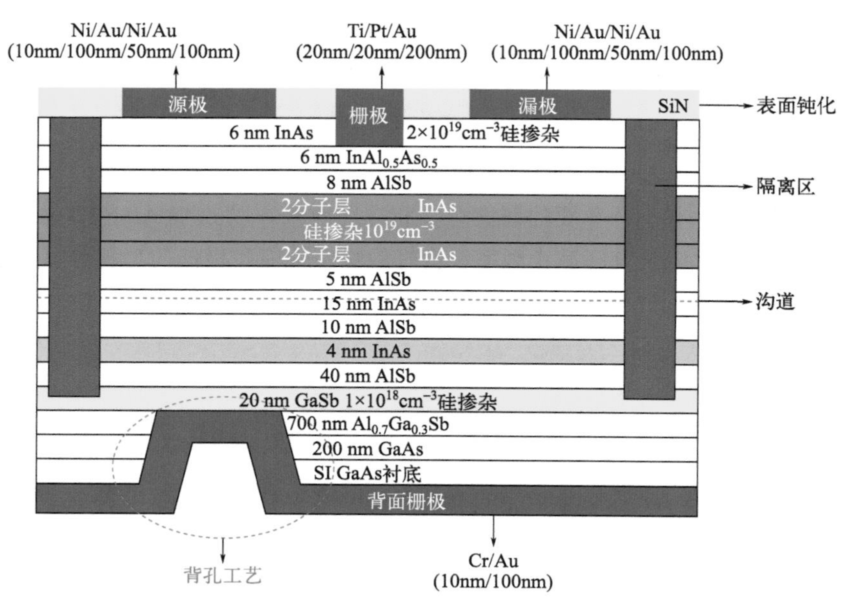

图 6-48 InAs/AlSb HEMT 优化器件的结构示意图

自从 1987 年第一只 InAs/AlSb HEMT 晶体管诞生，到现在已经有近 40 年的发展历史。进入 2000 年后，更多科技工作者把目光聚在了 InAs/AlSb HEMT 晶体管高速、低功耗、低噪声的优良性能上，对其的研究掀起了新一轮热潮。2001—2005 年期间，美国国防部高级研究计划局（DARPA）开展了为期 4 年的锑化物半导体研究计划，取得了很多实质性进展，并推动了研究浪潮。2006 年欧洲航天局着手开展 InAs/AlSb HEMT 器件研究，欲将 InAs/AlSb HEMT 用于深空探测接收机的 LNA 中，在此浪潮的推动下，InAs/AlSb HEMT 在科学家眼中得到了更多的重视，从而开展了更加专业的研究。目前，在 InAs/AlSb 外延材料生长、HEMT 结构及制备工艺研究、器件模型研究、LNA 电路设计等方面均得到了快速的发展。到 2012 年，已有性能良好的低温 LNA 问世。

在国内，中国科学院物理所李志华博士在 2006 年报道了 InAs/AlSb 外延材料生长和电学性能研究。2013 年中国科学院半导体所牛智川研究员团队利用分子束外延在半绝缘 GaAs 衬底上成功生长出高性能的 InAs/AlSb 深量子阱结构，其迁移率达到 27000cm^2/（V•s），载流子浓度达到 4.54×10^{11}/cm^2，达到世界先进水平；次年该团队采用分子束外延成功制备出新型调制掺杂型 InGaSb/AlGaSb 量子阱外延，其面空穴浓度在 77K 到 300K 温度范围内可保持恒定。2013 年，西安电子科技大学的崔强生、宁旭斌等成功制备出具备一定性能的 InAs/AlSb 外延片，该外延片沟道迁移率为 26000cm^2/（V•s），二维电子气浓度为 8.65×10^{11}cm^{-2}，同时对 InAs/AlSb HEMT 器件的具体制造工艺流程进行了讨论，并对关键工艺进行了实验；2016 年，该团队关赫等完成了国内首只 InAs/AlSb HEMT 器件制备，此后该课题组对器件工艺进行了优化。

总体而言，相对于传统的半导体材料，InAs/AlSb HEMT 在超高速、低功耗应用方面有着无法比拟的优势，但由于 InAs 材料本身的特性存在一些缺陷，例如，InAs 沟道的禁带宽度很窄，使碰撞离化效应显著，这将导致 InAs/AlSb HEMT 有很大的栅极泄漏电流，在导致器件高频性能退化的同时引入很高的噪声，从而使器件的实际工作性能远不能达到理论预期。

同时，InAs/AlSb HEMT 的外延材料结构复杂，导致高性能外延材料的生长制备存在很大挑战。因此在外延结构的选取、沟道掺杂工艺、帽层掺杂工艺等方面都需要开展更加深入的研究，以便得到高水平的二维电子气浓度。

InAs/AlSb HEMT 制备的关键工艺尚不成熟，需要进一步进行探索，以便得到更高性能水平的 InAs/AlSb HEMT。对欧姆接触工艺而言，目前已经报道的欧姆接触的比接触电阻为 2Ω/mm，相对于其他传统 HEMT 而言，仍需要继续降低。同时栅工艺也需要进一步进行摸索，例如栅槽腐蚀液的构成及配比需要进一步研究等。另外，常见的栅结构有肖特基型栅和氧化层型栅，肖特基型栅凭借其较为纯熟的制备工艺活跃在半导体器件的舞台，但栅极漏电大的缺陷限制了肖特基型栅的运用和进一步的发展。

6.6.2 锑化物反转量子阱拓扑效应

分数量子霍尔效应研究是当代凝聚态物理的重要前沿（1998 年诺贝尔物理学奖）。分数量子霍尔效应起源于电子的关联效应，导致了拓扑序的产生，表现出长程量子纠缠、衍生规范场和分数激发，在未来拓扑量子计算方面具有潜在的应用价值。能否在相互作用玻色子系统中产生具有拓扑序的分数量子霍尔态是重要前沿课题，经典的锑化物半导体异质结 InAs/GaSb 反转型量子阱提供了研究激子基态的理想实验平台，其结构设计和工艺制备可控性优势突出[39]。

近年来，国际上多个著名研究机构开展了深入的研究工作，获得了多个重要的发现和进展。北京大学杜瑞瑞教授团队系统性阐述了该方向的重要进展。证明了 InAs/GaSb 量子阱具有高度可调性，为探索包括激子绝缘体在内的量子基态提供了一个理想的平台[40]。一方面，InAs/GaSb 量子阱中电子空穴的隧穿会产生杂化能隙，载流子浓度越高，杂化能隙越大。另一方面，在 InAs/GaSb 量子阱中，通过栅压调节能带，可以使能带从深反转变为浅反转。对于浅反转的 InAs/GaSb 量子阱，在电子空穴浓度相近时，载流子浓度可以比能带深反转时更低。此时电子间的屏蔽效应随浓度降低而减弱，库仑相互作用将占据主导。同时，由于载流子浓度低，杂化能隙也进一步减小。在这种情况下，体系中杂化能隙导致的 QSHE 将不再作为主要效应，可以期望观测到自发形成的激子基态，如激子绝缘体。如下文所述，在 InAs/GaSb 量子阱中，光学和输运等实验结果揭示了激子绝缘态中体态的 BCS 能隙，提供了激子绝缘体存在的明确的实验证据。此外，输运测量还意外观测到了该系统具有拓扑边缘态。自 20 世纪 60 年代激子绝缘体理论提出以来，该物态一直被认为是拓扑平庸的，即不存在拓扑边缘态。而在 InAs/GaSb 量子阱中被观察到的这一物态，是一个体态由激子 BCS 能隙主导且存在着时间反演对称性破缺的一维类螺旋边缘态的激子基态，很难用传统的激子绝缘体和单粒子图像下的拓扑绝缘体理论解释，从实验现象出发，这一物态被称为拓扑激子绝缘体。

最新的一个工作是南京大学团队研究了电子 - 空穴耦合的双层系统，发现当电子和空穴浓度不平衡时，系统所产生的激子具有 moat 型能带。强阻挫效应使激子不发生玻色凝聚，进而产生一类具有长程量子纠缠的激子拓扑序（Excitonic Topological Order），其物理图像等价于激子形成的分数量子霍尔态。考虑到阻挫效应导致的量子涨落，形成了系统的完整相图。

相比于传统的平均场理论结果，该工作发现量子涨落会导致在激子凝聚相中出现一个新的激子拓扑序区域。在实验上，团队成员发现在电子和空穴浓度很不平衡的门电压区域内（−3～−2V），激子体态始终保持绝缘且存在着能隙，而在此前的研究中，激子绝缘体一般在电子空穴浓度相近时才出现。在该区域内，输运测量揭示了体系存在着拓扑边缘态，产生了一个拓扑激子绝缘区。奇异的是，随着垂直磁场的增加，边缘态输运行为从零磁场下的类螺旋型（Helical-like）逐渐转变为类手征型（Chiral-like）；最终在强磁场下，边缘态电导接近量子化值。上述实验现象与传统的霍尔效应截然不同，同时其磁阻行为也区别于量子自旋霍尔效应，无法用目前已知的拓扑物态理解[41]。

激子拓扑序可以很好地解释上述实验现象。该拓扑序在电子、空穴浓度不平衡的区间中产生，并具有一对电子－空穴形成的手征边缘态。在零磁场下，电子和空穴携带相反的电荷，产生类螺旋型边态输运。与量子自旋霍尔效应不同，激子拓扑序无须时间反演对称的保护，在垂直磁场下这一对边缘态不会打开能隙，而是在实空间分离，从而导致向类手征型输运转变。上述理论和实验的相互印证揭示了在电子－空穴双层系统中由于阻挫和关联效应所产生的激子拓扑序。该工作从理论和实验两方面揭示了一种新型的玻色子（激子）分数量子霍尔态，丰富了传统的激子凝聚相图，开辟了关联玻色子系统中拓扑物态研究的新方向。

6.6.3 锑化物雪崩倍增二极管探测器

APD（Avalanche Photo Diode，雪崩光电二极管）是一类重要的光伏探测器，历经 50 多年的研究发展，Si 基 APD 和 InGaAs/InAlAs APD 器件被广泛应用于各种技术领域。当近红外 InGaAs/InAlAs 面临发展过剩、噪声大瓶颈时，寻求低 k 值材料成为重要攻关方向。锑化物 AlGaAsSb 的 k 值比 InAlAs 更低，有望做高速应用和高灵敏度 Lidar 接收器。$Al_xGa_{1-x}As_ySb_{1-y}$ 和与 GaSb 晶格匹配的 $Al_xIn_{1-x}As_ySb_{1-y}$（块状四元材料）表现出了与硅相当的过量噪声[42]。

国际上锑化物 APD 研究主要来自美国加州大学、弗吉尼亚大学、西北大学、伊利诺伊大学，英国谢菲尔德大学等。自 2001 年至今，他们先后报道了 InGaAs/GaAsSb T2SL 吸收层，InAlAs 为倍增层、探测波段覆盖 2～6μm 的 APD 器件，偏压下倍增增益达到数百倍。通过改变超晶格结构，使空穴主导雪崩过程利用空穴较大的有效质量减小了隧穿电流，通过减小倍增宽度和外加高外加电场，提出了死区倍增理论，开发了近似公式，易于计算雪崩光电二极管的平均增益和过量噪声系数。通过将近似值与使用递归耦合积分方程的精确数值方法进行比较，研究了近似值的准确性。

2018 年，英国谢菲尔德大学团队首次报道了 AlAsSb 在宽电场范围内的电子和空穴的碰撞－电离系数 α 和 β。在此电场范围内，α/β 比值的变化范围为 1000 到 2，这是首次报道宽带隙Ⅲ - Ⅴ族半导体的电离系数比值与硅相近或大于硅。这些 α 和 β 不仅能与器件中厚度为 660～550nm 的 pi-n 和 ni-p 结构的倍增特性相匹配，而且还能与厚度仅为 230nm 的渐变结构相匹配。2019 年，将混合载流子引发的雪崩倍增过程考虑在内，并通过倍增区域内任意指定位置的母电子 - 空穴对触发，为 APD 的过量噪声系数推导出一个易于使用的精确分析公式。提出了母体电子 - 空穴对在倍增区域内的位置服从任意指数分布时的过量噪声因子表达式。

表明与边缘母电子注入的情况相反，在允许混合注入的情况下，即使是很小的空穴电离水平（例如，k 约为 0.0001）也会导致过量噪声系数急剧增加。2021 年提出在随机路径长度（RPL）模型中引入了四参数魏布尔 - 弗雷谢特（WF）分布函数，用于半导体中软阈值电离的非局部建模，如图 6-49 所示[43]。

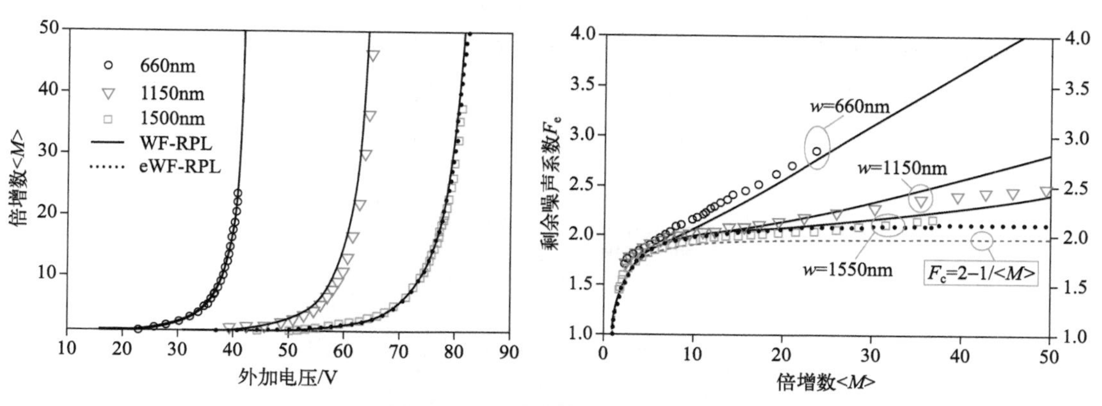

图 6-49 基于随机路径长度模型的锑化物 APD 物性仿真

该团队于 2022 年通过测量三个 p^+-i-n^+ 和两个 n^+-i-p^+ 二极管系列中的雪崩倍增现象，确定了 AlAsSb 电离系数与温度的关系[44]。$GaAs_{0.5}Sb_{0.5}/Al_{0.85}Ga_{0.15}As_{0.56}Sb_{0.44}$ 独立吸收、电荷和倍增异质结构演示的室温超高增益线性模式 APD 如图 6-50 所示。

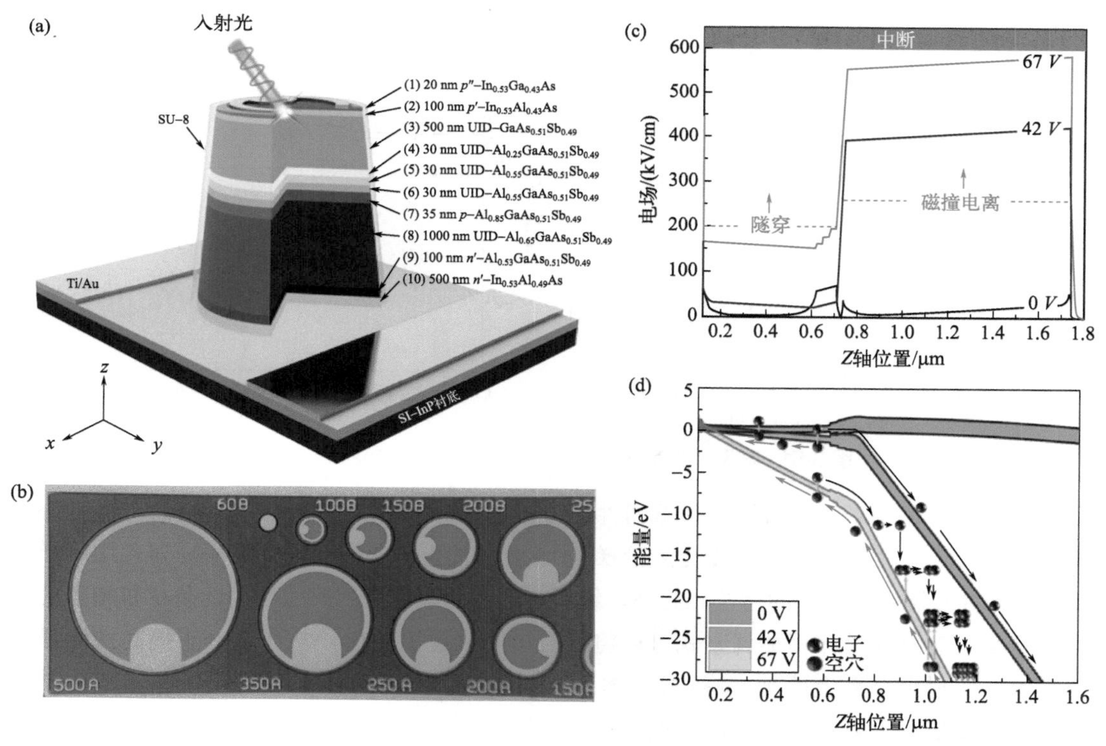

图 6-50 $GaAs_{0.5}Sb_{0.5}/Al_{0.85}Ga_{0.15}As_{0.56}Sb_{0.44}$ 独立吸收、电荷和倍增异质结构演示的室温超高增益线性模式 APD

2016 年，美国弗吉尼亚大学 J. Campbell 团队在 GaSb 首次报道了具有低噪声的 $Al_{0.7}In_{0.3}As_{0.3}Sb_{0.7}$ APD 器件。在击穿前该器件的倍增可达 95，并且获得了 k=0.015 的低过量噪声，相比其他Ⅲ - Ⅴ材料（如 InAlAs）低 20 倍。由于 $Al_{0.7}In_{0.3}As_{0.3}Sb_{0.7}$ 是直接带隙，它的吸收长度比间接带隙硅短 5 ～ 10 倍，有可能实现更高的工作带宽[45]。2018 年该团队展示了与 GaSb 衬底晶格匹配的 AlInAsSb 吸收层、电荷层和倍增层分离的 APD。测试结果表明随着 Al 含量的降低，暗电流增加，最大增益受限。2020 年团队研制了吸收、电荷和倍增（SACM）分离型 AlInAsSb APD，如图 6-51 所示，实现了工作温度在 200 ～ 220K 之间与 HgCdTe 可比的暗电流密度，并在室温下证明了极低的过量噪声（k≈0.01）和大于 100 的增益[46]。

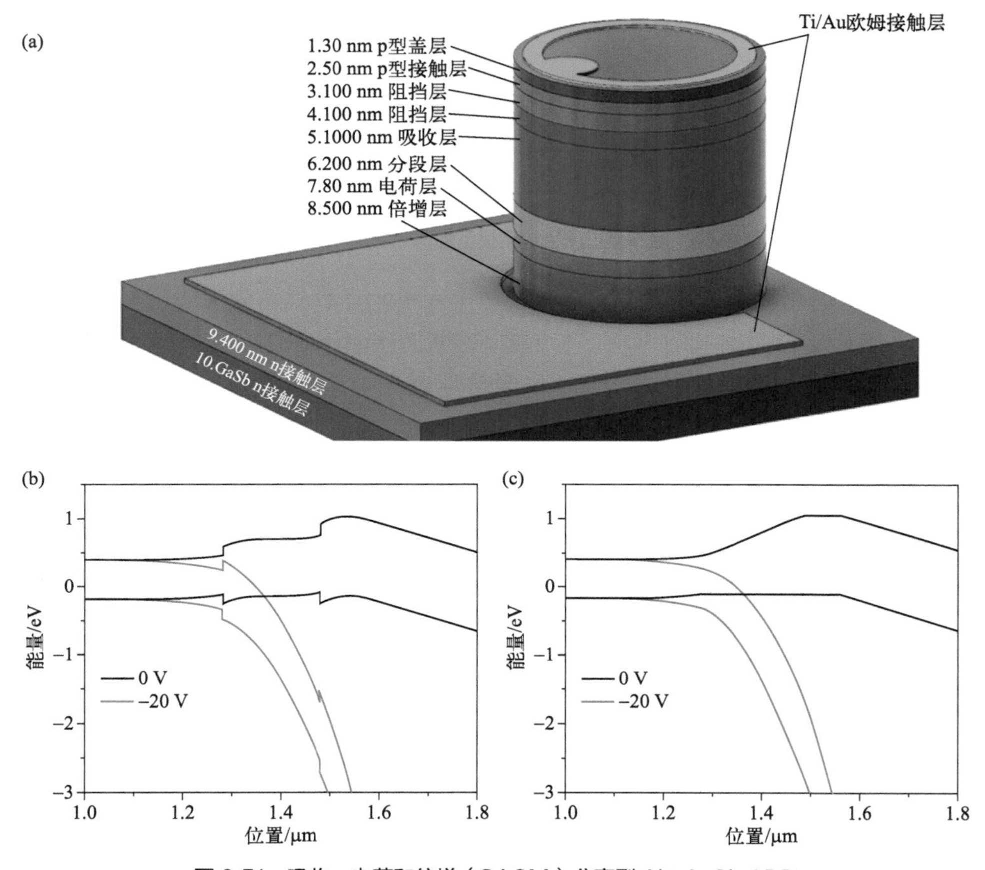

图 6-51　吸收、电荷和倍增（SACM）分离型 AlInAsSb APD

2021 年，研制了一种级联倍增器器件，与 k=0 材料相比，该器件的多余噪声显著降低，如图 6-52 所示。由于它可以承受比纯阶梯 APD 更高的电场，因此增益值不受器件中阶梯数的限制，并且展示了更高的增益。此外，级联倍增器的暗电流比类似增益的阶梯倍增器的暗电流要小。对器件设计稍加调整就可以将增益提高到更高的值，从而进一步提高探测器的信噪比。在材料体系上两种 Sb 基材料体系 AlInAsSb 和 AlGaAsSb 表现出了非常低的过量噪声，通过使用主要由一种载流子类型引发的碰撞 - 电离的材料系统，可以使过量噪声项最小化[47]。

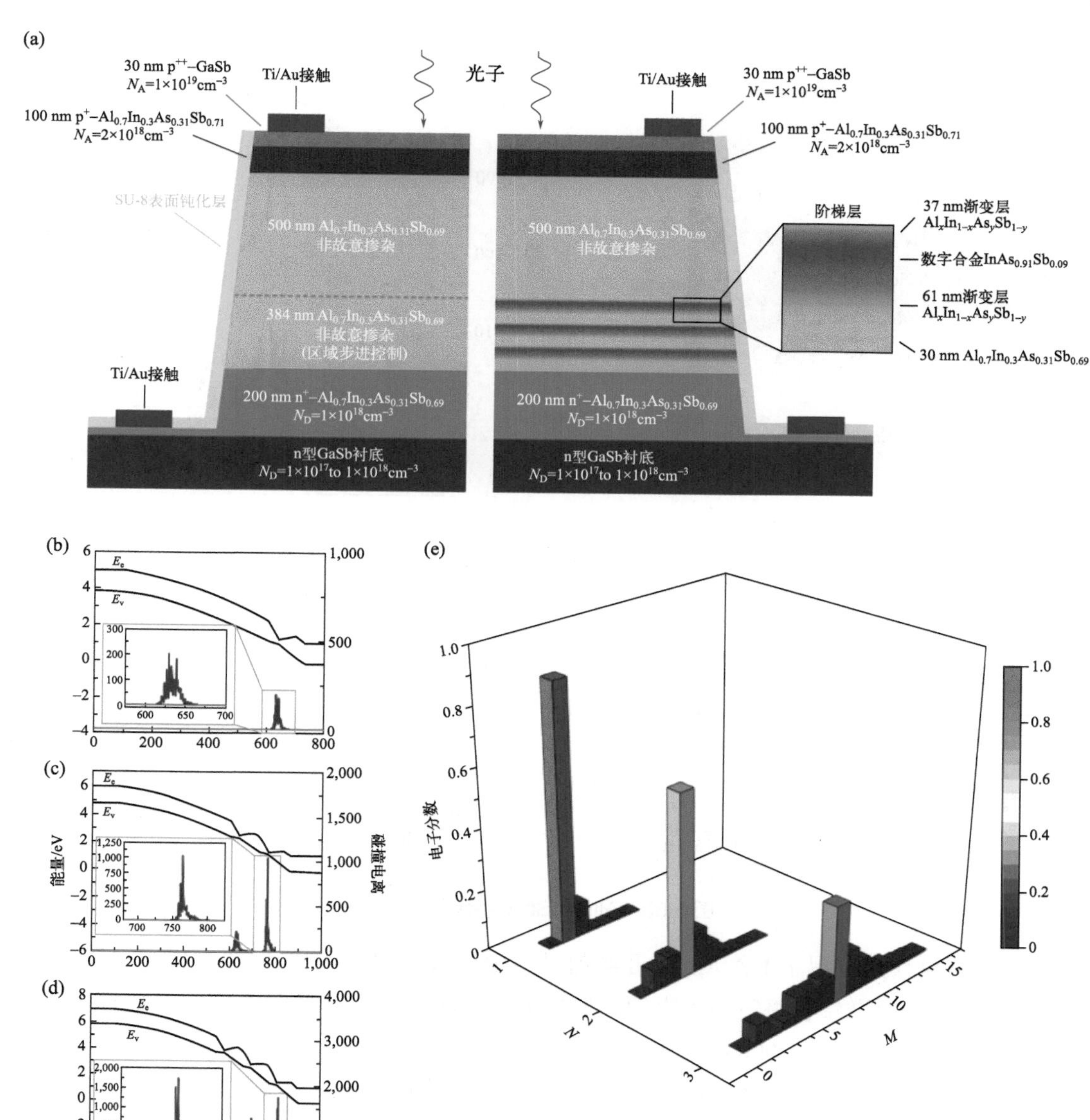

图 6-52 级联倍增型 AlInAsSb APD

国内的相关研究单位主要有中国科学院半导体研究所、上海技术物理研究所、昆明物理研究所等。中国科学院半导体研究所团队制备了分离吸收、渐变、电荷和倍增（SAGCM）型的 AlInAsSb APD，创新发展了数字合金外延材料。在室温下，器件在 95% 击穿时，暗电流密度为 0.95mA/cm^2，击穿前最大稳定增益约为 100 [48]。此后进一步优化了器件性能，AlInAsSb 雪崩光电二极管暗电流密度下降到 14.1mA/cm^2，在 95%时击穿，最大的稳定增益为 200。采用 InAs 作为吸收区和 AlAsSb 作为倍增区的 SAM APD 器件在偏压 −14.6V 下，峰值响应率为 8.09A/W，增益为 13.1，实现了室温工作中波雪崩光电探测器。如图 6-53 所示 [49]。

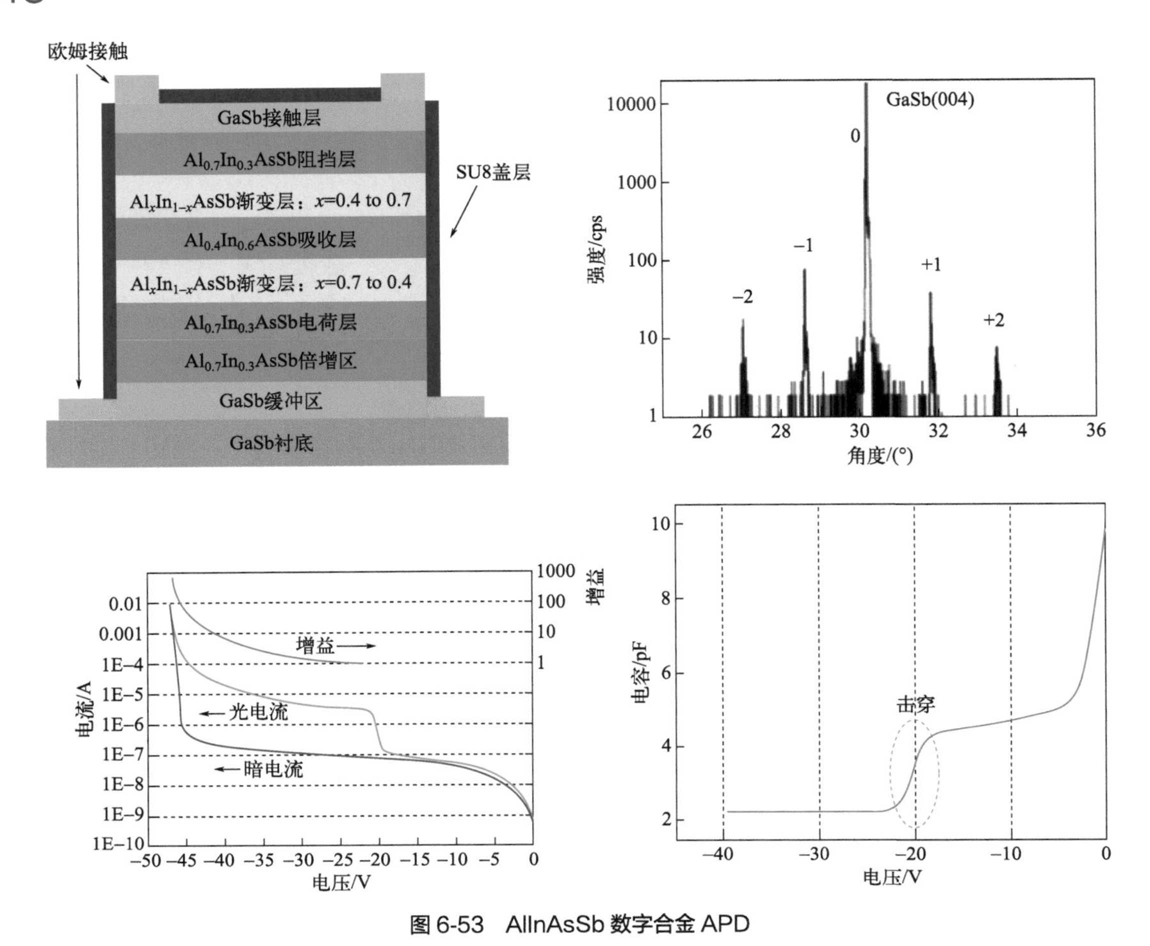

图 6-53 AlInAsSb 数字合金 APD

该团队设计并实现了 InAs/GaSb Ⅱ类超晶格中波吸收和 AlAsSb 材料雪崩光电探测器，采用 InAs/AlSb 级联结构将雪崩光电探测器的吸收区和倍增区分离，与 p-i-n 光电探测器对比，工作温度从 77K 到 200K，最大响应率从 7.07A/W 降低到 0.97A/W，器件增益分别为 32.1(77K)、28.1(100K)、15.9(150K) 和 6.1(200K)。通过优化制备工艺实现温度为 77K 时，峰值增益为 335；温度升高到 150K 时，器件的峰值增益为 192 的高性能器件，如图 6-54 所示。

最近，华为海思光电子在 2023 光博会首次发布了锑化物 APD 为探测模块的 50G PON，锑化物 APD 暗电流与 InGaAs 材料体系 APD 相比降低了 2 ～ 3 个数量级。在同样的带宽和大增益区间，InAlAsSb 具有更好的性能。

近期，美国弗吉尼亚大学 Joe C. Campbell 团队展示了一种分离吸收、电荷和倍增雪崩光电二极管（SACM APD），用数字合金生长窄带隙 $Al_{0.05}InAsSb$ 为吸收区、宽带隙 $Al_{0.7}InAsSb$ 为倍增区。在温度 100K 下对波长 2μm 光照探测增益达 850，过剩噪声系数 k 约为 0.04，2.35μm 波长的探测单位增益外量子效率 54%（1.02A/W），3μm 处保持 24%（0.58A/W），截止波长达到 3.5μm。在 850 增益下，该器件具有 0.05mA/cm^2 的增益归一化暗电流密度，其增益是最先进的 InAs 探测器的两倍多，增益归一化暗电流密度比先前报道的基于 $Al_{0.15}InAsSb$ 的 MWIR 探测器低两个数量级[50]。

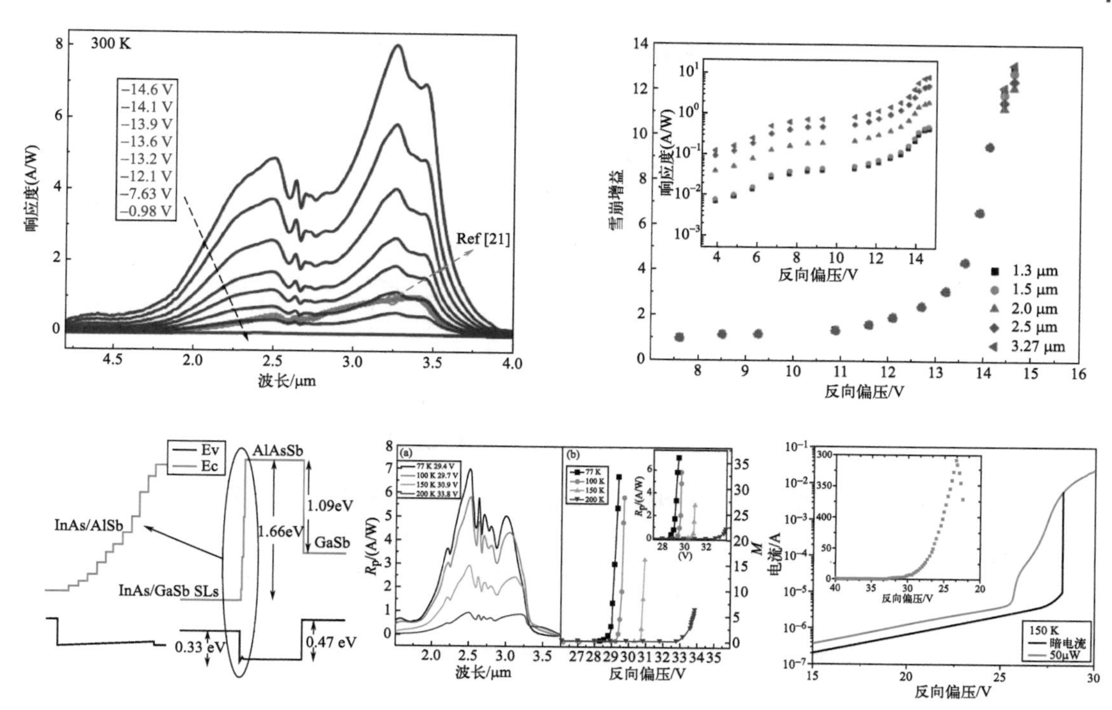

图 6-54 中波 APD 器件能带结构、性能、*I-V* 曲线和增益

综上所述，锑化物 APD 在未来有着广阔的市场前景，急需投入大量人财物进行布局和发展，对我国在未来的高技术领域占领一席之地，最终服务于国民经济和国家战略发挥重要作用。未来随着自动驾驶、星地通信、光纤传感、激光导引、量子技术等应用的发展，对锑化物超低噪声 APD 器件性能的需求会越来越多：①多波段宽谱探测，包含近中远红外波段；② 高温抗辐照和其他极端环境。这对锑化物外延质量提出了更高的要求，也需要引入新的设计理念。随着需要的不断扩大，超高光子灵敏度探测器件不断发展，直至单光子探测极限灵敏度。雪崩倍增盖革模式是重要选择。

6.6.4 锑化物隧穿二极管太赫兹器件

隧穿二极管（RTD）是一种基于量子隧穿效应的两端电子器件。其典型的双势垒单势阱达到纳米尺度时，势阱中的能量发生量子化，形成分立的不连续束缚能级，电子发生量子隧穿的条件将改变为只能与分立能级隧穿，不能与其他能量隧穿，此时被称为共振隧穿效应[51-52]。由于量子隧穿时间在飞秒量级，基于负阻区设计的振荡器［图 6-55（d）］对应产生的信号振荡频率可以达到太赫兹波段。同时，基于非线性下的整流效应，利用Ⅰ区和Ⅱ区中非线性最强的区域可以设计太赫兹探测器，实现单片收发系统。除非线性区域外，还可基于注入锁定的原理，在接收端采用相同的 RTD 器件实现相干探测，达到幅度与相位的同时测量。RTD 隧穿性能与材料能带参数密切相关。由于 RTD 振荡器的阻性截止频率与负阻特性相关，因此形成太赫兹 RTD 振荡器需要获得以下条件：较大或适当的电流峰谷比（Peak to Valley Current Ratio，PVCR）；高输出功率；尽可能大的峰值电流密度（I_p）；尽可能小的等效电阻（R_s）。

于是，几乎可以全方位满足这些要求的锑化物材料体系进入了研究人员的视野[53-54]。

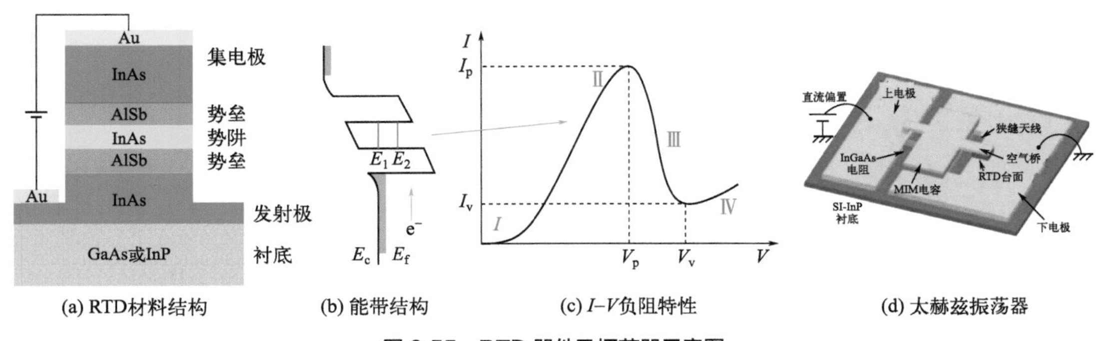

(a) RTD材料结构　(b) 能带结构　(c) I–V负阻特性　(d) 太赫兹振荡器

图 6-55　RTD 器件及振荡器示意图

传统太赫兹发射与探测技术普遍低效率、低功率、大体积。从红外和微波向中间的太赫兹波段逐渐拓展，0.4THz 以下、2THz 以上的频率范围内实现了较高的功率输出，但 0.4 ～ 2THz 范围内面临诸多困难。主流太赫兹发射技术的频率和输出功率图如图 6-56 所示。

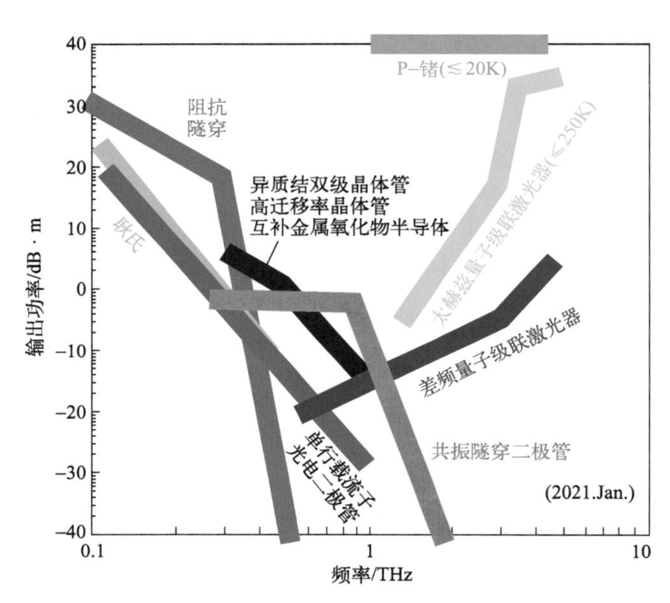

图 6-56　主流太赫兹发射技术的频率和输出功率图

突破传统架构利用量子隧穿机制采用 RTD 是理想选择，目前已有研究机构制备出振荡频率高达 1.98THz 的室温工作器件。锑化物 RTD 已展现出器件高频、高功率、低功耗的发展潜力。锑化物 RTD 可以应用于设计高频微波电子学组件，如振荡器、谐振器和频率多重器。其特殊的电子输运特性使其成为高频电路中的关键组件[55] 太赫兹固态集成电路的输出功率和工作频率如图 6-57 所示。

从锑化物独特的载流子性能和能带参数预测，锑化物 RTD 前途看好。研究人员通过优化锑化物 RTD、调整电压或结构实现太赫兹频率的调谐，调谐范围通常涵盖多个太赫兹波段。通过改变电压，可以实现太赫兹辐射的调控和调制，不同电压对应不同频率或强度的太赫兹

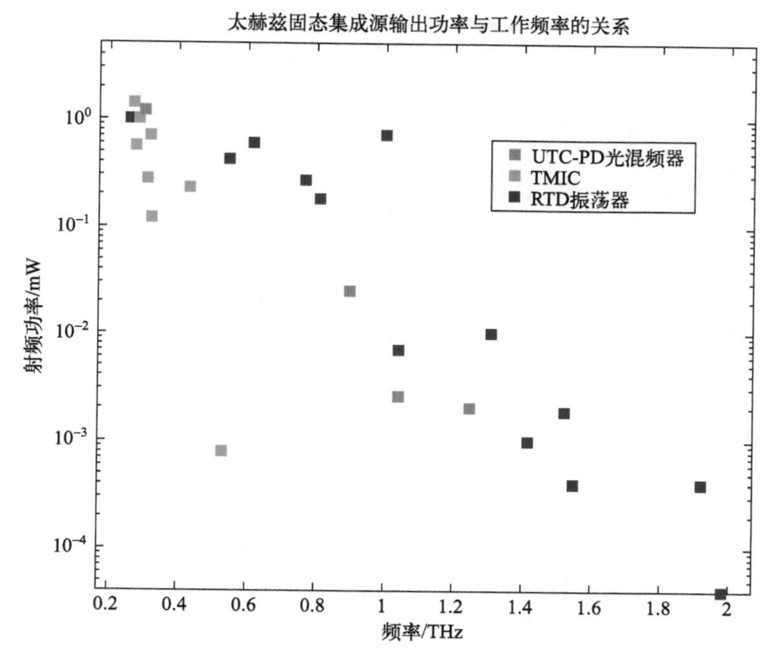

图 6-57 太赫兹固态集成电路的输出功率和工作频率，包括基于 UTC PD 的光电混频器、基于晶体管的 TMIC 和 0.2 ~ 2THz 范围内的基于 RTD 的振荡器

辐射。可以设计成具有宽带发射特性、能够辐射多个太赫兹频带、满足宽带太赫兹信号传输的需求的毫瓦级功率。随着锑化物 RTD 技术的进步，其应用前景将不断扩展。

6.7 锑化物半导体发展展望

锑化物半导体代表了新一代半导体材料代际发展最前沿，有别于传统材料迭代和目前其他材料体系进展，近 20 年来锑化物半导体的发展历程，虽然同样经历了基础理论研究、实验技术突破、集成应用发展的关键步骤，但研发与应用同步高速推进的特色非常鲜明，目前已经形成诸多领域高附加值广泛应用的确定性价值，锑化物半导体所有相关的基础材料、核心器件技术已经在过去短短的 10 多年时间里迅速升格为国家级管控高技术。锑化物半导体的基础物理研究意义和广泛应用价值体现如下几个方面（图 6-58）：

① 作为Ⅲ - Ⅴ族窄带隙半导体红外光电材料新体系，为低成本、高性能、多功能红外光电器件技术跨代突破提供低成本、全链条解决方案，具有变革性发展潜力；

② 作为拓扑量子物理效应经典的反转量子阱材料体系，为拓扑量子和超导物理基础实验研究，提供理想的高精度可控制备实验体系；

③ 作为第三代超高速微电子学材料，为更高性能、更低功耗半导体微电学器件技术发展开拓全新实验体系；

④ 作为热电制冷、太赫兹波、光子数级超高灵敏探测器等研究前沿的重要材料体系，为诸多特定需求的高性能光电器件研发需求提供了不可或缺的重要材料体系的万能候选。

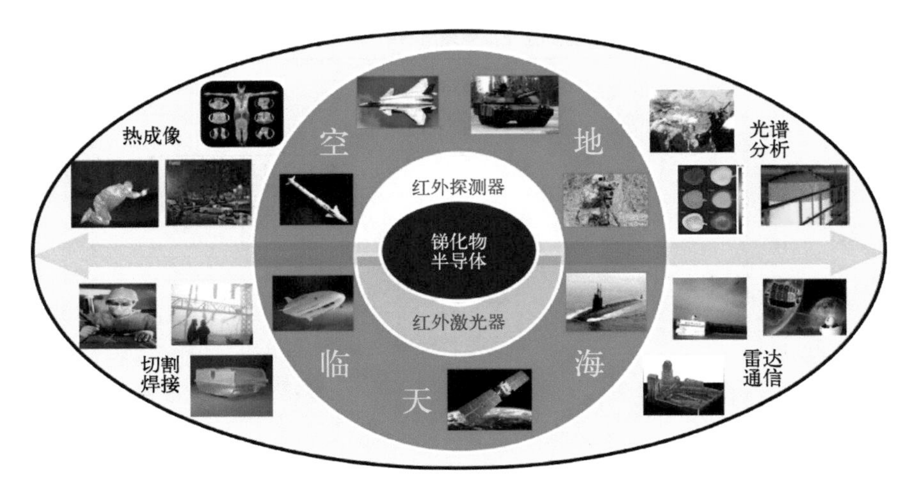

图 6-58 围绕锑化物半导体硬核材料与器件，形成基础研究和应用技术重大方向

锑化物半导体技术的持续突破与应用发展，需要创新优化全链条迭代模式。锑化物半导体具有典型的低维能带结构可调、晶圆材料大尺寸、组分可控性和均匀性好等特性，锑化物是Ⅲ - Ⅴ族化合物材料，适用于先进的规模化制造工艺技术，围绕锑化物半导体材料体系，从能带物理建模与功能设计、单晶与外延材料制备、光电器件工艺、芯片集成封测的全要素，构建完整的自洽技术链，使所有环节紧密配合，形成芯片与系统性能和功能的快速迭代进化。锑化物半导体器件的未来发展具有无限的可能，随着物理研究的深入，制备工艺技术的完善，新型器件必然会不断涌现。

自主发展半导体光电芯片将带动核心制造设备、高纯材料、光机电集成相关技术的突围。高技术制造设备长期被禁运，虽然中国半导体制造设备一直得到重视，但始终没有核心材料体系的需要牵引。锑化物半导体发展机遇，可以带动和促进高精密半导体光电工艺设备的整体提升。例如，锑化物半导体外延材料特别需要分子束外延设备的支撑，多年来我国的 MBE 设备长期依赖进口，国产设备性能欠佳。最近几年，锑化物半导体技术崛起，直接撬动了国产锑化物专用 MBE 外延设备的研发热潮，有望产生具有国际竞争力的 MBE 设备制造企业。锑化物半导体带动高纯半导体金属源提纯、大尺寸 GaSb 晶圆的制造技术进展。为国产低成本、大规模红外器件技术突围奠定基础。信号驱动、读出、处理等集成电路技术一直以来是国产光电芯片短板之一，围绕锑化物半导体光电器件技术发展，必然可以带动国内集成电路技术的发展，以满足变革性光电材料体系和器件技术的需求。锑化物半导体技术链条如图 6-59 所示。

借鉴国内外半导体新技术成功案例，发展“技术联盟”是一种理想的发展模式。自 2013 年，由中国科学院半导体研究所发起第一届“全国锑化物半导体学术会议”，100 余人参会，形成了锑化物半导体激光器、探测器、高速微电子、热电制冷四大发展方向学术共识，并积极倡导建议形成国家或部门的重大研究计划。最终在国家自然科学基金委形成重大项目——锑化物低维结构中红外激光器关键技术与基础理论，2018—2022 年实施，2023 年结题验收被专家组“特优”，成效非常显著。伴随锑化物半导体在国内渐成趋势，中国科学院半导体研究所在 2019 年组织召开“第二届全国锑化物半导体技术创新与应用”大会，这次参会的机构

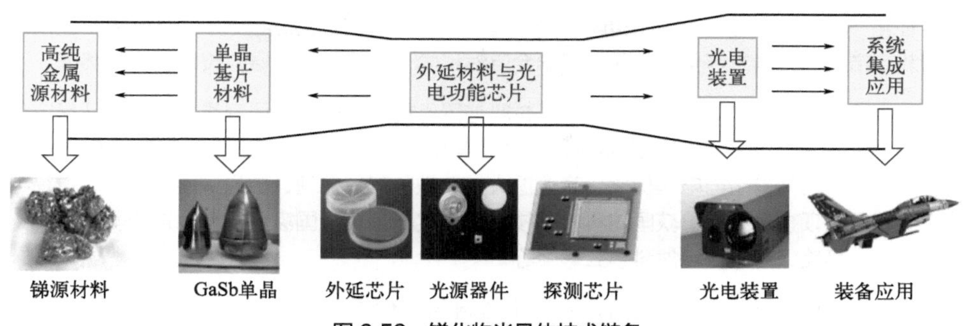

图 6-59　锑化物半导体技术链条

和人数成倍扩大，达到 300 人左右。会议期间，在范守善院士、祝世宁院士指导和见证下，由牛智川研究员发起成立了“全国锑化物半导体技术联盟”，参与单位积极响应，并初步达成全链条发展锑化物半导体核心技术和集成应用，共同推进发展的共识和愿景。疫情管控结束后，推迟召开的第三届锑化物半导体会议于 2023 年 7 月 28 日在山西晋城市隆重召开。第三届全国锑化物半导体会议联合了“半导体真空科学仪器”重要专题内容，参会人员规模空前达到 600 余人，我国半导体纳米材料学界的 8 位院士莅临会议，当地政府给予高规格保障，产生重要的行业影响，更多的机构加入联盟，包括科研机构、产业部门、金融集团、地方政府等，锑化物半导体核心技术突破和产业需要研发协同发展、紧密衔接的模式正在逐步形成，粗略估计围绕锑化物半导体的新型产业方向的全国范围内国家项目、各地方开发区、各部门投入锑化物半导体领域的研发和产业经费超过 80 亿元。围绕“锑化物半导体硬核”技术形成的产业技术链条和领域已经形成。

综上，锑化物半导体物理研究内涵丰富，多方面处于前沿物理热点，其器件应用价值正在不断升级为国家间战略管控核心技术，锑化物相关基础材料已经成为国家管控材料体系之一，由此可见一斑。随着锑化物半导体技术突破和应用领域的扩大，近年来国际上普遍将高性能锑化物材料和器件核心技术升格为限制出口级，锑化物半导体面临从实验研究跨入高科技产业和装备应用的重大机遇，目前智能化信息系统技术大量涌现，急需发展小体积、轻质量、低功耗、低成本（low SWaP-C）器件技术，以聚焦锑化物半导体高速电子学材料和器件研究的专著率先出版为先导，伴随锑化物半导体低维材料、多功能光电子器件、拓扑量子效应物理与器件研究成果的丰富与积累，会有更多锑化物半导体的研究专著推陈出新，不断丰富新型半导体材料和器件技术的研究内涵，持续推动半导体技术迭代与进步。

参考文献

作者简介

牛智川，中国科学院半导体研究所，光电子材料与器件重点实验室，研究员，博导，中国科学院百人计划、国家杰青，新世纪百千万人才工程国家级首批、国务院政府特殊津贴获得者。长期从事 GaAs、GaSb 基窄带隙半导体外延材料、量子光源器件与激光器和探测器研究，主持完成国家级科研任务多项，在量子点单光子源、长波长量子阱激光器、超晶格探测器方面获得系列技术突破和研究成果，曾获得北京市自然科学二等奖、中国电子学会自然科学一等奖、湖北省科技进步一等奖等。

赵有文，中国科学院半导体研究所，光电子材料与器件重点实验室，研究员，博导。从事锑化镓等Ⅲ－Ⅴ族单晶材料研究，承担完成国家自然科学基金等重要科研任务。在大尺寸单晶熔体直拉法和温度梯度凝固法生长、晶体掺杂与电学优化、高温退火扩散缺陷产生机理、单晶深能级缺陷、位错与晶体完整性等方面获得多项技术突破。获国防科学与技术进步奖一等奖、国家科学技术进步奖二等奖、安徽省高校自然科学一等奖、河北省自然科学二等奖等。

杨成奥，中国科学院半导体研究所，光电子材料与器件重点实验室，青年研究员 / 副研究员，中国光学学会、光学工程学会、材料学会高级会员，国际光学工程学会（SPIE）和美国光学学会（OPTICA）终身会员，第一届分子束外延科学奖获得者。从事锑化物半导体激光器研究，承担中国科学院半导体青年科技人才推进计划，中国科学院半导体青年研究员计划，山西省科技重大专项青年技术挂帅等人才项目，承担国家高技术重点基金、国家自然科学基金、中国科学院项目等重要科研任务，实现锑化物单模与大功率激光器性能突破国际领先。

张宇，中国科学院半导体研究所，光电子材料与器件重点实验室，副研究员，从事锑化物半导体激光器及模块和系统集成应用技术研究，承担国家自然科学基金委、科技部等科研项目。研制成功锑化物大功率量子阱激光器，单管和巴条技术性能达到国内领先水平突破封锁，激光波长覆盖 1.9 ~ 4μm，2μm 高边模抑制比单模激光器超越国际同行。

郝宏玥，中国科学院半导体研究所，光电子材料与器件重点实验室，青年研究员。2018 年获中国科学院半导体研究所博士学位，曾留学瑞典查尔姆斯理工大学、德国于利希研究中心。从事锑化物半导体红外探测芯片研究，在光子晶体结合锑化物材料的可见至红外宽光谱探测器、超表面红外探测器，短中长波多波段红外焦平面芯片获得技术突破。

关赫，西北工业大学副教授，博士研究生导师，微电子学院院长助理。曾任职华为技术有限公司射频工程师。主要研究化合物半导体器件、射频集成电路及集成微系统。主持国家重点研发计划青年科学家项目、国家自然科学基金、军委科技委科技创新计划、陕西省重点研发计划、中国博士后面上项目等重要项目，发表 SCI 论文 15 篇，申请国家发明专利 9 项，出版《InAs/AlSb 异质结型射频场效应晶体管技术》学术专著,《芯片封装与测试》教材。

徐建星，中国工程物理研究院微系统与太赫兹研究中心 / 电子工程研究所，副研究员。中国科学院大学半导体研究所博士。从事半导体太赫兹器件研究，近年来主持及参与国家自然科学基金、基础加强领域基金、科学挑战计划等科研项目。在毫米波 / 太赫兹半导体射频器件及单片集成电路、半导体材料与器件辐射效应、新型宽禁带半导体气体与光电传感器等方面获得创新成果。

杜瑞瑞，北京大学物理学院国际量子材料中心（ICQM），讲席教授。美国 U of Illinois Urbana-Champaign 物理学博士，曾在 Princeton U 和 Bell Lab 任博士后研究员，历任 U of Utah 物理系教授和 Rice U. 物理和天文系教授。于 2015—2020 年任北京大学 ICQM 中心主任，是国际上分数霍尔效应、半导体二维电子气、拓扑量子材料的前沿物理研究领域领军科学家。

赵建忠，中国电子科技集团公司首席专家，华北光电技术研究所，研究员。主要从事红外探测器技术研究，承担多项国家和部门重要科研任务和项目管理，在红外焦平面探测器与集成应用技术总体设计、探测器芯片工艺、读出电路设计及焦平面探测器分析测试方面获得多项技术突破和研究成果，多次获得科技进步奖。

黄勇，中国科学院苏州纳米技术与纳米仿生研究所，研究员，中国科学院“百人计划”，博导。清华大学材料系学士，中国科学院半导体研究所硕士学位，美国佐治亚理工学院电子和计算机工程系博士。长期从事半导体材料的金属有机物化学气相沉积（MOCVD）生长和Ⅲ－Ⅴ族半导体器件研究，曾就职于世界上最大的Ⅲ－Ⅴ半导体外延片提供商 IQE 公司，近年来采用 MOCVD 技术制备高质量锑化物超晶格材料和红外探测器，获得多项领先成果。

吴东海，中国科学院半导体研究所，光电子材料与器件重点实验室，研究员，博导，中国科学院“百人计划”择优。从事锑化物超晶格材料生长和红外探测器制备及半导体光电器件技术研究，在材料外延、芯片工艺及器件测试方面获得一系列技术突破和创新成果，实现产业应用。

蒋洞微，中国科学院半导体研究所，光电子材料与器件重点实验室，副研究员。主要从事锑化物超晶格红外探测器研究，承担和参加国家重点研发计划项目、国家高技术项目、国家自然科学基金青年基金项目等。在偏压调制型低串扰中波 / 长波 / 甚长波三色超晶格红外探测器、从 3μm 到 21μm 各波段高性能锑化物超晶格红外探测器方面获得多项创新成果。

徐应强，中国科学院半导体所，光电子材料与器件重点实验室，研究员，博导。从事锑化物半导体材料与器件研究，在锑化物超晶格量子阱分子束外延技术国产化制造获得突破，研制成功短波、中波、长波、甚长波红外单波段与双波段超晶格焦平面芯片，实现锑化物激光器高功率激光器达到国际领先水平，获 2020 年湖北省科技进步一等奖。

王国伟，中国科学院半导体研究所，光电子材料与器件重点实验室，研究员。从事锑化物半导体材料及器件研究，承担和参与多项重要科研项目任务，在大尺寸 2 ~ 4in 高均匀性锑化物材料的分子束外延技术、高性能中长波红外焦平面芯片关键工艺技术方面取得多项技术突破并获得应用。获 2020 年湖北省科技进步一等奖。

倪海桥，中国科学院半导体研究所，光电子材料与器件重点实验室，研究员，博导。从事半导体外延材料物理和生长技术研究，承担和参加多项国家及部门重要可科研项目。理论计算能带结构及跃迁性能，定量研究了成分偏离影响。在 GaInNAsSb/GaAs 量子阱材料生长、长波多量子阱谐振腔增强探测器、量子阱激光器、GaAsSb/InGaAs 复合量子阱拓展发光波段、太赫兹光电导天线和锑化物材料器件研究方面获得多项成果。

夏建白，中国科学院院士，中国科学院半导体研究所，研究员。长期研究半导体超晶格理论研究，在发展半导体超晶格、微结构电子态理论方面做出了创造性的贡献。曾获得 1989 年中国科学院自然科学一等奖，1993 年国家自然科学二等奖，1998 年中国科学院自然科学一等奖，2004 年国家自然科学二等奖，2005 年何梁何利基金科学与技术进步奖。

范守善，中国科学院院士，清华大学物理系教授，曾任清华大学学术委员会副主任、清华－富士康纳米科技研究中心主任。曾在麻省理工学院、哈佛大学和斯坦福大学做访问学者。1999 年获教育部首届 " 长江学者成就奖 " 二等奖，2003 年当选为中国科学院院士，2010 年当选为第三世界科学院院士。长期从事纳米材料与低维物理的研究。十余年来研究方向集中在碳纳米管阵列、薄膜和长线的控制合成、性能表征和应用探索领域。

第7章

智能材料技术开发与应用

李鑫林　张　豆　冷劲松

智能材料作为一种新型材料，集合了结构材料和功能材料的特点。《国家中长期科学和技术发展规划纲要（2006—2020年）》指出，智能材料与智能结构是集传感、控制、驱动（执行）等功能于一体的机敏或智能结构系统。形状记忆聚合物及其复合材料作为典型的智能材料，可以通过感知外部环境的变化主动改变形状，广泛应用于可变形的智能结构中。以热驱动形状记忆聚合物为例，一个完整的形状记忆循环从原始形状开始，当材料被加热至温度高于玻璃化转变温度时，对材料施加外力使其变形；保持外界约束，使材料降温至玻璃化转变温度以下，撤去外界约束，材料形变被保持；当材料再次被加热到温度高于其玻璃化转变温度时，材料回复到原始形状。形状记忆聚合物及其复合材料具有主动大变形、变刚度、驱动方式多样、大尺寸成型等特点，在航天、航空、生物医疗等领域具有巨大的应用潜力。

2018年，中国科协将“人工智能技术与新型智能复合材料的深度融合”列为60个“硬骨头”重大科学问题和重大工程技术难题之一。智能材料技术开发已逐渐成为国内外研究热点，未来5～10年智能材料关键技术发展水平、多学科研究平台建设水平、人才素质培训都将对智能材料技术的创新能力和产业发展产生深远的影响。本章作为本书的学术性成果展示，将梳理智能材料技术发展现状，总结智能材料产业发展的战略需求，分析当前智能材料技术研究存在的问题和面临的挑战，提出智能材料技术未来体系构建途径，特别是面向2035年智能材料强国发展的战略总体思考，促进材料信息化、数字化、智能化发展，以期为智能材料的技术实践与产业发展提供基础参考。

7.1 智能材料技术研究发展概述

智能材料是指一类在外界激励下可以作出主动响应的新型材料，具有自感知、自驱动、自修复和自供给等功能，是力学、材料、物理、化学、机械及微电子等多学科交叉的产物，主动变体材料、可编程材料、数字材料、动态材料、可重构材料和智变材料等都属于智能材料范畴。研究较为广泛的智能材料主要有形状记忆合金、压电材料、电/磁流变材料、电活性聚合物及其复合材料、形状记忆聚合物及其复合材料等[1-4]。

7.1.1 形状记忆合金

形状记忆合金（Shape Memory Alloy，SMA）是一种具有形状记忆功能并具有较高阻尼及超弹性的功能材料，可以感知温度并将热能转变成机械能，对外进行力、位移等形式的能量存储以及释放[5]。形状记忆合金材料可分为普通、高温、磁性以及复合形状记忆合金材料4大类。普通SMA主要分为Cu基、Ag基、Ni-Ti基等。其成分敏感以及相变温度低等问题使得在高温领域中的应用受到较大限制，由此对高温SMA材料的研究日益增多，Ti-Ni-Y基SMA最高使用温度可以达到1000℃以上。磁性SMA材料利用磁场驱动，由其制作的高频率驱动器可用于阀门、大位移低应变马达等工程领域[6]。复合SMA可以感知外界环境温度变化，从而自主实现对外作用，集外界温度感知及自身驱动于一体。因此，复合SMA材料可以用于制作智能减振器或者智能驱动器，同时也可以实现对材料损伤的及时主动监控[7]。形状记忆合金材料具有形状记忆效应、高阻尼、高能效、低动作频率、高能量密度以及相变诱发塑性等特点，其中形状记忆效应有单程、双程以及全程等三种不同类型。

从SMA的发现至今已有数余年历史，美国、日本等国家对SMA的研究和应用开发已较为成熟，同时也较早地实现了SMA的产业化。我国从20世纪70年代末才开始对SMA的研究工作，起步较晚，但起点较高。在材料冶金学方面，特别是实用形状记忆合金的炼制水平已得到国际学术界的公认，在应用开发上也有一些独到的成果。但是，由于研究条件的限制，我国在SMA的基础理论和材料科学方面的研究与国际先进水平尚有一定差距，尤其是在SMA产业化和工程应用方面与国外差距较大。国内从事形状记忆合金应用研究的单位很多，包括北京有色金属研究总院、沈阳金属研究所、西北有色金属研究院、哈尔滨工业大学、北京航空航天大学、西北工业大学和上海交通大学等。这些科研机构对促进我国形状记忆合金产业的发展发挥了重要作用。我国形状记忆合金市场需求逐年增长，产业规模逐年扩大。形状记忆合金已经得到了广泛的应用，如牙齿矫正丝、骨折固定器、可展开天线、输油管道接头、火灾报警器、微型机械手等。

随着对形状记忆合金及其复合材料的研究不断深入和应用不断拓展，形状记忆合金及其复合材料的开发也将逐步走向多样化和专业化。尽管形状记忆合金的相关工艺和制造技术取得了长足的进步，但是受限于形状记忆合金特定的工作温度以及较高的成本，整体应用率依然较低。对于形状记忆合金的研究，需继续开发新型的形状记忆合金材料或改善工艺以提高形状记忆合金的性能，开发新的应用市场。此外，目前形状记忆合金的记忆效应在高温时仍然表现较弱，如何进一步提高合金的形状记忆回复应变，进一步优化合金性能仍是具有挑战性的课题。部分钛基合金虽然高温性能较好，但是由于含有大量的高熔点元素Ta和Nb，既加大了合金熔炼的难度，又大幅度提高了成本，限制了合金的应用范围，因此有必要研究和开发新的高温形状记忆合金。未来研究可以结合形状记忆合金的优势，进一步扩展形状记忆合金及其复合材料的应用范围，使其获得更加广泛的应用。

7.1.2 压电材料

压电材料具有响应速度快、测量精度高、性能稳定等优点，广泛应用于各类基于压电等效电路的振荡器、滤波器和传感器等领域。无机压电材料虽然有良好的压电性能，但硬度高、脆性大，无法满足使用需求。由此，压电复合材料应运而生，常见的压电复合材料为压电陶瓷和聚合物（如聚偏氟乙烯活环氧树脂）的两相复合材料。这种复合材料兼具压电陶瓷和聚合物的长处，具有良好的柔韧性和加工性能，并具有较低的密度，容易和空气、水、生物组织实现声阻抗匹配。甚至可以根据使用要求设计出单项压电材料所没有的性能，因此越来越引起人们的重视，并且在医疗、传感、测量等领域有着越来越广泛的应用。

被动振动控制，是通过在结构特定部位安装隔振装置来阻断外界能量的进入，或者通过附加在结构上的阻尼器来耗散结构振动的能量。这些被动振动控制方法，一般所用的装置结构简单，方法容易实现，而且经济可靠。但是，被动振动控制对于低频率的振动控制效果较差，如飞机上采用隔振装置会大幅度增加其重量，而且缺乏控制上的灵活性，不能适应外界振动环境的变化。基于机电耦合效应，压电材料在实现振动主动控制领域中有着独特的优点，且算法灵活是压电主动振动控制技术的又一个突出优势。利用压电主动振动控制技术，能够设计出具有较强环境适应能力的控制系统，具有响应速度较快、频带宽度可控等特点。冷劲松团队[8]采用宏纤维复合材料，对飞机垂直尾翼结构进行了振动主动控制研究。垂直尾翼用来维持飞行稳定性，以及控制飞行姿态，由翼梁、翼肋、蒙皮等构成。飞机垂直尾翼在涡流作用下可能会产生抖振，引起垂尾结构的低阶共振，并进一步引起其疲劳破坏。基于有限元方法的振动及其主动控制分析，是研究宏纤维复合材料主动控制特性的重要手段。在基于有限元的振动主动控制分析过程中，将动态分析过程中所测得的物理量，通过编写控制算法实时建立施加载荷与该时刻所测物理量的关系，从而实现振动的闭环反馈控制。

压电材料除了可应用于驱动或传感外，还可进行能量收集。基于正压电效应，复合材料压电振动能量收集器具有较强的可设计性，且更利于压电能量收集结构的一体化成型。利用复合材料层合板研制的压电能量收集结构包括碳纤维复合材料梁、双稳态复合材料梁、双稳态复合材料板等。一些复合材料层合板在特定的铺层方式下会获得比较特殊的力学特性，例如负泊松比或零泊松比特性。传统正泊松比材料在拉伸时，拉伸方向伸长，垂直方向会随之出现收缩。负泊松比材料和结构在承受拉伸载荷时，会出现拉胀现象。零泊松比材料或结构在拉伸时，受力方向伸长，另外一个方向保持不变。与传统正泊松比材料相比，负泊松比材料和零泊松比材料在外力冲击下具有更好的能量吸收特性。受弯曲载荷时，其内部会形成中空低压带，可显著提高材料的背部支撑力。冷劲松团队[9]针对压电复合材料能量收集特性，进行了有限元分析和实验研究。研究人员在IM7/8552（Hexcel Composites，美国）碳纤维复合材料层合板的表面粘贴锆钛酸铅压电陶瓷（PZT）陶瓷片，设计了基于压电梁的能量收集装置。

 电 / 磁流变材料

电流变液（Electrorheological Fluids，ERF）和磁流变液（Magnetorheological Fluids，MRF），通常是由具有高介电常数或铁磁性的微小固体颗粒相分散在液体中所形成的悬浮体系。当无外加电场 / 磁场时，液体中微粒随机分布，表现为各向同性，是流动的液体混合体系；在施加电场 / 磁场时，分散粒子会在电场 / 磁场作用下极化 / 磁化，并沿着场强方向形成链状或者柱状结构，宏观表现为各向异性[10-11]。电 / 磁流变液在具体工作过程中，无论悬浮体系如何运动，在电场 / 磁场的作用下，其粒子的两极始终与电场 / 磁场方向一致，粒子相互吸引，端对端，成排分布，形成长链。在此情况下，其黏度、剪切强度比不施加电场 / 磁场情况下高几个数量级，表现出类似固体的性质。电 / 磁流变效应的强弱，不仅与外加电 / 磁场强度的大小有关，也与分散颗粒的极化 / 磁化能力密切相关。电 / 磁流变效应变化过程是可逆的，当撤去外加电场 / 磁场，极化 / 磁化颗粒由各向异性变为各向同性，流变体系在毫秒时间内恢复到原来的状态。

如果将高介电常数或铁磁性的固体微粒相加入高分子聚合物基体中，则分别形成了电流变弹性体（Electrorheological Elastomer，ERR）和磁流变弹性体（Magnetorheological Elastomer，MRE）。与电 / 磁流变液相比，基于弹性聚合物基体的电 / 磁流变弹性体具有更好的稳定性，但其流变性能和力学性能的变化范围相对较小。冷劲松团队[12-13]将电流变液材料应用于减振器中，以替代传统的阻尼材料。研究人员设计了含电流变液的阻尼可控式减振器，得到了较好的减振效果。当没有外加电场时，电流变液的黏度较低，动态屈服应力较小，活塞上下运动幅度较大；当施加外电场时，电流变液黏度增大，动态屈服应力随之变大，液体变成凝胶状固体，减振器上下运动受限，运动幅度减少，即产生了减振效果。由于外加电场的实时可变性，可以根据振动水平，实时控制电场强度的变化，从而改变减振器的阻尼特性。在低频区域内，阻抗有较大幅度增加，最高可超出 200%，减振效果明显；在高频区域，存在非减振区，这是由于高频振动导致内部结构的变化或结构设计等原因引起。冷劲松团队建立了含有电流变液材料的智能复合材料梁的振动模型，并对其复合材料梁的振动响应进行了分析。智能复合材料层合梁的弹性层材料为玻璃纤维增强环氧复合材料。针对不同的外加电场场强、弹性层厚度和流体层厚度，研究人员分别对梁的动力特性进行了分析。随着场强的增加，层合梁的固有频率和损耗系数随之增大；随着弹性层厚度的增大，梁的各阶固有频率也增大；随着流体层厚度的增大，梁的阻尼增大。冷劲松团队[14]根据动力系统的强度与传动理论，设计了一种大扭矩磁流变液离合器，其磁流变液由二甲基硅油、羰基铁粉、活性剂和稳定剂等组成。在励磁电流不变的情况下，磁流变液离合器的扭矩基本不随输入转速的变化而变化。在励磁电流提高的情况下，磁流变液离合器的扭矩线性增加。

电 / 磁流变液的研究成果可以被广泛应用于振动控制、阻尼器、驱动器、灵巧皮肤和外套、智能开关和阀门等诸多智能器件，在国民经济发展中起到重要作用。电 / 磁流变液研究领域属于交叉学科，需要化学、物理、材料和工程界的专家和研究人员的共同努力，来加快推进其应用于工业器件，实现电 / 磁流变液的大规模工业级应用。

7.1.4 电活性聚合物材料

电活性聚合物（Electro Active Polymer，EAP）作为一种新型的功能材料，在受到外加电场作用时能够改变形状或体积，撤掉外加电场之后，又能回复到初始的形状或体积。EAP根据其不同的作用机理，主要分为电子型和离子型。电子型EAP材料主要包括介电弹性体（Dielectric Elastomer，DE）、铁电聚合物（Ferroelectric Polymers）、液晶弹性体（Liquid Crystal Elastomer，LCE）等。电子型EAP材料需要很高的驱动电场（大于100V/μm）以保证其产生一定的电致变形，该电场接近材料的击穿电场。离子型EAP材料主要包括离子聚合物金属复合材料（Ionic Polymer-Metal Composite，IPMC）、碳纳米管（Carbon Nanotube）和导电型聚合物（Conductive Polymers）。离子型EAP材料由电极和电解液组成。为保证其正常工作，需保持材料表面和周围环境湿润。这类材料在较低电场下就可以产生稳定的伸长、缩短或弯曲等响应。介电弹性体是电子型EAP中受到关注研究最多的一种材料，产生的电致形变大（200%～380%），并且柔韧性好、能量密度高（3.4J/cm^3）、响应时间短（ms）且损耗小。介电弹性体材料具有变形大和质量轻等特点，是一种具有重大应用前景的智能多功能材料，可用来设计和制造基于介电弹性体材料的智能转换器件，如介电弹性体驱动器、介电弹性体传感器以及介电弹性体能量收集器等。

介电弹性体可用来设计和制作不同结构的驱动器、能量收集器、传感器和仿生软体机器人等。典型的介电弹性体驱动器结构包括平面形、堆栈形（折叠形）、卷形、球形、锥形、最小能量结构和铰链等形式。2005年11月在韩国釜山举行的APEC峰会上，汉森机器人公司设计制造的机器人展示了介电弹性体在面部表情方面的潜力（模拟爱因斯坦的表情），并表现出喜悦、悲伤等各种情绪，引起了与会者的广泛关注[15]。此外，介电弹性体线圈致动器也被用于驱动人工肌肉手臂，在掰手腕比赛中，人造肌肉手臂能够抵抗人类手臂对抗时间长达26s，展示了介电弹性体在人造肌肉和仿生学领域的潜力[16]。介电弹性体弯曲驱动器在高压连接和断开时产生的弯曲和回复变形与自然界中的一些软体动物的运动相似，使用该卷形驱动器可以研制仿尺蠖软体爬行机器人，在交变的高压作用下可以实现可控爬行。通过结合静电吸附盘作为软体机器人的脚，设计具有多运动模态（爬行、转弯以及爬壁）的软体机器人，实现了软体机器人的爬壁功能。

人机交互与人机界面是机器人研究的重要领域之一，相关研究涉及感知科学、控制科学、生物医学、工程学等多个学科的交叉。针对不同的实际需求，已经发展出了多种人机界面以实现人与机器的交互。比如，可以通过对生物电信号（如脑电信号、肌电信号、眼电信号等）进行处理来控制轮椅的运动或者控制机械外骨骼的不同功能。介电弹性体材料具有响应快的优点，其变形可以跟随外界信号的变化快速做出响应，因此介电弹性体器件可以快速响应生物电信号的变化以实现不同的功能，由此实现人与基于介电弹性体的软体机器人或软机械的人机交互。冷劲松团队[17]通过模拟人眼的工作原理，设计并制作了一种介电弹性体仿生透镜。仿生透镜中间部分是一个模拟人眼晶状体的可调焦软透镜，其焦距可通过外加电压进行调节，可实现与人眼晶状体接近的焦距变化率。通过对眼电信号的采集及处理进行眼部动作识别，实现了通过人的眼部动作对仿生透镜功能的控制：通过眼睛向各个方向的转动控制透镜在相应方向的运动；通过两次眨眼调节透镜的焦距，实现远景模式和近景模式之间的切换。冷劲松团队[18]还利用介电弹性体设计锥形驱动器，其结构简单，能够产生面外变形，常被用来制作微型泵。相比单锥形驱动器，双锥形驱动器在左右两侧交替通电时，会在平衡位置的左右两侧交替运动，从而产生两倍于单锥形驱动器的位移，显著提升了性能。浙江大学李铁风团队[19]利用介电弹性体开发的仿生机器鱼，在马里亚纳海沟底部成功实现了可控驱动变形，并在中国南海水下 3224m 深处实现了自由游动。

7.1.5 形状记忆聚合物材料

形状记忆聚合物（Shape Memory Polymer，SMP），是指具有某一原始形状的制品，经过形变并固定后，在特定的外界条件（如热、电、光、磁或溶液等外加刺激）下能回复到初始形状和尺寸的一类聚合物材料。自 1941 年 Vernon 公开报道甲基丙烯酸酯树脂具有形状记忆效应以来，研究人员陆续合成了不同种类的形状记忆聚合物，用以满足各种应用场景和需求。根据分子结构交联方式的不同，可将形状记忆聚合物分为物理交联的形状记忆聚合物（聚乳酸、聚己内酯等）和化学交联的形状记忆聚合物（环氧、苯乙烯、氰酸酯等）。根据驱动方式不同，可将形状记忆聚合物分为热驱动、电驱动、磁驱动、光驱动、溶液驱动等。

（1）形状记忆聚合物及其复合材料研制 几种典型的形状记忆聚合物已经商业化，包括日本 SMPT 公司（Shape Memory Polymer Technologies Inc.）的聚氨酯（Di APLEX®）、美国 LAM 公司（Lubrizol Advanced Materials）的脂肪族聚氨酯（Tecoflex®）、美国 CRG 公司（Cornerstone Research Group，Inc.）的苯乙烯形状记忆聚合物（Veriflex®）、美国 CTD 公司（Composite Technology Development Inc.）的环氧和氰酸酯形状记忆聚合物（Tembo®）。冷劲松团队[20]开发了具有大变形特性及耐空间恶劣环境的环氧、氰酸酯和聚酰亚胺等系列热固性形状记忆聚合物，完成了 γ 射线辐照、紫外辐照、原子氧辐照、热循环、热真空等苛刻空间环境考核试验。以氰酸酯形状记忆聚合物为例，通过调控分子结构、交联密度及聚合工艺，在不破坏原有氰酸酯交联结构的前提下，优选聚乙二醇作为可被激活和冻结的可逆柔性链段，与三嗪环形成物理缠结的网络结构，研制出耐空间环境的氰酸酯形状记忆聚合物，其回复率达 99% ～ 100%，满足航天工程化应用的要求。

通过形状记忆聚合物基体材料与其他颗粒、纤维增强材料复合，可以设计和研制形状记忆聚合物复合材料，其性能与各组分材料的含量、性能、分布形式以及界面特性等密切相关。根据增强相类型，形状记忆聚合物复合材料通常分为颗粒增强和纤维增强两种类型。颗粒增强形状记忆聚合物复合材料多采用功能性纳米颗粒作为增强相，不同功能的填充颗粒可以赋予电致或磁致等驱动功能。纤维增强形状记忆聚合物复合材料兼具结构材料和功能材料特性，能提高材料的强度、刚度及形状回复力。冷劲松团队[21]提出了一种同时增强形状记忆复合材料电驱动和力学性能的方法，实现热固性形状记忆智能复合材料电激励主动变形驱动。利用磁场作用诱导，将镍粉颗粒进行定向排布，提高了形状记忆智能复合材料的电驱动性能和力学性能。此外，采用静电纺丝和化学气相聚合相结合的方法，合成了导电形状记忆聚乳酸（PLA）微纳米纤维膜。将形状记忆 PLA 电纺成不同直径的微纳米纤维，并利用蒸汽蒸镀在

PLA 纤维膜上形成导电聚吡咯（PPy）涂层。在零摄氏度以下制备的导电复合纤维膜的最大电导率为 0.5S/cm，在 30V 下实现形状记忆导电纤维膜的电驱动行为。为了探索电驱动环氧基形状记忆复合材料的使能设计原理，利用还原氧化石墨烯纸（RGOP）制造电驱动形状记忆复合材料。由 RGOP 的电阻加热引起形状记忆聚合物复合材料变形，RGOP 具有优异的导热性能，并作为导电层将热量传递到聚合物。

碳纤维增强形状记忆聚合物复合材料除具有传统纤维增强复合材料的轻质、高比模量、高比强度、耐腐蚀等特点外，还具有主动可控变形、回复率高等优点。基于纤维增强形状记忆聚合物复合材料，研究人员设计了铰链、桁架和立方体可展开框架等空间展开结构[22]。玻璃纤维增强形状记忆聚合物复合材料具有成本低、介质损耗低和透波率高等特点，可应用于某些空间展开雷达或天线的外壳罩。关于芳纶纤维增强形状记忆聚合物复合材料的研究较少，该类材料密度低，但成本偏高，多与其他纤维混杂使用。纤维增强形状记忆聚合物复合材料的最大拉伸率受纤维限制，一般小于 2%，实际应用中多利用层板状纤维增强形状记忆聚合物复合材料的弯曲变形实现其折叠和展开功能。形状记忆聚合物基体在高温软化后，纤维在宏观弯曲变形条件下发生微屈曲，而微屈曲是形状记忆聚合物复合材料可以产生较大的弯曲变形的原因。压缩屈曲区材料刚度低于外侧拉伸区 2 ～ 3 个数量级，材料中性层将向外侧偏移，外侧拉伸区纤维的应变较小且不会发生破坏。当材料温度降低，基体橡胶态逐渐转化为玻璃态，纤维微屈曲最终被冻结在玻璃相中。当再次加热形状记忆聚合物复合材料时，基体玻璃相逐渐转化为橡胶相，复合材料逐渐回复至初始状态。

美国的复合材料技术开发公司（Composite Technology Development Inc.，CTD）在 20 世纪 90 年代开发 Tembo® 弹性记忆复合材料（Elastic Memory Composite，EMC）。利用碳纤维增强的形状记忆聚合物复合材料，CTD 公司开发了多种可展开结构，其中最具代表性的是弹性记忆复合材料可展开铰链。EMC 可展开铰链主要部件是横截面为圆弧形的弹性记忆复合材料层合板，两个层合板背向放置，通过端部接头连接，层合板表面粘贴电阻丝。2006 年，弹性记忆复合材料可展开铰链首次在 TacSat-2 卫星上作为驱动装置展开了试验型太阳能电池阵列（Experimental Solar Array，ESA）。2007 年，在国际空间站进行了弹性记忆复合材料可展开铰链的微重力展开试验，试验共有 6 组铰链，每个铰链配备端部夹具、远程驱动和计量装置，以评估展开准确性、输出力和扭矩。弹性记忆复合材料可展开铰链空间飞行试验的成功初步证明了该类结构及智能复合材料在空间应用的可行性。冷劲松团队[23]设计了纤维增强形状记忆聚合物复合材料，开展了在真空、高低温循环、紫外辐照、质子电子、原子氧等地面模拟空间环境下复合材料的力学性能表征，证实了其能够满足苛刻空间环境下的使用需求，完成了在高轨道卫星上的空间展开验证。超大型航天结构是未来空间结构发展的一个重要方向，由于其重量和尺寸巨大，无法通过单次入轨展开方式构建，需通过结构模块化和空间组装的方式进行建造。智能复合材料可为大型航天结构的轻量化设计及可控性智能变形驱动设计提供新思路，通过材料的智能特性，实现结构构型的改变与智能变形驱动，降低整体结构机械复杂性及减轻重量，提高可靠性，降低发射和在轨建造成本。

（2）形状记忆聚合物材料的本构理论　形状记忆聚合物的本构模型主要包括基于黏弹性

理论的本构模型、基于相变理论的本构模型以及二者结合的本构模型。冷劲松团队[24-26]基于修正的标准线性固体单元和热膨胀单元，考虑结构松弛和黏弹性特性，建立了形状记忆聚合物的黏弹性本构模型，能较好地预测不同温度和加载条件下材料的热力学响应；以实验手段研究了应力对形状记忆聚合物相变温度的影响规律，得到随应力增加形状记忆聚合物相变温度呈指数型衰减趋势的结论；结合黏弹性宏观模型和相变理论细观模型，拓展并完善了材料在限制应力回复条件下的热力学本构关系，建立了描述玻璃态和橡胶态不同力学行为的能量方程，提出了基于变形梯度乘式分解的形状记忆聚合物热力学本构理论，引入修正的中间路径概念，有效预测了形状记忆行为和率相关力学行为。

冷劲松团队[27-29]建立了基于相变理论的纤维增强形状记忆聚合物复合材料的弹性常数预测模型，得到了温度、纤维体积分数对弹性常数的影响规律；结合形状记忆聚合物相变理论与复合材料桥联模型，构建了单向纤维增强形状记忆聚合物复合材料本构模型，其中，纤维及玻璃相力学行为遵循胡克定律，橡胶相力学行为采用新型胡克定律表示；建立由形状记忆聚合物基体、黏弹性界面层和横观各向同性增强相组成的形状记忆复合材料细观力学模型，基于 Eshelby 均匀化理论和 Mori-Tanaka 方法，考虑界面损伤行为，修正 Eshelby 张量，构建了形状记忆聚合物复合材料等效力学行为的预测模型，预报了界面损伤对形状记忆复合材料力学行为的影响。

（3）形状记忆智能结构设计与典型应用 形状记忆聚合物及其复合材料作为典型的智能材料，能够通过感知外界环境变化而产生主动变形，在航天、航空、生物医疗等领域具有巨大的应用潜力。冷劲松团队提出了形状记忆智能结构设计方法，建立纤维微观屈曲诱导复合材料的宏观大变形理论，将宏观弯曲变形的单向纤维增强形状记忆聚合物复合材料层合板沿厚度方向细分为压缩屈曲区、压缩非屈曲区和拉伸非屈曲区，获得了临界屈曲的曲率、临界半波长等关键参量的解析表达式；优化了形状记忆聚合物材料的力学性能、纤维含量及铺层方式，调控纤维微观屈曲形貌，设计了大曲率 / 高刚度的纤维增强形状记忆智能结构。冷劲松团队[23, 30]研制了多种形状记忆聚合物复合材料空间展开结构，包括铰链、桁架、柔性太阳能电池系统和锁紧释放机构等，通过形状记忆聚合物主动变形实现结构的可控展开和驱动，无需机构、电机等复杂驱动装置，在“实践十七”“实践二十”卫星及“天问一号”上完成了在轨展开试验。

① 可展开柔性太阳能电池系统 冷劲松团队[30]研发的基于形状记忆聚合物复合材料的可展开柔性太阳能电池系统（SMPC Flexible Solar Array System，SMPC-FSAS），于 2019 年 12 月搭载实践二十号卫星进行在轨飞行，2020 年 1 月成功完成了关键技术试验，在国际上首次实现了基于形状记忆聚合物复合材料的柔性太阳能电池在轨可控展开。SMPC-FSAS 由形状记忆聚合物复合材料可展开梁驱动展开，发射过程中采用卷曲形式收拢，并由基于氰酸酯形状记忆聚合物复合材料的释放机构进行锁紧；入轨并解锁后，通过形状记忆聚合物复合材料可展开梁的可控展开驱动柔性电池展开。图 7-1 显示 SMPC-FSAS 在轨加热 60s 达到约 100%的回复率。SMPC-FSAS 没有采用传统的火工分离装置及电机驱动，通过基于 SMPC 的部件实现结构锁紧、释放和展开，结构形式简单，解锁和展开过程几乎无冲击，展开可控，展开后的结构刚度较高。

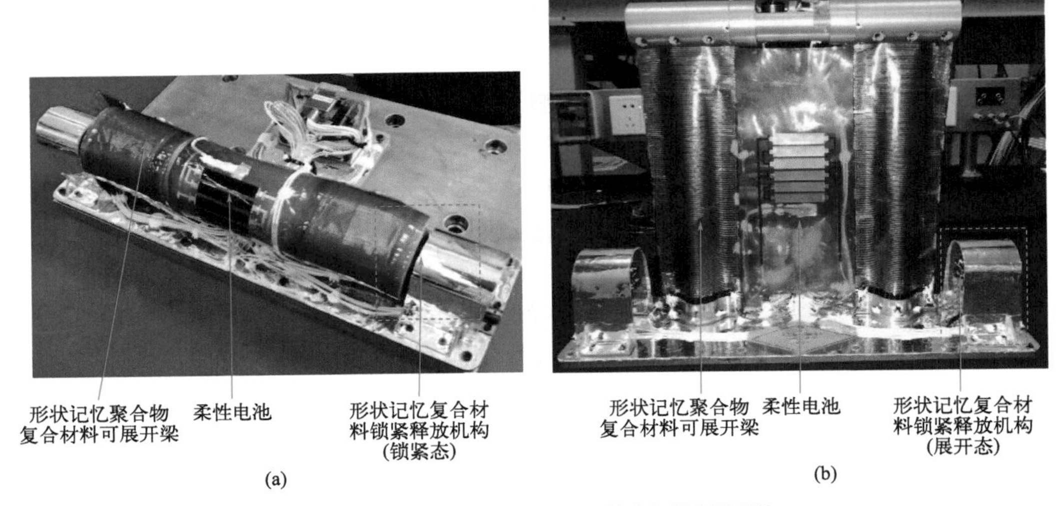

图 7-1 SMPC-FSAS 可展开柔性太阳能电池系统

（a）收拢状态；（b）展开状态

② 国旗形状记忆锁紧展开结构　传统航天器的连接分离装置多采用爆炸螺栓等火工品，解锁时瞬态冲击高达 10000g 以上，冲击大，只能一次使用，可测试性弱。冷劲松带领团队自主设计并研制的中国国旗形状记忆锁紧展开结构，历经 202 天地火转移轨道飞行和 93 天环绕探测，飞行 4.75 亿千米后，于 2021 年 5 月首次在火星上实现中国国旗的可控动态展开，为中国探测器在火星打上“中国印记”，“使我国成为世界上首个将形状记忆聚合物智能结构应用于深空探测工程的国家”，获 2021 年度“中国高等学校十大科技进展”。如图 7-2 所示，国

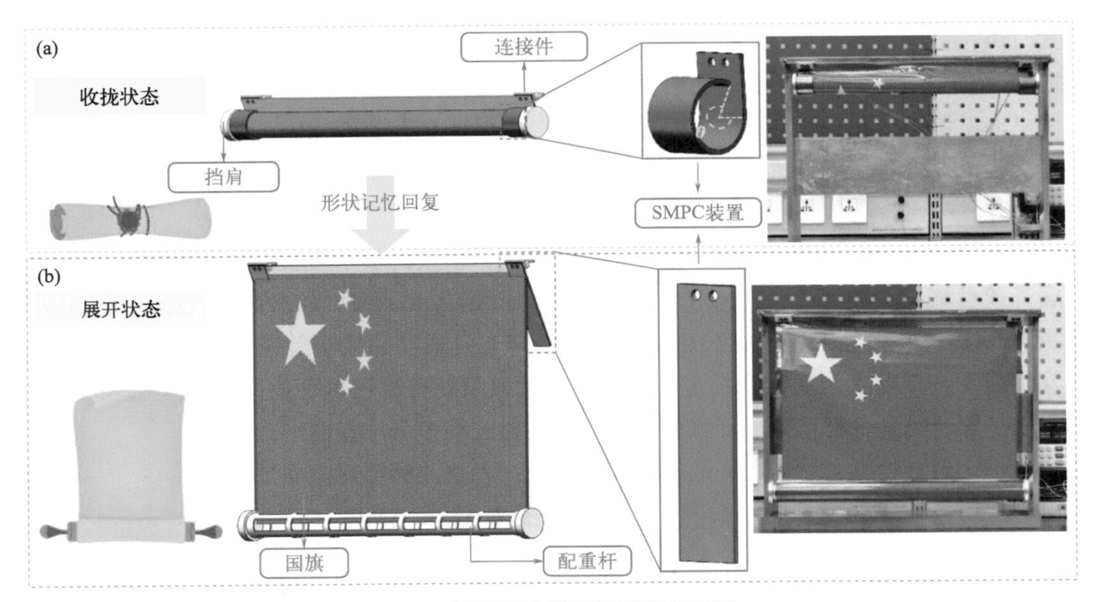

图 7-2 中国国旗形状记忆锁紧展开结构

（a）锁紧状态；（b）展开状态

旗形状记忆锁紧展开结构由碳纤维增强形状记忆聚合物复合材料及加热膜组成，其中形状记忆聚合物复合材料层合板可实现 330° 的无损伤弯曲变形。在着陆火星前，国旗锁紧展开结构处于卷曲收拢状态，可长时间锁定；着陆火星后，通过加热形状记忆聚合物复合材料实现解锁和可控展开，释放并展开五星红旗。国旗展开过程与中国传统书画的展开方式类似，通过在模拟火星环境下的力学、热真空、热循环和锁紧展开功能等多次试验验证。与贴装、折叠收拢并展开等携带国旗方式相比，该国旗锁紧展开结构具有质量轻、收纳比高、具有动态展示效果的优点，可适用于较大尺寸国旗的收拢与展开。与展开瞬态冲击高达 10000g 以上的基于火工品的展开结构相比，该国旗锁紧展开结构几乎无冲击。

③ 形状记忆折叠锁定 / 多段伸展结构　冷劲松团队[31]研制的形状记忆折叠锁定 / 多段展开结构（自拍杆）作为火星环绕器工程测量分系统变结构锁定及伸展子系统，于 2021 年 11 月在火星环绕轨道上成功完成在轨展开任务，实现回拍相机对中国国旗的多角度拍摄，见图 7-3。该结构以形状记忆聚合物复合材料铰链作为变形驱动关节，Z 形折叠收拢，通过加热不同部位形状记忆聚合物复合材料铰链，实现末端相机的外伸及翻转，从而多角度回拍中国国旗，如图 7-4 所示。该结构通过了 15g 正弦扫频、30g 随机振动、2300g 冲击（25℃常温和 −70℃低温条件）等力学试验，−180 ～ 80℃热真空循环等热学试验和高低温长期存储试验（−180 ～ 80℃）等全部考核，在地面多次成功完成了模拟火星环境下的多次可靠解锁与分级可控展开。图 7-5 为形状记忆折叠锁定 / 多段伸展结构在“天问一号”火星探测器（环绕器）上装配图及回拍过程图。其与传统展开机构相比减重 65%，该形状记忆多段伸展支撑结构收纳比达 8 ∶ 1。

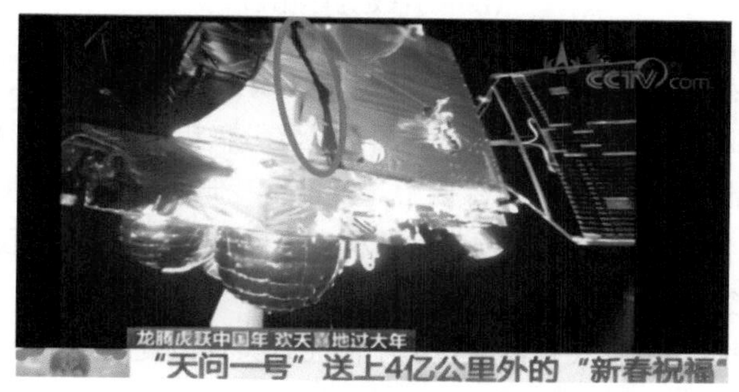

图 7-3　形状记忆折叠锁定 / 多段伸展结构在“天问一号”火星探测器上回拍图，为全国人民送上 4 亿千米外的“新春祝福”（圆圈处为自拍杆展开过程中的阴影）

④ 智能可变形模具　传统模具主要包括组合式金属模具、水溶性模具等，其中，金属模具存在自重较大、组装 / 拆模操作工艺复杂等缺点；水溶性模具属于一次性模具，每次使用前需对固化的预成型模具进行机加工和表面处理，影响模具表面精度及使用效率。基于形状记忆聚合物的良好变形能力和变刚度特性，采用吹塑成型 / 机械模压等工艺，制备瓶状、多曲度 S 形及星形智能可变形模具[32]，借助纤维缠绕等材料成型工艺，分别制备了复合材料瓶状压力容器、S 形进气道、星形内腔异形结构，并进行了脱模实验。以瓶状智能可变形模具为例，其制备流程为：采用浇注工艺制备形状记忆聚合物直管，将形状记忆聚合物直管放入辅助金属模具进行高温吹塑变形，冷却拆模，获得瓶状模具；通过缠绕、固化等工艺，制

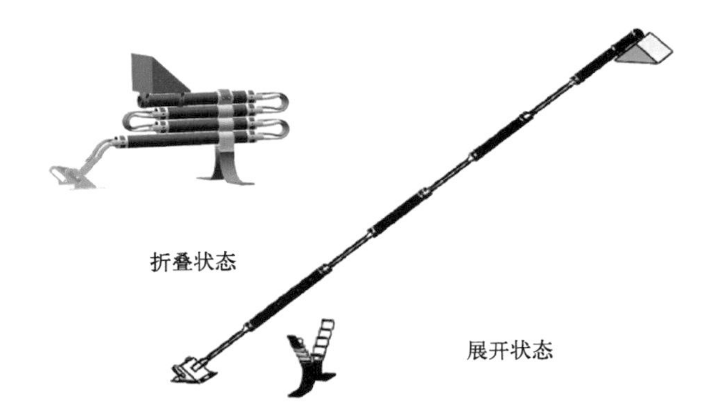

图 7-4　形状记忆折叠锁定 / 多段伸展结构

图 7-5　形状记忆折叠锁定 / 多段伸展结构在“天问一号”火星探测器装配图

（图中方框处为自拍杆）

备出瓶状复合材料筒；将温度升高至智能模具材料玻璃化转变温度以上，智能模具变小变软，与瓶状复合材料筒主动脱模，可轻松取出。图 7-6 显示瓶状智能可变形模具在不同直径变形率及循环次数的形状固定率保持在 98% 以上。智能可变形模具有主动变形、变刚度的特性，制造周期短，可重复使用，成本低，预成型结构表面精度较高，可广泛应用于复杂形状、多通路、大长径比等航空航天复合材料构件的研制。

⑤ 智能变刚度蒙皮　变体飞行器能根据不同飞行条件改变自身形状，使其在整个飞行包

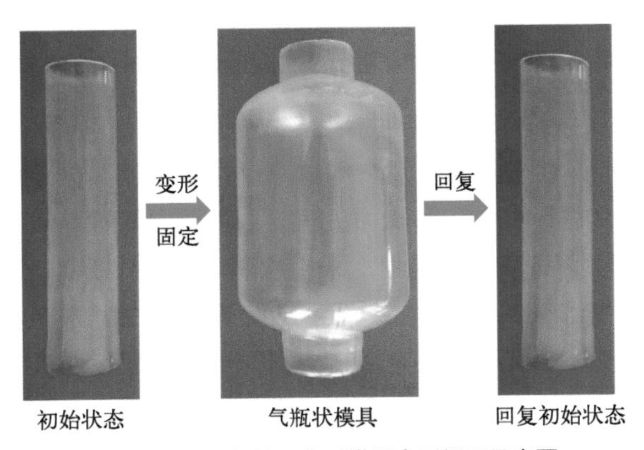

图 7-6　瓶状智能可变形模具变形循环示意图

线中都获得最佳性能。变体飞行器的蒙皮既要具有随着结构变形的能力，还要具备承受气动载荷的能力，而新型可变刚度形状记忆聚合物复合材料蒙皮有望解决这一矛盾[33]。形状记忆聚合物制成的蒙皮可以满足变体飞行器对蒙皮变刚度的需求，基于 SMP 复合材料的可变形蒙皮已被广泛应用于变弯度翼、可展开翼和折叠翼等变体飞行器结构设计和试验中。哈尔滨工业大学将弹性纤维加入热固性形状记忆聚合物中，大大增强了形状记忆聚合物的使用安全性，并将其用于可变形后缘机翼结构，制备成无缝舵面，推迟气流分离，提高升阻比，提高隐身性能。针对可变形机翼蒙皮的需求，哈尔滨工业大学还制备了一种基于形状记忆复合材料变刚度管的柔性基体蒙皮，利用形状记忆聚合物的变刚度特性，使蒙皮既具有承载能力，又具有变形能力，如图 7-7 所示。

此外，哈尔滨工业大学的研究人员还提出了一种可展开的机翼结构，该机翼以形状记忆聚合物作为蒙皮材料，由形状记忆聚合物泡沫制成机翼的翼型。在飞行器起飞前，为了节省运输和发射空间，机翼被卷曲在机身上；飞机起飞后对机翼加热能够使其平稳展开；待机翼完全展开后继续对其加热，内部填充形状记忆聚合物泡沫也回复原有形状以形成翼型，回复率近 100%；降温后，整个机翼就完成了展开和定型。冷劲松团队也对形状记忆聚合物蒙皮结构进行了一系列的研究，并将其用于变后缘弯度机翼上，通过给预埋的加热丝通电，加热形状记忆聚合物蒙皮，降低了蒙皮结构的刚度以满足机翼变形条件。在加热状态下，机翼后缘可以实现快速、光滑连续的变形，变形角度达到 +15°。通过风洞实验证实，连续无缝的后缘可以有效减缓气流分离，提高了升力系数及机翼的升阻比。此外，冷劲松团队[34]提出一种基于主动充气蜂窝以及形状记忆复合材料蒙皮的折叠翼尖结构。变形时，蜂窝充气提供变形驱动力，此时形状记忆蒙皮通过大幅降低刚度，跟随机翼发生形变，因此翼尖在折叠的过程中能够保持比较连续的气动外形。受翠鸟等典型生物启发，冷劲松团队[35]以形状记忆环氧树脂为基体，以碳纤维正交编织布为增强相，研制了具有均匀润湿特性的超润湿形状记忆智能蒙皮材料，在不同曲率半径条件下仍表现出类翠鸟羽毛的超疏水特性，可有效降低跨介质飞行器出、入水阻力，具有重要应用前景。

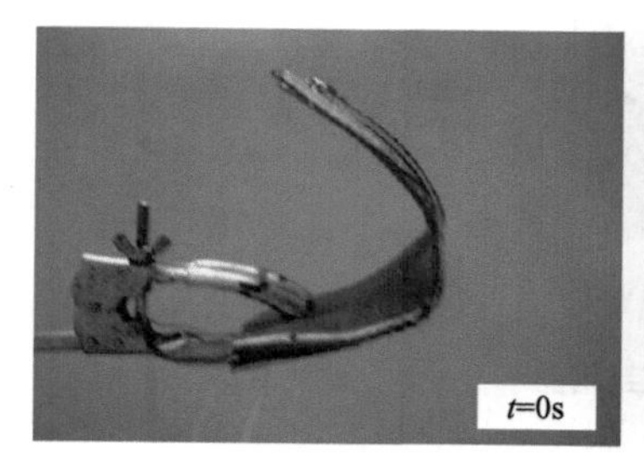

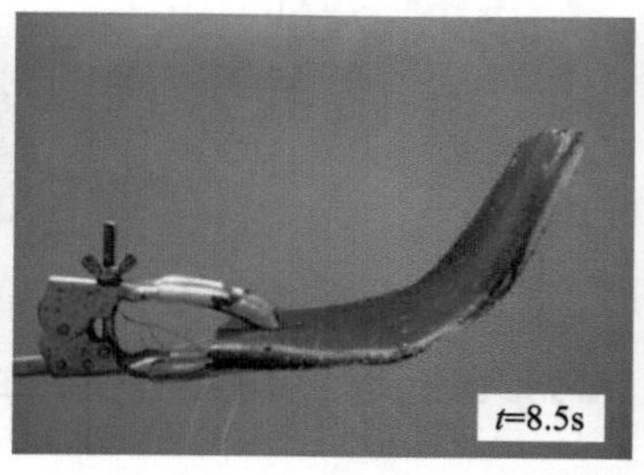

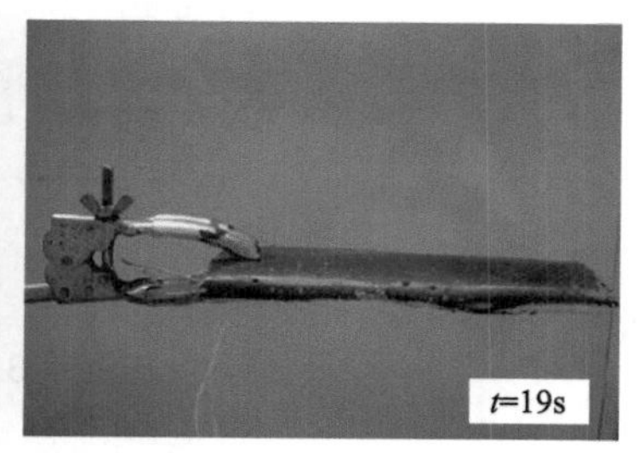

图 7-7　基于形状记忆聚合物复合材料蒙皮的机翼结构展开过程

⑥ 生物组织支架　4D 打印在 3D 打印的基础上引入了“时间维度”，制备的结构可以随时间产生形状、性能及功能动态转变，使 3D 打印成型的物体“活”了起来。4D 打印技术的发展将带来航空、航天、生物、医学和电子等诸多领域的技术变革。4D 打印可以按需制备几何形状十分复杂、极具个性化的结构，实现智能结构与器件的复杂化、可编程、可定制及个性化制造，有望解决智能材料与结构在生物医疗领域的瓶颈，特别是在个性化植

入器件方面。自展开血管支架可用于治疗由血栓引起的血管狭窄等心血管疾病。当自展开血管支架到达血管狭窄处时，通过调整外磁场的强度使支架展开，血管支架直径变大从而撑起狭窄的血管，使血液可以正常流通。支架植入狭窄的气管可重塑气管的直径，迅速缓解气道狭窄所致的呼吸困难的症状。房间隔缺损（Atrial Septal Defect，ASD）是一种典型的先天性心脏病，导致左心房到右心房的异常血液流动，可能导致肺动脉高压甚至心力衰竭。心脏封堵器自 20 世纪 70 年代发明以来，已广泛用于先天性心脏病的介入治疗。市场上常见的合金封堵器能够提供有效的密封，但存在不可降解、金属离子析出、镍过敏、腐蚀或中毒等各类并发症，以及不能二次穿刺手术等潜在问题。冷劲松团队等开发了可编程的 4D 打印形状记忆封堵器，包含框架式支撑结构和阻流膜。实验结果表明以形状记忆聚合物制备的封堵器具有良好的生物相容性，利于细胞黏附及新生组织向封堵器内生长，植入大鼠体内后组织切片可见降解颗粒，验证了封堵器的可降解性；可行性验证表明封堵器可快速、完全地实现编程回复及封堵过程，如图 7-8 所示。冷劲松团队[37]在观察和分析莲藕和松质骨的显微结构的基础上，设计并制备了骨组织支架，支架的孔隙率和机械强度可以通过调节单元堆叠方式和通道数量来调节。支架可以在压实的状态下以微创手术的形式植入骨缺损处，利用磁场远程非接触式的驱动方式使支架展开回复到工作状态，为其在微创骨科中的应用提供了基础。

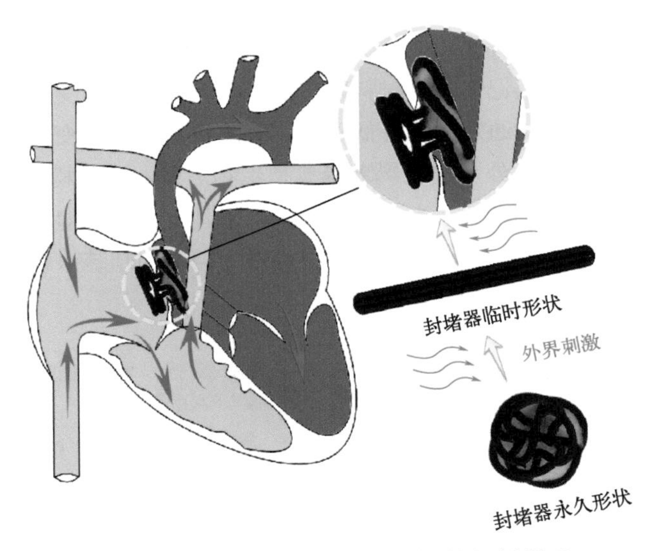

图 7-8　基于形状记忆聚合物复合材料的心脏封堵器

7.1.6 智能材料技术战略需求

智能材料是现代高技术新材料发展的重要方向之一，利用其主动变形、变刚度的特性，可满足航天航空领域中空间展开结构、变体飞行器、生物组织支架等高端装备的智能化、可重构、可编程发展需求。世界各国将发展智能材料作为提升国家竞争力的重大战略，对智能材料技术进行战略层面系统布局、主动谋划，围绕核心技术强化部署，力图在未来发展智能材料竞争中掌握主导权。因此，开拓发展前沿新材料，要立足国民经济和国防安全重大需求，坚持“四个面向”，以提高智能材料技术自主创新能力为核心，抢抓智能材料发展的战略机遇，大力发展新技术、新模式、新业态，发挥高校在基础研究领域的引领作用，以创新驱动发展，增强智能材料领域的持续创新能力，为智能航天、智能航空、智能医疗、智能建筑、智能机器人、智能社会提供物质基础和保障。

（1）面向世界科技前沿，发展智能材料理论和技术体系 构建具有传感、反馈、信息识别与积累、响应、自诊断、自修复和自适应能力的智能材料，涵盖形状记忆材料、智能流变体、超材料等，发展可控制备策略新方法，实现分子复杂性、结构多样性；促进材料、计算机科学、微电子学、数理等多学科交叉融合研究，突破智能材料自主响应、精准可控“卡脖子”技术；构建智能材料关键技术创新体系，揭示原子尺度上材料结构与性能之间的映射规律，形成材料筛选和预测机制；建立智能材料的感知—驱动—变形 / 变构 / 变功能映射关系，发展多场耦合作用下材料物性演变规律的多尺度模拟新方法，揭示智能材料在时域空间内的材料物性演变规律；推动新材料智能化技术的发展，为智能系统的跨越式发展提供重要材料基础。

（2）面向经济主战场，推动智能材料产业创新升级 随着智能材料与信息、能源、医疗卫生、交通、建筑等产业结合越来越紧密，智能材料的应用领域得到不断拓宽，市场需求不断提高。以智能材料创新驱动市场经济效益明显，据统计，2025 年有望实现全球智能材料在航空航天和国防工业市场规模达到 982 亿美元。解决新一代智能材料、智能结构、智能制造的关键科学问题，聚焦于前沿性、革命性、颠覆性智能材料技术发展，以人工智能赋能“智能材料和变体结构驱动一体化设计”，开发“感知—决策—反馈—执行”全周期智能行为的高新技术产品，实现更高级别的感知、自适应功能，突破产业化、应用集成关键技术和高效成套装备技术，是实现我国智能材料从研究到应用的跨越式发展，并最终实现科技强国战略的重要保障。

（3）面向国家重大需求，聚力打造下一代“国之重器” 面向世界科技前沿和国家重大战略需求，加快智能材料关键核心技术攻关和应用。全面实施创新驱动发展战略，围绕国家重大战略、重大举措、重大工程，充分发挥智能材料的优异性能和功能，突破材料—处理—交互、可控—驱动—适应、感知—决策—控制等重大基础前沿技术，敢于提出新理论、开辟新领域、探索新路径，将智能材料的创新成果应用于智能可变构卫星、新一代智能飞行器、人形机器人、智能制造等领域，赋予新一代智能飞行器为代表的“大国重器”以人类的智慧，实现复杂任务环境下强自主、强适应、强生存等智能能力，为智能社会提供坚实的物质基础，推动从数字化到数智化升级。

（4）面向人民生命健康，发展新型智能生物医疗器件 生物医用材料的智能化是推动医疗器械产业创新发展，提升人民生活质量的重要驱动力和重点领域。随着全球人口老龄化不断加剧，生物医用材料的需求持续增长，对于病损组织或器官进行修复、替换，或增进其器官功能等提出了更高的要求。目前我国关于生物医用材料的研究成果大多处于实验室阶段，对于高端生物医用材料需要依靠进口获取。智能高分子材料具有良好的化学惰性、生物相容性和耐久性等特点，可以通过个性化定制完成组织器官的修复，例如血管支架、心脏封堵器等。着力开发智能生物高分子材料，在高端制造和医疗器械研发方面实现优势融合，发展新型智能生物医疗器件，推动高端医疗器械技术领域的进一步发展，以科技创新促进医疗卫生事业发展和维护全民健康福祉。

7.2 智能材料技术存在的问题及发展挑战

“一代材料，一代器件，一代装备。”智能材料是《中国制造 2025》重点发展的新材料方向之一，是支撑和保障智能制造、智能社会、机器人、航空航天、轨道交通等领域高端装备用的关键核心材料，也是实施载人航天与探月工程、大飞机等国家重大专项和新一代国防尖端技术等重大战略需求的关键保障材料。据统计，全球智能材料市场规模 2010 年为 196 亿美元，2011 年近 220 亿美元，2016 年超过 400 亿美元，预计到 2030 年将达到 2512 亿美元。近年来，我国在智能材料领域取得了一定的研究成果，部分领域已经迎头赶上并实现“弯道超车”。然而，国际政治经济形势复杂多变，我国智能材料技术发展处于重要战略机遇期，准确掌握智能材料技术发展的瓶颈问题，直面技术、经济、人才等多重挑战，才能在新一轮科技革命和产业变革中占据主动权。

（1）原始性创新能力不充足 20 世纪 50 年代“硅、碳”等新材料的出现，带来了第三次工业革命，因此推动了单晶硅、光纤等信息通信技术产业材料及石墨烯、锂离子电池等新能源产业材料的突破。在此过程中，来自中国的原创性贡献并不多，自主创新能力明显不突出，部分研究跟踪模仿严重。近年来，智能材料等新型材料得到世界范围内专家学者的关注，是否能成为第四次产业革命的主角也备受关注。我国正处于高质量发展的战略转型期，基于智能材料进行原始性、颠覆性创新，将为我国材料的创新发展提供难得的机遇。然而，部分国家对于我国的龙头公司和科研院所进行持续的打压，传统的“引进—消化—吸收—再创新”已无法适合当前技术和研究的新阶段，进行基础性研究、提升原始性创新能力势在必行。

（2）市场需求与产业化发展不均衡 智能材料是继天然材料、合成高分子材料、人工设计材料之后的第四代材料，具有智能制造领域巨大的应用潜力，在智能航空 / 航天器、智能交通、智能医疗、智能建筑、家用智能机器人、智能工业体系等智能产业方面市场需求巨大。我国新材料产业在空间分布上呈现“东部沿海集聚，中西部特色发展”的格局，长三角、珠三角、环渤海三大新材料产业聚集地产业集群已逐步形成。虽然我国在西部大开发和振兴东北老工业基地等相关战略取得部分成效，但是产业发展的结构性、机制性问题仍比较突出。此外，我国各地区经济增长速率不同步，东北地区经济增速缓慢、复苏乏力，导致科技型公司创新活力不强，特别是高端新材料方面研发投入不足，难以形成国际化竞争优势。

（3）人才培养体系建设不充分 根据《制造业人才发展规划指南》，2015 年我国新材料产业人才总量为 600 万人；2020 年为 900 万人，人才缺口达到 300 万人；预计 2025 年新材料产业人才规模将达到 1000 万人，人口缺口将扩大到 400 万人。我国智能材料领域产业起步晚，产业人才培育体系还不健全，导致人才供给结构与需求结构不匹配，主要体现在高端人才储备不足、技术型人才缺乏、本专科学生培养缺失等方面。此外，由于区域经济水平的差距，智能材料技术人才分布存在着区域不均衡问题，以京津冀地区、长三角、珠三角等为主的经济发达地区在吸引人才方面能力最强，而欠发达地区对于人才的吸引力不强，加之气候、交通等外部因素的影响，进一步加剧了人才的流失。

7.3 未来智能材料技术发展的战略思考

随着全球新材料产业的快速发展和制造业的不断升级，新材料的数字化、信息化、智能化成为推动经济和社会发展的新引擎。新材料的特征主要体现在“新”上，以创新推动材料产业的发展，智能材料的特点在于“智”，以智能化为新材料产业发展积蓄强大动能。当前，我国航空航天、交通运输、海洋开发、深空探测、武器装备等国家重大工程的建设和发展进入关键时期，对于智能材料技术需求急剧增加，对其材料性能提出了更高要求。

（1）未来智能材料技术发展方向 “人工智能技术与新型智能复合材料的深度融合”是“硬骨头”重大科学问题和重大工程技术难题之一。基于智能复合材料的独特性，分别从理论和技术角度提出原始性、颠覆性创新方案，加大自由探索性技术研究，研发大变形传感及其器件、传感驱动一体化的新型智能材料与结构，深度融合人工智能技术，突破人机协同的传感与驱动一体化模型、智能计算前移的新型传感器件核心技术，实现构建自主适应环境的混合增强智能系统、人机群组混合增强智能系统及支撑环境，成为智能材料技术发展的重要挑战。此外，通过引入人工智能、机器学习等先进技术，基于先进的算法和模型，将材料科学、物理学、化学、生物学等领域的知识相结合，对智能材料体系进行系统设计及结构的优化，为开发性能优、功能强的智能材料提供源头性创新思路和实现方法。

未来智能材料技术将在医疗、航空航天、军事、建筑等众多领域大放异彩，例如：医疗领域，先进智能材料可以用于制造仿生假肢、类器官培育、人工组织、生物医疗器件等，为患者提供更安全持久的治疗方案；空天领域，智变材料可用于智能蒙皮、自适应机翼、变构卫星、空间展开结构、振动噪声控制和结构健康监测等领域，助力智能飞行器向着结构轻、可靠性高、气动性能好的方向发展；军事领域，智能材料可用于制造防弹衣、防弹头盔和防爆衣等智能防护装备，提高了士兵的战场生存能力，优化应战策略；建筑领域，智能建筑材料能够根据环境自动调节建筑内部的温度、湿度和采光等，实现居住环境的智能化管理，提高生活舒适性。

（2）未来智能材料产业发展路径 科技创新与经济发展始终不能割裂。要充分发挥科技领军企业在国家战略科技力量中的重要作用，坚持以市场需求为导向，促进高校、院所、企业等跨领域研究机构间的合作，打造产学研用相融合的新材料产业发展新范式。探索低成本、高效能的智能材料新体系，突破国外对新材料技术及标准体系、产品的垄断，减少对相关进口材料的依赖，打造具有核心技术和创新研发能力的科技领军企业，加强产业链的完善和整合，形成完整的智能材料产业链，培育发展战略性未来产业，为我国科技和经济发展大局提供有力支撑。

（3）未来智能材料人才建设体系 科技是关键，教育是基础，人才是根本。智能材料技术人才培养要始终立足国家战略需求，以经济市场对于人才的需求为导向，把握人体体系总体战略布局，对未来五到十年的人才发展进行总体规划，培养出专业素质强、技术水平高的智能材料技术人才队伍。坚持“引进来、走出去”相结合的原则，建立智能材料领域技术人才需求清单，一方面，引进国外高层次人才和团队，另一方面，加大对科研院所相关专业的科研和技术人才培养力度，支持本国科学家赴海外学习交流、与海外科学家开展创新合作，培养了解本国国情发展的领军型人才。此外，围绕智能材料技术的创新发展需求，加强国家级一流本科专业建设，全方位加强基础学科人才培养，注重力学、材料、物理、化学、微电子及计算机通信等多学科交叉培养方案，培养知识水平过硬的复合型、拔尖创新型人才；突出职业教育在经济社会发展和科技创新中的重要位置，通过打造职业院校人才技能实训基地，培养满足智能材料产业发展的技能型人才，壮大智能材料产业发展的高端人才队伍，推动材料强国目标的历史性进程。

综上所述，未来智能材料产业发展，要坚持以基础研究为支撑，继续推进智能材料的理论研究和技术开发，拓展智能化应用领域，加强跨学科的合作与交流，促进智能材料在各个领域的协同创新和发展，培养复合型、创新型人才，全面推进智能材料的技术创新和产业发展。

参考文献

作者简介

李鑫林，哈尔滨工业大学讲师，中国复合材料学会青年工作委员会委员、中国力学学会高级会员、国际仿生工程学会会员以及 SPIE/AIAA/ASME 会员。主要从事仿生智能材料结构设计及其应用研究，累计发表 SCI 学术论文 10 篇，获国家发明专利授权 3 项。主持 / 参与国家自然科学基金青年基金项目、国家重点研发计划等多项国家级项目。获 SPIE Best Student Award 奖。

张豆，哈尔滨工业大学博士后，中国力学学会、中国复合材料学会会员。从事智能材料与结构力学研究，发表 SCI/EI 论文 12 篇（中国科学院 1 区 Top 期刊论文 6 篇）。其中以第一作者身份发表论文 7 篇（SCI 论文 5 篇和 EI 论文 2 篇），成果得到 *Advanced Materials*、*Small* 等期刊的正面引用，获授权专利 3 项。参加 ICCM、中国力学大会等学术会议 12 次，担任 *Smart Materials and Structures* 等知名期刊审稿人。参与部委基础加强项目、国家重点研发计划和国家自然科学基金面上项目等。

冷劲松，哈尔滨工业大学教授、博士生导师，中国科学院院士，欧洲科学院外籍院士（Foreign Member of Academia Europaea），欧洲科学与艺术院院士，国家重大人才工程入选者，国家杰出青年科学基金获得者。现任哈尔滨工业大学未来技术学院院长、哈尔滨工业大学智能材料与结构中心主任、哈尔滨工业大学国际应用力学中心主任、国际复合材料委员会副主席、中国航空学会副理事长、中国复合材料学会副理事长、中国增材制造产业联盟专家委员会副主任委员、教育部力学专业教学指导委员会委员、中国力学学会物理专业委员会副主任、中国医疗器械行业协会增材制造医疗器械专业委员会共同理事长、国际智能和纳米材料杂志主编。冷劲松教授长期从事智能材料制备、力学分析、结构设计及其应用研究。当选美国科学促进会（AAAS）、美国机械工程学会（ASME）、国际光学工程学会（SPIE）、英国物理学会（IOP）、英国皇家航空学会（RAeS）、英国材料、矿石和冶金协会（IMMM）、中国光学学会（COS）等多个国际学会会士（Fellow）及美国航空航天学会（AIAA）Associate Fellow。获国际复合材料委员会（ICCM）World Fellow 奖、国家自然科学二等奖、全国创新争先奖状、“中国高等学校十大科技进展”。

第8章

储氢材料

张　宝　武　英

8.1 固态储氢领域的发展与技术概述

全球面临着气候变化、能源短缺等危机，且全球气候治理呈现新局面，新能源和信息技术紧密融合，生产生活方式加快转向低碳化、智能化，能源体系和发展模式正在进入非化石能源主导的崭新阶段。然而，我国的能源形式以化石能源为主导，占比超过85%，因而，低碳化的现代新能源体系转型发展正在加速推进。为了应对现有的世界危机和国家能源体系的百年未有之大变局，国家领导人提出了宏伟而长期的“碳达峰、碳中和”目标，即2030年碳排放达峰、2060年碳排放实现中和。

氢能是以氢气为能量载体的，具有资源丰富、绿色低碳、应用广泛等特点的二次能源，正逐步成为我国未来能源体系的重要组成部分，是用能终端实现绿色低碳转型的重要载体，是我国战略性新兴产业和未来产业重点发展方向，也是实现“碳达峰、碳中和”目标的重要手段。

氢能产业可分为上游氢的制取，中游氢的储运，下游氢的应用等三个方面，如图8-1所

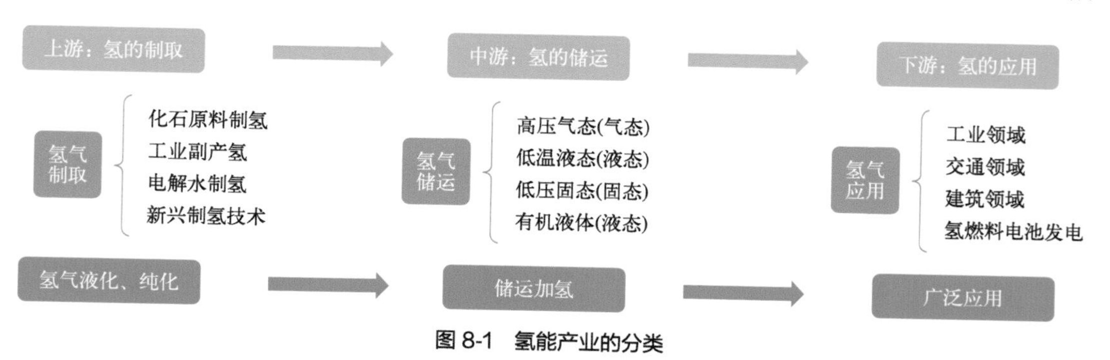

图8-1　氢能产业的分类

示。其中，安全、高密度规模储运氢是我国实现大规模氢能应用的关键环节之一，也是实现氢能经济并助力碳中和的重要支撑。

8.1.1 固态储氢的特点

在储运氢领域，氢的存储方式可以分为高压气态储氢、低温液态储氢、低压固态储氢、有机液体储氢等方式。表 8-1 分别列举了不同储氢方式及其优缺点。气态储运由于常温即可实现快速充放氢，成本较低，是现阶段最主要也是最成熟的储运方式，但是高压储氢的体积储氢密度较低，且储氢罐存在较高的技术要求；低温液态储氢技术在单位质量和单位体积储氢密度具有绝对优势，但是由于在液化过程中能耗大，以及对储氢容器的绝热性能要求极高等原因，导致储存和制造成本过高；低压固态储氢具有质量 / 体积储氢密度较高、储氢压力低、放氢纯度高等优点，被认为是最有前景的一种储运方式。进一步提升现有固态储氢材料性能、降低固态储氢材料的成本以及探索和挖掘固态储氢的优势应用场景，将成为固态储氢应用市场规模扩大的重中之重。

表 8-1 不同储氢方式的优缺点对比

储氢方式	技术内容	单位质量储氢密度（质量分数）/%	优点	缺点
高压气态储氢	在氢气临界温度以上，通过高压压缩的方式来进行氢气储存	1.0 ～ 5.7	技术成熟、充放氢速度快、成本低、能耗低	体积储氢密度低、安全性能较差
低温液态储氢	将纯氢冷却到 −253℃使之液化，然后充装到高真空多层绝热的燃料罐中来进行氢气储存	5.7	体积储氢密度高、液态氢纯度高	液化过程耗能大、易挥发、成本高
低压固态储氢	利用氢气与储氢材料之间发生物理或者化学变化从而转化为固溶体或者氢化物的形式来进行氢气储存	1.0 ～ 18.5	质量 / 体积储氢密度高、安全、不需高压容器、可得到高纯度氢	成本高、吸放氢有温度要求
有机液态储氢	通过不饱和液体有机物的可逆加氢和脱氢反应来进行氢气储存	5.0 ～ 7.2	储氢密度高、储存、运输、维护保养安全方便、可多次循环使用	成本高、操作条件苛刻、有副反应发生

目前，固态储氢材料研究种类繁多，主要分为 AB_5 型、AB_2 型、BCC 型、镁基储氢材料、复杂氢化物等储氢材料，如表 8-2 所示。在实际应用中，AB_5 型、AB_2 型、BCC 型储氢材料具有在室温吸放氢、循环性能优异等特点，已经具备了一定的产业化基础，该类储氢材料的研究方向主要集中在低成本、高储氢容量、容易制备等，其中，AB_2 型储氢材料具有高达 2.0wt% 的储氢容量，与 AB_5 型和 BCC 型储氢合金对比原材料成本较低，并且易于批量化生产，因此，AB_2 型储氢材料是现阶段产业化应用的热点研发方向之一。镁基储氢材料具有高达 7.6wt% 的储氢容量，操作温度在 300℃左右，已经进行了镁基储运氢的示范应用，寻找中低温长寿命快响应的镁基储氢材料是现阶段的研究方向。复杂配位氢化物储氢材料体系繁多，在所有金属配位氢化物材料体系中，硼氢化物的理论储氢密度最高，达到 18.5wt%

的储氢容量，是非常有潜力的一类储氢材料，但是其吸 / 放氢工作条件苛刻（操作温度也是在 300 ～ 500℃，5 ～ 10MPa 吸氢压力）、循环可逆容量极低（300℃以下的可逆容量低于 5.0wt%）、制备工艺难等缺点，限制了其在储氢领域的应用，也是现阶段亟需攻克的关键科学问题。

总体来说，AB_2 型、镁基储氢材料、硼氢化物储氢材料是非常具有应用前景的三类储氢材料体系，下面将分别展开 AB_2 型储氢材料、镁基储氢材料、硼氢化物储氢材料的研究进展。

表 8-2　储氢合金种类

种类	代表合金	金属氢化物	储氢容量 /%	p_{eq}, T	优点	缺点
AB_5	$LaNi_5$	$LaNi_5H_6$	1.5	2bar,298K	综合性能较好	储氢量稍低
AB_2	$TiCr_2$	$TiCr_2H_2$	2.0	10bar,323K	储氢量大，动力学性能、平台性能好	活化困难
AB	TiFe	$TiFeH_2$	1.89	5bar,303K	资源丰富，成本低	滞后大，活化困难，易中毒
镁基储氢	Mg	MgH_2	7.6	1bar,573K	容量高	吸放氢温度较高，动力学性能较差
BCC	TiV_2	TiV_2H_4	2.6	10bar,313K	储氢量大	成本过高，规模化制备困难
配位氢化物	MBH_4（M 代表 Li、Na、Mg 等）	MBH_4	18.5	50bar,573 ～ 773K	储氢量最大	成本过高，无法规模化制备

8.1.2　AB_2 型储氢合金的改性研究

AB_2 型储氢合金主要由 A 侧 Ti 和 B 侧 Cr、Mn 等两类元素组成，对于 Ti-Cr-Mn 基 AB_2 型合金的改性研究主要为多元合金化，通过在 A 侧使用 Zr 部分取代 Ti，在 B 侧使用 Fe、Co、Ni、Cu、V、Mo 等过渡金属元素部分取代 Cr 或 Mn 来改善合金的储氢性能，此外，改变 AB 侧组元的比例，也能显著改善合金的储氢性能[1-3]。

8.1.2.1　A 侧多元合金化

Zr 部分取代 Ti：对于 Ti-Cr-Mn 基 AB_2 储氢合金的 A 侧合金化，主要是选用 Zr 元素来部分取代 Ti，由于与 Ti 元素位于同一副族且位置相邻，电子结构也相同，二者化学性质相近，但是，Zr 的原子半径要大于 Ti，当 Zr 在合金中部分取代 Ti 时，会使合金的晶胞膨胀，晶格参数和晶胞体积相应增大。由 Lundin 等[4]发现的间隙尺寸效应可知，晶胞体积增大使合金中可供氢原子容纳的间隙位置增多，也使氢气在合金中的输运更加容易，同时，与 Ti 相比，Zr 与氢的结合力更大，合金的平台压降低，储氢量增加。因此，对合金中 Ti/Zr 比调节能有效改变合金的平台压力，但是由于 Zr 与氢原子结合力较强，会导致吸收的一部分氢原子无法放出，合金的放氢量降低。在近几年的一些研究中[1,5,6]，也发现了类似的结果，随着 Zr 原子加入，合金的晶格参数和晶胞体积变大，使吸放氢平台压降低，储氢量增加。Li 等[7]

发现，Zr 取代量增多会导致吸放氢平台滞后减小。Park 等[8]研究表明，Zr 的加入会导致合金中容纳氢的间隙位点增加，使得吸放氢平台的斜率增大。

8.1.2.2 B 侧多元合金化

（1）Mn、Cr 相互取代 Mn 和 Cr 是 Ti 基 AB_2 储氢合金中 B 侧最重要的两种元素，二者同为过渡金属，在元素周期表中处于相邻位置，Cr(1.22Å）的原子半径大于 Mn(1.19Å)。当 Cr 在 B 侧部分取代 Mn 时，Cr 较大的原子半径会使合金晶胞膨胀，根据间隙尺寸效应，Cr 取代 Mn 会导致合金平台压力降低，储氢量提高[5]。罗翔[9]在研究中发现，在 Ti-Zr-Mn-Cr 体系中，Cr 含量增加导致合金平台压力降低，滞后减小，吸氢量增大，活化性能略有提升。Liu 等[10]的研究结果表明，Cr 取代 Mn 会使合金的平台区域变短，平台斜率则基本不变。

Mn 单质具有多种相结构，在合金中加入 Mn 元素能显著提升合金的活化性能[11]。黄太仲等[12]认为 Mn 提高合金活化性能与合金的相结构变化有关，Mn 加入会使合金中产生其他相，而相结构的变化容易导致合金产生缺陷，合金的缺陷是氢化反应中的活性位点，活性位点的存在使得活化性能和动力学性能提升。Chen 等[13]通过 $TiCr_{1.4-x}Mn_xFe_{0.6}(x=0.1, 0.2, 0.3)$ 体系研究了 Mn 部分取代 Cr 对合金储氢性能的影响，发现 Mn 取代 Cr 导致合金晶胞体积减小，吸放氢平台压增大，最大储氢量减小，合金吸放氢焓值基本不变。王新华等[14]在研究中发现，Mn 的化学计量在 0.3 ～ 0.6 时，产生了截然相反的结果，合金的平台压降低，储氢量增大，滞后明显增大。Osumi 等[15]研究发现（Mn 的化学计量在 0.5 ～ 0.8）也有类似的结果，合金初始活化性能随 Mn 含量的增多而增强；平台压力降低，滞后效应也随之降低，他们认为由于 Mn 的电负性低于 Cr，导致晶胞体积反常增大，从而出现了平台压反常变化。

（2）Fe 的部分取代 Fe 元素是 Ti-Cr-Mn 基储氢合金的重要组成元素，能有效调节合金金属间的作用力。Fe 元素与氢的亲和力较弱，不会与氢发生反应。但它能调节其他金属与氢的作用力，从而改善合金的储氢性能。Fe 在合金中的应用主要是用来调节吸放氢平台压力，因为 Fe 的原子半径要小于 Cr 和 Mn，在 B 侧化学计量不变的前提下，Fe 的掺入会导致 Ti-Cr-Mn 基合金的晶胞体积变小，由间隙尺寸效应[5]，会导致吸放氢平台压显著升高，储氢量降低，滞后降低。近些年来，许多研究人员利用 Fe 在 AB_2 合金中能提高平台的这一特点，开发出了许多 Ti-Cr-Mn-Fe 基高平台储氢合金[1,6,7,13,16-18]。同时，Fe 的加入会导致活化性能降低，因此，Fe 的取代需要适量。

（3）V 的部分取代 V 作为一种重要的储氢元素，储氢量（VH_2）高达 3.8wt%，V 吸氢生成 VH 和 VH_2，但是由于单质 V 不能直接与氢发生反应，同时单质 V 的价格昂贵，因此，单质 V 一般不用来储氢，而是将 V 与其他金属元素形成金属间化合物用于储氢。在 AB_2 储氢合金中，V 经常出现在 B 侧改善合金的储氢性能。V 的原子半径大于 Cr 和 Mn，当 V 在 B 侧部分取代 Cr 或 Mn 时，会使合金的晶胞体积增大，平台压降低，同时由于 V 与氢的亲和力较强，加入 V 后能显著提高合金的储氢量。

Cao 等[6]发现随着合金中 V 含量的增加，储氢量略有增加，平台压力显著降低，平台斜率明显增大。黄太仲等[19]研究了 $TiCr_{1.8-x}V_x$ 合金体系，发现随着 V 取代量的增加，吸放氢平台压逐渐降低，储氢量却发生了波动。当 V 的化学计量从 0 增加到 0.6 时，储氢量增大（0.6wt% 增加至 2.03wt%），此后随着化学计量继续增加，储氢量降低（2.03wt% 降低至 1.19wt%），这是由于 V 含量增多时，V 与 H 形成的稳定性高的 VH_2 增多，吸收的氢气无法全部分解出来。Nayebossadri 等[20] 认为 AB_2 合金中 V 含量增加能改善活化性能，显著降低吸放氢平台压力，并促进合金中 BCC 相的形成。Dos 等[21] 在研究 $TiCr_{2-x}V_x$ 体系时发现，当 $x<0.6$ 时，合金中 BCC 相与 Laves 相共存，而当 $x>0.6$ 时，合金中 Laves 相消失，仅存在 BCC 相。

（4）Ni、Co、Cu 的部分取代　在 Ti-Cr-Mn 系合金中，Ni、Co、Cu 也被用来部分取代以改善储氢合金的性能。Cu 在 Ti-Cr-Mn 基合金中并不能与氢直接发生反应，Cu 在合金中起到的作用主要是改善合金吸放氢平台的一些性能，Cu 能使平台区域变宽，改善平台倾斜，同时会使平台压升高。这主要是由于 Cu 较大的原子半径会使合金晶胞膨胀，导致晶格结构出现畸变或缺陷，为氢在合金中的输运提供额外的通道；但是因为 Cu 原子与氢的亲和力很低，不直接与氢发生反应，Cu 加入也会导致合金的储氢量降低[8,10,22]。Liu 等[23] 发现 Ni 取代 Mn 后平台压力降低，储氢容量增加，合金在室温下易于活化。然而，Bobet 等[24] 发现了相反的结果，在 $TiMn_2$ 基合金中，Ni 部分取代 Mn 导致平台压力增加。Ni 在储氢合金中应用非常广泛，最早出现在 $LaNi_5$ 储氢合金中，将 Ni 引入 Ti-Cr-Mn 基储氢合金的主要目的是使合金中出现新的合金相来改善储氢性能。Beek 等[22] 在研究 TiCrNi 体系时发现，Ni 部分取代 Cr 会使合金中出现 Ti_2Ni、TiNi、Ni_5Cr 等合金相。Co 元素在 AB_5 合金的多元合金化改性中应用很多，在 AB_5 合金中掺杂 Co 元素能有效提高合金韧性，防止合金粉化，从而显著提高合金的吸放氢循环稳定性。同时，Co 的加入能抑制 AB_5 合金中的 La、Mn、Al 等元素的偏析和溶解，降低合金在充放电过程中的腐蚀速率，但同时 Co 的价格较高，使用 Co 会提高原材料成本[22]。然而，有研究表明，在 AB_2-Laves 相合金中添加 Co，即使导致合金晶胞参数发生变化，也不会影响其氢化物特性和储氢性能[24,25]。

8.1.2.3 非化学计量对 Ti-Cr-Mn 基储氢合金结构及性能的影响

对于 Ti-Cr-Mn 基储氢合金，A 侧原子的半径一般大于 B 侧原子，因此 A 侧和 B 侧非化学计量对合金结构上的影响不同，造成的性能变化也不尽相同。例如在 B 侧过计量时，过量的 B 侧原子会进入 A 侧，形成反位置缺陷[26]。

在 Ti-Cr-Mn 基合金中，A 侧元素的过计量能显著提高合金的吸氢量，改善合金的活化性能。Osumi 等[15] 认为随着 Ti 的过化学计量的增大，合金活化性能提高，但是平台范围减小，可逆储氢量降低。汪洋等[27] 在研究 Ti_{1+x}Cr-Mn 合金时发现，A 侧 Ti 过计量显著提高了活化性能，合金吸放氢平台降低，平台滞后减小。但 Chen 等[13, 28] 研究发现 Ti 过计量导致合金吸放氢平台斜率及滞后的变化规律不同，且在研究 Ti_{1+z}Cr-Mn-Fe 合金时发现，Ti 的过计量增加使合金的晶胞体积增大，导致合金吸氢量显著增大，平台压降低，同时吸放氢平台斜率和滞后也增大；在研究 Ti_{1+x}Cr-Mn-Fe 对合金吸放氢性能的影响时，Chen 等[28] 提高了 Ti 的过化学计量程度，观测到的变化相同。

Bobet 等[29] 研究发现，若合金 AB 侧的实际计量比较标准化学计量比稍低，合金的储氢量较高，活化性能也更好，他们认为 AB 侧比例改变导致合金结构发生改变，从而影响了合金的储氢性能。Kandavel 等[30]在研究中发现，随着合金中 A 与 B 的比例降低，合金的晶胞收缩，晶胞体积减小导致吸放氢平台压力提高，虽然非化学计量没有改变合金的相结构，但是合金吸氢后的体积较之前发生了膨胀，当 A 侧过量时，由于 Zr 与氢的结合力较大，合金的吸氢动力学性能明显提高。

8.1.3 镁基储氢材料的研究进展

镁基储氢材料凭借资源丰富、价格低廉、可逆储氢容量高等优点脱颖而出，地壳中含量为 2.16wt%，海水中含量亦高达 0.13wt%[31]。在一定条件下（通常 573 ～ 673K，2 ～ 4MPa），Mg 和氢气发生化合反应生成 MgH_2，其理论质量储氢密度和体积储氢密度分别为 7.6wt%H_2 和 110g/L，反应式如下：

$$Mg+H_2 \rightarrow MgH_2+\Delta H \tag{8-1}$$

反应生成焓为 −75kJ/mol，产物 MgH_2 为离子型氢化物，四方金红石型结构，其晶胞参数 a 和 c 分别为 0.4501nm 和 0.3010nm。晶体结构如图 8-2（a）[32]所示：晶胞中一个镁原子位于中心，一个镁原子位于顶角；两个氢原子位于晶胞面上，两个氢原子位于晶胞内；氢和镁形成 MgH_6 八面体。MgH_2 中的氢以氢键形式存在，与镁之间有较强的离子键作用，Mg-H 键的相互作用主要是离子性的，电子定域函数（ELF）图像 8-2（b）[31]说明共价键特性并不占主导地位。

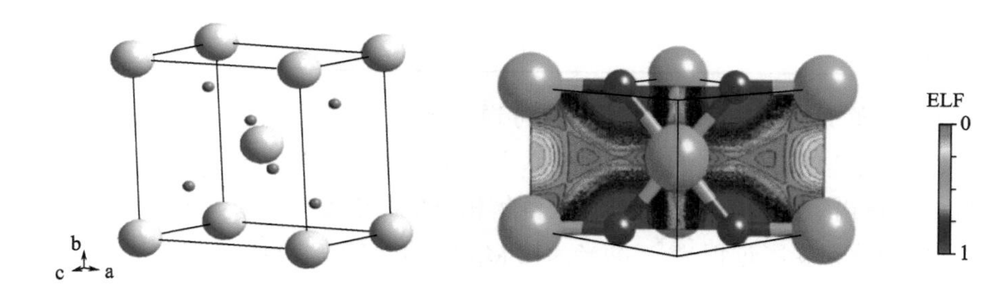

图 8-2 （a）MgH_2 的晶胞示意图和（b）MgH_2 中含 Mg 和 H 原子的选定平面的电子定域函数（ELF）图像（小球为 H，大球为 Mg）[31-32]

Mg/MgH_2 的吸放氢过程在相应条件下是可逆的，但是较差的热力学不稳定性和缓慢的动力学性能大大制约了其大规模实用化的发展。一方面，过于稳定的热力学性能使其分解温度通常高达 350℃，Stamper 等[33]计算表明，0.1MPa 压力下纯 MgH_2 的起始放氢温度依然高达 289℃；另一方面，MgH_2 中 Mg 与 H 结合能较大，放氢比较缓慢，纯 MgH_2 放氢反应活化能高达 160kJ/mol，动力学性能太差。此外，金属 Mg 化学性质活泼，表面极易被氧化生成一层致密的 MgO 氧化膜（MgO 的生成焓为 −601.6kJ/mol），严重阻碍了氢在表面的吸附和解离[34]。Mg/MgH_2 的吸放氢过程涉及较大的热量变化和体积变化（晶格膨胀 31.4%[30]），导致材料容易粉化或团聚，表现出较差的循环性能。如何解决这些问题一直是镁基储氢材料研究的重点和难点，而数十年来纳米科学的蓬勃发展为储氢技术的突破创造了可能。常用的改性方法有复合化、纳米化、合金化、催化和表面改性等。

8.1.3.1 镁基储氢材料的合金化改性

利用合金化改善 Mg/MgH_2 体系的吸放氢性能是一种行之有效的方法，合金化改性可以通过改变 MgH_2 的脱氢路径，从而降低放氢反应的焓变，实现对其热力学参数的调控。不仅如此，镁基储氢合金材料的吸放氢反应速率有明显的提升，因此，多元合金化在动力学和热力学性能上对镁基储氢材料实现了双调控。研究人员研究了大量的镁基储氢材料，例如 Mg_2Ni，Mg_2Al_3，Mg_2Cu，Mg_3Ag 以及 Mg-RE（RE=La，Ce，Pr，Nd，…）等二元或多元储氢合金。常见镁基储氢合金的储氢容量和氢化反应焓参见表 8-3。

表 8-3 常见镁基储氢体系的储氢容量和氢化反应焓

体系	储氢容量 /wt%	氢化反应焓 /(kJ/mol)	参考文献
Mg	7.6	74.5	[33]
Mg_2Ni	3.6	64.5	[35]
Mg_2Cu	2.6	70	[36]
Mg_3Cd	2.8	65.5	[37]
Mg_2Si	5	36.4	[36]
Mg_3Ag	2.1	68.2	[38]
Mg_2Al_3	3.08	62.7	[39]
$Mg_{0.95}In_{0.05}$	5.3	68.1	[40]
Mg_2FeH_6	5.4	82.4	[41]
Mg_2CoH_5	4.5	79	[42]

Reilly 等[35]首先发现 Mg_2Ni 能够大量可逆吸放氢并生成 Mg_2NiH_4，其脱氢温度低至 520K，放氢焓变为 64.5kJ/mol。Mg_2Ni 属于六方晶系，在氢压下首先生成固溶体相 $Mg_2NiH_{0.3}$（α 相），随着晶格内氢原子的扩散补充，固溶体相发生晶格重排生成 Mg_2NiH_4（β 相），同时伴随高达 32% 的体积膨胀过程[43]。纳米晶粒 Mg_2Ni 合金能在 200℃开始吸氢。但是，Mg_2Ni 合金的缺点也很明显，即储氢量较低，只有 3.6wt%。增加添加剂和催化剂虽然可以改善 Mg_2Ni 合金的吸放氢动力学和热力学，但较难大幅度提升其储氢量。通过改变 Mg 与 Ni 的比例，并加入稀土元素，形成 Mg-Ni-RE 体系，可以有效改善整体的储氢性能。武英等[44-45]研究了一系列 Mg-xNi-3La（x=5，10，15，20）合金，研究发现镁合金主要由 Mg、Mg_2Ni、$LaMg_{12}$ 和 La_2Mg_{17} 四种物相组成，Mg-15Ni-3La 合金的脱氢速率最高，表观活化能值最低为 80.36kJ/mol，表现出最佳的氢解吸动力学。此外，相比于铸态合金，纳米晶的 Mg-5Ni-3La 合金由于晶粒小、晶界多，因此表现出更好的吸放氢动力学。Mg_2FeH_6 具有较高的储氢量（约 5.5wt%），Liang 等[46]以 Mg/Fe 混合粉末为原料，合成了 Mg_2FeH_6，氢化程度良好。Polanski 等[47]则以素钢和 MgH_2 为原料，成功制备了 Mg_2FeH_6。Yang 等[48]选择 Y 对 Mg 进行表面修饰，发现 $Mg_{24}Y_3$ 合金具有最佳的放氢动力学性能，并且在 380℃下 12min 内储氢量可以达到 5.4wt%。Chen 等[49]制备了 Mg-9Ni、Mg-12Cu 和 Mg-6Ni-3Cu 合金并阐述了它们的吸放氢性能，其中 Mg-6Ni-3Cu 合金表现出优秀的活化性能，在不影响放氢速率的同时，吸氢速率得到明显的提

升。Ouyang 等[50-52]对 Mg 基储氢合金的单相和多相催化进行了大量的研究，发现通过添加 In、Al、Ti 等其他金属可以改善 Mg 基合金的储氢动力学和热力学性能。

总的来说，通过引入其他金属元素的方式制备镁基储氢合金可以有效地降低吸放氢温度，但是其他金属元素的引入会使得整体的理论储氢量下降，并且部分合金体系的储氢可逆性仍表现不佳，需要进一步的改善。

8.1.3.2 镁基储氢材料的纳米化改性

纳米镁基储氢材料可分为纳米颗粒、纳米线、纳米薄膜和纳米限域四大类。纳米化使得 MgH_2 性能提升的原因主要有以下几点：首先，晶粒的减小使得晶体表面积增加；其次，氢的扩散距离减小；再次，反应物之间可以紧密接触；最后，晶界处能量高，原子活动能力大，故晶界处原子扩散速度快。为了使 MgH_2 达到纳米级，研究人员尝试了多种制备方法，包括球磨、混合燃烧、熔融纺丝、化学沉积法等。因此，开发低成本、可控式的纳米镁基储氢材料成为储氢材料商业化的突破点，纳米化也被认为是镁基材料发展的必然趋势。

Rudy 等[53]通过密度泛函理论计算发现随着 MgH_2 晶粒尺寸的减小，放氢温度随之降低；MgH_2 纳米颗粒尺寸为 0.9nm 时，放氢温度低至 200℃，放氢反应焓为 63kJ/mol。Zaluska 等[54]报道了通过球磨将 MgH_2 晶粒尺寸降到约 30nm，300℃，2h 吸氢量达到 6.1wt%，未球磨样品在相同条件下不吸氢。Barcelo 等[55]采用脉冲激光沉积法制备了平均粒径 50nm 的 Mg 纳米颗粒，表现出良好的吸放氢性能，放氢反应焓降至 68kJ/mol。

与纳米粒子相比，一维纳米线储氢材料同样具有出色的表现。Li 等[56]通过气相沉积法制备镁纳米线，如图 8-3 所示，直径 30 ～ 50nm，放氢反应焓为 65.3kJ/mol，其氢化和脱氢的能量位垒与大块 MgH_2 相比有明显降低（镁纳米线的氢化脱氢能量位垒分别为 33.5kJ/mol 和 38.8kJ/mol）。Akiyama 等[57-58]采用化学气相沉积法制备了高纯度 MgH_2 纳米纤维，发现其遵从随机成核一维纵向生长的模式，并表现出优异的吸放氢性能。

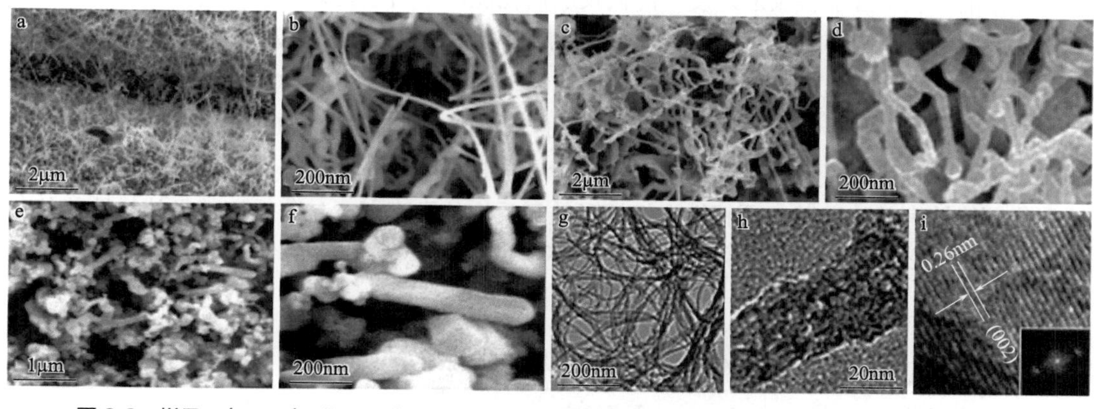

图 8-3 样品 1（a、b）、样品 2（c、d）、样品 3（e、f）的 SEM 图；样品 1 的 TEM（g、h）和 HRTEM 图（i），内嵌图为快速傅里叶变换图。三种镁纳米线样品是在不同的氩气流速下合成的：样品 1 为 200cm³/min，样品 2 为 300cm³/min，样品 3 为 400cm³/min[56]

近些年纳米薄膜储氢材料也进入了科研人员的视野。研究发现纯镁薄膜膜层越薄，吸氢速率越快；即便在低于 200℃的条件下，纯镁纳米薄膜也能完全氢化。Zhu 等[59]采用磁控溅射法制备了 MgNi/Pd 多层薄膜，厚度达 56nm，室温下吸氢量高达 4.6wt%。Ouyang 等[60]研究发现，10MPa 氢压下，Mg-Ni 纳米薄膜的吸氢温度从 550K 降至 487K，说明界面能降低了薄膜的吸氢焓变。

尽管纳米化可以有效改善镁的储氢性能，但是，随着氢化 / 脱氢的次数增加，晶粒不断团聚、长大，材料整体的储氢性能会有明显的下降，因此材料的循环性表现不佳。为了使得材料能保持纳米尺度，将 Mg/MgH_2 纳米颗粒嵌入稳定的框架中来阻止纳米颗粒长大和团聚的纳米限域是有效的方法。作为纳米限域的框架材料，应具有以下几个特点：

① 化学惰性，纳米限域框架材料不能与反应物和产物发生化学反应；

② 结构稳定性，在氢化和脱氢过程中纳米限域框架材料结构应能保持不变；

③ 高比表面积，较高的比表面积可以提高被限域材料的容纳量；

④ 高比例的孔径体积以及分布均匀的孔道。

常用的限域材料包括多孔碳、金属 - 有机框架、多孔聚合物等。Wang 等[61]利用介孔二氧化硅作为框架，对 MgH_2 进行纳米限域，效果显著，放氢温度可以降低至 267℃。Konarova 等[62]以介孔二氧化硅为模板，以蔗糖为碳源，制备了介孔碳。当 MgH_2 的负载量为 20% 时，放氢峰温可以下降至 253℃，当负载量提升至 90wt% 时，放氢峰温为 358℃，相较于块状 MgH_2 依然有较大的改善。Au 等[63]以碳酸钠为催化剂，使用间苯二酚 - 甲醛的缩合反应合成了碳气凝胶，并以此为载体。随着碳气凝胶孔径的变化，材料的放氢峰温多在约 280℃处，而对于较大的纳米颗粒，放氢峰温在约 400℃处。除此之外，材料在 4 次循环内都可以保持很好的储氢性能。纳米限域使得纳米 Mg 材料的循环性提升，但是也存在明显的缺陷，由于引入限域材料，整体体系的储氢量会有所降低，与添加催化剂的方式相比，纳米限域体系的动力学性能也较慢。

8.1.3.3 镁基储氢材料的催化改性

催化剂可以明显加快反应速度，降低反应活化能，包括过渡金属及其氧化物、稀土金属氧化物以及碳材料等许多材料都曾被用作催化剂或添加剂以改善 Mg/MgH_2 体系的储氢性能。

纯 MgH_2 的放氢温度高达 350℃，且吸放氢动力学性能极差，这可以归因于两个方面：一是镁表面的氧化镁致密层阻碍了氢的渗透，且氢在 Mg/MgH_2 中扩散系数极低；二是吸氢过程放出热量，而 Mg/MgH_2 热传导性能差，阻碍了热量的转移[64-67]。在 MgH_2 中添加一定量的催化剂能够有效改善其表面特性，缩短吸放氢反应的孕育期，显著提高其吸放氢性能[67]。不同的催化剂之间催化机理和催化效果纷纷不一，表 8-4 列举了一些镁基储氢材料催化改性研究的成果。

表 8-4 部分镁基储氢材料催化改性研究成果

体系组成	吸氢性能	放氢性能	参考文献
MgH_2@5wt%TiO_2 SCNPs/AC	200℃ , 5min, 6.5 wt%	275℃ , 10min , 6.5 wt%	[68]
MgH_2@5wt%Ni/TiO_2	50℃ , 120min, 4.5 wt%	250℃ , 1800s, 5.24 wt%	[69]
Mg@9.2wt%$TiH_{1.97}$+3.7wt%$TiH_{1.5}$	25℃ , 10min, 4.3 wt%; 100℃ , 5min, 4.6 wt%	300℃ , 5min 3.5 wt%	[70]

续表

体系组成	吸氢性能	放氢性能	参考文献
MgH_2@5wt%Ni_3N@NC	300℃，100s, 6.1 wt%	325℃，20min, 6.0 wt%	[71]
Mg@5wt%NbH_x	100℃，60s, 3.7 wt%	300℃，9min, 7.0 wt%; 270℃，5min, 4.3 wt%	[72]
MgH_2@5wt%CeO_2	320℃，5min, 3.46 wt%	320℃，30min, 3.6 wt%	[73]
MgH_2@5wt%Fe_3O_4/GS	290℃，150s, 6.20 wt%	290℃，20min, 6.0 wt%	[74]
MgH_2@10wt%Zr_2Ni	325℃，116s, 5.1 wt%	250℃，613s, 5.1 wt%	[75]
MgH_2@5wt%K_2NiF_6	320℃，2min, 4.6 wt%	325℃，10min, 4.9 wt%	[76]
MgH_2@5wt%ZrO_2	150℃，100s, 6.73 wt%	300℃，1000s, 6.24 wt%	[77]
MgH_2@10wt%(Ni/GS)	100℃，100s, 6.28 wt%	250℃，1800s, 5.73 wt%	[78]
MgH_2@5wt%(Pd-Ni/CNT)	100℃，100s, 6.44 wt%	250℃，1800s, 6.41 wt%	[66]

催化剂改善镁基材料储氢性能的催化机理通常可以用“氢泵”效应、“通道”效应、“溢流”效应等来解释。氢泵效应是指镁基储氢材料中添加的过渡金属催化剂既可以使 Mg-H 键失稳，又可以改变放氢反应路径，降低放氢反应焓变，从而提升储氢材料的放氢性能。通道效应是指添加的催化剂具有助磨作用，制造了大量缺陷和晶界；或催化剂含有碳质材料等，能够作为 H 原子的扩散通道，提高氢在储氢材料中的扩散系数。溢流效应是指氢分子易于在催化剂表面解离，大量 H 原子扩散到 Mg 表面与之发生氢化反应，图 8-4 对催化剂的氢气溢流效应进行了简单演示[79]。

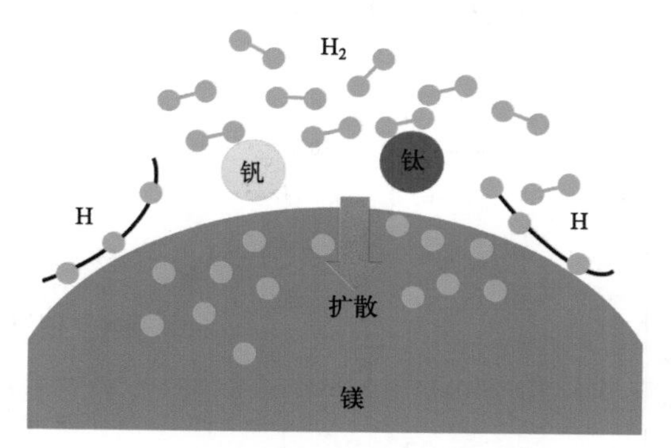

图 8-4　催化剂的氢气溢流效应示意图[79]

目前常用的催化剂主要有金属、金属氧化物、金属卤化物、金属氢化物、非金属及其氧化物等。Wahab 等[80]报道了镍纳米粒子可以为 $Mg(BH)_4$ 的分解提供大量的活性位点，放氢温度显著降低，起始放氢温度低至 75℃，放氢速率显著提升。Jia 等[81]采用一步法原位还原 Ni 制备了 MgH_2-5wt%（Ni-MOF-74）复合材料，室温下可在 10h 内吸收 2.7wt% 的氢气。El-Eskandarany 等[82]用镍球球磨 MgH_2 粉末的方法引入 Ni，发现 MgH_2 的起始放氢温度和放氢活化能分别降低到 218℃和 75kJ/mol。Liu 等[83]报道了掺杂 Ti_3C_2 的 MgH_2 在 300℃、1min 内释放出 6.2wt% 的氢气，在 150℃、30s 内吸收 6.1wt% 的氢气。Jardim 等[84]发现不同形貌的 TiO_2 对提高氢解吸性能有不同的催化作用。

基于不同催化剂不尽相同的催化效果，研究者们尝试了多种催化剂的共同催化并发现其协同催化效果远高于单一催化剂的效果。Lu 等[85]采用电弧等离子体和化学镀相结合的方法制备了 Mg@Co@Ti 复合材料，研究发现 Mg 和 H 在 Co 原子周围的相互作用减弱，起始放氢温度为 323℃，氢化焓（−70.02kJ/mol）和活化能（67.66kJ/mol）均低于二元复合材料和纯镁样品。Jia 等[86]开发了 Ni-VO_x/AC 多组分催化剂，有效改善了 MgH_2 的吸放氢性能：超快动力学性能，超高容量（150℃吸氢 6.2wt%，300℃放氢 6.5wt%），这归因于双金属 / 氧化物的协同作用。Cui 等[87]用四氢呋喃溶液制备了多价钛（Ti，TiH_2，$TiCl_3$，TiO_2）的纳米涂层包裹在镁颗粒表面，降低了放氢温度，证明了多价 Ti 作为 Mg^{2+} 和 H^- 之间电子转移的中间和催化活性位点，提高了 MgH_2 的放氢性能。

Liu 等[88-89]通过球磨法，向 Mg/CeO_2 中引入了氧空位，Mg 可以从 CeO_2 获得 O，生成 MgO 和 Ce_6O_{11}。氧空位使得材料的储氢量升高、放氢温度和活化能降低。随后，他们通过在球磨时加入 Ni，原位合成了 Mg_2Ni-Ce_6O_{11}，极大地改善了材料的储氢性能，Ce_6O_{11} 中的氧空位可以捕获 H_2 分子，随后，Mg_2Ni 的存在则促进了 H_2 的解离。在放氢时，Mg_2Ni 的存在弱化了 Mg-H 键，同时，在 H 的传递过程中 Mg_2Ni 则作为氢泵，促进了 H_2 的形成。

石墨烯、富勒烯、碳纳米管等碳材料被广泛应用于对储氢材料的改性中。Liu 等[90]利用 Co@CNTs 纳米颗粒作为催化剂，极大地改善了 MgH_2 的性能，材料的放氢温度明显降低，放氢表观活化能由 178.00kJ/mol 降低至 130.36kJ/mol，如图 8-5 所示。在进行 10 个吸放氢循环后，材料依然保持了良好的吸放氢性能。Tarasov 等[91]通过添加镍 - 石墨纳米复合材料作为催化剂，改善了 Mg/MgH_2 体系的储氢性能，在循环储氢测试中保持了较高的可逆储氢量（6.5wt%），并且明显改善了球磨过程中 MgH_2 形成反应的动力学性能以及 MgH_2 的放氢动力学性能。

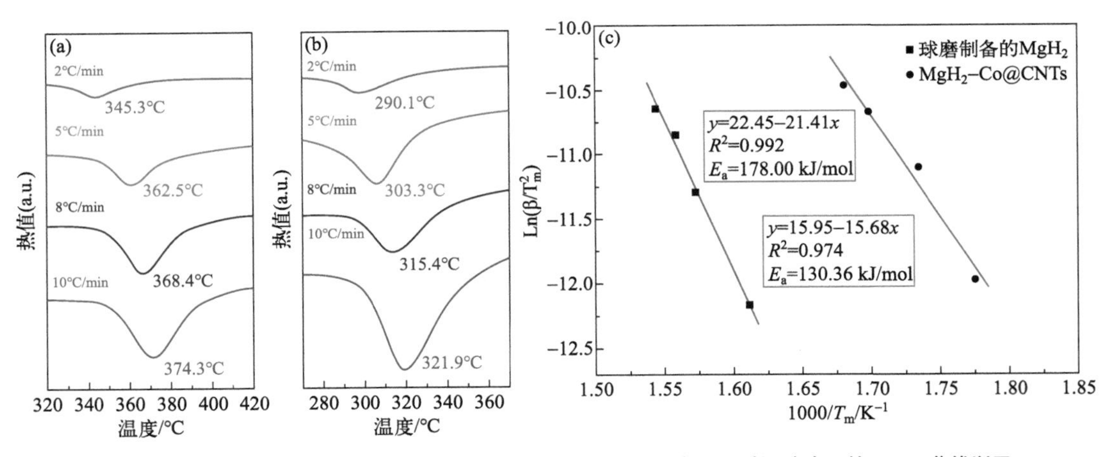

图 8-5 （a）球磨制备的 MgH_2 和（b）MgH_2-Co@CNTs 在不同升温速度下的 DSC 曲线以及（c）Kissinger 法计算表观活化能[91]

Zhang 等[65]采用还原法制备了镍修饰的石墨烯纳米片催化剂并添加到 MgH_2 中，Mg@Ni_8Gn_2 在 100℃、100s 内吸氢 6.28wt%，在 250℃、1800s 内放氢 5.73wt%，活化能低至 71.8kJ/mol。Yuan 等[66]通过溶液化学还原法制备了碳纳米管载钯（Pd/MWCNTs）催化剂，显著提高了镁的氢化程度，Mg_{95}-Pd_3/$MWCNTs_2$ 在 200℃、100s 内吸氢量高达 6.67wt%，在 300℃、1200s 内放氢 6.66wt%。Liu 等[92] 在多孔碳上负载 TiO_2，发现 MgH_2-10%TiO_2@C 起始放氢温度低至 205℃，升温至 375℃时可放出 6.6wt% 的氢气。Zhang 等[69] 原位合成了非晶碳包覆纳米二氧化钛催化剂，起始放氢温度低至 163.5℃，在 200℃时可吸氢完全，275℃、5min 内可放氢完全，活化能仅为 69.2kJ/mol。

8.1.4 ／硼氢化物储氢材料的研究进展

在目前的储氢材料中，以 $LiBH_4$、$NaBH_4$、$Mg(BH_4)_2$ 和 $Ca(BH_4)_2$ 为代表的金属硼氢化物，由于突出的质量和体积储氢密度而在固态储氢应用领域受到广泛关注。

8.1.4.1 $Mg(BH_4)_2$ 的晶体结构及合成方法

$Mg(BH_4)_2$ 的一个有趣的性质是其多态性，它的晶体结构似乎比任何其他金属硼氢化物更为丰富。六方态 α-$Mg(BH_4)_2$、正交态 β-$Mg(BH_4)_2$、立方态 γ-$Mg(BH_4)_2$、四方态 δ-$Mg(BH_4)_2$ 和三方态 ζ-$Mg(BH_4)_2$ 是目前研究最多的五种晶型，具体的晶体结构细节总结如表 8-5 所示[93]。

上述提到的五种晶型的 $Mg(BH_4)_2$ 均可通过溶剂合成法获得。值得注意的是，在高温下去除溶剂是获得理想结构的晶体材料的关键步骤。下面对十多年以来不同晶型的 $Mg(BH_4)_2$ 的合成路线进行总结，着重探究反应物和有机溶剂的选取。

2007 年，Chlopek 等[93] 尝试不同方法来制备 $Mg(BH_4)_2$，其中，阴离子交换反应制备 $Mg(BH_4)_2$ 是一种可行的方法，于是探究多种有机溶剂对反应产物产生的影响。他们发现，在四氢呋喃（THF）中合成的产物需要较高的脱溶温度，导致产品不纯并包含来自溶剂的碳杂质。以乙醚为溶剂，可以在较为温和的条件下实现脱溶，但 $Mg(BH_4)_2$ 的收率仅为 50%。后来，又尝试用其他含 N- 配体的溶剂代替较强的含 O- 配体，要么是三甲胺（TMA）、三乙胺（TEA）等溶剂的溶解能力太弱，这样反应物就不会溶解，也不会发生反应，要么是四甲基乙二胺（TMEDA）等溶剂的配位性太强，不能从产物中有效去除。为了进一步提高产率，作者在 Koster 方法的基础上，使用氢化镁和硼烷三乙基胺为原料，正己烷为溶剂，获得了纯度为 98% 的低温相 α-$Mg(BH_4)_2$。

表 8-5 不同相 $Mg(BH_4)_2$ 的晶体结构细节[93]

相	空间群	Z	晶胞参数 /Å		晶胞体积 /Å^3	实际密度 / (g/cm^3)	体积氢密度 / (g_{H2}/L)
α-$Mg(BH_4)_2$	$P6_122$	30	a=10.33555	α=β=90°	3431.21	0.783	117
			b=10.33555	γ=120			
			c=37.08910				
β-$Mg(BH_4)_2$	$Fddd$	64	a=37.04892	α=90°	7439.82	0.76	113
			b=18.49286				
			c=10.85945				
γ-$Mg(BH_4)_2$	$Id\bar{3}a$	24	a=15.7575	α=90°	3912.57	0.55	82
	$Ia\bar{3}d$	24	a=15.8234	α=90°	3961.86	0.5431	

续表

相	空间群	Z	晶胞参数 /Å		晶胞体积 /$Å^3$	实际密度 /（g/cm^3）	体积氢密度 /（g_{H2}/L）
δ-$Mg(BH_4)_2$	$P6_3$		a=8.35		283.47		
			c=4.68				
δ-$Mg(BH_4)_2$	$P4_2nm$	2	a=5.4361	α=90°	181.65	0.987	147
			b=5.4361				
			c=6.1468				
ζ-$Mg(BH_4)_2$	$P3_112$	9	a=10.424	α=90°	1009.7		
			c=10.729				

2009 年，Soloveichik 等[94]为了实现 $Mg(BH_4)_2$ 的商业化，开展了反应物和有机溶剂优化筛选的工作。作者指出，$MgCl_2$ 与 $LiBH_4$ 在乙醚中反应时，会形成三元络合物，使 $Mg(BH_4)_2$ 受到 Li 和 Cl 的污染，生成未溶剂化的 $Mg(BH_4)_2$。$MgCl_2$ 与 $NaBH_4$ 在胺类中反应时，发现 $MgCl_2$ 在初级和次级胺中的溶解明显放热，可能导致胺的蒸发。混合后大量产生［$Mg(L)_6$］Cl_2 白色沉淀，有时整个反应发生凝固。与前面两种方法相比，$MgCl_2$ 与 $NaBH_4$ 在乙醚中反应是有吸引力的，因为除了 $Mg(BH_4)_2$ 外，反应混合物的所有成分实际上都不溶于这种溶剂。作者在 235℃进行去溶剂处理，获得了高纯度的高温相的 β-$Mg(BH_4)_2$。综合考虑经济性和安全性，这种方法是目前较为适宜的制备方式。

2011 年，Filinchuk 等[95]用硼烷二甲基硫醚络合物（$(CH_3)_2S \cdot BH_3$）制备了一种溶剂化物，该溶剂化物经温和加热后，产生了一种新的立方变形，即 γ-$Mg(BH_4)_2$。作者通过对进行 SR-PXD 分析，发现其中单个 Mg 位点周围具有 BH_4 基团的四面体环境。其结构为三维网状的相互渗透通道，使 γ-$Mg(BH_4)_2$ 成为第一个报道的具有永久大孔隙度的氢化物，结构中的空体积达到33%。并且多孔 γ-$Mg(BH_4)_2$ 骨架具有吸收客体分子的能力，当压力升高至 105bar 时，可以吸收 H_2 形成 γ-$Mg(BH_4)_2 \cdot 0.80H_2$，将实际储氢量提升至 17.4wt%。

Filinchuk 等[95]在首次报道高孔隙度 γ-$Mg(BH_4)_2$ 的同时，观察到一个更大的压力会诱发孔隙结构发生坍塌。γ-$Mg(BH_4)_2$ 在 0.4GPa 时转变为衍射 - 非晶相，然后在约 2.1GPa 时转变为致密的 δ-$Mg(BH_4)_2$，在氢化物材料中达到有史以来最大的 44% 的体积收缩。$Mg(BH_4)_2$ 的体积储氢密度约为 147g/L，是所有已知氢化物中体积储氢密度第二高的物质，仅次于 150g/L 的 Mg_2FeH_6。在 2015 年，Richter 等[96]在研究 $Mn(BH_4)_2$ 的合成与表征时，发现 $Mg(BH_4)_2$ 和 $Mn(BH_4)_2$ 之间的结构相似性明显，一个新的 $Mg(BH_4)_2$ 的多晶型被命名为 ζ-$Mg(BH_4)_2$。

8.1.4.2 $Mg(BH_4)_2$ 基储氢材料的改性

尽管 $Mg(BH_4)_2$ 具有许多优点，由于 $Mg(BH_4)_2$ 的吸放氢动力学性能不佳、热分解路径尚不明确、可逆条件苛刻，开展其储氢性能及储氢机理的研究具有重要的意义。目前，关于 $Mg(BH_4)_2$ 的研究已经取得了大量进展，研究人员通过添加剂掺杂、多相复合、纳米化、高容量衍生物等方法实现了对 $Mg(BH_4)_2$ 热力学和动力学性能的有效改善。

掺杂催化剂或添加剂是一种有效改善 $Mg(BH_4)_2$ 基储氢材料吸放氢性能的方法。大量研究表明，过渡金属基掺杂剂（氧化物、硼化物、卤化物等）、稀土基掺杂剂以及非金属碳基掺杂剂等，对 $Mg(BH_4)_2$ 储氢体系的动力学性能均表现出一定的改善作用。

Zavorotynska 等[97] 向 γ-$Mg(BH_4)_2$ 中添加 2mol% 的 Co 基催化剂（CoF_3、Co_2B、$CoCl_2$、Co_3O_4），发现在三个循环后，可逆储氢量约为 2wt%。2013 年，Zhang 等[98] 发现 γ-$Mg(BH_4)_2$ 的分解过程是一个复杂的反应，在熔融温度以下经历了两次晶型转变。添加 CaF_2、ZnF_2 和 TiF_3 等添加剂后，放氢温度明显降低。ZnF_2 和 TiF_3 促进体系从 50℃左右开始放氢，与此同时，总的放氢量损失严重。TEM 观察证实 ZnF_2 和 TiF_3 与非晶态 Mg-B-H 化合物发生了化学反应，而非作为催化剂起到催化作用。这些影响主要是在第一次脱氢过程中进行研究，而对添加剂对再加氢过程影响的研究较少。

2015 年，Zhang 等[99] 通过氟化石墨（FGi）与 $LiBH_4$ 的协同作用，使 $Mg(BH_4)_2$ 的脱氢性能得到显著提高。在 FGi 的作用下，6$Mg(BH_4)_2$-4FGi 复合材料的氢解吸可以在 170℃条件下数秒内完成，但释放出的氢却含有 B_2H_6 和 HF 等杂质气体。作者继续添加 $LiBH_4$，发现几乎所有的 B_2H_6 和 HF 杂质都能被 FGi 和 $LiBH_4$ 协同修饰作用所抑制，3$Mg(BH_4)_2$-3$LiBH_4$-4FGi 初始放氢温度降低至 125.7℃，体系储氢容量高于 8.0wt%。作者将这些显著的改善归因于在 FGi 表面形成大量新形态的纳米级硼氢化物斑点，以及硼氢化物与 FGi 相互作用形成稳定的氟化物（MgF_2 和 LiF）。

2019 年，Jiang 等[100]研究了碳纳米管（CNTs）对 $Mg(BH_4)_2$ 组织演变和储氢性能的影响。将不同量的 CNTs 通过机械球磨方式引入 $Mg(BH_4)_2$ 后，$Mg(BH_4)_2$-5wt% CNTs 的初始放氢温度由 275℃降至 120℃左右，并且放氢平台压增高，作者认为 CNTs 引起了反应路径的改变，致使体系表现出了良好的脱氢动力学。有趣的是，CNTs 的添加有效提高了 $Mg(BH_4)_2$ 的可逆储氢性能，放氢产物在 300℃、12MPa 氢压条件下，2h 内吸收了 2.46wt% 的氢气，对再吸氢产物进行 XRD 测试，发现并没有硼氢化物的生成，而是 MgB_2 部分与 H_2 反应生成了 MgH_2。同年，Zheng 等[101]采用球磨法将 2D MXene Ti_3C_2 引入 $Mg(BH_4)_2$ 体系中，以改善其脱氢性能。$Mg(BH_4)_2$-Ti_3C_2 复合材料呈现出一种新颖的"层状蛋糕"结构，在 Ti_3C_2 层状结构上均匀分散了粒径明显减小的 $Mg(BH_4)_2$ 颗粒。体系的初始脱氢温度降低到 124.6℃，并且在 400℃之前完成了放氢反应，在第二、第三次可逆放氢动力学性能得到有效的改善。作者认为，MBH-Ti_3C_2 储氢性能的显著提高，是由其结构产生的协同效应引起的。在脱氢 / 再氢过程中，Ti_3C_2 阻止了 $Mg(BH_4)_2$ 粒子的聚集，同时提供了活跃的金属 Ti 位点催化 $Mg(BH_4)_2$ 的分解。

多相复合是一种改善 $Mg(BH_4)_2$ 的储氢性能的有效方法。该方法一般选用将 $Mg(BH_4)_2$ 和其他金属硼氢化物、铝氢化物、氮氢化物、氢化物、氯化物等复合，来改变 $Mg(BH_4)_2$ 的放氢反应路径、实现体系热力学性能调控来改善其储氢性能。

2011 年，Bardají 等[102] 通过球磨法合成了 $LiBH_4$-$Mg(BH_4)_2$ 复合体系，$LiBH_4$ 的添加促进 $Mg(BH_4)_2$ 由 α 相转变为 β 相，球磨混合后，这些成分以物理混合物的形式存在，并没有形成类似于 $Li_{1-x}Mg_{1-y}(BH_4)_{3-x-2y}$ 这种新的化合物。对体系进行加热升温，作者发现在 180℃发生共晶熔融现象，同时伴随有氢气的释放，其温度低于纯单一组分 $LiBH_4$ 或 $Mg(BH_4)_2$ 的初始放氢温度，并且该复合体系在 270℃时可以释放约 7.0wt% 的氢气。随后，Chen 等[103] 在相同体系中引入 Co 基催化剂，将起始放氢温度进一步降低到 155℃，作者认为硼氢化物共晶混合物的形成是提高储氢性能的重要因素。

2012 年，Liu 等[104]开展了对 $Mg(BH_4)_2$-$NaAlH_4$ 复合体系的研究，球磨过程中，$Mg(BH_4)_2$ 与 $NaAlH_4$ 容易发生复分解反应，转化为 $NaBH_4$ 和 $Mg(AlH_4)_2$ 的混合物。其起始放氢温度降低至 101℃，温度低于纯单一组分 $NaAlH_4$ 或 $Mg(BH_4)_2$ 的初始放氢温度，放氢反应分多步进行。对放氢产物在 400℃、100atm 氢压下进行再氢化，可以吸收 6.5wt% 的氢气。作者认为在中等温度和氢气压力下，是由于 $Mg(AlH_4)_2$ 的存在对 $NaBH_4$ 的可逆储氢起到了显著的促进作用。同一课题组 Yang 等[105]研究了 $Mg(BH_4)_2$-$LiAlH_4$ 复合储氢体系，其可逆储氢能力得到了进一步提升，该体系在更为温和的条件下（300℃、100bar 氢压）实现了 8.4wt% 的再吸氢，作者认为可逆能力主要来自加氢再生的 $LiBH_4$ 和 MgH_2，而来自 $Mg(BH_4)_2$ 的脱氢产物也是部分可逆的。

2015 年，Ley 等[106]探究了 $NaBH_4$-$Mg(BH_4)_2$ 的熔融行为和热解行为。对于 $x$$NaBH_4$-$(1-x)Mg(BH_4)_2$ 复合材料，当 x=0.4 ～ 0.5 时，在 205 ～ 220℃之间发生熔化 / 起沫现象，但试样并没有变成透明的熔融相，与其他碱金属和碱土金属硼氢化物的共晶混合物表现相似。令人惊讶的是，在较不稳定的金属硼氢化物 $Mg(BH_4)_2$ 中加入一种更稳定的金属硼氢化物 $NaBH_4$，会在更低的温度发生部分热分解和氢释放，这比单个组分的放氢温度都要低。作者认为控制样品的熔化可以调整氢的释放和吸收，这为获得高容量储氢材料开辟了新的途径。2017 年，Zheng 等[107]在 $NaBH_4$-$Mg(BH_4)_2$ 体系中引入了氟化石墨烯（FG），球磨后形成碗状的三维立体结构，新的 $NaBH_4$-$Mg(BH_4)_2$-FG 体系在 114.9℃时数秒内即可快速释放 6.9wt% 的氢气。作者将放氢性能重大提升归因于“新型碗状 3D 结构”具有大的比表面积和“反应物失稳修饰”导致反应焓的降低。这一发现为制备低脱氢温度、快脱氢速率的硼氢化复合材料提供了一种简便的方法，加速了硼氢化复合材料在燃料电池中的实际应用。

纳米化可以有效降低 $Mg(BH_4)_2$ 的颗粒尺寸，将氢原子在吸放氢的过程中所需要运动的活动范围限制到了纳米级，储氢材料体现出良好的动力学性能。2015 年，Han 等[108]通过调节 $Mg(BH_4)_2$ 和碳纳米管（CNTs）的配比，在 CNTs 表面形成了厚度为 2 ～ 6nm 的 $Mg(BH_4)_2$ 纳米涂层，使得体系的放氢温度降低了约 200℃，MBH-CNTs 加载 50wt% $Mg(BH_4)_2$ 的初始放氢温度为 76℃，在 117℃下等温放氢 10min 可以释放 3.76wt% 的氢气。脱氢后的 MBH-CNTs，在 10MPa H_2，350℃条件下可实现 2.5wt% H_2 的部分可逆性，并且对再吸氢产物进行拉曼测试，观察到了明显的 B-H 键，这可能是 $Mg(BH_4)_2$-CNTs 材料纳米化的结果。

2016 年，Wahab 等[109]将 $Mg(BH_4)_2$ 渗透到含有分散 Ni 纳米粒子的有序介孔碳（CMK3）中，研究纳米约束和催化的协同效应。成功限域后，CMK3-Ni-$Mg(BH_4)_2$ 体系的初始放氢温度为 75℃，并且在 155℃达到放氢峰值温度，放氢动力学性能得到重大改善。作者将放氢性能改善归因于纳米约束和中孔碳中均匀分散的超细 Ni NPs 活性位点的协同作用。

8.1.5 储氢材料作为气固态储氢的应用技术研究进展

目前，固态储氢作为氢源与燃料电池系统匹配应用在交通领域起步相对较早，氢两轮车、燃料电池叉车、加氢站均有示范项目，下文总结了固态储氢在交通领域的一些应用现状。

上海氢枫能源技术有限公司（简称氢枫能源）自主研发了以镁合金材料为储氢介质的镁

基固态储氢车，车内包含了12个储氢容器，每个容器里面都装填了高容量镁合金储氢材料。如图8-6所示，该产品实现储运氢装置的轻量化、大容量设计，将前端制氢装置产出的氢气储存起来，并经过放氢过程后，通过增压系统，为后端加注装置以及氢燃料电池提供稳定可靠的氢气需求。2023年4月13日，氢枫能源联合上海交通大学氢科学中心重磅发布世界领先的第一代吨级镁基固态储运氢车（MH-100T），搭载12个储氢罐，可以储存1t氢气，是常规（气态储氢）3～4倍的存储量，车辆在常温常压下储运，工作压力≤1.2MPa，放氢纯度99.999%，循环次数＞3000次，能够适应铁路、公路、轮船等不同的运输方式，适合长距离、大规模氢运输，不同的集装箱组合在一起，可以固定存储大量的氢能，形成大规模的固态储氢系统。

新氢动力发布的固态金属储氢燃料电池叉车，可解决用户在氢能叉车能源补给方面的困难，具备高安全性、高稳定性以及高于储氢罐式叉车的续航工作时长等优势，且可采用固体金属储氢能源模块更换模式进行氢能补给，为客户生产、应用提供了更多便利和多种选择。

在氢能两轮车领域，国内多家企业已经进行了布局，总结情况如表8-6所示。江苏集萃安泰创明先进能源材料研究院有限公司开发的固态储氢为氢源氢电动车，采用2个1标升固态储氢瓶，充氢压力低于1MPa，充氢110g，续航里程高达120km，在广东地区进行了示范验证工作。永安行科技有限公司将安泰创明研究院生产的固态储氢发电系统成功应用于共享型氢燃料电池助力自行车，在常州市、南通市陆续开展市民体验骑行活动。2021年3月26日，九号公司在第二十届中国北方国际自行车电动车展上首次公开亮相采用氢能源作为动力的Segway APEX H2电动摩托车，引发了行业内外的广泛关注。Segway APEX H2采用固态储氢的方式，配备定制的专属储能罐，便于携带和更换。上海攀业氢能源公司开发出“小黑驴”燃料电池电动自行车，采用2个1标升固态氢瓶，续航里程80km。

表8-6 国内企业在氢能两轮车方向的研究进展

企业	动态
安泰创明	2020年1月，在江苏常州推出氢能助力单车，如图8-6所示；2022年5月15日，推出了“氢哇出行”氢能两轮车，并正式入驻韶州公园；采用两个容积为1L固态储氢瓶，充氢110g，续航里程120km；2022年5月，在深圳顺利投运使用1L固态储氢瓶的氢能外卖车
永安行	2021年12月，在江苏常州主城区投放1000辆氢能自行车，采用固态储氢技术，储氢0.5m³续航70km；2022年9月28日，推出国内首款大规模量产的民用型氢能自行车Y400，采用低压AB_5合金固态储氢装置，容积0.7L，续航55km
攀业氢能源	2022年10月1日，佛山氢能共享两轮车试运营，采用金属氢化物固态储氢技术，续航80km以上
北京氢冉	2020年12月，与清华大学车研所联合开发的氢能自行车下线，整车采用氢电混合动力，储氢60g，续航达100km
九号公司	2021年6月，氢电混合动力车Segway APEX H2正式开放量产预约，计划2023年正式推出，采用固态储氢方式
伯华氢能	2020年1月，安徽伯华氢能正式发布首款氢燃料电池摩托车“氢风侠”
宗申氢能	2021年9月17日，宗申旗下森蓝系列在摩博会上发布了氢能源摩托车ERT3，配置碳纤维复合材料氢气瓶，续航100km（35MPa下）

续表

企业	动态
协氢新能源	2022 年 8 月 28 日，发布了两款氢动两轮车
创呈工业	2021 年 9 月 17 日，在摩博会上展出了一款名为 XCELL 的可变骑姿的燃料电池两轮概念车
雅迪	2021 年 3 月 26 日，雅迪科技集团与天能集团围绕氢能电车达成战略合作协议

(a)

(b)

图 8-6 吨级镁基固态储运氢车（a）和固态储氢助力两轮车（b）

8.2 固态储氢领域对新材料的战略需求

在全球低碳转型的进程中，氢能因其清洁、高能量密度、可再生的优势得到各国的高度重视，发展氢能是我国实现“碳达峰”“碳中和”目标的重要措施，但目前缺少安全、高效、经济的氢气储运技术是制约我国氢能大规模应用的主要瓶颈问题之一。固态储氢作为最有前景的储运氢技术之一，在移动交通、运氢、氢储能等应用领域已经进行了区域示范应用，为满足大规模应用的需求，开发大功率供氢系统用常温常压储氢材料、高效高安全氢储运关键合金材料、氢热电联供系统用固态储氢材料、新型高密度储氢材料等方向，仍属于氢能领域对固态储氢新材料的战略需求。具体如下文所述。

8.2.1 聚焦大功率供氢系统用常温常压储氢材料的开发

固态储氢具有体储氢密度高和安全性能好的优点，但是目前面临常温常压下质量储氢密度偏低、材料成本高等问题。现阶段已开发的商业合金类型主要有 AB_5、AB_3 和 AB_2 型，质量储氢密度分别为 1.5wt%、1.8wt% 和 2wt% 左右，尽管可以通过合金化、非化学计量以及热处理等方法进行储氢性能调控，但储氢密度已难以进一步提升。国内外多家研究机构针对相关的 V 基固态储氢材料开展了研究，如表 8-7 所示。

钒（V）基固溶体储氢材料在常温常压条件下储氢容量优势明显（质量储氢密度为 3.9wt%），吸放氢焓变适中（40kJ/mol H_2），且我国具有 V 资源优势（如攀枝花地区丰富的钒铁矿），是固态储氢材料的重要选择之一。但其常温常压下完全放氢困难，这与其因热力学内禀特性导致低压放氢平台压过低直接相关，同时其放氢动力学差也是放氢困难的重要原因。通过合金化在 V 中固溶 Ti、Fe、Cr、Mn、Y、Ni、Mg 等元素形成二元或多元合金，改变氢化物相的电子结构、晶体结构，可以调整 V 基合金的储氢容量、吸放氢平台压、吸放氢速率等综合储氢性能。日本是较早研究 V 基固溶体储氢材料的国家之一，日本国立先进工业科学技术研究所提出了 Ti-V 基储氢合金中的 BCC 相相关的 Laves 相储氢复合结构，九州大学和东北大学也开发了一系列 V-Ti-Cr 基储氢材料。国内研究机构也在提高 V 基固溶体储氢材料储氢性能和机理分析方面做了大量工作。有研院开发了 Fe 或 Al 掺杂的 75V-Ti-15Cr 合金材料，改变了合金晶格参数，获得了室温下 2.26wt% 的储氢容量和 0.5MPa 的放氢平台压力，并在循环 100 次后保持了 97% 的储氢容量。燕山大学构建了多组分钒基合金 $V_{0.35}Cr_{0.1}Ti_{0.25}Ni_{0.3}$ 微米 / 纳米级分层结构，大量 TiNi 和 VCr 纳米沉淀相以及高密度富 Ni 纳米团簇，使得材料获得优异的储氢动力学性能。华南理工大学发现添加 Ni 元素后会形成热力学稳定的 VNi 固溶体，通过对间隙和空位 H 原子溶解和扩散能垒的影响，可以减少 V 氢化物各阶段的结构稳定性。此外，近年来发现利用一些廉价的钒铁中间合金（如 FeV80，V 的质量分数约 80%，但其价格约为纯钒的 1/10）代替纯钒，可大幅降低 V 基储氢合金的制备成本。四川大学报道了以 FeV80 合金为原料制备的低成本 V30Ti32Cr32Fe6 合金，该合金经热处理后在 293K 下最大储氢量为 3.76wt%，可逆容量为 2.35wt%，证明此策略是可行的。

目前固态储氢材料质量储氢密度仍然较低，这主要是由于储氢材料开发和机制分析缺乏原位研究手段和系统深入研究，缺乏稳定的规模化制备技术与设备。因此，针对目前能源、交通、化工等领域亟需大功率常温常压高容量储氢技术的现状，亟需开发储氢容量高、常温常压、动力学响应速度快、长服役寿命的关键合金材料及其批量化制备技术，突破常温常压快速动态响应的大功率供氢系统集成等关键技术，开发以常温常压固态储氢为基础的固态储氢系统。

表 8-7　国内外从事相关研究的主要机构

序号	机构名称	相关研究内容	相关研究成果
1	华南理工大学	Ni-M 电池 AB_3 型储氢合金负极、AB_2 合金结构与性能调控	调控 AB_3 型储氢合金结构与多相多尺度结构，获得优良电化学性能；调控 AB_2 合金组分创制高压储氢合金
2	日本国立先进工业科学技术研究所	基于 Zr、Ti、V、Mn 的多相储氢合金	在 AB_2 和 Ti-V 基储氢合金的基础上，提出构建 Laves 相与 BCC 相复合的多相储氢合金
3	日本九州大学	Ti-V 储氢合金	Ti-V 基储氢材料中 Cr、Mn、Fe 等元素及塑性变形处理对材料微结构及储氢性能的影响
4	日本东北大学	Ti-Cr-V 基储氢合金	不同氢压条件下 Ti-Cr-V 基储氢合金成分对吸放氢过程中结构演变与性能的影响

8.2.2 聚焦高效高安全氢储运关键合金材料开发

氢储运是氢能产业链中限制其推广应用的关键瓶颈环节，迫切需要构建高密度、轻量化、低成本、多元化的氢储运体系。在多种储运技术中，固态储运氢体积密度高、压力低、安全性好、可长期存储、可与应用场景耦合而降低能耗，是较为理想且具有中国资源特色的氢气规模储运方式。当前，固态储运氢技术尚处于产业化初期阶段，仍需着力开发高性能固态储氢材料及其规模化低成本制备技术、发展大容量固态储氢装置以及与应用场景耦合的集成技术，从而实现高效安全固态储运氢，推动氢能产业发展。

现在主要面临以下几个关键科学问题和技术问题：

① 高性能储氢材料的吸放氢热力学和动力学控制机制　镁基储氢材料存在吸放氢温度相对高、吸放氢动力学性能较差等问题，需要通过催化相添加、组织细化、表面改性、元素合金化等方式调控储氢材料的吸放氢热 / 动力学。因此，厘清材料的微纳结构、界面形态及表面状态等对吸放氢热 / 动力学的影响机制是本项目的关键科学问题，是调制出高性能镁基储氢材料的前提。

② 固态储氢材料在服役条件下的循环失效机制及应对措施　镁基储氢材料在实际服役过程中，由于粉化、晶格失稳与缺陷、应力累积、气体毒化等因素交织影响，导致储氢性能衰减较快，放氢平台压下降，严重影响储氢材料的工程应用。因此，揭示镁基储氢材料在服役条件下的循环失效机制，明确循环失效的主要成分、结构因素，据此开发循环高稳定性材料及有效再恢复技术，是镁基储氢材料规模化应用需要解决的关键科学问题。

③ 镁基储氢材料批量化低成本生产及品控技术　镁基储氢合金存在韧性好、难破碎以及微纳米晶难制备等问题，导致镁基储氢材料制粉难，且难以确保制备的合金粉末成分、结构、尺寸、性能的均一性。因此，如何实现镁基储氢材料批量化低成本熔炼与制粉，确保不同批次间合金粉的成分、结构、尺寸、表面状态和吸放氢性能的稳定性，是关键技术问题。

④ 镁基固态储氢装置的氢热耦合模型及优化设计技术　镁基储氢材料的吸放氢过程存在明显热效应，导致粉末在吸氢或放氢时，粉末床局部位置材料的温度、压力、氢含量和颗粒体积膨胀情况动态变化，因此需要厘清局部区域的材料及其床体的氢 - 热耦合引起的理化特性动态变化规律；同时，局部区域的理化特性不同，会导致粉末床宏观尺度下出现明显的温度、压力和氢含量梯度变化，而温度和压力直接影响储氢材料的吸放氢速率，导致固态储氢装置的吸放氢速率无法满足应用场景对于吸放氢速率的高要求。因此，需要从材料、装置两个层次对储氢装置氢热耦合过程进行优化设计。然而现有氢热耦合模型存在储氢材料服役条件下吸放氢动力学不清晰、床体有效热导率本构方程不明确等问题。因此，解析镁基储氢材料吸放氢热 / 动力学参量动态变化与高密度氢化物床体能量传递特性的内在关联，掌握服役条件下床体热导率和氢渗透率的动态测试技术，分析研究材料吸放氢平台斜率、滞后以及平台温度特性对床体能质传递性能的影响规律，揭示反应床体在吸放氢反应过程中的热场分布规律和吸放氢速率变化规律，阐明储氢材料床吸放氢过程中的能质传递机制，提升储氢装置的热交换效率和快速吸放氢能力，是亟需解决的关键技术难题。

针对氢气高效高安全储运难题，应开发储氢容量高、安全、服役寿命长的镁基运氢及其百吨级规模稳定制备技术，研制氢热耦合的固态储氢装置，形成与应用场景热量耦合的高能效储运氢集成系统，建设规模运氢、氢冶金用氢、工业园区储供氢平台等应用示范工程，实现基于固态储氢材料的高效高安全“运、储、用”氢新模式。

 8.2.3 聚焦氢热电联供系统用固态储氢材料的开发

国内外科研机构围绕固态储氢合金和储氢装置方面开展了大量研究，并在燃料电池二轮车、叉车、巴士等场景进行了技术验证。然而，已有装置技术难以满足固定式发电、分布式储能、可再生能源制氢等规模化储氢需求，特别是单体装置储氢容量较小、储氢密度低、吸/放氢速度慢且储氢能耗高等已成为制约我国氢能规模化应用的瓶颈难题。

固态储氢合金相关的改性研究主要采用多元合金化策略来改善储氢密度、初始活化性能及吸/放氢速率等。合肥通用机械研究院有限公司开发出高活性 TiZrCrMnFeNi 高熵合金，在室温下 3min 内可吸氢约 1.7wt%。安徽工业大学联合华北电力大学研制的 TiZrFeMnCrV 高熵合金具有优异的吸/放氢性能，其 50 次循环容量无明显衰减，保持在 1.8wt% H_2。最近德国亥姆霍兹中心开发的 TiVFeMgLi 系列多元高熵合金，在 50℃和 10MPa 条件下储氢容量高达 2.6wt% H_2。上述结果表明，开展多元合金化研究有望进一步提升储氢合金的储氢密度、动力学和循环性能，但目前缺乏兼顾储氢密度、吸/放氢速度、反应焓变和循环寿命的固态储氢合金复合设计及有效改性方法。

国内外已开展应用示范的固态储氢装置主要采用成熟的换热结构，包括管壳式、套管式、板翅式等。中国船舶集团有限公司第七一二研究所研制的某 UUV 用单体固态储氢装置采用管壳式换热结构，需要约 8h 完成 40kg 充氢；美国桑迪亚国家实验室开发的固态储氢燃料电池叉车采用套管式换热结构，其充满 2.7kg 氢气需要 10min；日本制钢所用于可再生能源储氢的固态储氢装置采用板翅式换热结构，其吸/放 10kg 氢气分别需要 20h 和 10h。尽管上述装置已成功应用于相关场景，但其吸/放氢速率仍难以满足大容量固态储氢装置的快响应需求。此外，反应床体在循环吸/放氢过程中伴随的颗粒粉化、孔隙结构与体积变化，应力应变等易增加反应床体与换热壁面接触热阻，导致传热效率显著降低。因此，亟需围绕吸/放氢动态过程开展高效传热结构设计研究。然而，降低反应床体与换热壁面接触热阻的高效传热结构设计至今未见系统报道。

国内外多家研究机构先后对固态储氢装置技术进行了系统研究，并在移动/分布式储能等领域开展示范应用。德国哈德威造船厂率先开发出储氢量为 84kg 的 TiFe 系合金固态储氢装置，并与单体 34kW PEM 燃料电池匹配应用于 212A 型燃料电池潜艇，成功将水下连续潜航延长到 2 ～ 3 周；美国桑迪亚国家实验室成功将固态储氢装置用于燃料电池叉车，储氢容量达 2.7kg，储氢密度为 1.2wt% H_2；法国迈克菲公司针对固定式储能场景，开发了多罐体镁基合金储氢集成系统，单罐最大储氢量为 5kg。近年，国内在固态储氢装置设计研究方面也取得了显著进步。在国家某重大科技专项支持下，中国船舶集团有限公司第七一二研究所研制出单体储氢量 40kg 级某 UUV 用固态储氢装置，可在 8h 内完成充氢，并与燃料电池动力系统匹配装发于军事应用示范工程项目；在“十三五”新能源汽车重点专项支持下，安泰创明基于 AB_2 和 AB_5 型储氢合金开发了 44kg 级储氢容量的多个单体组合式固态储氢装置，其吸/放氢速率≥ 0.15kg/min，并成功应用于绿氢存储。

针对固定式发电装置的大容量、高密度和快响应的储氢、供氢需求，亟需开发高密度和快响应固态氢化物，以及高效固态储氢装置设计和系统能量综合利用技术，获得高效传热传质结构优化设计方法及制造工艺，实现氢热电联供系统供氢、供电、供热流程动态耦合技术。

8.2.4 聚焦新型高密度储氢材料的开发

在目前的储氢材料中，以 $LiBH_4$、$NaBH_4$、$Mg(BH_4)_2$ 和 $Ca(BH_4)_2$ 为代表的金属硼氢化物，由于突出的质量和体积储氢密度而在固态储氢应用领域受到广泛关注。为了实现金属硼氢化物作为固态储氢材料的应用，国内外在理论计算、材料体系创制、储氢性能改善等方面开展了大量的研究工作。

在理论计算方面，得益于高性能计算机及量子化学计算方法的发展，第一性原理计算在储氢材料设计与改性领域发挥了重要的作用。日本东北大学 Orimo 等通过第一性原理计算揭示出硼氢化物脱氢温度随着金属离子电负性的增加而降低的规律。这为理解已知金属硼氢化物储氢性能提供了一定的理论指导，但传统试错探究法无法对未知材料体系的储氢性能进行系统预测及筛选。桂林电子科技大学利用数据挖掘和高通量计算参与建立了基于材料基因组思想的金属氢化物数据库，并开展了铝基储氢材料的性能预测与调控研究，发现含氢基团原子轨道的去杂化效应可有效降低氢化物脱氢势垒。因此，借助材料基因组工程思想对系列材料进行高通量的第一性原理计算，通过系统学习建立性能预测的物理模型，可更高效地预测并指导新型金属硼氢化物储氢材料的创制和改性。

在新型金属硼氢化物储氢材料及体系方面，通过构建反应式复合体系有效降低了吸 / 放氢反应的热力学稳定性。美国 Vajo 团队通过构建 $LiBH_4$-Mg 复合体系实现了硼氢化物吸 / 放氢反应的热力学失稳化，借助 MgB_2 的生成将 $LiBH_4$ 的吸 / 放氢焓变降低到 42kJ/mol H_2。复旦大学夏广林创制出 $LiBH_4$-Ni、$LiBH_4$-Al 等典型复合体系，进一步降低了吸 / 放氢热力学焓变。然而，目前已知复合体系尚存在吸 / 放氢焓变过高的关键难题，难以实现低温可逆吸 / 放氢。为此，丹麦奥胡斯大学、复旦大学等发展出氨合金属硼氢化物，利用 B-H 键与 N-H 键结合实现了金属硼氢化物的低温脱氢。但该类材料的脱氢过程为放热反应，从热力学角度上无法直接加氢可逆。因此，要实现氢气在温和条件下的大容量可逆储存与释放，亟需发展具有优异吸 / 放氢热力学参数（脱氢焓值约为 30.0kJ/mol H_2）的新型金属硼氢化物储氢材料及体系。

在热力学调控的基础上，目前主要采用纳米尺度调控、添加催化剂等策略提高金属硼氢化物的吸 / 放氢动力学性能。美国劳伦斯伯克利国家实验室 Urban 等通过溶液负载实现了 $Mg(BH_4)_2$ 在多孔碳模板内的空间限域，将其起始放氢温度降低到 150℃。然而，依靠不可控的物理吸附作用进行空间限域的方法存在负载率低及分布不均的关键问题。而且即使纳米化后，$Mg(BH_4)_2$ 的可逆储氢效率依然只有 31%。

针对氢能高效高安全的储运氢技术需求，新型高密度储氢材料的持续开发是氢能技术创新的手段之一，探索基于多策略改性的新型制备技术和新机制、新理论，发展高密度储氢材料新体系，可促进氢能技术的规模化应用推广。

8.3 当前存在的问题、面临的挑战

发展高效、高安全、高密度的氢储运材料与技术是实现氢能经济并助力“碳中和”的重要支撑，同时也是我国氢能产业布局面临的挑战。当前主要存在以下问题：

8.3.1 储氢材料储氢性能尚有优化空间

AB_5 和 AB_2 型等常温常压储氢材料已经具备了商业化的应用前景，但相对比于 35MPa、70MPa 高压气态系统储氢密度，仍存在质量储氢密度低（1.5 ～ 2.0）wt%、成本高等问题，开发储氢容量高、常温常压、动力学响应速度快、长服役寿命的储氢合金材料是面临的挑战之一。

中高温镁基储氢材料具有较高的储氢密度（7.6wt%），然而，仍然存在其反应热力学稳定性高（反应焓值约 75kJ/mol H_2）、反应温度高（300 ～ 400℃）、放氢动力学慢（活化能 160kJ/mol）、循环性能差等问题，开发储氢容量高、操作温度适宜、服役寿命长的镁基储运氢材料及其百吨级规模稳定制备技术是目前面临的挑战之一。

新型高密度金属硼氢化物储氢材料体系，其可逆吸放氢热力学、动力学性能以及循环稳定性等仍是突出问题，探索基于多策略改性金属硼氢化物的新型制备技术和新机制、新理论是现阶段的研究热点，也是目前面临的挑战之一。

除此之外，固态储氢材料体积膨胀率、传质系数、热导率及比热容等本征热物性对固态储运氢系统的传热传质影响较大，且在这方面的研究尚少，因此，阐释等效热物性与储氢性能之间的构效关系，以及掌握高效的等效热物性调控技术是高效储运氢技术亟待解决的难题，也是目前面临的挑战之一。

8.3.2 储氢系统装置方面研究不足

尽管国内外相继开展了固态储氢装置的研制与验证，但其吸放氢响应速度仍需大幅提升，且储氢系统的氢热管理研究尚不足，亟待开展高密度、快响应和低能耗固态储氢系统技术。

针对能源、交通、化工等领域亟需大功率常温常压高容量储氢技术的现状，固态 / 高压复合储氢技术因体积储氢量高、放热量少、安全性高、适用温度广、供氢稳定等而具有很大的优势，但是固态 / 高压复合系统所用的固态储氢材料质量储氢密度仍然较低，且储氢量在 100kg 以上的大规模应用示范尚未见报道，仍缺乏稳定的规模化制备技术与设备，仍存在大规模常温常压储氢材料与高压气态复合系统缺少结构设计、热管理和集成技术等主要问题，这也是面临的挑战之一。

针对固定式发电装置的大容量、高密度和快响应的储氢、供氢需求，亟需开发高密度和快响应、高效固态储氢装置设计和其系统能量综合利用技术。现阶段仍存在大容量固态储氢装置吸放氢过程热流时空分布演变特性及高效传热结构拓扑优化理论研究欠缺，以及大容量、高密度、高效传热传质结构优化设计方法及制造工艺不足，缺少氢热电联供系统储氢、发电、供热流程动态耦合技术研究等问题，这些也是面临的挑战。

针对规模运氢及氢冶金用氢需求，亟需开发储氢容量高、安全性高、服役寿命长的镁基运氢装置，但目前缺乏镁基储运氢装置内的温度场、压力场、流速场和氢含量分布的氢热管理技术，缺少储运氢装置吸放氢过程与钢厂废热的高效、高安全氢热耦合研究等，仍然是目前亟需解决的问题。

8.3.3 固态储氢的应用和政策不足

固态储氢的示范应用在交通领域起步相对较早，主要集中在以固态储氢作为氢源与燃料电池系统匹配应用在氢能两轮车、燃料电池叉车、观光车和游船等领域，以及在镁基储运氢槽车和电网领域的电氢协同制、储、用一体化示范应用，已经初具雏形。

但是，从规模运氢及氢冶金用氢需求出发，尚需要为氢气工业规模储、运提供示范验证平台，以验证镁基固态储氢技术在交通领域及工业用氢场景中运氢的可行性、安全性及经济性，进一步实现镁基固态储运氢技术在规模运氢和钢厂氢冶金用氢中的示范应用。

针对固态储氢和燃料电池的氢热电耦合特性，开发的氢热电联供系统集成设计方案，以及开展的氢热电联供系统集成试验验证，特别适用于固定式发电装置场景下的氢、热、电供应示范应用。

目前国家和地方对于固态储氢技术的标准、法规和政策还不够完善，缺乏明确的法规和政策指导。政府对固态储氢技术的支持和投入相对较少，缺乏对技术研发和产业发展的全面规划和引导。此外，政府对固态储氢技术的标准制定和监管还不够完善，存在一定的安全风险和隐患。

总之，固态储氢作为一种新型的储氢技术，其发展仍面临着许多挑战。需要继续进行研究和开发，以解决现有问题，并实现其在氢能源领域中的广泛应用。

8.4 固态储氢技术未来发展

固态储氢是一种高效、安全的储氢方式，具有广泛的应用前景。以下是关于固态储氢未来发展的分析。

（1）技术预判 到2035年，固态储氢技术预计将进一步成熟。一方面，固态储氢的储氢密度（质量储氢密度大于5wt%）和安全性可能会得到进一步提升，并达到大规模应用的要求。另一方面，固态储氢材料用作水解制氢技术也可能取得突破，实现更加高效、环保的制氢方式。同时，高密度固态储氢在储能领域的应用技术将具备产业化应用条件，并大规模普及应用，固态储氢技术的成本也有望进一步降低，其在市场上的竞争力有望进一步提高。在储运氢技术领域，固态储氢技术将占据一定的应用市场。

（2）应用场景

① 在交通领域 固态储氢可用于氢能源汽车、船舶和轨道交通等交通工具中，降低交通

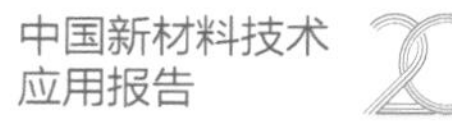

排放，提高能源利用效率。固态储氢具有体积储氢密度和质量储氢密度高、安全性能好、全寿命周期长等优势，将结合燃料电池系统技术进行氢电耦合，为交通领域提供清洁的驱动电能。

② **在能源储存领域** 固态储氢可以实现可再生能源的高效储存和利用，提高电网的稳定性和可靠性。首先，可再生能源如风能、太阳能等具有间歇性和不稳定性，其产生的电力需要及时储存并在需要时释放。固态储氢技术可以有效地解决这个问题。在阳光充足或风力强劲的时候，可以将多余的电力用于电解水产生氢气，然后将氢气以固态形式储存起来。在电力需求高峰或可再生能源供应不足的时候，这些储存的氢气可以通过燃料电池或其他方式转化为电力，满足电网的需求。其次，通过固态储氢技术，可以在电力供应过剩时储存氢气，在电力需求过大时释放氢气，从而平衡电力的供需，保持电网的稳定运行，提高电网的稳定性和可靠性。电网的稳定性和可靠性是衡量电力系统性能的重要指标，而电力的供需平衡是其中的关键因素。此外，固态储氢技术还可以作为备用电源，在电网故障或发生自然灾害等情况下提供紧急电力供应，进一步提高电网的可靠性；在公共交通、数据中心等场景中，固态储氢技术也被用于提供稳定的能源供应。

③ **在储运氢领域** 通过利用风电、光电等清洁能源产生的电力来电解水产生绿氢并存放于固态储运氢车，可以实现氢气的安全、高效储存和运输。通过采用中低温高容量的储运氢技术，可以进一步降低储运成本和提高安全性。这种技术可以在较低的温度下实现氢气的高效储存和运输，减少能量的损失和浪费，同时还可以提高储运效率。最后，通过这种方式实现的低成本安全运输，是未来储运氢技术重要的应用方向。随着可再生能源的不断发展和普及，以及固态储氢技术的不断进步和完善，这种方式有望在未来得到广泛应用，为能源的可持续发展做出重要贡献。

④ **在工业领域** 固态储氢可以用于生产过程中需要使用氢气的工艺流程，如化工、冶金等领域。在氢冶金领域，固态储氢技术可以用于将氢气作为还原剂替代传统的焦炭或天然气等还原剂，用于金属的冶炼和提纯。与传统的还原剂相比，氢气具有更高的还原效率和更低的污染物排放，因此固态储氢技术在氢冶金领域的应用具有显著的优势。在化工合成氨领域，固态储氢技术也可以用于将氢气作为原料之一，与氮气在一定条件下反应生成氨。与传统的合成氨工艺相比，使用固态储氢技术可以减少能源消耗和污染物排放，提高合成氨的效率和纯度。

（3）战略思考 为了推动固态储氢的未来发展，需要进行以下战略思考：

① **加强技术研发** 继续加强固态储氢技术的研发，提高其储氢密度、安全性和制备效率，降低成本，为大规模应用打下基础。

② **完善政策支持** 政府可以出台相关政策，鼓励固态储氢技术的发展和应用。例如，可以采取税收优惠、补贴等措施，推动固态储氢技术的商业化应用。

③ **建立产业联盟** 通过建立固态储氢产业联盟，整合相关资源，推动产业协同创新，加快固态储氢技术的推广和应用。

④ **加强国际合作** 加强与国际先进技术机构和企业的合作，共同推动固态储氢技术的发展和应用，实现共赢。

总之，固态储氢作为一种高效、安全的储氢方式，具有广泛的应用前景。未来需要加强技术研发、政策支持、产业联盟和国际合作等方面的工作，推动固态储氢技术的进一步发展和应用。

参考文献

作者简介

张宝，高级工程师，主要从事传统 AB5、AB2 储氢材料及高容量含镁纳米储氢材料的研发，以及固态储氢系统与氢燃电池系统的集成应用研究及其产业化工作。作为项目负责人和核心骨干主持 / 参与国家自然科学基金面上项目、国家重点研究计划、装备预研领域基金等 10 多个项目，重点开发了新型储氢材料及供氢系统技术，在 *Int. J. Hydrog. Energ*. 和 *J. Alloys Compd*. 等国际著名刊物发表学术论文 16 篇，申请发明专利 20 多项；开发了以固态储氢为氢源燃料电池发电系统，结合能源互联网，实现了储氢合金在氢能单车、叉车等领域的应用，具有安全、绿色环保、续航里程长等优点。

武英，华北电力大学教授，博士生导师。上海市东方学者特聘教授。在韩国仁荷大学、日本大阪大学、日本北海道大学和挪威科技大学以博士后、JSPS 研究员、COE 特聘助教授资格从事新能源材料的研究工作。现兼任中国材料研究学会（C-MRS）特邀常务理事，C-MRS 能源转化与存储材料分会副秘书长，*Journal of Iron and Steel Research International*（SCI）编委，全国氢能标委会委员和高温燃料电池委员会委员。主持了科技部“863”、国家重点研发计划、国家自然科学基金和装备预研领域共用技术等项目。申请发明专利 70 余项。发表学术论文 150 多篇，著作 2 部。获得国家航天部科技进步一等奖、韩国金属材料学会优秀科技论文奖、日本学术振兴会（JSPS）资助以及中国材料研究学会科学技术一等奖。

第9章

下一代动力与储能技术

潘新慧　陈人杰　吴　锋

9.1 概述

在“碳达峰、碳中和”目标的牵引下，全球能源格局从传统化石能源占绝对主导地位趋向低碳多能融合发展，储能技术作为能源转型的关键技术，已成为行业内关注的热点。但是化石能源短缺、能源结构不合理、环境污染严重等问题，成为制约经济社会可持续发展的瓶颈。我国高度重视清洁能源的发展，在社会经济发展战略中将清洁和可再生能源的开发作为中长期科技发展规划纲要重点与优先发展方向。党的二十大报告提出，加快发展方式绿色低碳转型，积极稳妥推进“碳达峰、碳中和”，深入推进能源革命，加快规划建设新型能源体系。《“十四五”新型储能发展实施方案》（2022 年）提出，加强储能技术创新战略布局，积极实施新型储能关键技术研发支持政策。相关行业政策将促进能源消费结构大调整、引导新型储能行业加速布局、助力绿色低碳转型。

储能技术按照储存介质和形式的不同，分为电化学储能、物理储能、电磁储能和热储能等。其中，物理储能中抽水蓄能应用较为广泛，但受地理环境制约、建设周期长、投资高等影响，发展较为缓慢。而电化学储能具有调节速度快、布置灵活、建设周期短、环境友好等优势，有助于解决可再生能源发电不连续、不可控的问题[1]，保障电力系统持续稳定输出电能，更大程度上替代化石燃料发电，克服电机组不能快速切换爬坡方向、易反调的缺陷，因此引起新兴产业和科研领域的广泛关注。中国能源研究会储能专委会 / 中关村储能产业技术联盟的全球储能项目统计数据表明，截至 2022 年底，中国已投运电力储能项目累计装机规模 59.8GW，占全球市场总规模的 25%，年增长率 38%，新型储能的新增规模达到 7.3GW/15.9GW・h，功率规模、能量规模分别同比增长 200%、280%。抽水蓄能累计装机占比首次低于 80%，与 2021 年同期相比下降 8.3 个百分点。可再生能源的快速发展及其在电力系统中的不断渗透，为电化学储能的规模化发展奠定了基础。可再生发电装机容量及新型储能应用场景分布情况如图 9-1 所示。

当前，新型储能技术在电力系统中应用研究已有开展。电源侧储能需求规模最大，包括改善能源涉网特征、参与辅助服务、优化潮流分布并缓解堵塞、应急救援等细分方向；重在维持电网的平衡需求，减少弃风弃光，确保风、光发电的顺利并网。电网侧储能需求主要源自提升电力系统灵活调节能力与安全稳定水平、提高电网供电能力与应急供电保障质量、延缓输变电升级改造投资。在配电网中，储能可补充电力供应不足，治理配电网薄弱地区的“低电压”或分布式能源接入后引起的“高、低电压”问题，解决季节电荷、临时用电不符合增容扩建条件下的配网供电需求。用户侧储能需求主要指与工商业、户用等分布式电源配套或独立工作的储能电站应用，以满足电力自发自用、终端用户的峰谷价差套利、容量费用管理、电能质量提升、降低电价以及新能源汽车充电时负荷平滑、供电可靠性保障等需求。电动汽车动力电池作为用户侧分散式新型储能设施，以充换电基础设施为“桥梁”，参与需求侧响应，实现与电网实时互动，能发挥负荷削峰填谷作用，从而支持构建新型电力系统、促进实现“双碳”目标。随着储能市场规模快速增长、储能系统趋于复杂，电化学储能技术在关键材料、制备工艺、系统集成等方面面临着诸多新问题与新挑战。如现已商业化的锂离子电池一般采用有机电解液，但电池存在漏液和易燃易爆问题，且在高温、大电流工作时锂金属负极易生成锂枝晶造成电池短路，用于大容量存储时具有较大的安全隐患。此外，锂离子电池关键材料在使用和制造过程中的复杂性，导致制造成本居高不下。因此，目前商业化的锂离子电池不能完全满足现阶段能量存储所要求的性能、成本和扩展目标。针对大规模储能、移动式储能，研究下一代电池储能技术以提高电池的安全性能，增加电池的能量密度具有重要的意义。

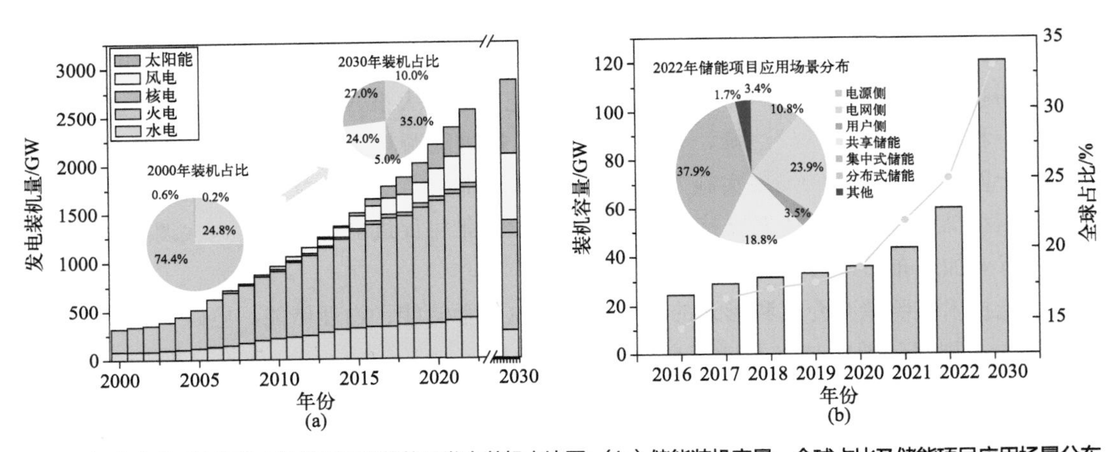

图 9-1（a）各类型电源发电装机量变化趋势及发电装机占比图；（b）储能装机容量、全球占比及储能项目应用场景分布

9.2 国内外储能发展战略需求

9.2.1 布局端

美国、日本、欧盟等发达国家和地区纷纷出台举措以推进储能技术研发、示范和应用，

不断改进储能电池性能，探索开发新型储能技术。美国较早成立了新一代电池研发组织“储能联合研究中心”（JCESR）、制订了“电池500”计划，用五年的时间打造高能量密度和高循环寿命的高性能电池[2]。美国能源部发布的《“储能大挑战”路线图》（2020年）提出，在储能技术制造方面积极开展行动，梳理相应的技术障碍和关键技术指标，通过技术创新降低制造成本，制定系统设计及测试标准，2030年实现本土的储能技术、设备开发与制造能力全面满足自身市场需求。《欧洲储能技术发展路线图》（2017年）提出，组建欧洲电池联盟、欧洲技术与创新平台“电池欧洲”，推进“电池2030+”联合计划[3]，开发和验证涉及多物理量的多尺度模型，实现未来电芯制造过程的智能化。日本发布了《蓄电池产业战略》，提出到2030年建立150GW・h/年的国内制造基地，全球生产能力达600GW・h/年。韩国制定的《2030二次电池产业发展战略》（2021年）提出，研发新一代电池技术，实现全固态电池、锂硫电池、锂金属电池的商业化；设立电池研发政府创新基金，重点扶持中小企业的电池研发项目，推动电池关键材料、器件与装备的规模化生产。

我国先后发布了《能源技术革命创新行动计划（2016—2030年）》《中国制造2025》《节能与新能源汽车技术路线》《“十四五”新型储能发展实施方案》等国家政策文件。同时，科技部发布多个973项目和国家重点研发计划重点专项支持储能技术研发，促进我国电化学储能产业快速发展。

9.2.2 材料端

发展高性能关键材料是升级新型储能技术的重要基础，也是解决化石能源危机和环境污染、支持“双碳”目标的重要途径。目前商用的储能技术主要包括锂离子电池、钠离子电池、液流电池等，这些技术发展与关键材料紧密耦合，锂离子电池已广泛应用于电动汽车、手机、笔记本电脑、风电场储能系统、电网调频、分布式电源和微电网等领域。各类储能技术对比分析如表9-1所示。

表9-1 各类储能技术对比分析

电池类型	锂离子电池	钠离子电池	全钒液流电池	锌溴液流电池	铁铬液流电池
功率密度/能量密度	130～200W/kg 300～400Wh/kg	100～150W/kg	15～50W/kg 15～25Wh/L	75～85W/kg 65Wh/L	10～20Wh/L
循环寿命/次	3000～6000	2000以上	15000	6000	2000以上
充放电效率/%	90～95	90～95	65～80	65～80	80～85
储能系统效率/%	85～90	85～90	60～70	60～70	60～70
深度充放电能力	深度充放电会影响寿命	深度充放电寿命基本无影响	深度充放电寿命基本无影响	深度充放电基本无影响	深度充放电基本无影响
容量	衰减后不可恢复	衰减后不可恢复	可再生	可再生	可再生
安全性	较低，存在过热引起爆炸风险	比较高	较高	比较高，存在溴泄漏风险	较高

续表

电池类型	锂离子电池	钠离子电池	全钒液流电池	锌溴液流电池	铁铬液流电池
回收难易	较复杂	较复杂	易回收	易回收	易回收
系统成本（元 / 千瓦时）	1500 ～ 2500	1100 左右	3000 ～ 4000	2000 ～ 3000	1700 左右
市场情况	当前主流路线，市场占有率 94% 左右	示范项目	近三年 5% 的储能项目运用液流电池，适用于更大型的储能项目，市场占有率 1.2% 左右		
优点	寿命长，能量密度高，响应速度快，环境适应性强	成本低，环境友好	全钒液流电池、锌溴液流电池：使用范围广，原材料丰富，15 ～ 20 年寿命，工作温度宽； 铁铬液流电池：适应性强、易扩容，运行温度范围广，电解质溶液可在 -20 ～ 70℃全范围启动；毒性和腐蚀性较低；系统稳定性和可靠性高；储罐设计、无自放电		
缺点	存在安全隐患	能量密度低，技术不成熟	能量密度偏低，充放电倍率低，效率较低，占地面积较大	能量密度偏低，充放电倍率低，效率较低	能量转换效率低、电池工作过程中易析氢反应、负极材铬电池活性比较弱影响电池性能

（1）正极材料 正极材料结构及其组成是直接决定电池能量密度的关键因素，在保证电池的可逆容量方面起着重要作用。正极材料的改性手段主要有表界面工程、体相掺杂、形貌控制等。

技术路线发展最为成熟的锂离子电池。锂离子电池因其无记忆效应、环境友好且自放电小等优异性能备受各领域关注。特别是随着电子通信产品、新能源汽车、航空航天、储能电站、国防等战略性领域的快速发展，对锂离子电池提出了更高的要求，锂离子电池的应用领域不断扩大[4]。根据工业和信息化部统计，2021 年中国新能源汽车销售量达 352.1 万辆，同比增长 1.6 倍，动力电池配套量达 154.5GW • h。2022 年新能源销售量达 688.7 万辆，同比增长 93.4%，动力电池配套量达 294.6GW • h，锂离子电池行业总产值突破 1.2 万亿元。预计 2035 年新能源汽车产量突破 1.6 亿辆，中国将成为世界最大的锂电池制造国。目前商业化的锂离子电池正极材料主要分为四大类，分别是六方层状晶体结构的钴酸锂（$LiCoO_2$）、立方尖晶石结构的锰酸锂（$LiMn_2O_4$）、正交橄榄石晶体结构的磷酸铁锂（$LiFeO_4$）和镍钴锰酸锂三元材料（$LiNi_{1-x-y}Co_xM_yO_2$）。

钴酸锂电极材料具有稳定的层状结构、较高比容量、高放电平台及压实密度等优点，被广泛应用于 3C 电子产品领域，是首个成功商业化的锂离子电池正极材料[5]。我国钴资源储量低，大部分以进口为主，价格昂贵。根据鑫椤锂电数据统计，钴酸锂（4.35V）价格为 21.25 万元 / 吨。根据美国地质调查局（USGS）数据统计，2022 年全球钴产量约为 19.8 万金属吨，同比增长 21%。2022 年刚果金钴产量约为 14 万金属吨，占比为 72%，大部分国家产量在 1 万金属吨以下，钴资源分布极度不均导致钴酸锂价格较高。钴酸锂在 4.6V 高电压下存在结构不稳定、晶格失氧、电解液分解、钴溶解等一系列问题，造成实际容量的严重衰减，因此，需要对其进行掺杂和包覆改性[6]。中南大学郑俊超教授团队设计了一种新型钴酸锂正极材料，选用了 MXene 材料为包覆材料。通过性能表征及密度泛函理论计算得出，MXene

能有效实现异质六氟磷酸锂（$LiPF_6$）的催化分解，并抵抗氟化氢（HF）对钴酸锂的腐蚀，从而防止结构从外到内的破坏[7]。北京大学潘锋教授团队通过低成本的一步烧结工艺设计合成出具有多维结构改性的高压 $Li_{0.05}Mg_{0.9}CoO_2$ 材料，在体相 Li/Co 反位、Mg-O 包覆层及富 Mg 柱的表面区域协同作用下，使得材料 4.6V 下仍保持体相和表面结构的稳定性[8]。中国科学院深圳先进技术研究院成会明院士和清华大学深圳国际研究生院周光敏副教授，提出通过界面稳定和能带结构修饰来强化 $LiCoO_2$ 的晶体结构，实现 $LiCoO_2$ 在 4.7V 超高压下的稳定循环[9]。锰酸锂电极材料具有成本低、环境友好、制备简单、安全性高等优点，已广泛应用于电动汽车、储能电站和电动工具等领域[10]。但是锰酸锂在高温下循环过程中容易出现 Mn 溶解、Jahn-Teller 效应与电解液的分解等现象，导致锰酸锂电池容量衰减较快。上海科技大学物质科学与技术学院谢琎团队通过原子层沉积和热处理方法实现了镁离子对锰酸锂表面锂离子位点的取代。从而抑制 Mn_3O_4 退化相的形成及与之伴随的锰离子溶出，在不降低锂离子电导和初始比容量前提下实现电池循环性能的明显提升，在锰酸锂成品颗粒中引入 0.3% 质量分数的镁离子可以实现室温、148mA/g 下循环 250 圈后 98.6% 的容量保持率和显著的锰溶出抑制效果[11]。美国弗吉尼亚理工大学林锋教授联合阿贡国家实验室 Luxi Li 研究员以及布鲁克海文国家实验室 Sooyeon Hwang 研究员等团队，利用原位 X 射线荧光显微镜表征并量化了工况状态下含锰正极时间和空间分辨下的锰溶解 / 再沉积动力学，并揭示了在含水电解质中循环的 $LiMn_2O_4$ 依赖于荷电状态的锰溶解机制[12]；磷酸铁锂电池具有价格低廉、环境友好、安全性高、长循环寿命等优点被大规模应用于电动汽车、规模储能等领域[12-13]。但磷酸铁锂电极材料电子和离子导电性较差，因此需要包覆、离子掺杂和材料尺寸纳米化来提高其倍率性能[14]。常州锂源新能源科技有限公司研制的新型球状磷酸铁锂正极材料，在 −20℃条件放电容量保持率从 55% 提升到 85%，在 −40℃条件下放电容量保持率从接近 0 提升到 57%，是锂离子电池产品的重大技术突破。

技术路线尚处于演进中的钠离子电池，其正极材料主要包括层状氧化物、普鲁士蓝的类似物、聚阴离子等正极材料[15]。其中，层状氧化物材料具有制备方法简单、比容量大和电压高等优点，是工程化开发中的优选材料。2014 年，研究员首次发现 Cu^{2+}/Cu^{3+} 氧化还原电对在钠离子氧化物中具有活性，并以此设计了一系列不含 Ni/Co、空气稳定性好、成本较低的氧化物正极材料[16]。2022 年，研究员基于界面工程策略，采用生物质裂解气体电解质，有序碳涂层集流体、层状氧化物正极，制备了具有协调界面的高比能钠电池。组装的安时级钠电池能量密度超过 200W・h/kg，明显优于常规磷酸铁锂 / 石墨锂电池（180W・h/kg）的平均水平[17]。除了层状氧化物正极材料外，聚阴离子正极、普鲁士蓝正极材料也是富有潜力的关键材料类型。聚阴离子正极材料具有坚固且开放的三维网络结构，热稳定性与电化学稳定性较高，以及氧化还原电位易于调控的优点，但存在电子导电率低等不足，因此，相关量产技术还在开发[18]。美国 Natron Energy 公司采用普鲁士蓝材料开发水系钠离子电池，2C 倍率下循环寿命达到了 10000 次，但是普鲁士蓝正极材料存在结晶水难去除及过渡金属难溶解等稳定性问题，且在制备过程中毒性较大，其体积容量仅为 50W・h/L。

（2）负极材料 负极材料是电池器件的重要组成部分。目前商业化锂离子电池负极材料主要包括石墨负极以及钛酸锂负极，石墨负极具有较高的理论容量（372mA・h/g）、价格低廉以及环境友好等特性，成为市场上主流的锂离子电池负极材料。但材料在循环过程中存在缺陷，如体积膨胀导致微裂纹、石墨化度降低、接触损失、SEI 膜变、金属锂析出、不均匀性等缺点导致其在锂电池的循环中容量衰减。研究者采用了多种方法对石墨负极进行改性，如颗粒球形化、表面包覆软碳或硬碳等其他表面修饰的方法[19-20]。

石墨负极有限的比容量已无法满足市场对高比容量锂离子电池的需求，因此，寻求更高理论比容量、循环寿命长、安全稳定性高的锂离子电池材料负极材料迫在眉睫。在众多负极材料中，硅基负极材料是替代传统石墨材料的主要技术路线。硅材料具有较高的理论容量（4200mA・h/g，约为石墨的 10 倍）、环境友好、储量丰富等特点，被考虑作为下一代高能量密度锂离子电池负极材料。但是硅基负极材料在嵌 / 脱锂过程中会发生显著的体积膨胀效应，因膨胀导致的不稳定固体电解质膜将造成循环稳定性差、容量衰减严重等[21]。南方科技大学研究团队提出一种多级碳结构策略[22]，使用热化学气相沉积方法将垂直石墨烯片锚定在亚微观分散的 Si-C 复合纳米球表面并进一步嵌入碳基质；形成的三维导电和鲁棒网络，显著提高了电导率，有效抑制了硅的体积膨胀，增强了电荷传输和电极材料的稳定性，使电池表现出卓越的快速充电能力。天津大学研究团队报道了将金属铜引入化学气相沉积过程的方法[23]，构建了具有良好化学键合作用的共价包覆微米硅结构，实现了微米硅负极稳定循环的锂储存。中国科学院物理研究所研究团队针对 Si-C 复合负极的电化学和膨胀行为研究需求，提出了一种耦合的机械 - 电化学模型[24]，在未来高能量密度、高安全性电池设计方面具有良好应用前景。针对硅基材料开展的一系列掺杂、包覆、复合、造孔、纳米结构等工作，有效缓解了嵌 / 脱锂的体积变化，显著提升了循环性能和导电性。

碳基负极材料逐渐成为钠离子电池的主流材料，相关研究集中在石墨类材料、无定型碳材料、纳米碳材料。石墨类负极材料具有完整的层状结构，但是钠离子难以嵌入石墨层间，不易与碳原子形成稳定的化合物。硬碳材料相比石墨材料普遍具有更好的储能性能，但较多采用的生物质或人工合成树脂前驱体具有成本较高、产碳率偏低的劣势。软碳具有更为有序的结构、更少的缺陷、更短的层间距，但比容量远低于硬碳。为了提高碳基材料的产碳效率并降低制备成本，发展了多类钠离子储存机制，如“插层—填孔”“吸附—插层”“吸附—填孔”“吸附—插层—填孔”等。目前常用的硬碳前驱体主要是毛竹、椰壳、淀粉、核桃壳等生物基高分子材料，具有丰富的杂原子、独特的微观结构。通过碳化植物生物质基材制备的硬碳，保留了植物生物质模板中的材料结构和孔隙通道，对钠离子电池性能具有较大的影响。中南大学研究团队利用废弃木材制备硬碳材料，通过化学预处理和低温热解调节了红木衍生硬碳的微孔结构，获得了硬质碳中钠储存结构[25]，样品在 20mA/g 下表现出 430mA・h/g 的高可逆容量以及良好的倍率和循环性能。在碳基负极材料以外，嵌入型钛基材料也受到较多关注，但相应合金及其他负极材料在嵌 / 脱钠前后的体积变化较大，加之在循环过程中易粉化，短期内难以实现产业化应用。

（3）功能电解质 电解质是决定电池能量密度、循环寿命、工作温度、安全性能的关键材料，按照形态分为液体电解质、固态电解质和固液混合电解质。液体电解质是技术发展最为成熟的电解质类型。随着电池应用领域的拓展，其对温度敏感的缺点逐渐凸显，锂离子电池的工作温度范围为 −20 ～ 55℃，超出这个温度范围将会出现容量衰减和安全问题[26]。厦门大学团队研究一种羧酸酯基局域高浓度电解液，并且搭配适量二氟草酸硼酸锂（LiDFOB）添加剂[27]，能够形成稳定负极的SEI膜和正极的CEI膜，含有该电解液的电池在低温下能够保持较好的稳定性，−40℃下循环100圈后容量仍保持77.8%。华中科技大学研究团队开发了一种仅由氟苯、碳酸丙烯酯和锂盐构成的碳酸丙烯酯基电解液，用于具有宽温度适应性和低成本的可持续的锂离子电池。在1C条件下进行500次循环后，石墨电极保持了其初始比容量的80%。此外，将设计电解液应用于石墨/三元电池，在−40～60℃范围内表现出优异的电化学性能，电解液在−90～90℃范围内仍然保持液态，验证了分子相互作用工程对可行和可持续的碳酸丙烯酯基电解液的实用性[28]。

有机液体电解质虽然具有电化学稳定性好、凝固点低、沸点高等优点，但在极端条件下存在安全隐患，常用的改性方法是在电解液中加入高闪点、高沸点和不易燃的溶剂，以一定程度上改善电解质的安全性，但并不能从本质上解决电解质易燃、易爆及易泄漏等问题，难以杜绝电池的本征安全隐患。因此，开发新型高能量密度、高安全性的新型电解质体系是当前研发热点，尤其是将传统有机液体电解液替换成固态电解质受到更多的关注。固态电解质技术尚处于研发和中试阶段。固态电解质按照组分不同，主要分为聚合物电解质、氧化物电解质、卤化物电解质以及硫化物电解质等。硫化物电解质在室温下具有较高的离子电导率、良好的力学性能、较低的晶界电阻、与电极材料接触性好等优点，在众多的无机电解质中脱颖而出。但是在空气中稳定性差，易与水汽发生反应释放出有毒的硫化氢，对生产环境要求苛刻，生产成本较高，制约了其大规模生产与应用。通过原子掺杂进行改性，可解决硫化物在空气中的不稳定性问题。例如，通过软酸置换，得到Sn取代的Li_6PS_5I、Sb取代$Li_{10}GeP_2S_{12}$，相应的空气稳定性、离子电导率均显著提高[29]。开发了包括PEO和β-Li_3PS_4/S在内的多种兼容性强的界面保护层，以减轻硫化物与界面之间的副反应[30]，通过一系列的表征，明确了硫化物SE $Li_7P_3S_{11}$与有机LE Li-BP-DME之间的界面反应机制，据此设计二者之间稳定的界面层材料。在产业方面，日本、韩国建立了硫化物电解质的试制线，年产量分别为10t和24t，验证了硫化物固态电解质规模生产的可行性。

最近，卤化物电解质开始受到较多关注，中国科学技术大学研究团队开发了一种氧氯化物固态电解质（$Li_{1.75}ZrCl_{4.75}O_{0.5}$），在室温下离子电导率高达2.42mS/cm，超过了大多数卤化物固态电解质[31]。具有良好的可变形性，在300MPa冷压之后的相对密度高达94.2%，超过了以良好可变形性著称的$Li_{10}GeP_2S_{12}$、Li_6PS_5Cl、Li_2ZrCl_6、Li_3InCl_6等固态电解质。作为原料的LiCl、$LiOH \cdot H_2O$、$ZrCl_4$价格低廉，如$Li_{1.75}ZrCl_{4.75}O_{0.5}$的原材料成本仅11.6美元/千克，远低于固态电池市场竞争力的门槛（50美元/千克）。据近期报道，日本东京工业大学研究团队利用高熵材料开发了具有高离子电导率的固态电解质，同时保持超离子传导的结构框架[32]。在室温下离子电导率为32mS/cm，大约是原始固态电解质的3倍，是迄今已知的最高值。

液流电池具有长循环寿命、高安全性、高能量效率等优点，根据电解液中活性物质的不同，可分为全钒液流电池、铁铬液流电池、锌铁液流电池等。全钒液流电池是研发工作最为充分、适用于大规模储能的液流电池类型，仍面临着关键科学和技术问题，如电堆内部流体、浓度、温度等多场协同分布的均匀性不佳，材料与容量衰退，功率及能量密度偏低，综合应用成本偏高等。为此，中国科学院大连化学物理研究所研究团队开发了新型可焊接多孔离子传导膜，改进了全钒液流电池的电堆工艺。在全钒液流电池的新型电堆方案中，革新传统的组装方式，将激光焊接技术应用于电堆集成，提高了电堆的可靠性和装配自动化程度，降低了密封材料用量和电堆成本。制备新膜、提高电极性能、改善电解质等，是全钒液流电池材料后续研发的主攻方向。我国正加快推进全钒液流电池的产业化，国华能源投资有限公司在综合智慧能源项目中启动建设全钒液流储能电站（2022 年），开展了世界最大的液流储能电站（100MW/400MW・h）单体模块调试（2023 年）。

9.2.3 制造端

储能电池制造工艺分布于从上游原材料到芯包再到成品电池的全流程。按照封装方式、电芯形状的不同，储能电池主要分为方形电池、圆柱电池、软包电池。电池封装工艺的发展趋势，究其本质是在保证安全性的前提下提升电池能量密度的上限。圆柱电池一般是全极耳电池，相对方形电池的制备工艺而言，取消了前段工序中的模切制片工艺。软包电池是使用了铝塑包装膜作为包装材料的电芯，其工艺与方形电池的不同点起始于卷绕工艺，而前段工艺基本一致。一般认为，软包外壳的支撑较弱，而方形、圆柱电池更适合开展结构创新。国际主流的电动汽车商采用新一代 4680 圆柱电池，其核心创新工艺是大电芯 + 全极耳 + 干电池技术；采用了 CTC（Cell to Chassis）电池架构，将电池直接集成在电动车底盘上（取消了 4680 电池阵列上的电池盖板），4680 单体电芯的能量提高至 2170 电芯的 5 倍，使整车续航里程增加 16%。宁德时代新能源科技股份有限公司依据电化学本质，持续开展电池系统的结构创新；2019 年率先推出了无模组电池包（Cell to Pack，CTP）产品，电池体积利用率超过 50%；2022 年推出了第三代 CTP 产品，通过材料、电芯、系统结构等的全面优化，完全取消了模组形态设计，使电池的体积利用率超过 72%，配用三元电池系统、磷酸铁锂电池系统的能量密度分别提升至 255W・h/kg、160W・h/kg。比亚迪股份有限公司研发的刀片电池，优势体现在磷酸铁锂电池的创新结构，即改变了电池的单体形状并直接布置在电池包内（无模组化）；叠片工艺在安全性、能量密度、工艺控制等方面相比卷绕工艺更具优势，使磷酸铁锂系统能量密度大于 150W・h/kg 并兼顾了安全性。

固态电池产业处于研发和中试阶段，中、日、韩在固态电池开发领域处于领先地位，日本丰田率先研发了固态电池，在全球固态电池相关专利数量最大，2022 年推出的下一代 Prius 车型上实现首次搭载。日立造船开发出了容量全球最大级别，达到 1000mA 的全固态电池，优势是可在 40 ～ 100℃的高温环境下工作。未来可极大地扩宽使用领域，如用于航空航天及工业机械等。韩国现代汽车计划在 2025 年试生产配备全固态电动车，2027 年部分批量生产，在 2030 年左右实现全面批量生产。大众计划 2025 年左右推出的 BEV 车型搭载 QuantumScape 开发的全固态电池。我国卫蓝新能源已完成 300W・h/kg 以上高镍三元正极的混合固态电池设计开发，锋锂新能源研制的高能量密度（420W・h/kg）的金属锂负极的二代固态电芯已在特殊领域应用，北汽蓝谷搭载清陶能源固态电池的样车完成极寒环境极限工况验证。

随着能源转型的持续推进，新型储能技术和制备工艺受到了学术界和产业界的高度关注。科技论文和专利是科研创新的主要成果，是衡量国家及创新主体基础科研和应用研究能力的重要指标，从宏观角度了解不同时期的研发热度。

① **相关核心论文计量分析** 基于 Web of Science 数据库对全球储能技术文献数据集进行检索，统计分析了全球储能领域论文发表趋势，代表性国家地区和学科分布，搜索关键词“energy storage”and“battery”和 Web of Science 数据收集时间段 2003 年—2023 年，获得相关文献量 196894 篇。2003 年—2023 年，全球新型电化学储能发文量持续增长，由 2003 年的 49 篇猛增到 2022 年的 4036 篇，年均复合增长率达到 24.68%。由图 9-2（a）可知我国总体发文时间起步晚，且前期技术发展缓慢。值得一提的是，自 2011 年以来，中国发文量一直超过美国，之后一直保持平稳快速发展。印度、韩国和德国在此期间一直维持着相对稳定的增长率。历经 20 年时间，中国储能技术论文年发文量由 2003 年的 29.29% 上升至 2022 年的 63.97%。由此可见，中国的储能技术在全球储能技术发展历程中发挥着越来越重要的作用。我国钠离子电池和锂离子电池发文量占比最大，分别是 65% 和 59.5%，具有相对较高的影响力。高被引论文数量占全球的 76.0%，尤其是钠离子电池和金属 - 空气电池的高被引论文超过全球 8 成（84.7% 和 88.5%）。从技术路线来看，锂离子电池研究最为活跃，钠硫电池储能技术相对比较冷门。我国在锂离子电池、钠离子电池、固态电池、钠硫电池、抽水蓄能及超导储能等储能技术领域相对其他国家具有较大优势。

② **相关专利计量分析** 随着新能源日益普及以及提高电网可靠性、改善电能质量等需求的日益迫切，电力行业储能的重要性日益凸显。作为新兴产业，储能技术不仅具备重要的战略地位，且发展迅猛，是世界上主要国家争先布局的重点区域，因此有必要对其技术发展态势展开深入分析。通过 INCOPAT 软件获取新型储能技术发展趋势、地域分布、主要权利人和技术布局等基础信息，全面了解新型储能的技术发展脉络并对未来技术走向进行研判和预判，以支持国家科技发展战略决策，为行业、企业技术路线发展提供更多参考。

世界知识产权组织（WIPO）在《专利信息使用指南》中建议采用关键词加 IPC 分类号检索专利。本项目采纳此建议对新型储能相关术语进行了专利检索。检索式对标题 / 摘要 / 权利要求字段采用中英文术语进行了检索：检索时间，2013 年 1 月 1 日至 2023 年 11 月 17 日；最终检索结果，物理储能专利 12048 件，化学储能专利 217798 件，电磁储能专利 26737 件，其他储能 9500 件。储能技术相关专利变化趋势及各国专利占比分布图如 9-2（b）所示。根据专利检索分析，近几年新型储能技术布局如下：循环稳定性材料，包括正极材料、负极材料、电池隔膜以及热失控等；合成工艺，如电化学模型等；锂离子电池，侧重于锂电池模组、电极材料等；钠离子电池，包括正极材料、电解液添加剂、固态电解质等；物理储能，侧重于压缩空气、重力储能等。

③ **相关行业标准分析** 电池作为储能系统的核心部件，其性能水平是整理储能电站系统整体质量和安全的基石。2016 年 6 月，中国电力储能标准化技术委员会成立，归口管理储能国家标准、行业标准和团体标准。2018 年 6 月发布的《电力储能用锂离子电池》（GB/T 36276—2018）国家标准与动力电池其他行业标准相比有明显的区别，该标准从电力储能实际应用需求的角度明确了对锂离子电池综合性能的技术要求，对保障电池储能应用的质量和安全起到了关键作用。另外，该标准还针对电气安全性问题，提出了绝缘性测试、耐压特性测试、过充电测试、过放电测试、短路测试；针对机械安全问题，提出了挤压测试、跌落测试；

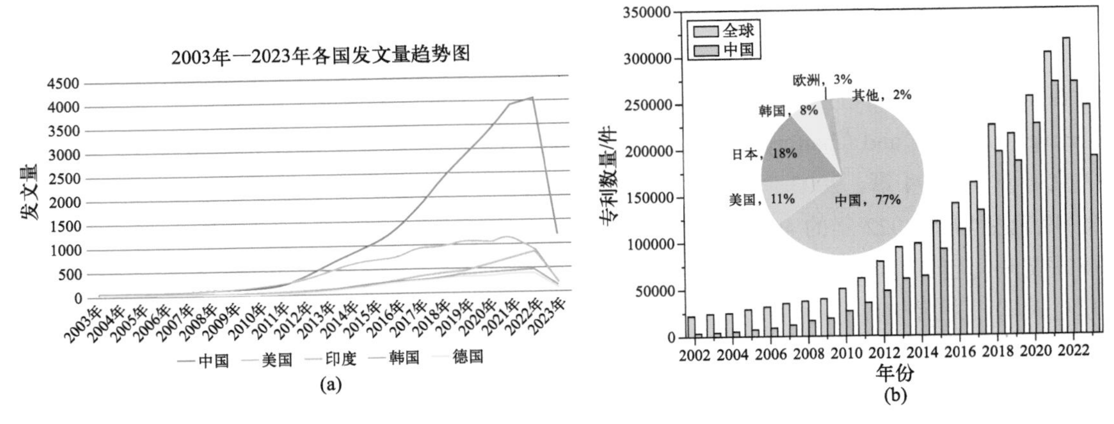

图 9-2 （a）2003 年—2023 年各国储能技术相关发文量；
（b）2002 年—2023 年储能技术专利变化趋势图及各国占比分布图

针对环境滥用和化学安全性问题，提出了盐雾和高温高湿，低气压加热等测试。我国历年来高度重视储能安全标准化工作，近年来相继发布了多项储能政策、规划，在这些规划和政策中均提到了储能技术标准体系。

截至 2022 年，电力储能标准体系规划项目 200 余项，其中，已发布标准近百项，在编标准 70 余项。为适应技术发展趋势、满足储能产业发展需求，对标国际先进的储能标准体系，2023 年 2 月，国家标准化管理委员会、国家能源局印发了《新型储能标准体系建设指南》，将新型储能标准体系框架分为基础通用、规划设计、设备试验、施工验收、并网运行、检修监测、运行维护、安全应急 8 个方面。2023 年 3 月，国家市场监督管理总局、国家标准化管理委员会发布 2023 年第 1 号中国国家标准公告，批准发布 373 项推荐性国家标准和 6 项国家标准修改单。其中，涉及 9 项储能国家标准：《电化学储能电站生产安全应急预案编制导则》《电化学储能电站危险源辨识技术导则》《电力储能系统术语》《分布式储能集中监控系统技术规范》《电化学储能电站检修规程》《电化学储能电站应急演练规程》《纳米技术柔性纳米储能器件弯曲测试方法》《电力储能用电池管理系统》《电化学储能电站环境影响评价导则》。

9.2.4 应用端

（1）新能源汽车领域 随着市场需求的快速增长，新能源汽车产量规模从 2014 年 8.3 万辆增长到 2022 年 705.8 万辆，动力电池是新能源汽车的重要组成部分，在新能源汽车产业的带动下动力电池也保持了快速增长。动力电池产业的发展呈现了从导入期向成长期过渡，储能电池产业逐步增多，生产技术日渐成熟，产品呈现多样化、差别化、质量逐渐提高且稳定。2022 年国内新能源汽车销售量突破 688.7 万辆。国家四部委发布了动力电池产业顶层设计政策文件《促进汽车动力电池产业发展行动方案》（2017 年），对加快提升我国汽车动力电池产业发展能力和水平，推动新能源汽车产业健康可持续发展明确了下一步的发展方向和技术路线。

在新能源汽车领域，新能源汽车面临的两大问题就是续航问题和快速充电能力，搭载相同重量电池的汽车，动力电池的能量密度越大汽车的行驶距离越长。目前阻碍新能源汽车普及的主要因素是动力电池的能量密度未能显著提升，在充电设施全国普及率短时间内难以迅速提高的情况下，如何加大新能源汽车的满电续航里程，接近乃至超过同型传统内燃机，是车企以及动力电池企业的核心问题。在这种情况下，下一代锂硫电池的发展为汽车产业变革提供了一种可能选择。

（2）航空航天领域 航空领域的电源主要包括：电源、辅助电源、应急电源及二次电源。相较于镍铬电池，锂离子电池可以更好地满足航空航天领域电源系统的要求。美国波音公司第一个在民用客机上应用了锂离子电池，在航空航天领域应用引起了第一个热潮。在 2004 年，美国发射了“勇气”号和“机遇”号两颗火星探测器，其中“勇气”号探测器工作了 7 年，“机遇”号探测器工作长达 15 年。这源于太阳能电池板和锂离子电池为两颗探测器提供了足够的能量，具有较好的寿命周期。特别是可以在宽温度范围内进行充放电。2016 年，首架采用锂电池技术在 A350 客机上完成了验证和使用，预示着它将在民用航空领域具有广泛的应用前景。随后，贝尔 505“喷气突击队员”X 直升飞机也使用了锂电池技术。这标志着锂离子电池在民用航空领域的应用得到了认可。

在军事装备领域，微型无人侦察机、单兵化智能作战系统、无人水下航行器、潜艇等都需要高比能二次电池提供能量，且相应需求的技术指标要求越来越高。例如，美国军队使用 BB-2590 型锂离子电池代替 BB-390 镉镍电池，新电池的工作时间大于 30 小时，显著延长了单兵装置的使用时间，获得作战人员的好评；英国、德国、法国、意大利等国家也将锂离子电池单兵电源列入单兵作战系统发展计划。英国 BAE 系统公司研制的多用途潜航器，将动力电源更换为可工作 24 小时的锂离子电池，显著提高了探雷、灭雷的作业效率。此外，电化学储能对航空航天领域的新装备发展起到支撑作用。

（3）储能领域 近年来，风能、太阳能、生物质能、海洋能、地热能等可再生能源获得快速发展，以不断提高非化石能源的消费比重。根据《中国能源统计年鉴 2022》《中国矿产资源报告 2022》数据，我国可再生能源发电装机容量占比由 2020 年的 42.5% 上升至 2022 年的 49.6%。预计 2025 年的可再生能源发电装机占比将超过 50%。可再生能源的快速发展，离不开储能装备在电力系统中的有效配合。我国投运的电化学储能电站项目共有 472 个，总功率为 18.59GW，总能源为 14.05GW・h（同比增长 146.48%）。新疆维吾尔自治区喀什市莎车县建设了国内最大的电化学储能电站（800MW 光伏 +200MW/800MW・h 储能一体化），电站采用了磷酸铁锂电池和先进的储能系统控制技术，每年可发电 2.92×10^{8}kW・h，减少 CO_2 排放 2.3×10^{5} 吨；位于河北省张家口市张北县的国家风光储输示范工程一期和二期，安全运行超 3000 天，绿色电能累计输出接近 8000GW・h，有效化解了新能源发电稳定性与输电安全性方面的瓶颈问题，实现了新能源出力状态的全方位预测、控制及监控。

百度云计算（阳泉）中心项目采用了绿色低碳数据系列节能技术，由分布式锂电池备电系统替代传统的铅酸电池备电系统；当市电异常时，分布式锂电池备电系统通过直流母线为服务器供电，起到后备电源功能；服务器机柜上线后，供电效率高达 99.5%，节省机房面积超过 25%，节约电量约为 400MW・h/a。华为数字能源技术有限公司提出的 Smart DC 低碳绿色数据中心解决方案中，采用磷酸铁锂电芯配合致密电池封装技术构建智能锂电装置，占地面积和装置质量均为铅酸电池方案的 1/3，可以显著减少运输过程的碳排放。

（4）重工业领域 在我国钢铁行业、化工行业、建材行业等劳动密集型企业，普遍存在用电功率大、长时间高负荷、设备能耗大等现象，电价成为生产成本的重要部分。钢铁行业是能源消耗大户，在新的发展形势下，钢铁企业亟需拓展传统储能设施的系统功能，并创新应用新型储能系统，结合钢铁企业余热余能电站、变电站、配电网等存量资产，建立“源网荷储”一体化管控与调度。三峡集团投资在南钢建设用户侧单体容量最大的电化学储能电站装机容量 41MW/123MW・h，采用了国内先进的组串式储能系统，预计全生命周期可提供电量 10 亿千瓦时。山西建龙在钢铁行业建设首套熔盐耦合钢铁燃气发电系统的“源网荷储”一体化示范项目，调节燃气发电机组自发电量，富余煤气燃烧加热熔盐存储热量，调节峰谷电创效的同时还能消纳光伏发电量。

江苏省张家港市海螺水泥厂储能电站工程总容量为 8MW/32MW・h，其中储能系统采用了电力价差、“削峰填谷”等措施来减少电力消耗成本，将传统沉没成本转化为创造收益的电力投资。广东水泥厂区建有 43.2MW/107.3MW•h 的储能系统，通过搭配厂区建设的 7.813MW 光伏发电系统，可在夜间用电低谷时段充电，白天用电量高峰时段放电，降低尖峰时段厂区对电网电力的使用。通过调节峰谷用电，储能系统预计每年为厂区节省 2130 万元的电费。

9.3 储能技术发展面临的挑战

（1）原料资源不充足 在储能电池领域，部分基础原材料依赖于进口。国家能源局署报告显示，我国是锂离子电池产量大国，约占全球的 3/4。但是我国的锂资源储量非常少，仅占全球的 6.15%，锂资源对外依存度将近 80%。上游原材料已成为我国储能产业发展的重要瓶颈。锂资源分布不均，全球超过一半的储量分布在南美普纳高原的“锂三角”（玻利维亚、阿根廷与智利）地区，主要为盐湖锂矿。各国高度关注锂资源供应安全，纷纷将其列入关键矿产目录，锂资源大国开始推进锂矿国有化，并限制出口。南美“锂三角”正在提高锂资源的控制权和定价权，这将对我国电化学储能产业的发展造成直接冲击。除此之外，在锂电池电解液产业中，国内企业部分功能添加剂的设计和生产在一定程度上依赖进口；在高性能膜材料领域，基层无纺布、聚砜、界面聚合单体等原料普遍依赖进口。

（2）产品规格不统一 当前，储能电池产品的尺寸、形状、容量、电压各不相同，不具有通用性，不仅给新能源汽车、储能电站研发企业的匹配、选型、采购带来了困扰，也不利于储能电池企业的规模化生产和制造成本优化，进而阻碍了规模化和标准化应用。储能电池规格的不统一，直接导致产品互换性较差；电池使用者每开发一种产品，就对储能电池提出新增需求，再由电池制造企业调整生产工序以对产品进行定制化生产，不利于集约化、高效化生产和产品质量的一致性。电池制造工序繁杂，若同时生产规格过多的电池，将显著加大电池制造信息获取、质量检测、工艺分析等环节的难度及成本。电池种类繁多，也将加大退役电池回收再利用的难度。

（3）检测平台不完善 随着储能电池产品的规模化应用，各类应用场景下的不同运行工况导致了特性各异的电池老化失效机制，而电池老化对整个储能系统的可靠运行有着关键影响。目前，“材料—器件—系统”的连续研发评价模式尚未形成，全生命周期内的原位表征技术及模拟计算方法也待发展。为了满足市场对储能电池产品的应用需求，亟需研究服役工况下电化学储能器件与系统的原位实时表征技术，从“材料筛选—器件制备—电池选型—电池性能测试—失效机制分析”的全流程出发，形成电池产品的全生命周期评价系统；探索应用大数据、人工智能等信息技术，构建兼顾精度和可靠性的分析方法。

（4）理论实践不贯通 关键材料研究是发展电化学储能技术的基础。当前的储能材料研发高度依赖研究者的“尝试法”实验、积累经验与科学直觉，实验室研究也无法满足各类应用场景对储能器件能量密度、功率密度、循环寿命的需求。需要采取由应用驱动的“逆向思维”来设计材料结构。发挥大数据、人工智能技术对相关模拟计算的赋能作用，面向各类具体应用场景，针对性开展储能系统、储能器件、关键材料设计并挖掘有效组合；以基础技术创新提高电池材料和组件的研发水平，促进电池的优质制造与规模化部署。在工业应用背景下开展相关基础研究，立足现实条件对新材料及组件技术进行交叉验证，加快确定科学的选材方向以加速推动电池技术演进[17]。

（5）制造技术不先进 我国在储能电池制造技术及关键装备方面存在两方面的问题，即技术开发技术和制造基础元部件。储能电池的产品的制备和关键核心装备研发在数字化设计、数字化模拟验证、数字化孪生等方面开展不充分，产品一次设计不准确，需要反复修改，靠尝试的方法摸索实现优化，从而导致产品制造周期过长，产品迭代速度慢。相关专利及核心技术缺乏，阻碍了中国锂离子电池参与国际市场竞争的步伐，耽误产品上市的机会。除此之外，在装备的基础元部件大部分依赖进口，技术创新能力不足，自主推出的产品相对较少。

（6）应用成本不理想 储能的成本问题一直是制约商业化、规模化发展的瓶颈因素。以当前的主流产品为例，百兆瓦级锂离子电池的全生命周期内成本最低约为 0.67 元 / 千瓦时，明显高于抽水蓄能成本（0.21 ～ 0.25 元 / 千瓦时）。近年来，我国储能技术尽管进步明显，但与发达国家的先进水平相比仍存在差距。电化学储能主要用于调频、容量备用等，如美国宾夕法尼亚 - 新泽西 - 马里兰市场中调频辅助服务约有 80% 采用锂离子电池，澳大利亚参与调频的在运储能装机（110MW）中约有 98% 采用锂离子电池。电化学储能的优势在于响应能力快速、对地理环境要求不高，更适合较高功率要求的应用场合；但在较高放电时长需求的调峰方向，相应技术成本尚难以与传统发电资源竞争。

9.4 储能技术发展路径

在能源危机和环境污染的大环境下，为了追求锂电池的高比能量、长循环寿命高安全以及低制造成本，锂电池从钴酸锂、磷酸铁锂发展到三元电池材料体系。日本、韩国将固态电池发展作为下一阶段发展的主攻方向，锂硫电池、锂空电池也在新型电池体系研究阶段范围内。电池的形态逐渐从液态、半固态发展到全固态。从整体发展趋势来看，储能技术正朝着更高能量密度、更长循环寿命、更高安全性、更稳定且低成本的方向迈进。各类储能技术发展重点和方向如表 9-2 所示。

9.4.1 发展目标

面向“双碳”目标，以产业创新发展、示范应用为牵引，针对应用场景下的电化学储能性能需求，以电化学储能关键材料和结构创新研究为主攻方向，深化电化学储能技术体系的基础创新与应用研究。建设并完善关键材料的研发、测试、应用验证智能化平台，形成自主可控的关键核心技术体系，推动储能技术发展，促进能源绿色低碳转型。

到 2025 年，锂电池技术提升，新型锂离子电池实现产业化。运用低碳化、数字化、智能化方法，健全电化学储能标准体系，实现关键技术自主可控；能量型锂离子电池的单体比容量≥ 300W • h/kg，功率型和混合型电池的单体比容量≥ 200W • h/kg，通过结构创新实现材料利用率≥ 92%；基本建成储能电池的模型化、数字化体系，显著提升产品性能及制造技术水平，成本显著降低；纯电动汽车的经济性与传统汽油车基本相当；电化学储能累计装机规模≥ 40GW，系统综合成本降低 30% 以上，电池制造成本≤ 0.1 元 / 瓦时。

到 2035 年，全面掌握锂离子电池、钠离子电池、新体系电池的储能单元、系统集成、模块以及智能制造技术；锂电池的单体比能量≥ 500W • h/kg，半固态电池、全固态锂电池、锂硫电池等新体系电池的比能量≥ 400W • h/kg，循环次数≥ 1000 次，材料利用率≥ 98%，实现在新能源汽车和特殊领域的规模化应用；储能电池产业链成熟，全面实现智能化制造；电化学储能累计装机规模≥ 110GW，电化学储能装备与电力系统各个环节深度融合，满足新型电力系统的构建需求。锂电池技术及产业发展处于国际领先水平，随着能量密度的提升和制造效率大幅度提高，电池的制造成本≤ 0.06 元 / 瓦时。

9.4.2 发展方向

（1）关键材料趋向高性能、高安全、低成本 开发高比容量、高电压锂离子电池 / 钠离子电池的正极材料，通过过渡金属取代、表面修饰、体相掺杂等方式改善深脱离状态下的结构稳定性和放电电压。开发高稳定性、高容量的负极材料，解决充放电过程中体积膨胀、导电性差等问题；开发高电压、高安全性、宽温区的新型固态电解质，阐明电极材料与电解质的界面特性。攻关隔膜制备工艺及技术，开发高安全性、防短路、耐热的隔膜类型，提升锂离子电池的能量密度、功能密度、循环寿命、安全性并降低产品成本。针对锂硫电池、锂空电池、全固态电池等新体系电池，前瞻研究电池反应新原理与新机制、电极反应动力学调控机制及改性策略，提高技术成熟度以逐步适应工程应用。

（2）制备工艺趋向高标准、高品质、高效率 开发高能量、高功率、长寿命、低成本的储能器件，设计和优化电芯结构，通过工艺过程、装备标准化控制等技术手段提高单体电池的一致性。国家发展改革委、国家能源局发布的《关于加快推动新型储能发展的指导意见》（2021 年）提出，完善和优化储能项目管理程序，健全技术标准和检测认证体系，提升行业建设运行水平。在行业政策层面，电化学储能产品的质量和稳定性依然是重点监督内容。电池制备工序繁多，单一工序的制造问题都会影响成品电芯的质量。重点研究储能电池的智能分选优化技术，针对不同电化学性能的电池进行科学分类，减少电池组中单体电池的不一致性，提高电池组的容量使用率和循环寿命。

（3）检测平台趋向数字化、智能化、可视化 研究材料结构、表面、界面、器件与电化学性能的关联及规律，发展电池性能、安全状态的在线智能诊断及预警技术，阐明电池安全影响因素与失效机制。针对储能过程“热－电－力”耦合模型和寿命衰减，突破仿真分析、测试验证、智能检测、精密控制等技术难点，提高电池制造效率和产品质量。推进储能器件规格标准化，提高电池梯次利用、器件互换的便利性，促进低损耗、低投入、高效率的智能化拆解技术发展，建设智能化、高效率、低成本的锂电池回收生产线。针对新型电力系统不同应用场景对储能器件的需求，研发储能系统与电池器件的智慧协同控制关键技术。基于能量信息化处理、动态可重构电池网络等技术，建立服役工况下电化学储能器件的在线原位实时监测表征方法；针对全部单体电芯及模组，实时采集电池端的温度、电压、充/放电电流数据，基于统计分析数据合理规避电池的过充、过放现象。运用大数据、可视化、BMS优化等技术，对电池组开展实时数据分析及均衡管理，保持电池状态的趋同性，从使用过程出发改善电池的一致性问题。

（4）应用模式趋向一体化、多元化、成熟化 立足电力系统的实际需求，提炼“源网荷”侧电化学储能应用场景并推动储能规模化发展，切实解决新能源发电的有效消纳问题。重点依托“新能源＋储能”、基地电力开发外送等模式，合理布局发电侧储能，建立电力“源网荷储”一体化模式；灵活布局用户侧新型储能，发挥供电系统安全稳定运行的辅助保障作用。健全调度运行机制，促进新型储能发挥电力、电量双调节的功能。部署高效率、低成本、高安全性的储能装备，提升储能系统集成的专业化水平，实现储能系统与用能装备之间的良好适配。在推进目前技术相对成熟的储能商业化应用的同时，着手各类储能技术的进一步突破，建立产学研一体的储能技术研发试验基地，政府、企业及科研机构联合打造新型储能创新研发基金以支撑技术革新，助力新储能技术应用趋向成熟化。

表9-2 各类储能技术发展重点和发展方向

发展重点	发展方向
锂离子电池	① 高比容高电压正极材料，如富锂锰基正极材料、高镍低钴或无钴正极材料； ② 高稳定高容量硅碳负极材料； ③ 陶瓷复合有机隔膜处理技术； ④ 不易燃的电解液和功能电解质； ⑤ 高能量半固态或全固态电池技术； ⑥ 宽温域锂离子电池技术； ⑦ 预锂化技术、液冷技术； ⑧ 数字化智能制造技术； ⑨ 新一代金属锂基新电池体系，如锂硫电池、锂空气电池等； ⑩ 退役电池回收智能化拆解物料分选技术； ⑪ 高品质再生改性正极材料规模化应用； ⑫ 低成本、高效率、智能化、规模化锂电池回收生产线
钠离子电池	① 长寿命、低成本钠离子电池正、负极材料等关键材料改性及工程放大技术，如层状氧化物类正极材料、聚阴离子类正极材料、普鲁士蓝类正极材料等改性及批量制备技术； ② 电极/电解质界面优化设计技术； ③ 电池极片结构设计技术； ④ 多维度原位/非原位高精度表征技术、电池失效机理分析及理论计算仿真模拟技术； ⑤ 全固态钠离子电池设计与制造技术； ⑥ 宽温域、高安全、高倍率电池结构设计及规模化应用

续表

发展重点	发展方向
液流电池	① 高性能、低成本液流电池关键材料开发，如筛选高稳定、高浓度电解液，高导电性、高稳定性离子传导膜、高韧性双极板等； ② 非氟离子传导膜优化设计规模化制备技术； ③ 高功率密度电堆结构设计； ④ 百兆瓦级液流电池储能系统集成示范及智能控制； ⑤ 锌基液流电池和铁铬液流电池新技术产业化应用

9.4.3 对策建议

（1）聚焦储能技术攻关，强化试点示范应用 针对高安全性、长循环、低成本的新型储能系统开展关键技术攻关，前瞻部署下一代电池体系研发，以电池技术进步驱动规模化市场应用。引导高校、企业、科研院所协同开展技术攻关，建设“产学研”协同的储能技术研发试验基地。重点发展关键核心材料，优化制备技术，探索新型电化学储能应用场景，着力推进试点示范项目。遴选优势企业、明确重点场景，以“揭榜挂帅”方式推进新型储能应用示范企业与示范场景建设。不断推进以钠离子电池、金属－空气电池、多价离子电池等为代表的下一代新型电池技术研发，开展电池制备关键材料、单元和集成管理等全系统的技术攻关。探索新型电化学储能的应用场景，积极推进试点示范项目，打造产学研一体法人化储能技术研发试验基地。累积关键数据和运行经验促进新型电化学储能高质量发展。

（2）聚焦安全发展需求，制定行业标准体系 科学制定行业政策、标准规范、评价体系，及时完善新型储能产业国家标准、行业标准、团体标准，注重技术开发、产业布局、安全控制的顶层设计与纵向统筹。根据储能发展形势、安全运行的需要，开展主导应用场景的储能标准制定和修订，建立覆盖全产业链的技术标准体系。从储能标准体系的顶层设计出发，加强储能标准体系与现行能源电力系统标准的衔接，推动储能标准的落地实施。根据储能发展与安全运行的需要，对开展不同应用场景下的储能标准进行制修订工作，建立并完善储能健全全产业链的技术标准体系。加强储能标准体系与现行能源电力系统相关标准的有效衔接，积极推进关键储能标准落地实施，加大标准实施的监督检查。加快制定碳核算方法、再生原料评价、绿色生产、节能减污降碳、剩余寿命评估规范标准。

（3）聚焦智能平台能力，完善基础设施建设 以大数据、云计算、人工智能、区块链为支撑，构建智慧管理平台系统，用于储能系统的优化调度、在线监控、安全预警、运行评估等。鼓励采用锂离子电池、钠离子电池、液流电池等电化学储能作为数据中心、5G 基站的多元化储能及备用电源装置，支持建设重点实验室、工程研究中心、产业创新中心等技术与发展研究平台。创建新型储能关键材料与工程化应用平台、新型结构与安全防护管理系统平台、新型储能资源再生创新中心，以机制为突破口，实现科技成果向产业的转移转化。强化新型储能的应用示范、检测评价等平台作用。重点完善应用软硬件条件，充分利用掌握电化学储能全产业链庞大制造规模和海量数据资源的优势，出台鼓励设计仿真软件发展的政策，突破关键领域共性应用技术，实现新能源材料与终端产品同设计、系统验证、批量应用等的协同联动。

（4）聚焦学科长远发展，培育储能人才团队 加强储能学科建设，鼓励多学科交叉，实施“产教融合”人才培养模式，增强技术人才的理论与应用水平。着重培育储能基础研究人才团队，加大储能技术基础研究投入力度，注重知识产权保护。基于面向应用的储能学科特征，革新应用型科技人才的评价标准，引导高校、科研院所的人才团队主动对接企业实际需求。面向大规模可再生能源消纳的专业发展目标，加快储能学科专业建设，更好支撑长周期储能产业发展需求。在主要能源企业中，择优设立储能方向的博士后工作站，促进高水平储能科技人才成长。

参考文献

作者简介

陈人杰，北京理工大学材料学院教授、教育部长江学者特聘教授。主要从事高比能、高安全二次电池材料及器件，特种功能电源，新型功能复合电解质，二次电池资源化再生等方向研究。作为主要研究者，主持了国家重点研发计划、国家自然科学基金等项目。获得国家技术发明二等奖 1 项、部级科学技术一等奖 6 项，发表 SCI 收录论文 400 余篇，获发明专利授权 60 余项，获批软件著作权 10 余项，出版学术专著 3 部。

吴锋，中国工程院院士，北京理工大学杰出教授，国家重点基础研究（973）计划新型二次电池项目连续三期的首席科学家；长期从事新型二次电池与相关能源材料的研究开发工作，主持了多项国家科研项目，发表 SCI 收录论文 600 余篇，获发明专利授权 100 余项；主编出版学术著作 2 部，参编多部；获国家技术发明二等奖、国家科技进步二等奖各 1 项，获得何梁何利科学与技术进步奖和科技部授予的 863 计划突出贡献奖等 16 项省部级科技奖。

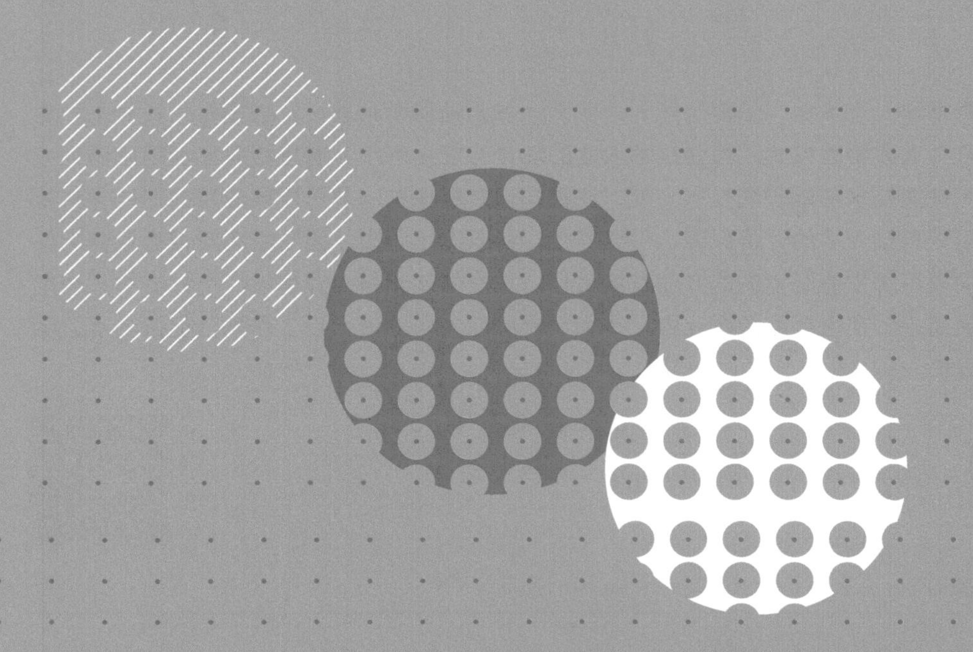

2023

第四篇

生态环境材料

第10章

水处理新材料

沈明忠　陈北洋　邵君礼

10.1 水处理材料领域的发展与技术概述

我国水处理行业历经几十年的发展，已经走过了末端治理、单点突破的粗犷式发展阶段，逐步迈入统筹兼顾、全面发展阶段。水处理行业产业链主要包括取水、水的加工和供应、生活污水及工业污废水处理、再生水循环回用、污泥处理处置等环节。近年来，随着《水污染防治行动计划》（水十条）、《“十四五”城镇污水处理及资源化利用发展规划》《重点流域水生态环境保护规划》等重磅政策相继出台，我国水处理行业的发展呈现两大显著特征：一是水环境系统综合治理，二是减污降碳协同增效。

材料领域的创新与应用是水处理行业发展的重要保障。在水处理产业链中，多项关键技术的升级迭代，都得益于新材料的开发和运用。水处理剂、生物填料、膜材料，以及其他新型功能材料的发明、改性和优化，直接推动了水处理行业发展和技术进步。

水处理剂是指对工业、生活污水废水进行处理使其达到一定质量要求所加入的化学试剂。早期，石灰、氯化铁、氯化铝等水处理剂被应用于沉淀、净化和消除悬浮物、有机物和细菌等。随着水质标准的不断提高，传统药剂已无法满足水质指标的要求。聚合铝盐、聚合硅酸铝等化学絮凝剂强化了污染物的凝聚、沉淀和过滤过程。活性炭、吸附树脂等比表面积大、吸附力强的材料被用作水处理吸附剂，以有效去除水中的有机物、重金属和微污染物。臭氧、过氧化氢、高锰酸钾等强氧化剂被用于难降解有机污染物的处理，其产生的强氧化性自由基可使有机物分子断裂，进而降解为无害物质。近年来，纳米材料因其较大的表面积和特殊的吸附、催化能力，在水处理领域的应用日渐广泛，对水中的微量有机物、重金属和细菌等具有显著的去除效果。

生物处理是污水处理过程中的关键一环，生物填料作为微生物膜附着的载体，是生物膜法处理工艺的核心。微生物膜在填料表面的附着能力、生长水平和更新速度，直接决定了污水处理的效果和效率。多年以来，生物填料始终是水处理行业关注的热点。19 世纪末 20 世纪初，英国科学家采用碎石、炉渣为填料，进行了生物膜接触氧化试验，开启了生物填料在水处理领域研究应用的新征程。20 世纪 60 年代，随着合成填料的成功开发，硬性填料生物膜反应器及相关技术相继问世，生物膜法处理技术发展进入了快车道。20 世纪 80 年代，纤维材料以及在此基础上开发的软性填料、半软性填料、组合式填料逐渐发展成熟。近年来，应用广泛的生物填料材质主要包括：聚乙烯、聚氨酯聚丙烯、聚氯乙烯等高分子聚合物。生物填料在水中的形态大致分为固定式、悬挂式和分散式。

膜材料是一种具有选择透过性的介质，其显著特点包括两方面：一是有两个界面，分别与两侧的流体接触；二是具有选择透过性。我国膜分离技术研究起步于 1958 年对离子交换膜和电渗析的研究；20 世纪 60 年代开始反渗透的探索；70 年代进入开发阶段，研究对象为电渗析、反渗透、微滤、超滤等膜及组件；80 年代起，气体分离膜等新技术陆续开发应用。近 20 年来，我国膜产业进入高速发展阶段，膜技术水平进入国际前列。膜有多种分类方式：根据膜的孔径及分离特性，通常可分为微滤、超滤、纳滤、反渗透、渗析、渗透气化和气体分离等；根据膜材料种类，过滤分离膜可分为有机膜、无机膜、有机 - 无机复合膜等。膜组件是将膜组装在基本单元设备内，完成组分分离的装置，主要形式有板框式、管式、毛细管式、中空纤维式，以及螺旋卷式等。

近年来，随着跨学科、多领域的合作与交流，其他的新型材料包括多孔碳材料、二维纳米材料（MXene）、金属有机骨架材料（MOFs）、石墨烯复合材料、3D COFs 材料、凹凸棒石复合材料等也被引入到水处理领域，其研究和应用进一步推动了行业的快速发展。

10.2 新材料在水处理领域的应用

10.2.1 水处理剂新材料

根据目的和作用的不同，水处理剂包括：阻垢剂、缓蚀剂、杀菌剂、絮凝剂、离子交换剂、清洗剂、预膜剂、消泡剂和示踪药剂等多种不同类型的产品[1]。市政污水处理过程中添加的水处理剂包括混凝剂、絮凝剂、碳源、杀菌剂等，其在水处理单元中的添加情况如图 10-1 所示。

（1）新型絮凝剂 化学絮凝剂主要包括无机絮凝剂、有机絮凝剂、复合絮凝剂。无机絮凝剂是应用最早的絮凝剂之一，主要包括低分子体系的氯化铁、聚氯化铝、硫酸铝和高分子体系的聚合硫酸铝（PAS）等，已广泛应用于饮用水、工业水的净化，地下水和废水污泥的脱水处理。但无机絮凝剂存在明显的缺陷：用量大、适用范围有限、具有金属毒性，限制了其广泛应用。有机絮凝剂包括天然有机高分子絮凝剂和人工合成有机高分子絮凝剂。近年来，有机高分子絮凝剂因絮凝效果好、使用量少、种类繁多、产品性能稳定、分子量可控等优点，在污水处理领域的应用发展迅速[2]。

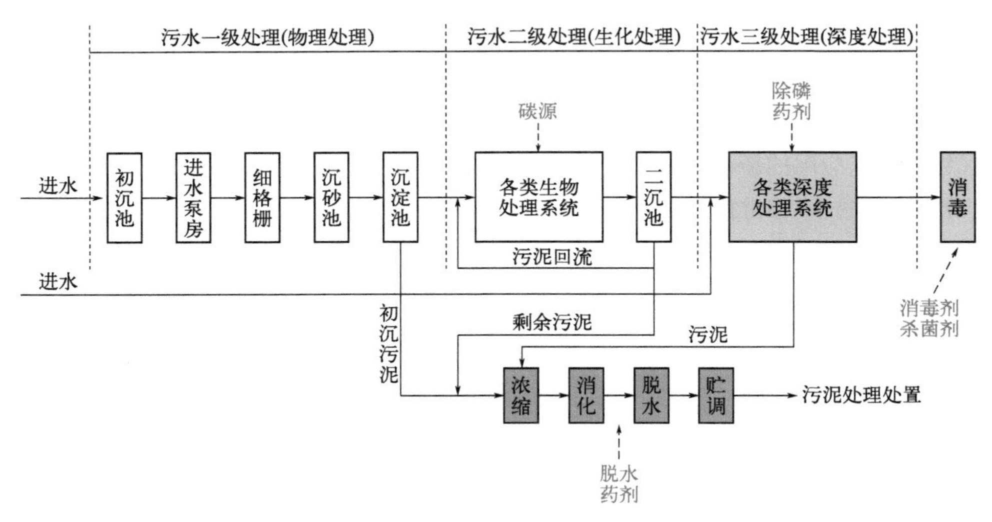

图 10-1 市政污水处理流程图

有机高分子的絮凝机理，主要是高分子链的吸附架桥作用和官能团的电中和作用。与无机絮凝剂不同，有机高分子絮凝剂具有小剂量（mg/L）下高效、不消耗碱度、产生污泥的体积更小等优点，同时形成的絮凝体体积更大，强度更强，具有优异的沉降特性。

天然有机高分子絮凝剂的原料为可再生资源，如淀粉、甲壳素、纤维素等，来源广泛，廉价易得，易受到酶的作用而分解，具有绿色无毒、可生物降解的优点。其拥有大量活性基团，通过化学改性等方式，引入其他功能性基团，制备得到天然高分子絮凝剂，在水处理领域拥有良好的应用前景[3]。

① **改性淀粉** 淀粉是最丰富的天然有机资源之一，具有可再生、可生物降解、可利用性大、价格低廉等特点，但天然淀粉水溶性差，相对分子质量低，带电性不足，直接作为絮凝剂会导致絮凝效果较低。需要通过接枝共聚、醚化、酯化等化学改性处理，可以使其拥有离子特性，从而成为绿色高效的新型絮凝剂[4]。近年来，丁淑芳等[5]以羟丙基淀粉、丙烯酰胺、二甲基二烯丙基氯化铵为原料，硝酸铈铵为引发剂，合成了一种阳离子型淀粉接枝改性絮凝剂。在硝酸铈铵浓度为 3mmol/L、单体总量与淀粉质量比为 1 ： 1、反应温度为 70℃、反应时间为 4h 的条件下，接枝效率达到 95.24%，絮凝效率达 96.76%，絮凝效果优于聚合氯化铝（PAC）和阳离子聚丙烯酰胺（CPAM）。张晋霞等[6]，研究了三氯化铁 - 淀粉复合絮凝剂的适宜制备条件和絮凝性能，利用该絮凝剂处理 200mL 的尾矿水，尾矿水 pH 值为 7.0，絮凝剂用量为 21.18kg/t，絮凝剂絮凝时间为 60s，浊度去除率可达 98%。发现三氯化铁和淀粉并不是简单混合，而是发生了络合反应，增强吸附架桥作用。郭雅妮等[7]，以 2,3- 环氧丙基三甲基氯化铵（GTA）为醚化剂，通过半干法醚化改性制备阳离子淀粉（St-GTA），采用水溶液聚合法制备阳离子淀粉丙烯酰胺絮凝剂（St-GTA-PAM），采用高岭土模拟废水絮凝性能，在絮凝剂投加量为 300mg/L、pH 值为 3 ～ 10 的常温条件下，St-GTA-PAM 絮凝率达到 92.7%，说明 St-GTA-PAM 对温度和酸碱度的适应性较强。

② **改性壳聚糖** 甲壳素广泛存在于虾蟹类海洋节肢动物的甲壳和高等植物的细胞壁中，是自然界中最为常见的天然高分子之一。壳聚糖是由甲壳素脱除乙酰胺基得来的线性高分子

物质，除对有机物和重金属离子表现出较好的吸附能力外，还是自然界中唯一一种带阳离子的天然多糖，经过定向改性之后可作为新型絮凝剂，充分发挥其自身的阳离子特性、生物相容性和可降解性，具有非常广阔的应用前景[8]。

王俊等[9]，以过硫酸钾作为引发剂，对羟基苯乙酸和甲基丙烯酸甲酯（MMA）分别与壳聚糖（CS）进行接枝共聚制得了二元接枝共聚物。对废水进行芬顿法预处理后分别加入两种接枝共聚物，加入壳聚糖－对羟基苯乙酸二元接枝物COD降解率为93.36%。去浊率达到96.86%，加入壳聚糖-MMA二元接枝物后COD降解率为73.72%，去浊率达到72.39%。任梦娇等[10]，通过马来酸酐酰化改性壳聚糖，制备水溶性的马来酰化壳聚糖（MHCS）；采用紫外光引发MHCS和丙烯酰胺（AM）接枝共聚制备P(MHCS-AM)絮凝剂。结果表明：P(MHCS-AM)特性黏度和接枝效率最高可分别达2368.09mg/L和163.7%；MHCS和AM成功发生接枝共聚反应，MHCS表面有大量多孔或凸起结构，AM成功接枝到MHCS骨架上，P(MHCS-AM)在常温条件下性质稳定不易发生分解；P(MHCS-AM)的絮凝性能优于市售的聚丙烯酰胺（PAM）、聚合硫酸铁（PFS）、聚合氯化铝（PAC）等絮凝剂，其优化的絮凝条件为投加量2～4mg/L、pH值6～9、水力条件G为200s^{-1}，对水体浊度的去除率可达85%以上。

③ **改性纤维素** 纤维素是自然界中最丰富的天然高分子原料，其结构单元中含有3个羟基，能够进行醚化和接枝等改性，是极具潜力的天然高分子絮凝剂，目前主要应用于纺织业废水和机械加工废水等工业污水的处理。

田道鹏等[11]以废旧棉纺织品作为原料，采用碱－尿素法提取纤维素，通过与聚丙烯酰胺接枝改性制备了棉基纤维素絮凝剂。在印染废水处理过程中，浊度去除率、色度去除率、COD_{Cr}去除率、污泥沉降性等方面纤维素接枝聚丙烯酰胺絮凝剂均有较好的指标。闫海洋等[12]利用秸秆发酵液作为产絮菌培养基，接种复合微生物絮凝菌（Bacillus sp. CX15）。结果表明，该菌上清液还原糖活性高于菌悬液和发酵液，发酵液还原糖产出率为35%，适宜的秸秆降解菌接种量为1%，秸秆降解最优时间为6天，接种适宜的底物秸秆量为3g，利用获得的秸秆糖化液作为絮凝剂低成本产絮培养基，絮凝菌反应60h后，发酵液中补加0.5g/L氮源调节秸秆糖化液碳氮比，絮凝率表现为90.4%，对污水表现出絮凝效果，具有良好的应用前景。

④ **植物胶** 果胶（NP）具有较大的分子量并含有半乳糖醛酸，这使其具有良好的絮凝性能。陈腾飞等[13]，通过对瓜尔胶进行氨基化阳离子改性合成的天然高分子植物胶絮凝剂CG-1，在阳离子度为14%、絮凝剂加量为0.1%、助凝剂B（二元羧酸类）加量为0.4%的条件下，絮凝效率最高。采用絮凝剂CG-1处理后的长庆油田产生的返排液，可直接进行重复配液，过程压力平稳，具有良好的应用效果。卢素敏等[14]为了提高聚铁絮凝剂对染料墨水的脱色性能，采用聚合氯化铁（PFC）和阳离子瓜尔胶（CGG）制备聚合氯化铁－阳离子瓜尔胶（PFC-CGG）复合絮凝剂。结果表明：相对于单独使用PFC和CGG，PFC和CGG复配有效地提高了脱色性能，中性条件下，在复配质量比m_{CGG} ：m_{PFC}=0.05时PFC-CCG脱色率达到95.3%，明显高于相同条件下PFC和CGG的脱色效果。

⑤ **水凝胶/海藻酸钠** 水凝胶是一种具有高亲水性的三维网络结构的材料，因其具有良好的生物相容性、环境友好性和对外界刺激的响应性，已被广泛应用于生物医学、园林、农业等领域。在水凝胶研究中，力学性能的提高和材料的可降解性是最受关注的问题。因此，

廉价易得且具有可降解性的天然多糖类水凝胶材料受到青睐。海藻酸钠本身具有一定的吸水溶胀性，但力学性能不理想，接枝共聚是改变海藻酸钠物理性质和化学性质的非常重要的手段。王馨纯等[15]在海藻酸钠上接枝亲水性的丙烯酸链段，通过化学交联构建高吸水性的三维网络（SA-AA-MBA），再进一步用 Ca^{2+} 离子交联制备水凝胶材料（SA-AA-MBA-Ca）。该材料具有很高的吸水性能，能吸收自身重量 100 倍的水。Ca^{2+} 离子的交联作用，可使材料的储能模量从 50Pa 提升到 2kPa。同时，该材料还具有水 / 醇诱导的形状记忆性，固定率和回复率可以达到 100%。沈程程[16]以厦门大学嘉庚学院中区外河流内微污染湖水为处理对象，采用海藻酸钠混凝工艺对微污染水进行处理，研究海藻酸钠投加量和混凝时间对微污染水处理效果的影响，以色度、浊度和磷酸盐三项指标来判断海藻酸钠混凝的处理效果。结果表明，海藻酸钠投加量为 1.33mg/L 时，色度和浊度的去除率分别达到 65%、64%，该工艺对微污染水的处理效果较好。

⑥ **新型复合絮凝剂** 由于城市污水成分通常较为复杂，采用单一的絮凝剂往往无法达到较好的絮凝处理效果，需要研究更加高效的复合絮凝剂。

刘彩红等[17]以磁性纳米 Fe_3O_4 粒子、Na_2SiO_3、$Al_2(SO_4)_3 \cdot 18H_2O$ 和羧甲基淀粉钠为原料，制备了一种适合城市污水絮凝处理的新型复合絮凝剂 FAS-1，并对其综合性能进行了评价。结果表明，当絮凝剂 FAS-1 的加量为 20mg/L、污水 pH 值为 8、实验温度为 30℃、沉降时间为 40min 时，污水的 COD 去除率和浊度去除率分别可以达到 98.7% 和 96.8%，达到了良好的絮凝处理效果。鲍慧敏等[18]，针对高浓度煤化工废水絮凝沉淀预处理过程中采用传统絮凝剂处理效率不高的问题，以丙烯酰胺（AM）、2- 丙烯酰胺 -2- 甲基丙磺酸（AMPS）和改性阳离子单体（WA-1）为原料，并引入改性纳米 Fe_3O_4，制备了一种适用于高浓度煤化工废水絮凝预处理的新型磁性复合絮凝剂 AFC- Ⅱ。实验结果表明，当新型磁性复合絮凝剂 AFC- Ⅱ加量为 800mg/L、废水 pH 值为 8、搅拌速度为 120r/min、搅拌时间为 8min、沉降时间为 15min 时，高浓度煤化工废水中 COD 的去除率最高，可以达到 96.74%。在实验条件均相同的情况下，新型磁性复合絮凝剂 AFC- Ⅱ对实验用高浓度煤化工废水中 COD 的去除率明显高于其他几种常用的絮凝剂。姚彬等[19]采用硅烷偶联剂 γ- 氨丙基三乙氧基硅烷作为硅源，与氯化铝在碱性条件下合成新型无机 – 有机硅铝复合絮凝剂。结果表明，最佳合成条件为：总铝浓度 Al_T 为 0.2mol/L，Si/Al 摩尔比为 0.6 及碱化度 B 值为 2.0 时，合成的絮凝剂依然保持稳定状态。絮凝剂中的有机组分和无机组分是以共价键结合在一起的；该絮凝剂呈现空间网状的密实结构，吸附架桥性能优越。邓博文等[20]采用超声波分散法，将聚合硫酸铁（简称 PFS）与纳米 TiO_2 复合制备了纳米 TiO_2-PFS 复合絮凝剂，对化工有机废水进行处理，研究了纳米 TiO_2-PFS 复合絮凝剂对有机废水的处理效果。将 PFS 与制得的纳米 TIO_2-PFS 复合絮凝剂进行对比，结果表明，复合絮凝剂对有机废水 COD 的去除远远大于 PFS，当复合絮凝剂的投入量为 4mg/200mL 时，有机废水的去除率达到 80%。

（2）**新型碳源** 近年来，我国居民的各类用水习惯及一些氮磷肥料和化学农药的普遍使用导致了城市污水中 COD_{Cr} 浓度不断地降低，污水 C/N、C/P 持续下降。生物法处理低碳生活污水时，碳源的竞争与缺乏将严重影响反应器内脱氮除磷的效率，而外加碳源这一办法受到广泛关注[21]。外加碳源分传统碳源和新型碳源。传统碳源包括乙酸钠、乙醇、葡萄糖等；

新型碳源主要包括固态碳源、液态碳源。其中固态碳源有天然纤维素类物质、人工合成可降解高分子材料等；液态碳源有工业废水、餐厨废弃物水解液等。随着时代进步，传统碳源逐渐失去主流位置。探索开发环境安全性能高、价格低廉、“以废治废”的新型外加碳源，成为研究的热点[22]。

① **天然纤维素碳源** 对比传统的液体碳源，固体碳源既可以作为生物膜的载体，自身又能在微生物的不断分解下达到持续供碳的效果，很好地解决了液体碳源投加量不易控的问题。天然纤维素类物质如玉米秸秆、木屑、棉花等。

徐丽等[23]选取玉米芯和稻壳，用不同浓度的酸碱溶液对其进行改性处理，筛选出能够缓慢释碳且氮磷含量较低的理想碳源，研究它在序批式生物膜反应器（SBBR）中对低碳氮比污水脱氮效果的影响。实验结果表明，经质量分数为7%的NaOH改性处理后的玉米芯在碳氮磷的释放量以及可生化性等方面均表现良好，可作为调节低碳氮比污水的缓释碳源。对比未投加改性玉米芯的反应器出水效果，投入改性玉米芯后SBBR系统的氨氮去除率由原来的60%提升至73%左右，TN去除率由原来的50%提高到60%左右，系统对COD仍然具有较好的去除效果，这表明经7%的NaOH改性后的玉米芯是良好的缓释碳源，能有效提高SBBR系统对低碳氮比污水的脱氮能力。王勃迪等[24]将同等碳含量的小麦秸秆、棉花、可生物降解塑料聚丁二酸丁二醇酯（PBS）、废报纸分别投加至垂直流人工湿地，研究其对反硝化过程的影响。结果表明，4种材料均可释放有效的碳源，明显提高人工湿地对硝酸盐的去除率。其中，秸秆在15天内NO_3-N的去除率除第1天的77.63%之外，其余均在94.95%以上，表明秸秆所释放的碳足以满足系统中微生物的反硝化作用。其他NO_3-N的去除率由大到小依次为报纸、棉花、PBS，分别为84.88%、76.23%、32.43%，对COD_{cr}的去除率平均为48%以上。在人工湿地系统内，4种固相碳源的释碳过程基本不产生NH_4^+-N和NO_2^-，且兼具成本低廉、无二次污染等优势。

② **餐厨垃圾碳源** 餐厨垃圾中含有丰富的有机质，具有潜在的高生物降解性，以餐厨垃圾制备外加碳源是目前有机废弃物制备外加碳源的研究热点之一[25]。洪猛[26]在河北沧州市采用有效容积为1.5m^{3}的搅拌釜式反应器，对餐厨垃圾与剩余污泥进行中温（35℃ ±2℃）厌氧发酵处理中试研究。考察了共发酵过程可溶性化学需氧量（SCOD）和生化需氧量（BOD）的释放规律以及氮、磷的释放对碳源有效性的影响，同时对餐厨垃圾与剩余污泥共发酵进行经济分析。结果表明：氨氮在第10天释放的最多，为（192.5±2.5）mg/L，扣除发酵液中的氨氮对碳源的消耗，其发酵碳源有效性为90.4%；发酵液中释放的磷在第13天达到最高值，为（195.2±11.9）mg/L，可通过在厌氧发酵液中投加氯化钙直接回收。经济成本分析表明，采用餐厨垃圾与剩余污泥共发酵产酸作为反硝化碳源时，沧州两厂每年可节省约2002.6万元。周星煜[27]针对厨余和果蔬垃圾压榨液及水解酸化液作为污水处理系统外加碳源的可行性进行研究。测定了在AAO-MBR工艺污水处理系统中分别加入厨余垃圾压榨液、果蔬垃圾压榨液、经过水解酸化的果蔬垃圾压榨液，污水处理系统出水中化学需氧量（COD）与总氮（TN）指标。经检测，按一定比例在污水处理系统中加入以上浆液后，出水水质均可满足《城镇污水处理厂污染物排放标准》（GB 18918—2016）一级A标准，并且出水水质优于未加浆液组。结果表明，厨余垃圾压榨液、果蔬垃圾压榨液、经过水解酸化后的果蔬垃圾压榨液均可作为

补充碳源，加入污水处理系统，提升污水处理效能；通过生产性验证可知，厨余垃圾压榨液按照1‰比例进入污水处理系统，不会影响系统出水水质，并且可部分甚至全部替代传统外加碳源（如乙酸钠等），降低污水处理厂碳源药剂成本。

（3）新型混凝剂 目前常用的除磷混凝剂主要基于铝铁盐，但铝盐有深度除磷效果差、温度低时混凝效果下降、铝残留过高、pH值范围窄等缺点；铁盐有出水色度大、有一定的腐蚀性等缺点。另外，当水低温低浊时混凝效果不佳。

吴兵党等[28]针对铁铝盐混凝剂在低温低浊水中深度除磷性能欠佳的问题，基于镧和磷酸根具有特异性亲和力的特性，选用溶胶–凝胶法以不同镧源、有机配体和原料（酸、碱、醇、水）比制备了系列聚镧混凝剂（LXC），所得材料的含镧量均为30%～33%，混凝絮体颗粒尺寸达1600μm，且在5min内即可完成沉降过程。以$LaCl_3$和聚氯化铝（PAC）为对照，评估了LXC对学校河水（温度4～6℃，磷浓度1.0mg/L±0.1mg/L）、阳澄湖水（4～6℃，0.1mg/L±0.3mg/L）和石湖水（4～6℃，0.8mg/L±0.2mg/L）的深度除磷、除浊性能。结果表明，相同投加量的LXC对不同水样除磷效果均优于$LaCl_3$和PAC，适宜条件下混凝出水剩余磷浓度低于0.02mg/L，均达到深度除磷效果。该研究为深度除磷缓解水体富营养化提供了新的解决思路。

（4）污泥改性剂 市政污泥的高含水率和难脱水性限制了污泥的处置途径，施加金属盐类调理剂能够显著降低泥质比阻，大幅度改善泥质的脱水性能，提高泥饼含固率。

陈涛等[29]以硅酸钠、铁锈和硫酸铝为原料，通过聚合反应制备得到聚合硅酸铝铁，探究了聚合硅酸铝铁的微观结构，结果表明：聚合硅酸铝铁呈三维团粒结构，表面粗糙不规则；市政污泥中随着聚合硅酸铝铁添加量的增加，CST值和压滤后泥饼的含水率均出现先减后增的现象，聚合硅酸铝铁最佳添加量的污泥CST值和泥饼含水率较空白样分别下降53.12%和9.40%；硅酸钠、铁锈和硫酸铝之间通过聚合反应产生了协同效应，生成的聚合硅酸铝铁相比于硅酸钠、铁锈和硫酸铝直接调理效果更佳。李羽志等[30]采用中药渣+三氯化铁的药剂组合对污泥进行调理，同时对污泥处理处置全生命周期进行碳排放核算。发现相比于常规的$CaO+FeCl_3$，中药渣$+FeCl_3$的调理方式在提高污泥的脱水性能、减轻滤液处理难度和降低污泥处理处置过程的碳排放方面具有较大优势。污泥的脱水速率和水分去除率分别提升32%和5%。传统CaO主要通过破坏细胞释放内部结合水，将TB-EPS和LB-EPS转换成SMP-EPS，以及降低污泥絮体与环境电位差的方式实现污泥脱水性能的改善。而中药渣$+FeCl_3$组主要通过建立排水通道和压缩双电层提高污泥的脱水性能。中药渣$+FeCl_3$对胞外聚合物和微生物细胞的破坏较小，污泥滤液中的污染物组分含量更低。中药渣的碳排放因子远小于CaO的碳排放因子，采用中药渣$+FeCl_3$的调理方式其碳排放总量较$CaO+FeCl_3$碳排放低646.7kg/t，深度脱水阶段碳排放减少458.2kg/t，碳汇增加97.28kg/t。

（5）阻垢剂 阻垢剂是一种用于去除水垢和沉淀物的药剂，其作用是保持设备的正常运行。水中的水垢和沉淀物会附着在设备表面，导致管道堵塞、设备损坏等问题，使用阻垢剂可以有效清除这些污垢和沉淀物，维护设备的正常运行。

超支化聚合物是（Hyperbranched polymers，HBPs）一种高度支化的三维（3D）大分子，属于树枝状聚合物领域的一个重要亚类，也是近年来高分子科学领域的研究热点。21世纪初，随着“点击化学”技术在超支化聚合物合成方面的使用，这一类型的聚合物在阻垢领域的潜在应用得到越来越多科技工作者的关注。

现有的聚合物阻垢剂不能抑制油田后期阶段产生的硅酸盐硅、二氧化硅垢，而超支化聚酰胺－胺不仅能够抑制钙垢（主要是硫酸钙和碳酸钙垢），还能够有效抑制硅酸盐垢和晶体硅垢，并且具有一定的生物降解性能。

王洋洋等[31]采用乙二胺（EDA）、二乙烯三胺（DETA）和三乙烯四胺（TETA）为反应中心核，甲醇为溶剂，丙烯酸甲酯（MA）为原料，通过迈克尔加成和酰胺化反应，合成三种不同类型的超支化聚酰胺－胺［PAMAM(EDA/DETA/TETA)］，后用羟基亚乙基二膦酸（HEDP）分别对其进行改性，制备出三种端膦酸基超支化聚酰胺－胺类型的阻垢剂［PAMAM(EDA/DETA/TETA)-H_2PO_3］。结果表明：超支化聚酰胺－胺的阻垢率未达到标准，而改性后的端膦酸基超支化聚酰胺－胺具有优异的阻垢性能，其中在高矿度下加药浓度为500mg/L，PAMAM(EDA)-H_2PO_3 对 $CaSO_4$、$CaCO_3$ 垢的阻垢率分别达到98.5%、90.1%，而且发现此类型的阻垢剂具有耐高温、pH 应用范围广、持续时间长等优点。再结合分散性能测试和垢样分析，发现其阻垢机理主要与支化分子结构、聚合物的高分散性和引入的官能团有关。

（6）缓蚀剂　缓蚀剂是一种常用的防腐药剂，其主要作用是在金属表面形成一层防护膜，防止金属与水、氧气等腐蚀物质接触，减少金属管道和设备受到腐蚀。常见的缓蚀剂包括磷酸盐、硝酸盐、硅酸盐等。

聚天冬氨酸（PASP）是一种绿色水处理剂，具有高效的阻 $CaCO_3$、$CaSO_4$ 垢性能，但阻 $Ca_3(PO_4)_2$、分散 Fe_2O_3 性能及缓蚀性能并不突出，因此在一定程度上限制了其应用范围。柴春晓等[32]以聚琥珀酰亚胺（PSI）、N-(3- 氨丙基) 咪唑和 2- 苯乙胺为原料，合成了一种含有咪唑和苯环结构的聚天冬氨酸衍生物（PASP-D），利用电化学极化、阻抗及失重法，系统研究了 PASP-D 在 0.5mol/LH_2SO_4 溶液中对碳钢的缓蚀性能。结果表明，PASP-D 是一种混合型缓蚀剂，但以抑制阴极反应为主。在较低的浓度下，PASP-D 即可显著地抑制碳钢在 0.5mol/L 硫酸溶液中的腐蚀。热力学研究表明，PASP-D 在碳钢表面的吸附包含物理作用和化学作用。

（7）杀菌剂　工业水环境中微生物引起的腐蚀一直是造成工程材料失效的重要原因之一，杀菌剂作为一种简单高效地杀灭微生物的方法，在工业微生物腐蚀防控领域中发挥着重要作用。杀菌剂按药剂的化学组成不同可分为氧化性杀菌剂和非氧化性杀菌剂两大类。季铵盐和季鏻盐作为油田系统中常用的阳离子杀菌剂，能够在低浓度下有效杀灭硫酸盐还原菌，并抑制微生物腐蚀。胍盐类杀菌剂以其稳定性和广谱性在工业系统中应用广泛。杂环类杀菌剂种类繁多，部分杂环类杀菌剂不仅具有抗细菌和真菌的效果，还具有一定的缓蚀作用。有机溴类物质则是一种逐步兴起的污水处理杀菌剂。此外，多种杀菌剂的复配使用也是一种经济有效地提升杀菌效果的方法。目前，通过改性、合成等方法将尽可能多的抗菌基团集中到一种杀菌剂或某种基底材料上，逐渐成为开发新型抗菌物质的趋势[33]。

杀菌剂的复配是将多种具有杀菌效果的物质进行调配，使之具有更广谱和更高效的杀菌性能的方法。这是一种不仅实际中经济适用，同时还会提升杀菌效果的常用方法。

孙肖[34]制备了一种高收率、高效、环保的长链双季铵盐杀菌剂。以十二胺、环氧氯丙烷及N，N-二甲基-1，3-二氨基丙烷为原料，制备长链双季铵盐杀菌剂SX-28，并探讨其杀菌性能。在同等投加量条件下，该杀菌剂对异养菌（TGB）、硫酸盐还原菌（SRB）和铁细菌（FB）的杀灭效果均优于1227及普通双季铵盐等常规杀菌剂，且其杀菌持续时间长。该杀菌剂在工业循环水中应用效果良好。张迪彦等[35]采用癸二胺与盐酸胍反应制备获得的长链聚合有机胍，加入水，加酸调节至中性，在40℃以下加入溶剂搅拌均匀，得到油溶性高效杀菌剂产品。对其杀菌效果进行考察，结果表明，此油溶性杀菌剂产品，对铁细菌、硫酸盐还原菌、总细菌的杀菌率高于常用杀菌剂，有较高的缓蚀性能，能满足于油田水处理技术工艺的实际应用。

 10.2.2 水处理生物填料

在污水处理技术中，生物膜法是一种与活性污泥法并列的生物处理技术。运行过程中，污水与附着在填料上的微生物膜接触，通过微生物的新陈代谢作用，实现污染物的去除。常见的生物膜法处理工艺包括生物膜接触氧化、生物膜滤池、生物流化床、生物转盘、曝气生物滤池、移动床生物膜反应器等。相比于活性污泥法，生物膜法的突出特点在于微生物以附着生长为主，悬浮生长为辅，其主要优势在于微生物多样化、食物链更长、污泥产量低且沉降性好、对水质水量变动适应性更强、易于运行维护等[36]。水处理生物填料为水中微生物膜提供附着载体，并满足其中微生物生长繁殖的空间需求。水处理生物填料的性能要求主要包括：水力特性好、比表面积大、亲和附着性强、化学与生物稳定性强，以及性价比高等。图10-2所示为附着在生物滤池料上的生物膜构造图。

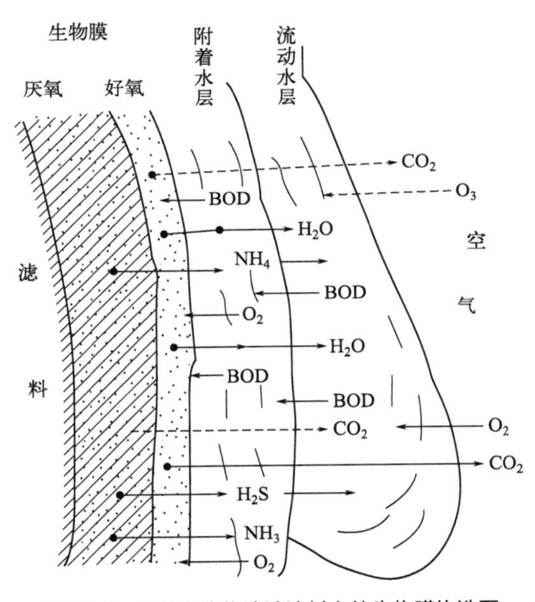

图10-2 附着在生物滤池滤料上的生物膜构造图

我国关于填料的评价指标尚无统一的标准。常规技术参数主要包括：规格、相对密度、空隙率、单位体积的填料数、比表面积、填料因子和堆积密度等。特定技术参数主要包括：

表面性质、挂膜性能、充氧性能、传质性能等。

生物填料的改进主要侧重其材料本身物理化学性质的改善、复合填料性能研究、填料结构形状改进以及固废再利用等方面[37]。

（1）填料改性 生物填料挂膜性能主要体现在挂膜速度、挂膜量和生物膜特性等方面。其挂膜性能的优劣取决于其表面性质。近年来，关于填料表面改性的研究主要集中在亲水性、带电性、生物亲和性以及磁性等方面[38]。

① 亲水改性 亲水性是生物填料的一种重要特性，常用的生物填料亲水改性方式主要包括表面处理及亲水基团引入两种。

李春梅等[39]对聚乙烯 MBBR 填料进行液相氧化－超声－丙烯酸改性后，填料的静态接触角降低了 77.2%，SEM 观察填料表面依次出现长腐蚀坑、凹凸不平、表面不平整以及表面覆盖形状不同的堆积物；通过 XPS 及 FTIR 分析，填料表面 C═O、—C—O—O 及—O—C═O 含氧极性基团含量增加，O/C 较改性前增加了 30.1%。在 HRT 为 6h、填充率为 30%、C/N 比为 4.2 ～ 6.2、搅拌速率为 80r/min、温度为（25±1）℃条件下，改性填料在 MBBR 反应器内的启动期比改性前缩短了 8 天。试验稳定期，生物量达到 56.14mg/g 填料，对 NO_3—N、TN 及 COD 的去除率分别为 98.1%、77.4% 和 68.3%。

② 带电改性 Wang 等[40]使用废枸杞生产的生物炭合成了铁 Fe- 生物炭 BC- 铜 Cu 三元微电解填料，用于处理炼油厂可生物降解的废水。Fe-BC-Cu 微电解填料对废水中有机污染物的去除机理在于氢氧化铁的电化学氧化、吸附和共沉淀的协同作用，微观球形填料结构加速了微电解反应速率。在 pH 值为 4.0，Fe-BC 比例 1 ： 1，Fe-BC-Cu 比例 1 ： 1 ： 1 条件下，对废水中 COD 和总有机碳 TOC 去除效率分别为 77.11% 和 68.71%。填料可重复使用，在 10 个循环期间 COD 去除效率保持在 80% 左右。流出物的重金属分析结果表明，填料在废水处理中的应用不存在重金属释放的风险。

Zhang 等[41]采用亲水性阳离子聚合物（十六烷基三甲基氯化铵，CTAC）对二氧化硅基无机玄武岩纤维 BF 进行改性。改性玄武岩纤维 MBF 生物载体表面带正电性，具有较高的生物量吸附能力和微生物多样性，且生物膜形成时间较短，提供了一种环保、可持续和经济的废水处理载体。

③ 生物亲和性填料 生物亲和性的强弱直接关系到微生物在载体表面的黏附、生长和繁殖能力。可选用富含化学活性基团的天然生物物质作为基质，形成微生物与天然生物材料的同源性亲和力，降低微生物的附着生长难度。生物亲和改性亦可通过枝接基团或涂覆生物亲和性材料的方式实现。

Zhang 等[41]将聚丙烯酰胺 / 环氧树脂 / 纳米二氧化硅涂层成功接枝到玄武岩纤维 BF 表面，引入亲水基团并改变表面粗糙度，从而改变水接触角，微生物更易黏附在亲水且粗糙的载体表面上。用作生物膜载体的改性玄武岩纤维（MBF）的表面粗糙度显著提升，根据细菌黏附率，MBF 的生物亲和力得到了显著改善，有助于形成附着生物膜。

④ 磁性填料 Z.Qingshuang 等[42]研究了磁性生物炭的制备及其在废水处理中的应用，讨论了生物炭去除污染物的吸附机理和生物炭的改性方法。生物炭具有良好的物理和化学性质，由于其粗糙的多孔结构，而被广泛用于吸收水中的污染物。磁性生物炭将生物炭与磁性

材料结合，具有碳含量高、比表面积大、磁分离等优异性能，成为近年来的研究热点，可有效解决水处理中吸附剂回收难、吸附剂易流失问题。

（2）复合填料

① 生物绳复合固相碳源填料 生物绳填料是把弹性填料和软性填料采用蛇行辫带式编织方法混织制成的，其孔隙率高、表面积大；可有效切割气泡，氧利用率高；无数的环状纤维形成放射形结构，强化固、液、气三相的传递性，避免水流冲击导致的生物膜过度脱落[43]。因此，其适合微生物附着以及生长繁殖，具有生物丰度高，净化能力强等优势[44]，已作为微生物生长载体在不同场景中进行应用。

李子如等[45]研制的聚丙烯维尼纶生物绳型填料复合固相碳源填料，以海藻酸钠和聚乙烯醇作为骨架，以玉米芯和人工合成高聚物作为碳源。经实验验证，28 天内固相碳源持续释碳且未达到释碳平衡，最高释碳量达 8.7mg DOC/g。释放碳源以微生物易降解的可溶性微生物代谢产物和芳香蛋白类物质为主。与普通生物绳相比，挂膜生物量增加了 300 ～ 600ng ATP/g，复合的固相碳源显著增强了反硝化作用，脱氮率达 80.4%。

② 包埋菌填料 生物强化即强化系统污泥微生物的生物活性，一般可通过富集培养或直接投加具有特定功能的菌种来实现。富集硝化菌后再投加到 A^2/O 系统中，可提高脱氮效果[46]。但投加生物制剂的缺点是功能菌群易流失，长效性难以保障。

固定化包埋技术是将功能菌包埋在半透性聚合物内并投加到活性污泥中，改善污泥菌群，纯化和保持高效菌种，增强系统耐冲击负荷性能，同时，包埋菌形态稳定，可长期停留在反应池内，避免了功能菌群流失的问题。

包埋菌菌种取自污水处理厂活性污泥，污泥浓缩后，以聚乙烯醇作为包埋载体，经废水驯化、筛选并固定得到。包埋菌分为好氧型和厌氧型，好氧型包埋菌菌种主要包含硝化细菌属、芽孢杆菌属、假单胞菌属、亚硝化菌、反硝化细菌等。厌氧型包埋菌菌种主要包含反硝化细菌属、芽孢杆菌属、厌氧氨氧化菌属等。

包埋菌强化对提高污泥微生物活性具有重要作用。随着包埋菌在系统内的生长，原本受废水组分影响而下降的微生物丰度和多样性都明显恢复到初始水平。微生物群落发生明显改变。

陈恺[47]研制了新型包埋菌强化 - 聚丙烯腈 PAN 填料，在 A^2/O 工艺反应池内投加 PAN 填料 6g/L，其中好氧型 8%+ 厌氧型 4% 包埋菌的投加模式下，对工业 / 生活混杂废水中 COD、TN、NH_4^+—N 的去除率分别达到 90.0%、76.2% 和 91.0%，苯胺去除率达 99% 以上，10 天内可有效去除锑 Sb 7.47mg/（L · d）。实现了工业 / 生活混杂废水，尤其是苯胺及 Sb 含量较高的混杂废水的有效处理。

（3）填料结构形状改进 固定式生物填料整体固定，在反应器内保持不动，多采用蜂窝状和波纹板状结构；悬挂式填料多数在中心绳上等间距设挂膜物，中心绳两端固定在反应池的池底与池顶；分散型填料包括堆积式、悬浮式填料，其内部多具有微孔结构[37]。

对填料结构的改进目的是提高填料的比表面积和对微生物的固载能力，从而提高水处理效果。宏观上，填料构型改进侧重于总体的可拼装性、多孔网状等结构设计；微观上，常用增大填料比表面积的改进方式包括：多孔载体、海绵发泡、分形结构、纤维丝等。

Tong 等[48]基于自由基悬浮聚合，采用无机颗粒对多孔聚合物载体（PPCs）进行改性，制备了一种新型磁性多孔载体（PMCs），并将其应用于低填料流化床生物反应器（FBBR）中。PMCs 孔隙可达 50μm 以上，较大尺寸的微生物能够在其中定殖。其生物膜形成时间仅 7 天，NH_3-N 去除效率提高 20%。高通量测序（HTS）表明，新型生物载体可以促进生物多样性，提高亚硝化单胞菌的丰度，从而增强氨化过程。即使在较低的填充率下，也具有提高污染物去除性能的潜力。

（4）固废再利用 粉煤灰、垃圾焚烧飞灰等固体废弃物均可作为主要原料，经固相反应聚合生产颗粒填料，并在水处理过程中进行应用。

① 垃圾焚烧飞灰固定化颗粒填料 刘杨等[49]以质量比 77.5 ∶ 15 ∶ 7.5 的垃圾焚烧飞灰、页岩和稻壳为原料，造粒后在 1080℃，焙烧 10min，制备水处理填料。填料表面较为粗糙，内部孔隙发达，比表面积较大，有利于微生物的生长繁殖。将填料应用于曝气生物滤池中，堆积密度为 0.5876g/cm^3，吸水率为 23.67%，破碎率与磨损率之和为 1.32%，比表面积为 2.472m^2/g。污水中 COD 和氨氮去除率分别达 87% 和 56%。经检验，填料的重金属浸出值远低于《危险废物鉴别标准　浸出毒性鉴别》(GB 5085.3—2007）限值，具有良好的环境安全性。

② 市政污泥制备水处理填料 市政污泥主要包括城市污水处理厂污泥及供水厂污泥，我国污水处理逐步从“重水轻泥”向“泥水共治”转变，因此，寻求经济有效的市政污泥利用途径，实现污泥的稳定化、无害化、减量化、资源化，已成为污废水厂减污降碳的重点方向和路径之一。

阙科健[50]成功研制了以水处理污泥为原料的轻质多孔生物载体填料。与普通陶粒填料相比，污泥陶粒填料表面粗糙度高、表面微孔有效孔容大。产品性能方面，污泥陶粒的挂膜速度快且终期挂膜量是普通陶粒填料的 2.5 倍，比普通陶粒填料更利于微生物附着和增殖。以污水处理厂干污泥 40%、净水厂干污泥 60% 为原料制备污泥陶粒填料，其污染物去除率优于普通陶粒填料，对 COD、NH_3 — N 和 TP 的去除率分别达到 85%、80% 和 60%。

③ 粉煤灰制备水处理填料 粉煤灰是煤燃烧的颗粒副产物，粉煤灰在水处理领域的再利用是解决废物管理和水质问题的一种尝试。粉煤灰的形态、比表面积、孔隙率和化学成分（二氧化硅、氧化铝、氧化铁、二氧化钛等）等特性为其资源化应用奠定了基础。粉煤灰早期的利用多局限于吸附功能，近年来，相关研究逐步扩展到过滤、Fenton 催化剂、光催化和混凝等领域[51]。

以粉煤灰和黏土作为原料制备超轻粉煤灰陶粒，用作水处理填料。对原料组分进行化学组分分析、热分析、矿物组成分析和微观结构分析。以 30% 粉煤灰 ∶ 60% 黏土 ∶ 2% 发泡剂 ∶ 5% 秸秆粉为原料配比比例，在 600℃下预热 20min，1240℃下烧结 30min，制备粉煤灰陶粒，其密度接近于水（1.10g/mL），表面有显著气孔，内部孔隙发达，适宜微生物的附着和生长的特性[52]。

10.2.3 ／水处理膜材料

膜技术是以膜材料的特殊结构来实现物质高效分离的技术，具有节能高效、设备紧凑、操作方便、易与其他技术集成等优点。表征分离膜性能有两个参数。一是渗透选择性，即各种物质透过膜的速率的比值；二是物质透过膜的速率，即膜通量，单位面积膜上单位时间内透过物质的数量。膜性能包括高分离性能、高稳定性、低成本和长寿命等，以满足工程化的应用需求[53]。

膜分离过程的特性如表 10-1 所示。

表 10-1　膜分离过程的特性

过程	主要功能	推动力	膜
微滤	滤除 50nm 以上颗粒	压力差	对称细孔高分子膜，孔径 0.02 ～ 10μm
超滤	滤除 5 ～ 100nm 颗粒	压力差	非对称结构多孔膜，孔径 2 ～ 20nm
纳滤	高价离子及小分子脱除	压力差	非对称结构多孔膜，孔径 1 ～ 2nm
反渗透	溶解盐类脱除	压力差	致密分离层和多孔支撑层构成的复合膜
渗析	无机酸、盐脱除	浓度差	碱性离子交换膜、聚乙烯醇中性膜
电渗析	酸、碱、盐脱除	电位差	阴、阳离子交换膜
正渗透	溶液中溶质脱除	渗透压差	致密分离层和多孔支撑层构成的复合膜

水处理膜分为海水与苦咸水淡化膜、水质净化膜、污水处理膜。海水与苦咸水淡化膜包括反渗透膜、正渗透膜和电渗析膜；水质净化膜包括微滤膜、超滤膜和纳滤膜；污水处理膜主要指用于构建污水处理膜生物反应器的超微滤膜。

（1）海水与苦咸水淡化膜　淡水资源的短缺和饮用水的安全问题已成为缺水地区可持续社会经济发展的最大障碍之一。苦咸水淡化是解决淡水短缺的重要途径。

为了解苦咸水淡化膜结垢的原因，Tapiero 等[54]利用海水水质和膜解剖，综合分析苦咸水反渗透螺旋卷式膜的表面污染。切除膜受损区域，使用抹刀和超声处理去除水垢，通过藤原测试、红外光谱、扫描电子显微镜和热重分析进行表征。藤原测试揭示了多糖、二氧化硅和芳烃对聚酰胺的损害并产生有机污垢。观察其中金属氧化物和盐的热氧化分解和残留量。显微镜分析硅、氧、钙、镁、铝等化合物来检测膜中的结垢，结合实验鉴定，确定水垢的低溶解度化合物是硅酸铝、黏土、石英等。利用热力学模型对海水淡化进行建模，预测 75bar 下的结垢形成，从而得出混合化合物和纯化合物的饱和指数值，实现早期决策。

Du 等[55]采用双极膜电渗析（BMED）将苦咸水反渗透浓水转化为酸和碱。研究采用海水淡化厂的实际反渗透浓缩液作为软化预处理后的 BMED 进料溶液，分别产生了 0.7mol/L 的酸和 0.6mol/L 的碱，酸和碱的纯度分别为 91.1% 和 97.2%，溶液中的盐含量从 19.8g/L 降低到 4.1g/L。试验研究了初始盐含量、电流密度、电极溶液含量以及初始 HCl 和 NaOH 含量对双极膜电渗析性能的影响。

独立的膜脱盐过程在很大程度上受热力学不可逆性驱动的能量损失的影响。Bitwa 等[56]研究了新型正渗透 - 电渗析 - 反渗透（FO-ED-RO）混合系统，在 ED-RO 系统上游采用 FO 元件，可获得更高电导率的溶液。根据电导率选择驱动溶质，通过基于各种 FO 膜的模拟确定能耗、单位工艺规模和总单位生产成本的最佳值、模块和 FO 回收率。

（2）水质净化膜

① 季铵盐表面改性超滤膜 Dai等[57]合成了具有叔胺基团的聚合物膜，并对其表面进行了改性，以提高超滤膜的防污和抗菌性能。增加季铵盐的烷基链长和引入羟基可有效提高超滤膜的渗透性和抗污染性能。改性膜的通量恢复率是初始膜的两倍，改性膜具有优异的抗菌性能和水通量稳定性，有利于膜的长期使用。为了提高超滤膜的抗污垢性能，Haosong Liu等[58]在氧化石墨烯表面原位生长季铵盐，合成了季铵化氧化石墨烯（QGO）作为膜改性剂。通过浸相转化法，用这种改性剂制备了亲水抗菌的双功能膜。与未改性的聚偏二氟乙烯（PVDF）膜相比，改性后的膜具有增强的亲水性、抗菌性和机械性能。同时，氧化石墨烯作为季铵盐的载体可显著减少抗菌物质从膜上的流失。

② 亚胺类COFs改性膜 共价有机框架（Covalent Organic Frameworks，COFs）是一种由C、H、O、N、B等第一、二周期的轻元素通过可逆的强共价键（C—C、C—O、C—Si、B—O）连接而成的新型多孔材料，具有可调孔径尺寸和多种官能团。

亚胺类COFs及其改性膜具有丰富的构筑单元种类、多样化的结构以及稳定性高等优点，并在有机染料分离、海水淡化、渗透气化、重金属离子的去除和有机溶剂纳滤等领域具有广阔的应用前景。

在改性膜的制备过程和应用方面研究热点主要包括：研究纳米颗粒或者单体在膜内或者膜表面的扩散机理，将COFs均匀分布在膜内或者膜表面，形成致密的改性膜。开发孔隙结构合适、比表面积大和激活位点多的改性膜，将官能团负载在COFs上，实现其在重金属离子的去除、海水淡化等领域的广泛应用。研发新型高亲水性COFs，制备具有良好抗污染性能的COFs改性膜。探究COFs成膜方式，寻找每种COFs改性膜合适的制备方式。缩短改性膜制造时间，降低制造成本，促进规模化应用[59]。

（3）污水处理膜

① 光催化膜材料 光催化剂包括金属氧化物类、石墨相氮化碳、铋系材料和新型二维材料等。光催化膜通过将光催化和膜分离技术耦合，在充分发挥膜分离作用的同时，利用光催化剂将膜上的污染物高效降解，提高膜分离效率和抗污染性能。光催化膜的构筑主要通过成品膜的表面修饰和聚合物基质共混的方法。国内外对光催化膜技术的研究，多数停留在对实验室模拟废水体系的处理中，还需要进行大量的长期稳定性试验，才能进入实际应用阶段。

光催化膜的应用场景包括印染废水、抗生素、新兴污染物等行业的废水，Lin等[60]研究了一种新型二维$Bi_2O_2CO_3$@MXene光催化复合膜，并将其应用于染料的降解，在可见光下对CR及罗丹明B等不同染料的去除率均可达98%以上。Song等[61]报道了一种由氮掺杂的碳量子点（CQDs）修饰的g-C_3N_4双功能光催化纳滤膜（PNF），并将其应用于降解污水中的痕量抗生素，在可见光下三甲氧苄啶TMP和磺胺甲噁唑SMX的去除率分别为99.4%和99.1%。Marcelino等[62]将TiO_2薄膜沉积在聚对苯二甲酸乙二醇酯（PET）表面，并由天然无害的姜黄素进行光敏化，制备了用于去除水中新兴污染物ECs的多功能复合膜，在可见光与紫外光联合照射下，对多菌灵CBZ和咖啡因CAF的去除率分别为35%和39%。

② 膜曝气生物膜反应器 膜曝气生物膜反应器（MABR）结合了固定生物膜工艺和膜无

泡曝气供氧的优点，通过高氧转移率的无气泡曝气，为膜表面附着生长的微生物提供氧气，其传氧速率可达 8 ～ 14g $O^2/(m^2 \cdot d)$ [63]，曝气效率是常规系统的 3 ～ 4 倍。由于生物膜中的气体梯度，最外层的溶解氧浓度较低，有机碳浓度高，用于反硝化反应，生物膜内层，溶解氧浓度较高，有机碳浓度较低，适合硝化反应，硝化和反硝化反应分别在生物膜内外侧进行，实现了同步硝化反硝化作用。MABR 具有分层结构的生物膜和独特的微生物群落分层，稳定了不同类型微生物之间的功能关系，增加了慢生长细菌的丰度。此外，MABR 具有反扩散电子转移特性污水中的污染物和氧气逆向传质，从而显著提高了污染物的去除效率 [64]。且氧传递到生物膜过程中不通过液体边界层，传质阻力比传统曝气工艺小得多，可降低 50% ～ 70% 的能耗 [65]。图 10-3 所示为 MABR 系统溶解氧浓度—有机物浓度。

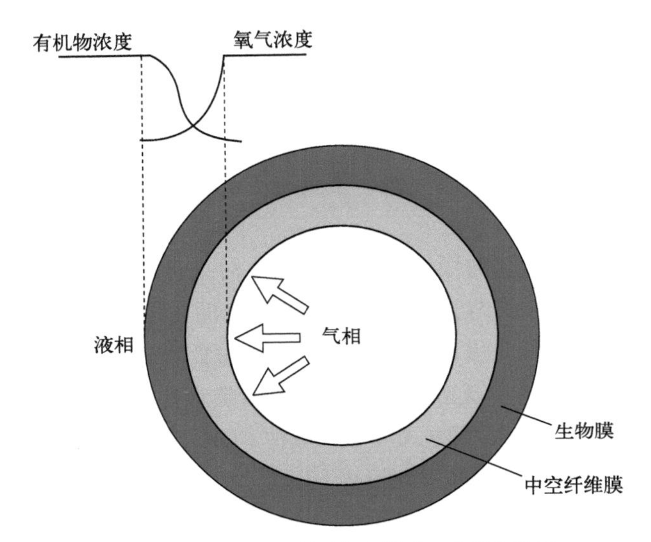

图 10-3　MABR 系统溶解氧浓度—有机物浓度

MABR 技术在废水处理中的应用已达到中试及以上规模，并进入全面应用阶段，在商业规模上已接近成熟。MABR 技术已成功应用于高强度工业废水处理和城市污水处理中化学需氧量（COD）和氮（N）去除，其优点是氧传递效率高、污染物去除率高、能源效率高，并且相对容易扩大规模 [66]。Chen 等 [67] 研究了 MABR 系统中使用纤维的硝化和氧气传递能力，在各种 C/N 比（在 1.0 ～ 3.0 范围内）下，COD 平均去除效率可达 74%，最高可达 90%。同时，平均硝化率 3.9g/（$d \cdot m^2$），平均氨去除率 90%，最大可达 99%。液相中纤维的氧转移率为 19.65g/（$d \cdot m^2$），可以通过控制水中溶解氧浓度来控制硝化速率。

生物膜厚度控制成为 MABR 技术的研究热点。附着微生物膜的厚度显著影响 MABR 性能，0.5mg/L 左右的 DO 浓度对 COD、氨氮和 TN 的去除率分别可达 94.5%、96.0% 和 78.4%。现有控制生物膜生长的方法包括：增加剪切应力、添加化学试剂（如表面活性剂）、生物捕食法、超声空化作用法等 [68]。

③ MBR 膜生物反应器膜材料改性　膜生物污染仍然是限制膜生物反应器（MBR）广泛应用的关键问题。膜的抗污垢改性，是解决该问题的主要方法和研究热点。

Chen 等 [69] 制备了臭氧化催化剂纳米 MnO_2 共混聚偏氟乙烯（PVDF）膜，并将其应用于膜生物反应器 MBR，并结合原位臭氧化研究其抗生物污损性能。与原始 PVDF 膜相比，0.75wt% 和 1.00wt% 纳米 MnO_2 改性 PVDF 膜可以降低膜的生物污染率。纳米 MnO_2 改性结合原位臭氧处理直接去除了膜表面的生物污垢，提高了膜表面的亲水性，增强了污泥混合物中膜生物污垢污染物的化学氧化和生物降解能力，可使膜清洗周期提高 1.5 倍和 2.7 倍。

Ni 等[70]将基于金属有机框架（MOF）的光催化膜首次应用于厌氧氨氧化膜 MBR 中以进行长期的生物污垢控制。与常规膜相比，合成的 CdS/MIL-101 光催化剂具有良好的可见光光催化性能、亲水性和透水性。在厌氧氨纶 MBR 在防水灯照射下的长期运行中，过滤周期明显延长，其平均总脱氮效率高达 84%，具有良好的生物污垢（尤其是细胞外聚合物）降解能力、更低的通量下降率和更高的污垢排斥率，对细菌的抑制率为 92%。膜表面生成的活性物质 •OH、e^- 和 h^+ 在抗生物污染过程中起主导作用。

Chen 等[71]使用季铵化合物（QAC）对聚偏二氟乙烯（PVDF）膜进行改性，以创建防污膜，并将该膜用于 MBR。与常规膜相比，该改性防污膜的跨膜压力升高速率显著降低，仅为 0.29kPa/d，其表面几乎完全没有活菌。抗污垢膜生物仅允许具有强黏附性的有机物附着在膜表面，污染层中多糖和蛋白质含量显著降低。抗污垢膜的使用不会对细菌群落的丰富性、多样性和结构产生负面影响，且对活性污泥的微生物活力没有不利影响。

Polat 等[72]使用激光技术来修饰超滤聚醚砜膜，以减少膜生物污染。采用具有 405nm、520nm 和 658nm 的不同波长以及 1.5MW、2.0MW、2.5MW 的不同功率密度的半导体激光二极管用于改善膜结构，以防止生物污染。比较了原始膜和改性膜的纯水渗透率、接触角、孔隙率和平均孔径，原始膜的纯水渗透率为 1102.0L/（m^2•h•bar），高于改性膜 19.2L/（m^2•h•bar）；在 2.5MW 激光照射下 2h，改性膜的接触角从 75.1° 降到 61.2° ；膜孔隙率从 63.2% 增加到 67.7%；激光辐照改变了膜的形态，膜的平均孔径从 88nm 降低到 23nm。当活性污泥通过改性膜过滤时，碳水化合物和蛋白质的最大截留率分别为 32.2% 和 41.9%。此外，当过滤 BSA（牛血清白蛋白）溶液时，通过改性膜获得了 100% 的 BSA 截留率。

10.2.4 其他新材料

（1）多孔碳材料 李亚等[73]通过活化法、模板法、直接碳化法、元素掺杂法等多种方法对不同的碳源材料进行处理制备多孔碳材料。在制备过程中，通过条件的调节对多孔碳材料进行改性处理、改良内部孔道和表面积，可以获得能够应用于多种水污染场景的多孔碳材料。应用研究较多的有：处理水溶液中的重金属离子，如 Cd、Cr、Pb 等；处理染料行业废水中的有色物质，如罗丹明 B、亚甲蓝等；处理医疗废水中的抗生素类物质，如对磺胺甲噁唑等；处理废水中的芳香族化合物，如对羟基苯酚等。而为了实现多孔碳材料的广泛应用，利用无污染的方法去进行多孔碳材料处理废水是目前研究的重点以及趋势。

（2）新型二维纳米材料（MXene） 近年来，随着工业的迅速发展，未经处理的重金属随废水进入江河湖泊，经过生物富集作用进入人体，威胁人类健康。水中的重金属去除方法主要有吸附法、膜分离法、离子交换法等。

自2004年石墨烯被发现以来，各种二维材料因具有优异的性能而受到了研究界的广泛关注。2011年，M. Naguib等首次通过氢氟酸（HF）蚀刻工艺合成了Ti_3C_2层状材料，在后来的几年合成了更多的二维过渡金属碳化物、氮化物和碳氮化物，命名为MXene。MXene化学通式为$M_{n+1}X_n$，主要由层状三元金属陶瓷材料（MAX相，通式$M_{n+1}AX_n$）刻蚀互作用较弱的A层得到。其中，M代表早期过渡金属（如Sc、Ti、Zr、Hf、V、Nb、Ta、Cr、Mo），A为元素周期表中的13和14主族元素，X为碳或氮，n=1，2，3。图10-4所示为Ti_3AlC_2结构。

MXene具有高比表面积、高导电性、良好亲水性、优异光吸收性能和较高的表面反应活性，在储能、电磁屏蔽、气体传感器和水处理等方面具有巨大的应用潜力。MXene在水污染治理中主要用于吸附、膜和电容去离子化等，具有优良的应用前景。

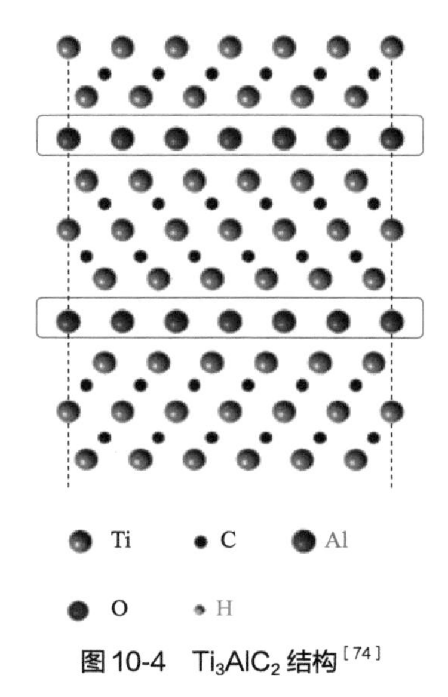

图10-4　Ti_3AlC_2结构[74]

刘洁等[75]，介绍了MXene用于水污染吸附修复的研究进展，列举了MXene基吸附材料对重金属、染料、放射性物质以及抗生素的吸附处理现状，介绍了各吸附剂的特点、吸附条件、吸附能力以及相应的吸附机理，并简述了MXene的回用能力。杨传玺等[76]概述了MXene制备方法，包括氢氟酸刻蚀法、氟化物刻蚀法、碱刻蚀法、盐酸水热刻蚀法、路易斯酸刻蚀法、电化学刻蚀法、化学气沉降法以及高温分解法等；介绍了Mxene材料表面终端活性官能团、分散性和化学稳定性；综述了MXene/金属氧化物光催化剂机理，包括金属氧化物光催化机理、MXene/金属氧化物光催化增强机理；介绍了MXene/金属氧化物光催化剂在光催化降解药物和染料领域的应用以及催化稳定性。

（3）金属有机骨架材料（MOFs） 金属有机骨架材料（MOFs）是由金属离子和有机配体自组装形成的新型多孔聚合材料，可通过对金属离子和有机配体的选择、设计得到一系列不同结构的MOFs。MOFs具有高孔隙率、大比表面积、结构和功能可调等优点，这些特性也使其在水处理领域的应用逐步深入。

金属有机骨架材料的特点：

① 比表面积大　作为新型的有机多孔材料，MOFs 具有超高的比表面积（通常为 1000 ～ 10000m^2/g），比传统的活性炭、沸石等多孔材料的比表面积大得多。

② 孔隙率高　MOFs 拥有独特的多维网络结构，因而具有超高的孔隙率。

③ 结构及孔道尺寸可调　金属离子和有机配体的种类不同均会影响 MOFs 的结构及尺寸，就算是同一种金属离子，其配位数也可能有所差别，有机配体的种类及配位方式更是复杂，由此可构造出结构功能各不相同的多种 MOFs。

④ 具有不饱和的金属位点　不饱和的金属位点能够增强材料与污染物质之间的作用力，因此 MOF 材料常被用作提高化学反应速率的催化剂或选择性吸附分离的吸附剂。

MOFs 在水处理中的应用研究起步较晚，主要受限于 MOFs 的水稳定性及热稳定性。随着研究的不断深入，研究人员开发出一系列水稳定性较好的 MOFs，如 MILs、PCNs 等，MOFs 在水处理领域的应用也慢慢发展起来。目前，MOFs 在水处理方面主要被广泛应用在吸附、光催化等领域[77]。

生物质材料因其种类多、低成本和固有的高孔隙率等特性，在环境修复方面引起了国内外学者极大的兴趣。而木材是最常见和最丰富的生物质材料之一，具有天然的多维孔道结构，丰富的羟基 / 羧基，良好的可加工性，是固定粉末状 MOFs 的理想载体。近年来，国内外学者利用其本征结构及特性，以 MOFs 作为新型载体引入功能化纳米粒子或非均相催化剂等活性组分构筑的新型结构体系成为当前研究热点之一，并逐渐应用于木材、纤维素、凝胶等生物质及其衍生物基复合材料的制备和生物质催化转化等领域，相关基础研究正在逐渐拓展并展现出较大的应用潜力。彭荣富等[78]系统介绍了 MOFs 与木材的耦合策略如混合浸泡法、真空浸渍法、溶剂热法、原位生长法等，同时揭示了 MOFs 负载到木质上耦合 MOFs/ 木材复合材料的机理如物理吸附、润湿机理、毛细现象、构造成核位点，对当前 MOFs 材料在生物质及其衍生化学品中应用研究的代表性成果进行梳理与总结，讨论了这些 MOFs/ 木材复合材料在气相物吸附、重金属离子去除、有害颗粒物过滤、高级氧化等环境修复领域的应用现状，阐明了 MOFs 微观结构设计与复合材料宏观性能之间的关联机制。

（4）新型凹凸棒石复合材料　目前，多数采用吸附法的水处理工艺为直接投加粉末状吸附剂达到脱氮、除磷效果，忽略了粉末状材料在进行水处理修复过程中，由于所用矿物材料自身粒度细，投入水中易分散，存在二次污染的风险。

近年来，针对吸附方式进行污水处理已有不少研究。凹凸棒石在吸附工艺中可再生，且能耗低，对污水处理非常有效；而沸石的特殊结构决定了它具有很强的离子交换吸附、扩散和催化性能，也是一种优良的吸附剂；硅藻土结构呈多孔状，它可以吸收对应自身质量的杂质，因此具有很强的吸附能力。而稀土元素镧作为一种非常活跃的金属元素，在经过镧改性后的复合材料对磷酸根离子具有极强的吸附性能，尤其是当溶液中磷酸根离子浓度较高时，利用镧化合物吸附磷酸根离子的基本机理是通过氢氧化镧形成聚合物来实现磷酸根离子的去除，同时，镧改性材料也因为具有很好的生物相适性且不会破坏原有生态系统而备受多数研究者的青睐。

詹炎培等[79]以凹凸棒石、沸石、硅藻土及氧化镧为原料制备球状固体复合材料，并对复合材料表面结构及元素含量进行表征，重点研究了复合材料在含氮含磷模拟废水中达到最佳吸附效果的工艺条件。结果表明：新型复合材料的氧化镧最优添加量为1%时，氮、磷的去除率分别达到63.60%和92.6%；选取600℃的煅烧温度。复合材料吸附氮磷污染物的最优工艺条件为pH值取4.0，环境温度为25℃，氮、磷溶液初始质量浓度取5mg/L，投入复合材料与溶液质量比为1 ∶ 20。稀土元素镧存在于新型复合材料的孔状结构中，因此对磷的去除效果有促进作用。复合材料具有质地疏松、多凹凸不平以及蜂窝状的表面结构，这种微孔状的结构增加了其比表面积及吸附性能。

（5）壳聚糖/氧化石墨烯复合材料　作为常见的碳基材料，石墨烯具有单原子层的碳原子片作为六边形排列的sp2杂化结构，比表面积大，具有机械强度高、电导率高、热稳定性好等物理和化学性能。但是石墨烯在溶剂中分散性较差，易团聚，使其作为吸附剂在水处理的效果不够好。氧化石墨烯（GO）作为一种重要的石墨烯衍生物，其本质是单层氧化石墨引入了大量的含氧官能团，如羟基、羧基和环氧基，可作为重金属离子的吸附位点。这些含氧官能团改善了氧化石墨烯的水溶性，增加了活性吸附位点，从而有效地提高了其吸附废水中污染物的效率。然而氧化石墨烯对阴离子的吸附效果不佳，亲水性强在水中难以分离回收，并且因其官能团种类单一、官能团密度低，限制了其吸附能力在水处理中进一步的应用。

壳聚糖（CS）成本低廉，具有无毒性、生物相容性、生物降解性、抗菌性，可用于制备具有良好理化性能的半互穿网络水凝胶，是一种绿色环保吸附剂。但壳聚糖力学性能不佳，热稳定性差，干燥时易变形，在水溶液或碱性溶液具有一定的稳定性，但是在酸性溶液中不稳定，且对阳离子吸附效果不佳。壳聚糖表面存在大量的氨基和羟基，可以与氧化石墨烯表面的含氧官能团发生酰胺化反应，形成—NHCO—键从而形成结构稳定的复合材料。研究表明，复合材料力学性能优秀，在酸性溶液中比较稳定，易从水溶液中分离，有更丰富的官能团作为吸附位点，对阴离子和阳离子均具有较好的吸附性能。

李亚峰等[80]对不同形态的壳聚糖/氧化石墨烯复合材料的制备方法进行总结，综述了壳聚糖/氧化石墨烯的改性方法，对复合材料在水处理中的应用研究进行了总结，发现壳聚糖/氧化石墨烯的应用范围非常广泛，对金属离子、有机染料中的阴阳离子和PPCPs都具有良好的吸附效果，同时有较好的抑菌性能，是一种非常有前景的新型吸附剂。

（6）3D COFs材料　共价有机框架（COFs）是一类由有机构筑单元靠共价键连接的新型晶态多孔材料。根据共价连接骨架的不同维度，COFs可分为二维（2D）和三维（3D）结构。3D COFs材料具有储气、特异性分离、吸附、多相催化等多种功能，在实验、环境、医疗、工业生产等领域都有潜在的利用价值。如何合成功能化的3D COFs材料、如何把3D COFs材料真正投入应用是当前领域的热门。

乔一恒[81]在分析了现有水处理与监测中存在的问题后，总结了3D COFs材料在水处理与监测中的应用：如利用3D COFs材料的孔径可以定制化的特点来设计特殊孔径的3D COFs材料，实现特异性吸附某个或某类化合物的功能；利用3D COFs材料由有机物组成的特点，更容易进行官能团的添加和修饰，通过这种方式和某种特定污染物结合成特定官能团，更有针对性地对物质进行分离；同样利用3D COFs材料易进行官能团修饰的特性，在结构中设置使污染物反应进行具有催化作用的官能团，从而制作反应的催化剂，而且由于其不溶性和较高的稳定性，决定了其可以较容易从反应混合物中分离出来，具有良好的重复使用性；利用3D COFs材料的特异性吸附的特性，可以作为色谱柱的填充材料，制作环境分析仪器。

10.3 水处理新材料的研究方向

10.3.1 水处理药剂

我国水处理药剂主要存在二次污染和非清洁生产的问题，近年来的研究热点主要集中在低毒、复配、低聚、绿色、环保、工程化等方面。

① 阻垢剂　一是非磷或低磷、非氮、可降解的绿色阻垢剂；二是复合配方阻垢剂。

② 缓蚀剂　一是低毒性、新型结构的动植物、食品和工农业副产品提取剂；二是复配改性、高效多功能的环保型低聚型缓蚀剂。

③ 杀菌剂　合理解决环境安全和杀菌效果矛盾，不溶性高分子固化类、复配型、绿色环保杀菌剂是研发重点，广谱、高效、低毒、环保、高性价比是基本要求。

④ 絮凝剂　一是廉价易得的产生菌培养底物及微生物絮凝剂；二是低毒/无毒、高生态安全的复合絮凝剂。

⑤ 碳源　有机废弃物的预处理技术和工程规模化研究。

10.3.2 水处理生物填料

水处理生物填料表面对微生物的黏附能力是生物膜形成的基础。水处理生物填料的进化路线主要分为填料表面改性和新型材料开发两个方向。

填料表面改性的研究热点主要集中在两个方面：一是胞外聚合物EPS对于活性污泥自身性质分布的影响；二是载体表面黏附行为与固着机理研究。

新型材料开发方向主要包括：天然可降解生物填料开发、基于有机合成的新型材料开发，以及因地制宜对已有成熟工艺进行集成组合。

10.3.3 水处理膜材料

我国膜材料的制造工艺水平与发达国家相比仍有很大差距，国产膜品种和产业规模相对较小，膜污染、亲水性、膜通量衰减等问题严重影响产品品质，进而缩短膜的使用寿命。水处理膜材料的发展方向主要包括三个方面。

① 提升膜材料制造水平　改进膜制造工艺，提高生产效率，研制寿命长、消耗小、抗腐蚀的新型高性能膜材料。

② 提高膜性能　提高膜产品对工况变化的适应性、抗污染性能，提高膜通量，提高膜的机械强度，研发制造性能优异的复合膜。

③ 提高膜技术应用水平　研发应用新型高效的生物法和膜法组合工艺；拓展各类膜技术

在水处理领域中的应用范围。

10.4 水处理新材料的未来发展趋势

（1）人工智能　机器学习方法作为人工智能重要的支柱之一，近年来受到了广泛的关注。在材料科学领域，由于数据的丰富和计算机运算能力的增强，机器学习方法已经被应用于发现新材料、预测材料和分子性质、药剂精准投加等方面。例如，利用机器学习可预测有机框架结构和吸附水中重金属性能的关系，为吸附材料的筛选优化提供参考。混凝剂投加量与出水水质呈现复杂的非线性关系，基于人工智能算法可对絮体图像结合水质特征进行研究，精准预测混凝剂投加量。

（2）绿色发展　利用零成本、可生物降解和易于获得的工农业生物废物生产用于水处理的绿色生物新材料是将来的发展趋势。其生产及使用过程注重环境友好性，降低对环境影响，减少二次污染和危害。例如：生物衍生纳米消毒剂等绿色循环产品的研制遵循绿色化学、循环经济、联系思维和零废物制造的基本原则。此外，可通过添加绿色材料如植物基材料（纤维素衍生复合材料、壳聚糖、海藻酸盐）、陶瓷材料（黏土、高岭土膨润土）以及绿色溶剂等，实现绿色材料的改进和优化。

（3）节能低碳　污水处理是耗能碳排放过程，污水处理碳排放约占社会总碳排的1.5%～2.0%，其排放过程包括直接碳排放，即含氮污染物硝化或反硝化作用产生的N_2O、有机污染物在厌氧环境去除过程中转化的以及脱水干污泥滞留厂界内产生的CH_4，以及间接碳排放：能耗、热耗、药耗消费产生的碳排放。其中，节能低碳水处理新材料的低碳化生产以及结合工艺流程的高效利用，围绕碳减排、碳转向、碳回收、碳替代四个方向展开，对减污降碳协同增效具有战略意义。

（4）循环经济　新材料研发和生产技术优化对降低水处理材料的成本具有现实意义。但某些机构脱离实践和经济性原则，对新材料进行过度研发的问题日渐凸显。任何新材料的研发，都应从系统级性能改善、可制造性、全生命周期性能等方面入手，从循环经济的角度出发，并做好科研成果转化、产品规模化的准备。在此基础上，水处理药剂循环回用、膜材料的回收再利用、固废资源化、长寿命材料的研发具有现实意义。

参考文献

作者简介

沈明忠，中国华电集团有限公司科技信息部总监，享受国务院政府特殊津贴专家，全国劳动模范，中央企业优秀共产党员，中国电力优秀科技工作者，中国华电首批“科技创新领军人才”，先后担任国家重点研发计划项目、国家级氢能重大科技研发项目第一负责人，曾获国家科技进步二等奖，拥有发明专利 20 余项，参编发布国际标准 1 项、国家标准 4 项，主编专著 2 部。致力于国家环保低碳技术研发及产业化应用，秉承“技术引进—工程应用—消化吸收—技术再创新”的思路，积极推动行业自主创新及成果应用。

陈北洋，华电水务科技股份有限公司研发中心副主任，高级工程师。长期从事市政水处理、水环境综合治理及污泥资源化技术研究工作。主要负责及重点参与“生物生态一体化污水处理”“多源污染型小流域综合治理”“市政污泥分质资源化利用”等领域的科技攻关工作。曾获中国创新方法大赛全国总决赛一等奖、中国材料研究学会科学技术奖二等奖等省部级 / 行业级科技奖励 10 余项，授权专利 30 余项，发表学术论文 10 余篇。2023 年带领科研团队获评全国巾帼文明岗荣誉称号。

邵君礼，华电水务科技股份有限公司研发经理，高级工程师。2010 年毕业于德国亚琛工业大学，获得废物处理工程硕士学位。长期从事环境科学研究、设计、研发工作，重点研究方向为市政给水、市政污水、工业水处理与流域水环境治理等。承担多项华电集团重点研发科技项目，获得国内外专利授权 20 余项，荣获第八届天津市创新方法大赛一等奖、华电科工职工创新创效一等奖等多项创新类奖项。

第 11 章

生物降解塑料

朱晨杰　侯冠一　翁云宣　应汉杰

11.1 生物降解塑料的研究背景及发展历史

生物降解塑料，即可以在土壤、海水、堆肥等环境完全降解为二氧化碳（CO_2）或 / 和甲烷（CH_4）、水（H_2O）及其所含元素的矿化无机盐以及新的生物质的塑料，其应用被视为最有希望彻底解决塑料污染问题的途径。

生物降解塑料很早就已被发现。1925 年，第一种生物降解塑料——聚羟基丁酸酯（PHB）被法国微生物学家莫里斯・勒穆瓦涅（Maurice Lemoigne）在研究大肠杆菌时发现[1]。不过勒穆瓦涅的发现并没有引起人们的重视。1930 年，福特公司尝试使用大豆生产塑料，用于汽车部件的制备，也由于成本原因被废弃。

实际上，20 世纪 70 年代前，由于原油价格的低廉（平均每桶约 1.93 美元，仅为煤炭的一半）和环保理念的缺失，生物降解塑料一直不被科学界和工业界所重视。

1973 年，中东石油危机爆发，原油价格的暴涨使得传统塑料的成本大增，人们开始将目光投向利用生物质资源生产的生物塑料，大量资金和人才的涌入使得生物塑料得到了大发展。与此同时，研究人员开始注意到塑料对海洋动物造成的危害，“塑料垃圾会污染环境”的观念一经提出就被人们所接受。在这种情况下，能够完全降解为二氧化碳和水的生物降解塑料成为了科学界和工业界的研发热点。

目前全球生物降解塑料产量约为 114 万吨，年复合增长率超过 20%，聚乳酸（Polylactic acid，PLA）、聚羟基链烷酸酯（Polyhydroxyalkanoates，PHA）、聚对苯二甲酸 - 己二酸丁二酯［Poly (butyleneadipate-co-terephthalate)，PBAT］、聚碳酸亚丙酯［Poly(propylene) carbonate，PPC］等可生物降解材料不仅性能有了明显改善，且生产成本不断降低，市场竞争力不断提高，其应用也不再局限于高端领域，而是逐渐在纤维、日用薄膜袋、一次性塑料餐盒等生活用品领域和地膜、渔网、花盆等农林渔牧领域得到推广和使用。

11.2 生物降解塑料的类别

根据生物降解塑料的原料来源，一般可将其分为生物基生物降解塑料及石化基生物降解塑料两类。

生物基生物降解塑料主要可分为三类：第一类是由天然材料直接加工而成的塑料；第二类是通过微生物发酵和化学合成获得的可降解塑料；第三类是微生物直接合成的塑料。

石化基生物降解塑料是指将石化单体经化学合成聚合而成的塑料，如聚丁二酸丁二醇酯［Poly(butylene succinate)，PBS］、PBAT、PPC 等。

11.2.1 生物基生物降解塑料

（1）聚乳酸（Polylactic acid，PLA） PLA 是以乳酸或乳酸的二聚体丙交酯为原料经聚合制备的高分子材料。乳酸通常由玉米淀粉或甘蔗发酵而来，目前也有一些研究尝试从木薯、甜菜等廉价的经济作物中制备乳酸。PLA 的合成主要有三种方式：一是乳酸直接缩合；二是由乳酸合成丙交酯，再催化开环聚合；三是固相聚合。目前商业化 PLA 的合成多以第二种方式为主。除了优异的可生物降解性，PLA 还具有透明度高、刚性强、生物相容性好等特点，是目前生物降解塑料中非常活跃和市场应用最好的降解材料之一，主要用于制备片材、吸塑制品、注塑产品等。但是 PLA 的材质偏硬、脆且耐热性差，因此常与其他类型的生物降解塑料并用以改善性能[2]。

（2）聚羟基脂肪酸酯（Polyhydroxyalkanoates，PHA） PHA 是一大类材料的统称，由大量细菌合成胞内聚酯，目前已发现 150 多种不同的单体结构，实际得到规模化生产的仅有几种，其中商品化最为完善的是 PHB、PHV、聚 3- 羟基丁酸 4 羟基丁酸共聚物［P（3HB，4HB］及聚羟基戊酸丁酸共聚物（PHBV）。PHA 具有优异的降解性，几乎可以在所有环境下被微生物降解（堆肥、土壤、海水）。PHA 的单体种类较多，使得 PHA 的材料学性质变化很大，某些 PHA 材料具有独特的生物相容性、光学异构性等性能，使其在医学、农业等领域有着广泛的应用潜力[3]。

11.2.2 石化基生物降解塑料

（1）聚丁二酸丁二醇酯［Poly (butylene succinate)，PBS］

PBS 是以 1,4- 丁二酸、1,4- 丁二醇为主要原料聚合而成，其力学性能类似于高密度聚乙烯。PBS 于 20 世纪 90 年代进入材料研究领域，其力学性能优异、加工性能出色，但在羧基存在情况下，PBS 的耐老化性能稍差[4]。

（2）聚己二酸 / 对苯二甲酸丁二醇酯［Poly (butyleneadipate-co-terephthalate)，PBAT］

PBAT 是以对苯二甲酸、己二酸、1,4- 丁二醇为主要原料，用直接缩聚法或扩链法聚合制备的热塑性聚合物。PBAT 兼具脂肪族聚酯的优异生物降解性和芳香族聚酯的良好力学性能，其延展性、耐热性、冲击性等性能均非常出色，是目前生物降解塑料中市场应用最好的降解材料之一，主要用于膜袋类产品的制备[5]。

（3）聚碳酸亚丙酯［Poly(propylene carbonate)，PPC］

PPC 是以二氧化碳与环氧丙烷为原料共聚合制备的聚合物。PPC 具有良好的力学性能和优异的生物降解性能，并且部分原料来自空气中的二氧化碳，有利于缓解温室效应，从而引起了广泛的关注。PPC 材料柔性好，氧气和水蒸气阻隔性好，易制备薄膜，但玻璃化温度低致使其易黏结[6]。

（4）聚羟基乙酸（Polyglycolide，PGA）

PGA 又称聚羟基乙酸或聚乙交酯，是半结晶聚合物，结晶度 46% ～ 52%，熔点为 200 ～ 220℃，玻璃化转变温度为 35 ～ 40℃，其具体数值与合成条件（相对分子质量）有关。PGA 的熔点较高，硬度较大，属于刚性材料。PGA 在各种环境中都能够快速降解，且阻隔性能优良，但耐老化性能较差[7]。

11.3 生物降解塑料的特性与成型方法

11.3.1 生物降解塑料的特性

塑料的成型加工是按熔融→流动→成型→冷却固化的顺序进行的。成型加工与材料的特性密切相关，所以必须对成型加工和材料特性都进行详尽了解。目前产业化程度较深的几种生物降解塑料的特性如表 11-1 所示。

11.3.2 生物降解塑料的成型方法

塑料产品在各种各样的领域中得到广泛应用，也可以说是我们生活中不可缺少的东西。和金属和陶瓷比起来，塑料具有重量轻、可量产、不生锈等特征，用途十分广泛。塑料产品中产量最大的是薄膜，用作生活资材、泛用包装材料、食品包装材料、流通用包装材料、液体包装材料、农业资材等。除了薄膜，还有电器部件、汽车零件、机械部件、建材、管子、容器、纤维等。

11.3.2.1 挤出成型

生物分解塑料的原料和普通塑料一样，是圆柱形或棋子形的颗粒。这种颗粒加热熔融后变得容易流动，冷却凝固后就可以保持所得到的形状，因此生物降解塑料的挤出成型工具可以使用与普通塑料一样的螺杆挤出机。

螺杆挤出机可以用于生产球体、薄膜、片材、胶带、纤维、管子和拥有异型断面的物品和发泡片材、网状物等。螺杆挤出机是可以持续熔融树脂的装置，其核心部件是拥有螺旋状螺槽的螺杆。螺杆在加热的机筒中旋转，使树脂原料熔融混合，然后加压送出（图 11-1）。

表 11-1　常见生物降解塑料的特性[1]

分类		特性																	
		热力学性质								流动特性	力学性质						气体透过性		对应商标名
		非结晶相（软化点）			结晶相			B	燃烧		拉伸特性（S-S 曲线）				硬度[15]	冲击性			
		Tg[2] /℃	HDT[3] /℃	维卡[4]	Tc[5]/℃	Tm[6]/℃	Xc[8]/℃	d[7] /（g/m³）	C[9] /（cal/g）	MFR[10] /（g/10min）	弯曲[11] /MPA	拉伸[12] /MPA	TS[13] /MPA	EL[14] /%	(R/Sh)	Izod[16] /(J/m)	水蒸气[17]	氧气[18]	
硬质类	P(3HB)	4	145/87	141		180		1.24			2600	2320	26	1.4	73/	12	3.6	2.9	标准商标名（BIOGREEN）
硬质类	P(SHB/V)					150		1.25			1800	800	28	16		161			参照值（biopol 标准商标名，生产中止）
硬质类	PLA	58～60	/55 /66 57	58 114 113		160～170 160～170 160～170		1.26	4000		3700 4710 2400	2800	68 44 39	4 3 220	115/79	29 43 65	4	11	标准商标名（lacea） 冲击性改良商标名（lacea） 软质性商标名（lacea）
硬质类	PLA	60～62 60～62 45～55				172～178 150～170 Not observed				0.5～0.3 5～12 50～100	3500 60 2250		63 59 45	2～5 2～5 1～2					参照值（rakute 标准商标名，生产中止） 参照值（rakutebioflow 商标名，生产中止） 参照值（rakutebioflow 非结晶商标名，生产中止）
硬质类	PGA	38			96	218											12	6.6	20μm 值
硬质类	CA		77/53	111				1.25			1100	240	27	62		120			标准商标名（cellgreen PGA）
硬质类	PVA	74		175～180	200～210			1.25	6000	0.5～20		39	1	2		13	6	0.001	标准商标名（ecocebal，ecomaty）
硬质类	GPPS	80	/75	98				1.05	9600		3400	2500	50	2	120/	21	4		标准商标名
软质类	PCL	-60	56/47	55		60		1.14			280	230	61	730		Nb	23	60	标准商标名（cellgreen PH）
软质类	PBS	-32 -32 -32	/97 /97 /97		75 76 88	114/ 115 115	35～45 35～45 35～45	1.26 1.26 1.26	5640 5640 5640	1.5 25 4.5	600 685 685		57 21 35	700 320 50		30	18	10	标准商标名（bionole # 1001） Highflow 商标名（bionole # 1020） 特殊商标名［bionole # 1903（长链分支）］
软质类	PBS	-32 -45				112 87		1.26 1.26			590 250	510	230	73 53	550 560		Nb Nb		标准商标名（GS PLA,AZ81T） 标准商标名（GS PLA,AD82W）

续表

分类		特性																	对应商标名
		热力学性质								流动特性	力学性质						气体透过性		
		非结晶相（软化点）			结晶相			B	燃烧		拉伸特性（S-S 曲线）				硬度[15]	冲击性			
		Tg[2] /℃	HDT[3] /℃	维卡[4]	Tc[5] /℃	Tm[6] /℃	Xc[8] /℃	d[7] /（g/m³）	C[9] /（cal/g）	MFR[10] /（g/10min）	弯曲[11] /MPA	拉伸[12] /MPA	TS[13] /MPA	EL[14] /%	(R/Sh)	Izod[16] /(J/m)	水蒸气[17]	氧气[18]	
软质类	PBSA	−45	69		50	94	20～30	1.23	5720	1.4	325		47	900					标准商标名（bionole ＃ 3001）
		−45	69		53	95	20～30	1.23	5720	25	345		34	400					Highflow 商标名（bionole ＃ 3020）
	PBSC	−35	/87			106		1.26			510	330	46	360	84/	96	27	16	标准商标名 (youpack)
	PETS					200		1.35		11			55	30			1.6	1.6	标准商标名（biomax）
	PBAT	−30		80		115		1.26			2000	100	25	620	/32	45	5	70	标准商标名（ecoflex）
	PTMAT	−30				108		1.22		28			22	700			13.8	168	标准商标名（eastarbio GP）
	PES	−11				100	40	1.34			750	550	25	500		186	11	1.2	标准商标名（runarne SE）

① 以各公司商品目录为主进行汇总，渡边俊经：プラスチック誌，2001 年 10 号（pp.17-21）；
② Tg：玻璃转化点，通常遵照 DSC 法；
③ HDT 负重变化温度，遵照 JIS K7207 法，**/*A：低负重值 / 高负重值；
④ 维卡软化温度（vicat softening temperature）：JIS K7207 法，**/** ＝低负重值 / 高负重值；
⑤ Tc：结晶化温度；
⑥ Tm：熔点；
⑦ Xc：结晶化度；
⑧ *C*：燃烧热；
⑨ *d*：密度；
⑩ MFR：melt flow rate，g/10min（190℃，负重 2.16kg）；
⑪ 弯曲弹性模量，JIS K7203，kgf/cm^2；
⑫ YS：拉伸弹性模量，JIS K7213，kgf/cm^2；
⑬ TS：拉伸强度，JIS K7213，kgf/cm^2；
⑭ EL：拉伸量，JIS K7213，%；
⑮ 硬度 R/Sh；
⑯ Izod：冲击值，遵照 JISK7110，J/m，nb ＝ non brake；
⑰ 遵照 JIS Z0208 法，g*mm/ m^2/4hr (1mm 换算值)；
⑱ 遵照 MOCON 法，cc：mm/m^2/24hr atm(1mm 换算值)

一般的螺杆由以下 3 部分组成：原料供给口侧螺槽比较深的加料段、螺槽慢慢变浅的压缩段（也称熔融段）、螺槽深度固定的均化段（也称计量段）。

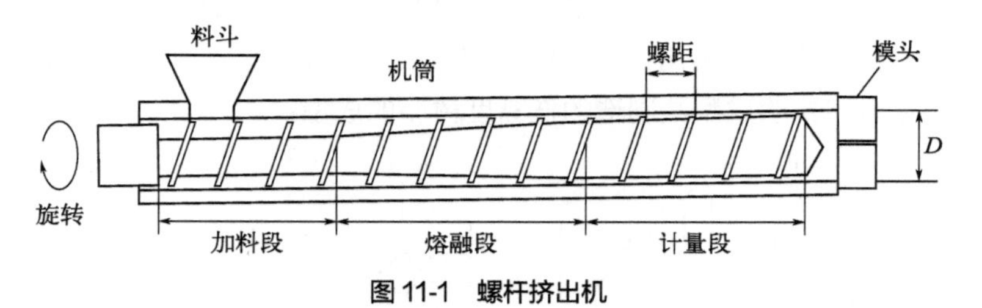

图 11-1 螺杆挤出机

11.3.2.2 注射成型

注射成型机和螺杆挤出机一样，由加热机筒和螺杆组成，但是螺杆后方还有一个油压缸，可以推动螺杆前进。在模具上还装备了防止模具在树脂压力下打开的锁模装置。很多情况下，都可以用锁模力来表示注射成型机的大小。

图 11-2 所示一系列操作所需要的时间称为一个循环。树脂的填充、冷却所需要的时间，根据成型品的大小和树脂的种类有很大的不同。

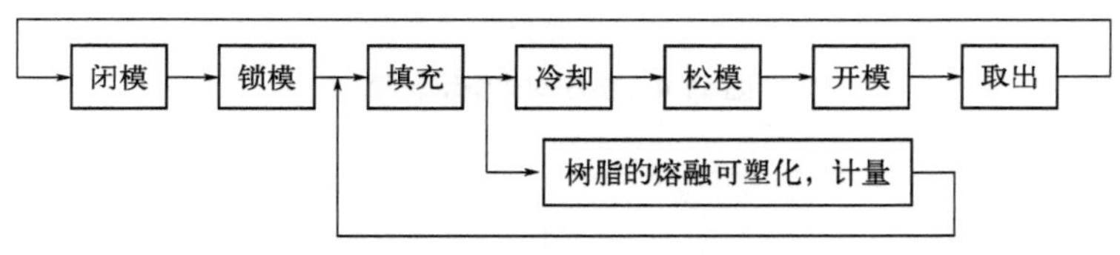

图 11-2 注射成型机的基本动作

11.3.2.3 挤吹成型法

挤吹成型一般用于瓶子、桶等中空形状制品的成型。一般有挤吹成型（热坯法）和挤注吹成型（冷坯法）两种方法。

（1）挤吹成型 通过挤出机前端装着的丁字模头（圆模头的一种），可以成型管状的型坯。把这种管状物放入拥有瓶子等外观形状的模具内，注入空气，型坯就会像气球一样膨胀，描摹下模具的形状成型成瓶子等产品。汽车油箱、香波瓶子、酱瓶等都可以用这种方法成型。

图 11-3 即为挤吹成型的示意图，在这种成型方法中一般使用可以在熔融状态保持型坯形状的高黏度树脂。

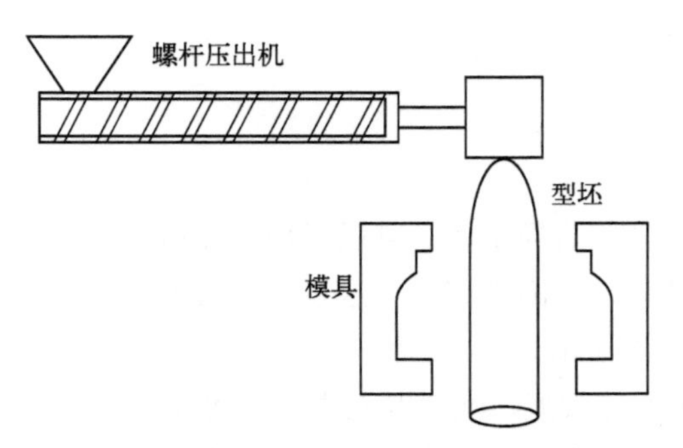

图 11-3 挤吹成型（直接吹塑）示意图

（2）挤注吹成型 通过注射成型，先形成名为型坯的试管状物品。这种型坯经过红外线等加热，夹入模具，吹入空气后，可以描摹模具形状成型出瓶子（图 11-4）。也可以在吹入空气前，把顶针插入型坯内部进行纵向拉伸，再吹入空气，这种方法称为延伸吹塑或柱塞辅助成型，在注射吹塑成型中十分常用。挤注吹成型主要用于生产装清凉饮料的 PET 瓶。这种方法也可以用于不适合用挤吹成型法制造的低黏度树脂的成型。

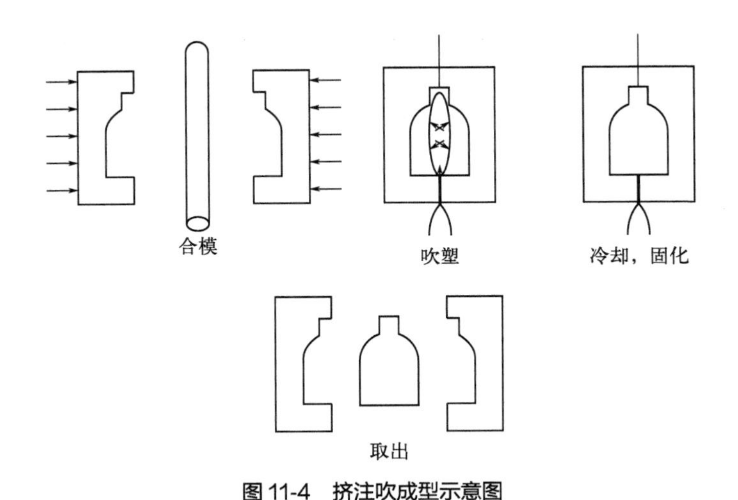

图 11-4 挤注吹成型示意图

11.3.3 纺丝

把螺杆挤出机中熔融的树脂从纺丝机的开了许多孔的铁板状模具中挤出，在空气中延伸、冷却、卷取就可以得到纤维。无纺布则是由纺丝机中流出的纤维状熔融树脂在空气流动下延伸、冷却固化、部分黏合而成的。纺丝用的树脂一般熔融黏度较低。

生物降解纤维制造流程如图 11-5 所示，原料树脂在熔融纺丝机的螺杆中受热熔融，通过计量泵，从纺线模具的细孔中向空气中挤出成细线状。然后用空气流冷却、卷取。这种线叫做未拉伸线，强度上还不够理想。需要在接下来的拉伸工程中用拉伸机在纵方向上进行数倍的拉伸、热固化，以得到足够的强度、伸展性和收缩率。

这些纤维或单独或与天然纤维复合后，可以进行二次加工，做成编织物、网、无纺布、绳子等，还可以在聚酯染色机上进行染色并制造成衣服、生活用品、室内装饰品、农业园艺才材料、土木建筑材料等。

11.3.4 发泡成型

发泡成型品由于分量轻、热导率低，可以用作隔热材料和缓冲材料等。发泡成型品的物性很大程度上受到发泡倍率、气泡密度、气泡直径、气泡直径分布等气泡构造的影响。发泡成型的流程示意图如图 11-6 所示。

发泡成型主要有挤出发泡成型、注射发泡成型、间歇发泡成型和热发泡成型等。

① 挤出发泡成型　挤出发泡成型是挤出机连续成型发泡片材等的过程：在螺杆挤出机中

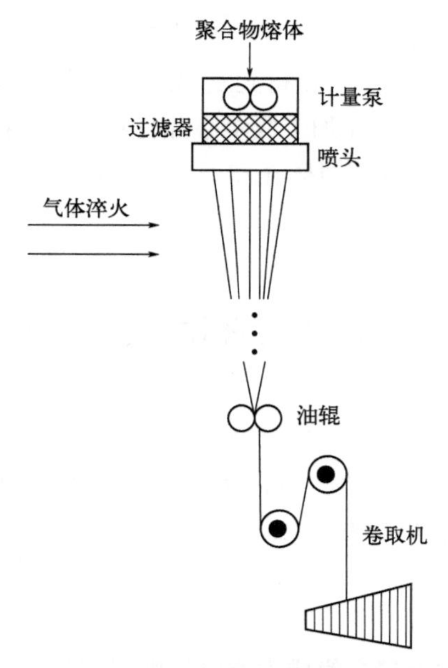

图 11-5　生物降解纤维的加工过程示意图

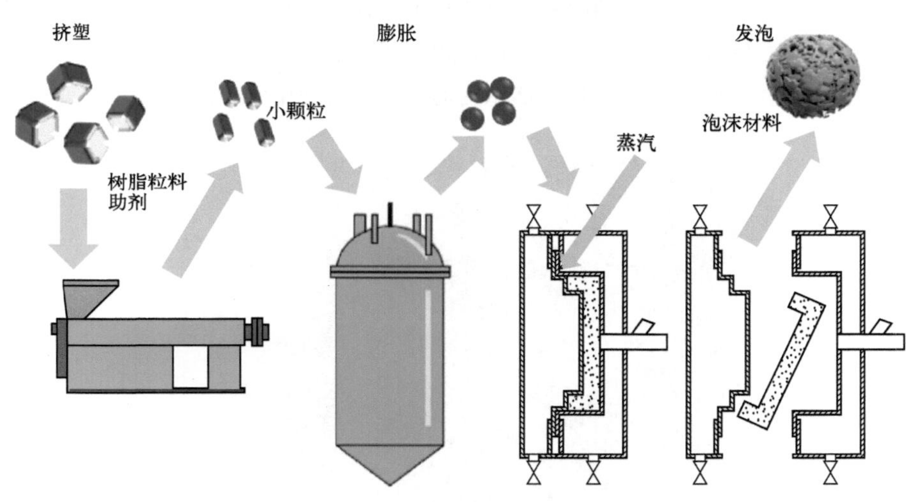

图 11-6　发泡成型的流程示意图

把空气分散到聚合物中、溶解；通过降低模头内流动时的压力，生成气泡核；从模头流出后开放到大气压，使聚合物中溶解的空气扩散到气泡核，长成气泡；在气泡的生长中，出现气泡的冲突、合一、破裂、稳定等变化。

② 注射发泡成型　注射发泡成型与前面在螺杆挤出机中的气体分散溶解部分是一样的，发泡却是在树脂注射到模具内后进行冷却固化时进行的。方法有两种，一种是模具内完全填充，用发泡补偿冷却时产生的体积收缩；另一种是令模具处于欠注状态下（注射成型中，熔融注射的成型材料在模具型腔中填充不充分的填充不良状态），通过发泡时的体积增大充满模具。前者的发泡倍率较低，后者高一些。不过，可以通过完全填充后的模芯回位协助气泡成长，得到发泡倍率大的成型品。

③ 间歇发泡成型　在高压釜中用发泡剂对树脂进行含浸，取出后用水蒸气对树脂加热进行发泡，这种方法就叫做间歇发泡，可以得到发泡倍率高达 40 倍的缓冲材料。

④ 热发泡成型　生物降解塑料在加工成实心片材和发泡片材后，再通过热发泡进行吸塑成型。片材的热发泡成型，一般是把树脂在高于玻璃转化温度的温度下进行预热，在低于室温的模具温度下深绞进行的。

11.4 生物降解塑料的使用场景

目前，全球各类生物降解塑料的产能已经超过百万吨，生物降解塑料已在各种领域得到了大量的使用，在许多国际大型活动，如北京冬奥会、迪拜世博会、卡塔尔世界杯等场合，生物降解塑料产品受到了各界好评和重视，这也加速了生物降解塑料的材料和加工技术的开发。

各种应用领域及案例如下。

（1）一次性餐盒　将一次性餐盒换成生物降解塑料制的餐盒，能够有效避免餐盒回收难从而导致塑料垃圾泄漏到环境中的问题。随着我国限塑令的推进，生物降解塑料制备的一次性餐饮具开始在外卖领域被广泛使用。生物降解塑料制成的餐饮具能够在堆肥条件下迅速降解，不产生危害环境的微塑料。图 11-7 所示为迪拜世博会使用的一次性餐盒。

图 11-7　迪拜世博会使用的生物降解塑料餐盒，该餐盒利用玉米生产，可 100% 降解为水和二氧化碳

（2）一次性吸管　随着限塑令的推进，目前国内的主流吸管产品分为两种：纸吸管和生物降解塑料吸管。纸吸管存在两大问题：使用寿命短；原料生产流程耗能高，排放大。生物降解塑料制吸管不仅具有与传统吸管相媲美的性能与寿命，且其原料生产排放低，耗能小。根据原料不同，生物降解塑料吸管废弃物可通过土壤、堆肥等方式完全生物降解。图 11-8 所示为由 PLA 制得的一次性吸管。

（3）一次性餐具　与一次性餐盒类似，一次性餐具极难回收，多数与食物残渣一同被丢入垃圾箱。通过堆肥降解，生物降解塑料制餐具能够极大降低处置成本，且不会造成残留。利用生物降解制备的一次性餐具，可与厨余垃圾一同进行堆肥处理，不会造成任何环境污染和微塑料残留。图 11-9 所示为由生物降解塑料制备的一次性餐饮具。

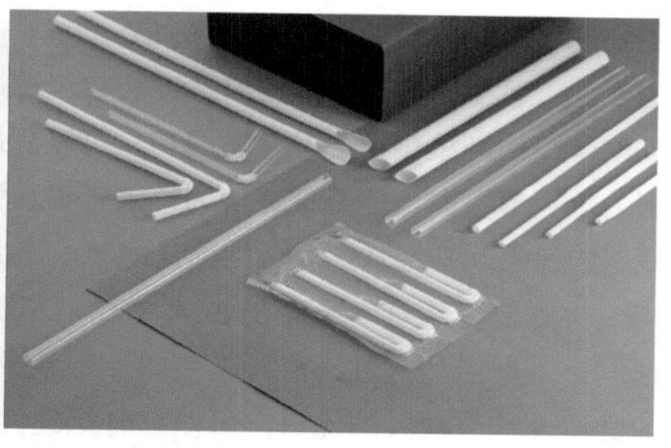

图 11-8 由 PLA 制得的一次性吸管

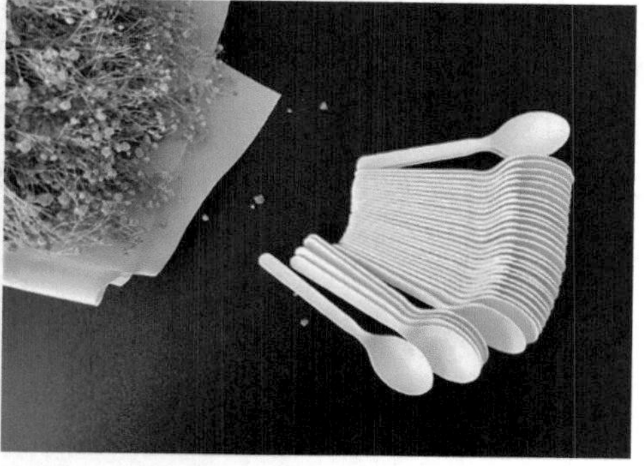

图 11-9 由生物降解塑料制备的一次性餐饮具

（4）生鲜包装薄膜 新鲜的蔬菜水果被摘下后依然会消耗养分进行“呼吸”，所以鲜度会慢慢降低。用薄膜等进行包装，可以抑制它们的“呼吸”，达到保鲜效果。再者，新鲜蔬菜水果中 90% 是水分，这些水分会慢慢蒸发。适度地抑制水分蒸发有助于保鲜，但是过度抑制会在袋子内部形成水滴，反而会令蔬果腐烂。

所以，新鲜蔬果的包装材料应该是有一定水蒸气和气体透过性的薄膜。综合考虑强度、美观、价格等方面，一般使用聚丙烯的双向拉伸薄膜制的熔断袋（适用于各种新鲜蔬果），而且根据蔬果的种类在袋子上开 0 ～ 4 个小孔；或者使用自动包装袋（如豆芽、青椒、韭菜、芹菜等）。如图 11-10 所示为生鲜包装薄膜。

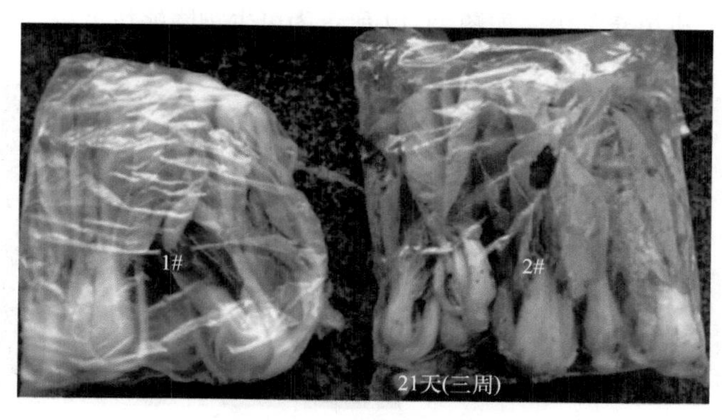

图 11-10 生鲜包装薄膜

生物降解塑料薄膜中的双向拉伸 PLA 薄膜，在强度和外观上可以与聚丙烯类薄膜媲美，水蒸气透过性上甚至略胜一筹，还有适度的空气透过性，可以称作适合新鲜蔬果包装的薄膜。适合聚乳酸薄膜的制袋机也已经开发成功，可以在最佳条件下加工熔断袋。虽然聚乳酸薄膜价格要比聚丙烯类薄膜高，但是被评价为不消耗石油资源的环保植物性薄膜，已经在有机栽培和无农药栽培的蔬果、各地特产（西红柿、胡萝卜、油菜、芦笋等）等特殊栽培的蔬果上使用。

（5）生鲜包装片材　通过在 PLA 中加入脂肪族、脂肪族类芳香族类聚酯塑料，以改良结晶化速度，生产出耐热性、耐冲击性得到改良的产品。由于改性后的材料往往无法保持 PLA 原有的透明性这个最大的优点，所以有时把改性后的 PLA 用于没有透明度要求的食品盘、一次性餐具、生鲜包装盒等。另外还有发泡性产品的开发等。

PLA 的挤出片材，虽然透明性高且具有良好的真空赋形性，但是在运输、使用时的耐热性和耐冲击性要比 PS 和 PET 差，所以迟迟未能普及。然而，随着 PLA 挤出片材制品性能的提升，并且在生鲜食品等的冷链物流系统中证明了自身价值，因此欧美和日本市场开始使用 PLA 片材用于制备生鲜包装盒。如图 11-11 所示为 PLA 基生鲜包装片材。

图 11-11　PLA 基生鲜包装片材

（6）生活垃圾袋　用于堆肥化的生活垃圾袋，也是生物降解塑料在生活中应用的典型例子。对生活垃圾实行分类收集，然后进行需氧堆肥化处理，以达到减少废弃物同时减少填埋、焚烧活动的目的。生活垃圾收集袋一般采用规模小、生产切换容易的吹膜法生产。主要成分为兼有强度和热封性的软性脂肪族和脂肪族类、芳香族聚酯、PCL、变性淀粉等，可添加成分有 PLA、淀粉、无机填充剂等。如图 11-12 所示为可生物降解垃圾袋。

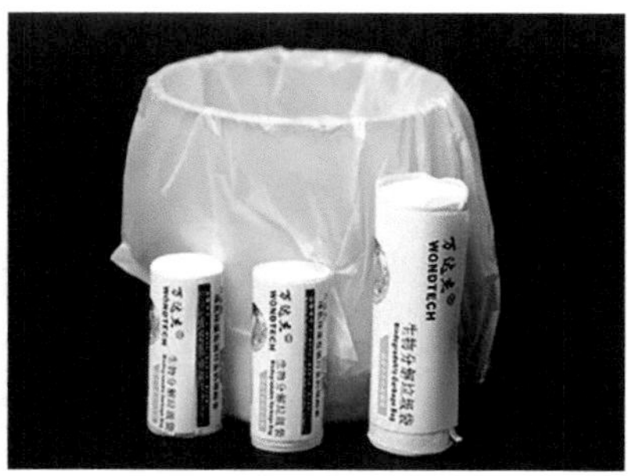

图 11-12　可生物降解垃圾袋

（7）**收缩包装膜** PLA具有低温高收缩性，而且在设计性、印刷性、收缩加工性等各种性能上十分平衡，所以逐渐开始步入市场。最早的应用例子是2003年秋在日本上市的味之素产品上用的杯封，由于充分利用了PLA的特性而广受关注。2014年1月，美国知名包装材料生产商Plastics Work宣布采用Natureworks出品的PLA制备可降解收缩膜，其性能与传统塑料制备的收缩膜基本一致，现已被用于Seal-in饮料瓶的收缩标签制备，如图11-13所示。

图11-13 PLA收缩包装膜

（8）**邮政快递袋** 生物降解快递袋可以在堆肥条件下完全降解，有效降低了白色污染，如图11-14所示。

（9）**可降解塑料制保温箱** 快递用保温箱通常是一体式，几乎都使用泡沫塑料作为箱壁进行保温，这种塑料包装在拆卸时经常会导致塑料微球崩开并泄漏到环境的问题。使用可降解发泡塑料制备的保温箱即使出现塑料微球崩开的问题，也会在土壤环境下自然降解，不对环境造成危害。如图11-15所示为全生物降解快递保温箱。

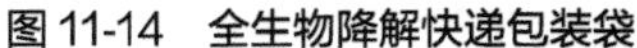
图11-14 全生物降解快递包装袋

图11-15 全生物降解快递保温箱

（10）**散装缓冲材料** 运送电气电子机器、精密机械、塑料制品等时，必须保护产品不在外力下受到冲击、振动等影响。起到这个保护作用的就是缓冲材料。缓冲材料可以分成散状和块状两大类。这里就前者进行陈述。

以前，散状缓冲材料以发泡聚苯乙烯为主原料，但是这种材料无法在水中溶解，又无法生物降解，后处理非常繁杂，所以现在开始使用环保的生物降解性缓冲材料。现在用得最多的是以淀粉和生物降解性树脂（聚乙烯醇、醋酸纤维素等）的混合物为主的产品。把这种主要原料与作为发泡剂的水混合后，在挤出机中高温高压下熔融混炼，最终会产生淀粉的膨胀和水的汽化，可以连续挤出牢固的发泡体，以任意长度切断以后就可以得到散状缓冲材料，如图 11-16 所示。

使用时，可以把缓冲材料充满纸箱间隙，或者装入小袋，而且这个袋子也可以使用生物降解塑料制造。

缓冲材料使用完毕后，可以和其他的生物降解塑料一样，进行焚烧或堆肥处理。另外，也有可以溶解在水中的产品，如果量少可以进行水处理。这种散状缓冲材料中，除了作为主要原料的淀粉外，还加入了豆腐渣、麦麸等废弃物和副产物，从生物回收利用的观点来看也是对环境有益的材料。

（11）农用地膜　使用地膜的目的有调节地温、保持水分、防治杂草、防治病虫害等。相应地，薄膜也有白膜、黑膜、透明膜等许多种类。尤其是在耕地面积少的国家，其可以作为提早耕种、提高单位面积收成的手段和避免使用农药、除草剂等破坏环境的物质的手段。由于对于生物降解性能的需求较为迫切，农用地膜最先得到了开发。以往的聚乙烯地膜，虽然在地温上升、水分保持、防除杂草等方面效果颇佳，但收割后的去除、回收作业比较繁杂，处理起来费用也较大。

生物降解塑料制成的地膜，则可通过对生物降解性能的控制，在使用期间维持与聚乙烯制地膜同样的效果，收获后耕入土中，无须特别处理就可降解，如图 11-17 所示。生物降解塑料制成的绿色地膜可以根据收成时间的不同调整生物降解速度，有 1 ～ 6 个月不等的品类。

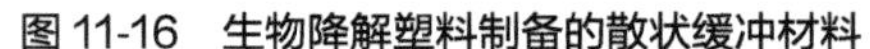

图 11-16　生物降解塑料制备的散状缓冲材料

图 11-17　全生物降解地膜

农用地膜材料以脂肪族聚酯、芳香族聚酯以及变性淀粉等为主，不过 PLA 共混物、淀粉共混物甚至 PHB 和 PHB 及其共聚物也能够与可在土壤中有效降解的生物降解聚酯（如 PCL、PBAT、PBSA、PBS 或 PBST）共混，以获得所需的性能。这些材料在各种气候下于可耕种土壤中的生物降解性已得到证实，并且它们也满足所有技术要求。特别是，由 PLA-PBAT 混合物制成的地膜已经在市场上销售，由淀粉混合物制成的地膜也是如此。

目前生物可降解地膜已有不少商品上市。美国的种子供应商 Johnny’s Selected Seed 现已推出生物可降解地膜系列产品 WeedGuardPlus®。与传统地膜相比，WeedGuardPlus® 可以在消耗量更低的前提下更高效控制杂草生长以及给土壤保温保墒，并且在被土壤覆盖的情况下即可被降解。

（12）农药、化肥缓释包装胶囊 控释肥料或农药的最初目的是限制对环境有害的活性物质在土壤、水和食物中的积累，并通过控释和施肥来显著降低环境风险。遗憾的是，在许多情况下，不可生物降解的聚合物常被用来制备微胶囊，从而导致了更多的环境问题。

生物降解塑料不仅可以避免塑料残片在土壤中的富集，还可以对土壤中的微生物菌落产生额外的增益作用。图 11-18 所示为农药缓释包装胶囊。

（13）育苗钵 随着大众环保意识的提升，人们意识到传统塑料制花盆在废弃后会严重影响到环境，而可生物降解的育苗钵能够有效解决这个问题。实际使用生物降解塑料钵时，还要求按植物种类的不同来控制生物降解速度。生物降解速度快的一般用于花和蔬菜等，只使用 1 ～ 3 个月，所以多用淀粉类生物降解塑料制造。而 1 年以上的使用 PLA 等材料制造，正在树木栽培中进行试验。还出现了与原本的土壤、气候条件下的生物降解速度无关，而是使用酶进行催化以快速回归土壤的方法。

有些生物降解材料制成的钵采用废纸等作为原料，但是废纸中往往含有重金属和氯元素，表面看起来好像是天然材料，但还是有产生土壤污染和环境危害的危险性。相比之下，生物降解塑料钵采用的材料满足可堆肥塑料中规定的安全性基准，能安全地回归土壤或进行堆肥化。可生物降解的育苗钵如图 11-19 所示。

图 11-18 农药缓释包装胶囊

图 11-19 可生物降解的育苗钵

（14）生物降解鱼饵、钓鱼线 鱼饵、钓鱼线等钓鱼用具往往会掉落进在水中，所以也有用生物降解塑料制造的需求。尤其是鱼饵中一种用非常软的材料制造的名叫蠕虫的拟态鱼饵，通常是用加入了起可塑剂作用的 DOP（邻苯二甲酸二辛酯）的氯乙烯树脂制造的。而 DOP 被认为是会对水质造成污染的物质，无法降解的氯乙烯树脂的残留也同样会成为问题。

另外，随着水鸟被钓鱼线缠绕致死被当成典型进行报道，人们认识到在自然环境中的钓鱼线的残留也成为了巨大的环境问题之一。在欧盟出台的《一次性塑料制品指令》中，被明令禁止制造、销售的一次性塑料制品名单里就包含鱼饵、渔具、渔网和渔线。

以前还有过用食品材料制造的鱼饵。但是，讽刺的是，在“钓鱼的乐趣在于使用非食品鱼饵”的观念之下，食品材料制造的鱼饵的市场渐渐消失了。

在 2020 年之前，欧洲有几家鱼饵生产商宣称自己所销售的鱼饵是可生物降解的，但因为没有出示相关证据而未被公众所接受，目前这些产品已经不再销售。不过在瑞典和挪威，现在已经有使用 PHA+ 纤维素共混材料制备可生物降解的鱼饵，如图 11-20 所示。

出于强度和柔软度的考虑，部分生产商考虑使用脂肪族聚酯来制造生物降解钓鱼线。这种钓鱼线在水中浸泡 3 个月后，强度就会归零。

（15）电器外壳 生物降解塑料的特征是能在微生物作用下降解，但是最近也开始在一些要求有长期耐久性的家电、电子机器的外壳和汽车内部装修材料等挤出成型产品中使用。尤其是 PLA 已经在随身音响产品的外壳、DVD 播放机的前面板、手机外壳、键盘外设、平板电脑外壳等家电设备进行使用，如图 11-21 所示。

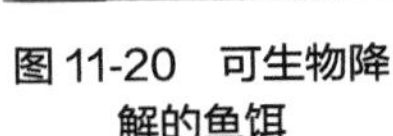
图 11-20 可生物降解的鱼饵

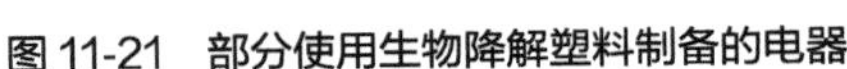
图 11-21 部分使用生物降解塑料制备的电器

（16）汽车内饰及部件 汽车内饰材料有塑料、皮革、纺织纤维等，各自又细分为很多品种，不同的特点适合不同的应用。减重降本、碳纤维、低气味低散发以及环保等都是近几年汽车内饰在材料研发上的大趋势，在汽车座舱中地位举足轻重的汽车座椅，在新材料的研发上一直向着这几个大方向不懈努力着。汽车仪表板多采用 PVC 和 ABS 材质，再注入一些 PU 泡沫以增强回弹能力；车门内板多采用 ABS 或改性 PP 材料注塑成型；方向盘一般采用半硬质 PU 泡沫塑料制成，而方向盘包覆物多用 PP、PU、PVC、ABS 等树脂材料。当汽车报废时，这些材料将随汽车一块被弃置于废旧汽车处理场，导致了严重的环境污染和资源浪费（因为一般情况下很少会有人对汽车内饰材料加以回收），因此，这些材料在未来有望全部或大部分替换为以 PLA 为首的生物降解材料。图 11-22 所示为使用 PLA 纤维制备的汽车座椅。

图 11-22 使用 PLA 纤维制备的汽车座椅

11.5 生物降解塑料产业的国际发展现状及趋势

11.5.1 生物降解塑料的全球供给情况

根据欧洲生物塑料协会统计，2022 年全球生物塑料总产能为 222 万吨，其中生物降解塑料占比 51.5%，为 114.3 万吨。主要生物降解塑料种类在总产能的占比如图 11-23 所示。

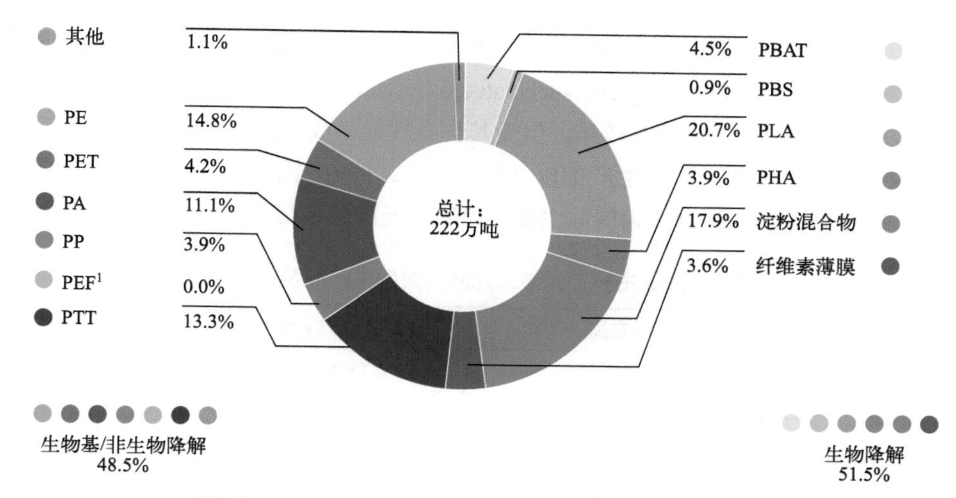

图 11-23　2022 年全球生物基塑料及生物降解塑料产能统计
（图片来源：欧洲生物塑料协会 https://www.european-bioplastics.org/）

（1）PLA 供应端　2022 年，全球 PLA 产量约为 42.6 万吨，目前美国是世界领先的 PLA 生产及使用国，对 PLA 及其单体丙交酯在政策、资金和人力方面的投入巨大。1997 年，美国嘉吉与陶氏化学合资创办了嘉吉陶氏（Cargill-Dow）公司，并在 2001 年兴建了年产 7 万吨的 PLA 工厂。该公司后来更名为 NatureWorks，即为目前全球 PLA 原料及制品的头号生产商和销售商——美国 NatureWorks 公司。2009 年，NatureWorks 公司将原有的 7 万吨生产厂扩建至 14 万吨产能。2014 年，NatureWorks 公司增加了 1 万吨高光纯 PLA 生产线，将产能扩充到了 15 万吨。

泰国作为全球第四大甘蔗生产国和白糖生产国，是丙交酯的重要生产国和出口国。NatureWorks 公司借此在泰国进行不断扩张。2011 年，泰国化工品生产商 PTT 化工公司向 NatureWorks 投资 1.5 亿美元，以扩大 NatureWorks 在泰国的 PLA 及丙交酯生产规模，目前 NatureWorks 正在泰国建设一座年产能 7 万吨 PLA 生产线，试图继续巩固自身在 PLA 市场供给端的地位。同样地，欧洲公司也发现了泰国廉价的蔗糖和甘蔗供应，在泰国兴建 PLA 生产线。法国石油巨头道达尔（Total）和世界最大的乳酸生产商科碧恩（Corbion）公司在泰国注册成立的合资公司——道达尔－科碧恩公司（Total-Corbion PLA），是泰国首家丙交酯生产工厂，也是全球最大的丙交酯生产厂，年产能 7.5 万吨丙交酯。在 2018 年，Total-Corbion 新建 7.5 万吨 PLA 生产线，彻底实现了蔗糖－乳酸－丙交酯 -PLA 的全产业链生产。国际主要 PLA 供应商及产能列表如表 11-2 所示。

表 11-2　国际主要 PLA 供应商及产能列表

生产企业	所在国	产能 /（万吨 / 年）
NatureWorks 公司	美国（泰国生产）	15
Total-Corbion 公司	荷兰（泰国生产）	7.5
UhdeInventa-Fischer 公司	德国	0.05
Hycail 公司	芬兰	0.5

（2）二元酸二元醇共聚酯供应端分析　目前全球二元酸二元醇共聚酯｛PBAT、PBS、聚丁二酸－己二酸丁二酯［Poly(butylene succinate-co-butylene adipate)，PBSA］｝生产能力已超40万吨/年。PBS及PBSA虽开发较早，但受其自身性能和成本限制，市场用量占有量较小，目前全球二元酸二元醇共聚酯的生产都以PBAT为主。PBAT因其具有高韧性，在各类薄膜制品的生产中用量较大。表11-3为国际主要二元酸二元醇共聚酯生产商及产能列表。

表11-3　国际主要二元酸二元醇共聚酯生产商及产能列表

生产企业	所在国	产能/（万吨/年）	产量/（万吨/年）
BASF公司	德国	7.4（PBAT）	7.4
Novamont公司	意大利	15（PBAT）	12
PTTMCC Biochem公司	泰国	2.0（BioPBS）	—
三菱树脂株式会社	日本	3.0（PBSA、PBS）	—
昭和电工株式会社	日本	0.5（PBS）	—
SK化学公司	韩国	2.0（PBS）	—
Ire Chemical公司	韩国	1.0（PBS）	—
Reverdia公司	意大利	2.0（生物丁二酸）	—

（3）PHA供应端分析　国外生产PHA的主要企业包括美国Novomer/Danimer Scientific公司日本Kaneka公司、德国Biomers公司、意大利Bio-on公司等。国际主要PHA生产商及产能统计如表11-4所示欧美地区的PHA厂商众多，在全球范围的市场占有率较高。其中Danimer Scientific公司在2021年被Novomer以1.52亿美元收购，合并后的Novomer/Danimer Scientific预备扩大PHA的产能以抢占市场，正在建设一条年产3万吨的生产线。

表11-4　国际主要PHA生产商及产能统计

生产企业	所在国	产能/（万吨/年）	产量/（万吨/年）
Novomer/Danimer Scientific公司	美国	2.0	1.0
Kaneka公司	日本	0.5	0.5
Bio-On公司	意大利	0.2	0.2
Bochemie公司	捷克	0.1	0.1
Biocycle公司	巴西	0.01	—
Biomers公司	德国	0.1	—
PHB INDUSTRIAL S/A公司	巴西	0.005	0（未投产）
BASF公司	德国	—	—
POLYFERM CANADA公司	加拿大	1.0	—
Yield10 Bioscience公司	美国	0.5	—
RWDC Industries公司	新加坡	0.5	0.5

除PLA、二元酸二元醇共聚酯、PHA和淀粉基塑料以外，其他类型的生物降解塑料受限于成本问题和产业化规模，产能较少，因此不作讨论。

11.5.2 ／生物降解塑料的全球需求端分析

随着全球各大经济体推行禁限塑政策，生物基塑料和生物降解塑料的应用越来越广泛，从包装和消费品到电子产品、汽车和纺织品。其中包装仍然是生物塑料的最大细分市场，具体如图 11-24 所示。

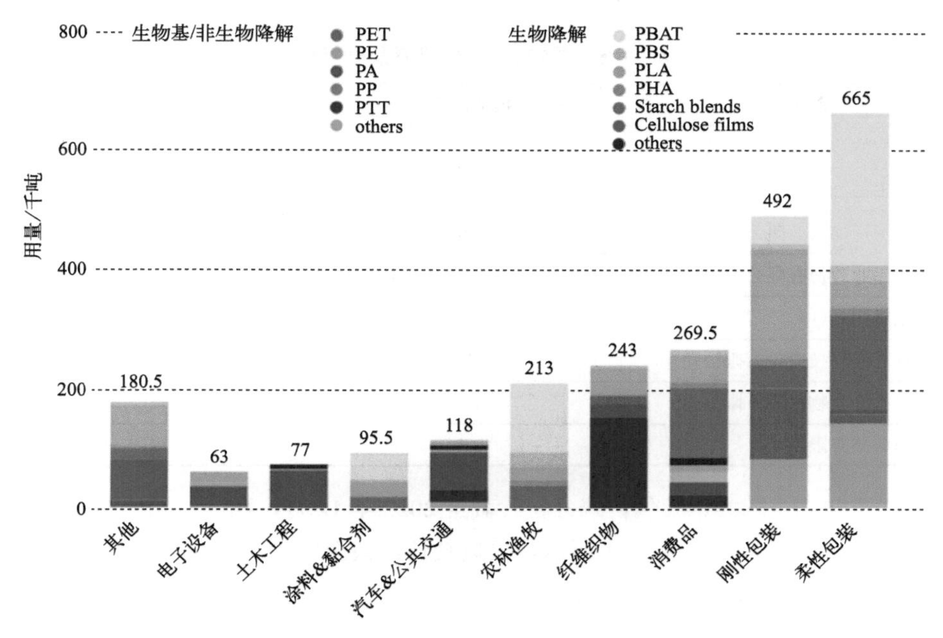

图 11-24　全球生物降解塑料应用（图片来源：欧洲生物塑料协会 https://www.european-bioplastics.org/）

在包装（柔性 + 刚性）、一次性塑料制品、农林渔牧、涂料 & 黏合剂等领域，生物降解塑料占据了绝大部分市场份额，但是在纺织行业、工程塑料领域，生物降解塑料仍有足够的发展空间。随着生物降解塑料的成本进一步下降，性能进一步提升，预计生物降解塑料的潜在市场可达万亿元规模。

11.6 ／生物降解塑料的国内发展现状

11.6.1 ／国内供给端

（1）PLA 供应端　截至 2022 年 12 月，我国 PLA 的产能约为 20 万吨 / 年，详见表 11-5。国内虽然上游玉米、秸秆资源储备丰富，淀粉、淀粉糖和乳酸的产能位居世界前列，但丙交酯的发展起步较晚，与国外差距较大，且在技术方面，尤其是工程化、规模化以及生产成本方面仍存在较多瓶颈问题，因此产业化过程较为艰难。浙江海正生物材料股份有限公司与中国科学院长春应用化学研究所于 2000 年开始合作，2008 年建成国内首条 PLA 中试生产线，现有 6 万吨 / 年 PLA 生产能力，且有一条年产 15 万吨的生产线正在建设中，产品范围涵盖挤片、注塑、吸塑、纺丝、双向拉伸膜、吹膜等不同加工用途。安徽丰原集团现有 10 万吨 PLA 生产线，在建产能为 30 万吨 / 年，产品涵盖了乳酸、丙交酯、PLA 纤维、粒料等原材料和 PLA 制衣物、水杯、一次性塑料制品等各类产品。此外，恒天长江生物材料有限公司建造丙交酯 -PLA 纤维生产线，总产能约为 1 万吨；中粮集团在吉林建造的生产线，其年产能约为 1 万吨。截至 2025 年，我国 PLA 规划产能（已投产 + 在建 + 拟建）约 97 万吨 / 年。

表 11-5　国内 PLA 生产商及产能统计

生产企业	设计产能 /（万吨 / 年）	实际运行产能 /（万吨 / 年）
浙江海正生物材料股份有限公司	6	4
吉林中粮生化有限公司	1.0	1
恒天长江生物材料有限公司	1.0（PLA 纤维）	—
深圳光华伟业股份有限公司	0.5	0.2
安徽丰原集团	10.0	5
河南金丹乳酸科技股份有限公司	12.0（乳酸、乳酸盐）	6（乳酸）
马鞍山同杰良生物材料有限公司	1.0	—
扬州惠通科技有限公司	0.5	—

（2）二元酸二元醇共聚酯供应端分析　截至 2022 年 12 月，我国二元酸二元醇共聚酯产能约 47.7 万吨 / 年，具体如表 11-6 所示。根据统计，截至 2025 年，国内 PBAT 的设计产能超过 800 万吨，远远超过市场承载力。

表 11-6　国内二元酸二元醇共聚酯生产商及产能统计

生产企业	设计产能 /（万吨 / 年）	实际运行产能 /（万吨 / 年）
珠海万通化工有限公司 / 金发科技股份有限公司	18.0	6.0
华阳生物降解新材料有限公司	6.0	0（停车）
新疆蓝山屯河化工股份有限公司	12.8	9.0
万华化学集团股份有限公司	6.0	0（停车）
金晖兆隆高新科技股份有限公司	3.0	2.0
中化学东华天业	10.0	
杭州鑫富科技有限公司	1.0	0（停车）
中石化仪征化纤有限公司	2.0	0（停车）
安庆和兴化工有限公司	1.0（PBS）	0.8
深圳光华伟业股份有限公司	0.1（PBS）	0.1
江苏科奕莱新材料科技有限公司	1.2	1.2
南通龙达生物新材料科技有限公司	0.7	0.7
甘肃莫高聚和环保新材料科技有限公司	2.0（PBAT、PBS）	0（停车）
浙江华峰环保材料有限公司（华峰集团）	3.0	3.0

续表

生产企业	设计产能 /（万吨 / 年）	实际运行产能 /（万吨 / 年）
营口康辉石化有限公司（恒力集团）	3.0	3.0
宁波长鸿高分子科技股份有限公司	6.0	0（停车）
浙江华峰新材料股份有限公司	2.0（丁二酸聚酯），在建 30.0	—

（3）PHA 供应端分析 国内的 PHA 产能目前约 0.4 万吨 / 年，详见表 11-7。PHA 的主要产品为短链 PHA，例如聚羟基丁酸酯（PHB）、聚 3- 羟基丁酸酯（P3HB）和聚羟基戊酸酯（PHV）等。清华大学陈国强教授作为国内 PHA 领域的领军人，其课题组在 PHA 功能化设计和工业化生产等方面取得了一系列成就：培养了可大幅增加己烯酸转化率且提升 PHA 性能的嗜盐细菌，开发了新型 PHA 可注射载体，利用现代基因工程技术在世界上首次实现了基因工程菌生产聚 β- 羟基丁酸（β-PHB）和 3- 羟基丁酸与 3- 羟基己酸的共聚酯（PHBHHx），使我国的 PHA 产业化技术达到世界领先水平 [8]。

表 11-7　国内 PHA 生产商及产能统计

生产企业	设计产能 /（万吨 / 年）
宁波天安生物材料有限公司	0.2
北京蓝晶微生物科技有限公司	0.1
中粮集团	0.1

（4）其他生物降解塑料供应端 具体数据如表 11-8 所示。

表 11-8　国内其他生物降解塑料供应商及产能统计

塑料类型	生产企业	产能 /（万吨 / 年）
PPC	江苏中科金龙化工股份有限公司	1.5
PPC	河南天冠集团有限公司	0.5
PPC	吉林博大东方新材料有限公司	0.1
PGA	国能榆林化工有限公司	5.0
PCL	深圳光华伟业有限公司	0.2
PCL	湖南聚仁化工新材料科技有限公司	1.0

11.6.2 ／国内需求端分析

（1）一次性餐饮具 目前全国一次性塑料餐具企业有 2000 多家，其中浙江 700 多家、广东 600 多家，山东、江苏、福建也是企业较多省份（来源：全国生产许可企业名单）。在这 2000 多家企业中，纸杯、纸碗和纸餐盒的生产企业有 700 余家，其中多数为纸杯企业。每家企业平均按 1000 吨一次性塑料餐饮具产能（统计数据）计算，全国产能约在 200 ～ 300 万吨。按 50% 生产负荷率（理想状态），约生产 100 ～ 150 万吨。

具体应用情况如下：

① 快餐　每年 100 ～ 150 亿只，按 20g/ 只，约 20 ～ 30 万吨；

② 外卖　每天 1 亿套左右，一年 300 亿套，平均 20g/ 只，约 60 万吨；

③ 方便面及其他速食产品　每年 400 亿包（盒），按 100 亿盒用餐盒计算；

④ 水杯　一次性纸杯（PE 淋膜）、PP 杯、PS 杯，200 ～ 300 亿只，3g/ 只，6 ～ 9 万吨；

⑤ 其他　酸奶包装等。

合计：大约 100 万吨。

根据以上数目估计，一次性餐饮具的总消费量在 80 ～ 120 万吨左右。

（2）一次性塑料购物袋　全国生产塑料购物袋企业在 3000 家左右，产能在 100 ～ 150 万吨左右，按照协会统计的平均开工率 50% 计算，产量在 50 ～ 75 万吨左右。

（3）地膜　2015 年，根据党中央、国务院关于加强生态文明建设、加快转变农业发展方式的部署要求，农业部围绕“一控两减三基本”目标，深入推进农业面源污染防治工作。在治理农田残膜污染方面，解决残膜易破碎、回收难的问题；实施地膜回收利用示范；启动实施可降解地膜对比试验，筛选应用效果好的可降解地膜用于示范推广。2021 年 9 月，农业农村部印发《〈中华人民共和国固体废物污染环境防治法〉的意见》（以下简称《意见》）。提出到“十四五”末，农业固体废物污染防治水平和资源化利用能力迈上新台阶，畜禽粪污综合利用率达到 80% 以上，秸秆综合利用率稳定在 86% 以上，农膜回收率达到 85% 以上，农药包装废弃物回收率达到 80% 以上。

根据国家统计局数据，2022 年中国农用薄膜产量为 255 万吨，较 2021 年下降约 5 万吨。

（4）酒店一次性用品　国内目前酒店用易耗品的集中生产地主要为江苏扬州市杭集镇与广东汕头市。在酒店用品生产发达的广东、江苏，酒店日用品生产已成为地方一大支柱产业。以江苏省扬州市杭集镇为例，其是全国旅游用品、酒店日用品的集散中心。酒店日用品生产企业及配套企业达 1500 多家，产品在国内市场占有率在 60% 以上，而且每年酒店用品产业保持 10% ～ 20% 的高速增长，根据当地政府初步统计，全镇酒店用品产业耗用各类塑料原料 80 多万吨。按此估计国内酒店用易耗品的消耗量至少在 100 万吨。

（5）民航一次性用品　根据中国民航局发布的《2019 年民航行业发展统计公报》，2019 年，全行业完成旅客运输量 65993.42 万人次，比上年增长 7.9%。国内航线完成旅客运输量 58567.99 万人次，比上年增长 6.9%，其中港澳台航线完成 1107.56 万人次，比上年下降 1.7%；国际航线完成旅客运输量 7425.43 万人次，比上年增长 16.6%。按照 65593.42 万人次计算，飞机上刀叉勺、透明杯，以及不透明咖啡杯、膜每人次平均消耗量为 100g 计算，则为 6559342000 人 ×100g/ 人 =65593.42t，约 6.6 万吨。

（6）邮政快递包装　根据国家统计局公布的《2020 中国快递指数报告》，2020 年我国快递服务企业业务量累计达到 830 亿件，同比增长 30.8%，业务量超过美、日、欧等发达国家经济体总和。这导致了快递包装材料的巨量消耗。2018 年我国各类快递包装材料消耗量达到 941.23 万吨，国家邮政局预计，若不实施有效的控制措施，2025 年我国快递包装消耗材料将达到 4127.05 万吨，带来巨大的环境压力和资源压力。

（7）日用包装膜　日用包装膜包括日用食品包装膜、一次性生活用膜、一次性医用薄膜、工业产品包装膜等，种类繁多。我国仅食品包装用复合膜生产企业就有6000家左右，如果每家按1000t产能，其规模也在600万吨以上。自2010年以来，中国塑料薄膜产量整体保持稳步增长的态势，除了2013年外，近些年我国塑料薄膜产量的增长率也一直保持上行态势。2022年中国塑料薄膜产量约为1600万吨。

11.7 生物降解塑料的评价体系

11.7.1 生物基含量评价

（1）研究生物基含量测定意义 目前，能源和环保问题已经成为全球关注的热点。近几年，石油价格的不断上升，再次说明了石油是有限的能源资源。世界上一些发达国家在开发替代资源上进行了许多投入，包括政策和科研支持。

日本已全面制定了循环型社会的产业科技发展计划，包括各个相关领域的科技发展计划与配套的运行体制、法规等。日本农林水产省制定了生物物质（“Biomass Nippon”）的战略，其中包括发展生物降解塑料与由再生资源得到的生物基聚合物，中心议题是充分利用生物质资源，即充分利用除石化资源以外的、可再生的、生物本身固有的有机性资源。

美国联邦政府决定，由美国环保局牵头制订一个“多部门联合行动”计划，此计划旨在政府各有关部（如商务部、能源部、自然科学基金会、农业部、航空航天局）之间建立联系，强调使绿色技术的发展成为政府整个技术计划的有机组成部分。美国农业部能源政策和新应用办公室于2003年制定了联邦采购指定生物基产品的指导方针（联邦），即农业安全和农村投资法第9002条。目的是建立一个指导方针，使生物基制品在联邦采购中具有优先地位。

在最近几年，生物基含量将成为一些发达国家采购生物基制品时的一个技术要求，甚至变成一种技术壁垒。因此，在发展和鼓励生物基聚合物发展的同时，如何测定聚合物中生物基含量变得尤为重要。而在我国塑料加工出口占很大比例的情况下，尽快地研发生物基含量的测试方法显得极为必要。

美国密歇根州立大学Ramani.Narayan教授在2006年召开的生物基聚合物国际研讨会中提出了生物基含量的定义，即聚合物中来源于现代碳的含量占整个聚合物碳总量的百分比。聚合物的碳总量可通过元素分析仪测试得到，所以只需测得现代碳的含量，即可计算得到聚合物中生物基含量。由于相同碳质量下，现代碳 ^{14}C 含量和远古碳的不一样，因此可以利用测定 ^{14}C 办法来测定现代碳含量[9]。

^{14}C 的一种测定方法就是用加速器质谱（AMS）进行 ^{14}C 测定[10]。这个测定技术，是将 ^{14}C 离子加速到百万电子伏特以上的能量，通过各种手段分离干扰粒子后，用重离子探测器直接对 ^{14}C 原子进行计数。AMS具有样品用量少和测量时间短的优点，特别适合珍贵样品的测量。日本产业综合研究所的M.Kunioka博士在美国召开的生物降解和环境友好塑料国际研讨会上提出了利用同位素比质谱分析仪测定 ^{14}C 同位素法测定生物基聚合物中生物基含量，但这个方法缺点是仪器贵重、操作程序复杂、结果影响因素复杂。^{14}C 还可通过液体闪烁计数器来计

数样品中 ^{14}C 衰变发射出的 β 粒子的方法来测定。该方法操作程序相对简单，成本也较低。

（2）测定方法 目前聚合物大多是固体形态，因此用液体闪烁法测定样品生物基含量，关键是要将固体形态样品中的碳转化为液体闪烁器可以测定的液态碳，然后测定样品碳中 ^{14}C 含量与等量碳含量的标准物质的 ^{14}C 含量的比。将样品在过氧条件下氧化成 CO_2，然后用 CO_2 吸收剂吸收变成溶液，加入闪烁剂，用液体闪烁器进行计数；对等量碳的标准物质进行同样的处理，加入闪烁剂，用液体闪烁器进行计数；通过以上两者的比来计算样品中生物基含量。

将聚合物样品转化成 CO_2，然后用 CO_2 吸收剂吸收 CO_2，加入闪烁剂等，然后用液体闪烁器对 ^{14}C 进行计数，得到样品 ^{14}C 计数（cpm-sample）。然后用液体闪烁器对等量碳含量的标准物质进行 ^{14}C 计数，得到标准物质 ^{14}C 计数（cpm-reference）。样品中生物基含量 C_t 即为（cpm-sample/cpm-reference）×100%。

测试生物基含量装置示意图如图 11-25 所示。

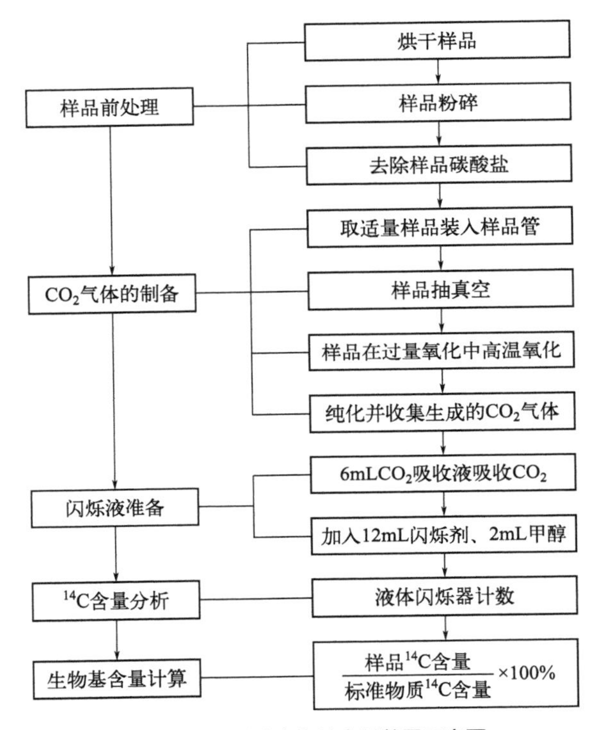

图 11-25 测试生物基含量装置示意图

11.7.2 降解性能评价

降解塑料根据降解机理，可以分为光降解塑料、热氧降解塑料和生物降解塑料。按照目前的标准，一般光降解塑料和热氧降解塑料的降解性能通过其降解前后的物理力学性能或微观结构的变化来表征；而生物降解塑料的降解性能往往是考核其所包含的有机碳在各种降解的条件下能否转化成小分子物质如水、二氧化碳或甲烷以及对应的矿化无机盐等。因此，降解塑料种类不同，其评价方法也不一样。

下面主要介绍生物降解塑料的部分试验以及评价方法。

11.7.2.1 户外试验——土壤填埋试验

（1）原理 户外填埋试验是将试样如薄膜或其他材料埋于土壤或浸渍于海水或河水等水体系中，由于户外填埋过程中的热、氧、水、微生物等因素发生降解，经过一定时间后用一定的测试方法，如质量损失、力学性能变化、分子量变化等来评价其降解性能。

（2）条件的确定 进行试验前，需要明确在何地试验、试验采用何种土壤，因为随田、地、山等场所不同，土壤的组成和微生物的菌相和数量也不同，同样的场所其各种条件也随季节变化而变化，另外，即使土壤的组成相同，从地表面到深层菌相也不相同。因此在试验时应明确处理条件，掌握对生物降解性有直接影响的微生物的种类和数量。

（3）试验装置 图 11-26 所示为试验中采用的填埋打孔设备。

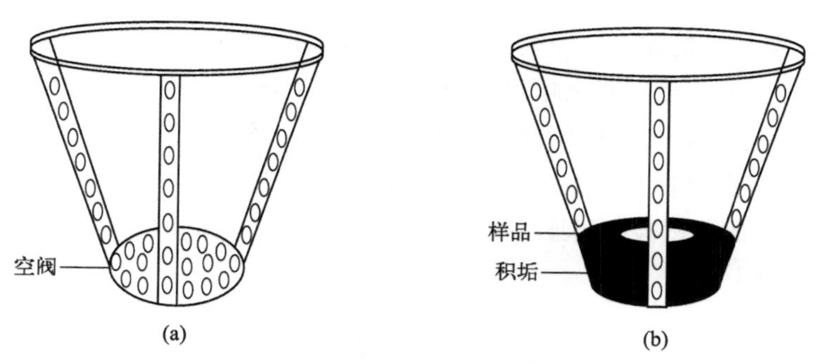

图 11-26 户外土埋试验设备示意图

（a）空杯；（b）装有样品的杯子

11.7.2.2 实验室试验

（1）实验室特定微生物侵蚀法 微生物侵蚀有时也被称作微生物对塑料降解行为，原理是将试样置于无有效碳的固体琼脂培养基中，接种微生物，然后在一定温度下培养一定时间（一般为 4 周），通过观察试样表面微生物生长状况、质量损失等性能变化来定性地评价降解塑料潜在的生物降解性能。如图 11-27 所示为霉菌侵蚀试验培养皿。

图 11-27 霉菌侵蚀试验培养皿

接种微生物一般采用真菌和细菌，各个国家的标准采用各自不同的菌种。影响试验结果的因素包括材料本身的结构、微生物的种类、样品的尺寸、环境因素（如温度、湿度、pH

值、培养基的营养可利用性）等。

此方法的优点是可以测定任意厚度的塑料膜片的微生物的降解性能。对于半固体蜡状物试样可先沉积在玻璃纤维布上，然后用与膜片同样的方法进行试验。用霉菌侵蚀法评价材料的可降解行为比较直接、操作简单。其缺点是只能在短期内（一般小于 4 周）对材料的降解行为进行评价，所以不能对材料最终的生物降解能力作判断。

目前，国际标准化组织标准有关此方法的标准为 ISO 846: 2019，美国试验材料协会的标准为 ASTM G 21、ASTM G22，国内标准为 QB/T 2461—1999。

（2）实验室土壤填埋试验　在实验室内测定材料的土壤生物降解性方法，是在土壤中加入薄膜状、颗粒状或粉状等形状的材料，在一定的温度和湿度下进行培养，土壤中的热、水分、微生物等因素使材料发生降解，定期地用质量损失、物理性能变化或分子量变化等评价方法评价结果。按照土壤填埋条件的不同，一般可分为罐法试验和热罐试验两种方法。

从田地中选取肥沃的泥土（一般采用微生物丰富的腐叶土并经 3 ～ 4 年曝露的土壤）。往土壤中加入 10% 砂，然后对土壤进行淋湿以维持土壤的湿度。按照要求确定样品填埋深度、土壤湿度和温度、试验时间等，一般情况下将土壤堆满在试验罐中，样品土埋深度为 1 ～ 10cm，土壤水分保持 25% ～ 30%，定期淋水保持土壤水分，在土壤 2.5cm 处维持 24 ～ 31℃的温度。罐法试验中试验罐要求通风良好，并能保持土壤的水分。图 11-28 所示为试验罐的一个简单例子。

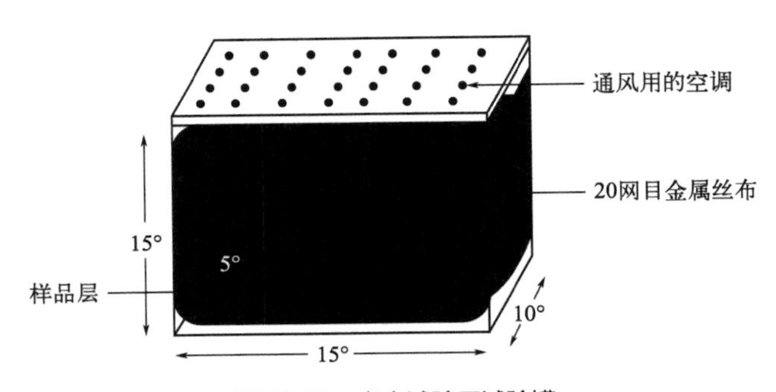

图 11-28　室内试验用试验罐

热罐试验的设备与上述罐法试验相似，只是在试验时采用较高的试验温度。其目的是测定在一定温度下降解材料的生物降解性和热降解性能。用此方法时，试验温度一定要充分考虑，因为与塑料平常随温度上升而氧化裂化的情况不一样，在这里试验时，如温度太高，土壤中的喜氧菌会死亡（一般喜氧菌最活跃的温度在 23℃附近），其结果是土壤变为厌氧氛围，可能不再发生与生物相关的裂化分解，而只是简单的热降解。

土壤填埋试验是与自然最接近的评价方法。在土壤中除微生物外，也可能有贡献于塑料分解的氧化还原反应，甚至是过氧化物的劣化分解反应等尚未发现的作用的可能性。

由于土壤填埋时，生物降解效果与土壤中的微生物组成有直接的关系，因此在试验的同时应进行土壤组成分析与微生物的鉴定，用它来评价性能时应对土壤作尽量详细的报告，另外对试验前后的菌的变化情况也应掌握。土壤填埋试验方法的主要不足之处是各个地方很难采用统一的试验土壤，从而使试验的重复性较差。另外，土壤试验的周期还需要缩短。土壤填埋试验正受到各方的重视。

目前国际标准化组织上没有专门土壤填埋试验的标准，涉及的方法标准有ISO 846—2019。美国试验材料协会的相关标准为ASTM D5998。

（3）实验室堆肥试验 实验室堆肥试验方法按照给氧条件又可以分为需氧堆肥和厌氧堆肥，目前已经有标准规定的是塑料在受控堆肥化条件下最终需氧生物分解和崩解能力的测定方法，这里主要讲述此方法。

塑料在受控堆肥化条件下最终需氧生物分解和崩解能力的测定方法，是将塑料作为有机化合物在受控的堆肥化条件下，通过测定其排放的二氧化碳的量来确定其最终需氧生物降解能力，同时测定在试验结束时的塑料的崩解程度。本方法模拟混入城市固体废料中有机部分的典型需氧堆肥处理条件。试验材料暴露在堆肥产生的接种物中，在温度、氧浓度和湿度都受到严格检测和控制的环境条件下进行堆肥化。本测试方法就是试图测定试验材料中的碳转化成放出的二氧化碳的转化率，以百分率表示。

本测定方法在模拟强烈的需氧堆肥化的条件下，测定试验材料最终需氧生物降解能力和崩解程度。使用的接种物由稳定的、腐熟的堆肥组成，如可能，该接种物从城市固体废料中有机部分的堆肥化过程获取。

试验材料与接种物混合，导入静态堆肥容器。在该容器中，混合物在最佳的温度、氧浓度和湿度下进行强烈的堆肥化。试验周期不超过6个月。

在试验材料的需氧生物降解过程中，二氧化碳、水、无机盐及新的微生物细胞组分都是最终生物降解的产物。在试验及空白容器中连续监测、定期测量产生的二氧化碳，从而确定累计产生的二氧化碳。试验材料实际产生的二氧化碳与该材料可以产生的二氧化碳的最大理论量之比就是生物降解百分率。

本方法国际标准化组织的标准为ISO 14855-1、ISO 14855-2，美国试验材料协会的标准为ASTM D5338。

试验系统布置图如图11-29所示。

（4）水介质体系试验方法

① 通过测量在密封呼吸测定器中氧气消耗的方法测定含水介质中塑料的最终需氧生物降

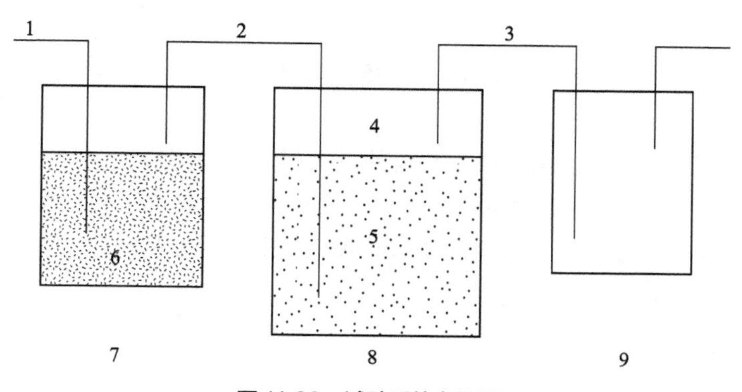

图11-29 试验系统布置图

1—空气；2—无二氧化碳的空气；3—排放的空气；4—顶部空间；5—试验混合物；6—氢氧化钠溶液；7—二氧化碳吸收系统；8—堆肥容器；9—二氧化碳测量系统

解能力的方法在水性系统中利用好气微生物来测定材料的生物分解率。试验混合物包含一种无机培养基、有机碳浓度在 100 ～ 2000mg/L 的试验材料（碳和能量的唯一来源），以及活性污泥或堆肥或活性土壤的悬浮液制成的培养液。此混合物在呼吸计内密封烧瓶中被搅拌培养一定时间，试验周期不能超过 6 个月。在烧瓶的上方用适当的吸收器吸收释放出的二氧化碳，测量生化需氧量（BOD），例如，通过测量在呼吸计内烧瓶中维持一个恒定体积气体所需氧的体积，或自动 / 人工测量体积或压强的变化（或两者兼测），可使用呼吸计，同时也可使用如 ISO 10708 里描述的两相密封瓶。气压式呼吸计示意图如图 11-30 所示。

生物分解的水平通过生化需氧量（BOD）和理论需氧量（ThOD）的比来求得，用百分数表示。在测定 BOD 过程中必须考虑可能发生的硝化作用的影响。由生物分解曲线的平稳阶段的测定值，确定试验材料最大生物分解率。

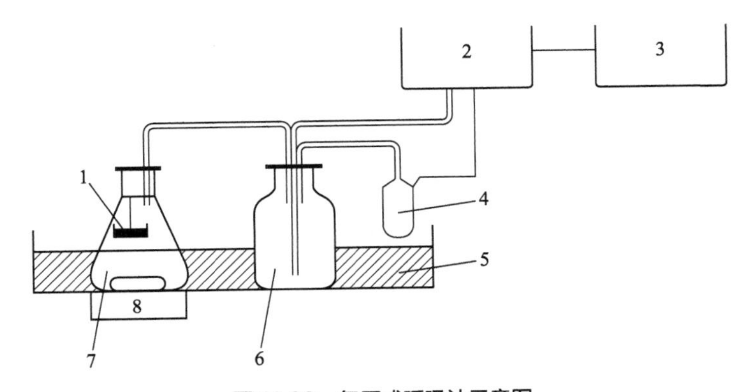

图 11-30　气压式呼吸计示意图

1—二氧化碳吸收器；2—压强计；3—打印机、绘图仪或电脑；4—氧气发生器；
5—恒温（水浴）；6—监测器；7—测试瓶；8—电磁搅拌器

此方法由于采用液相，对试样均一接触，所以得到的结果重复性较高，与自然界的净化作用紧密相关的水介质情况这一点上，可以反映自然界的生物降解。但是也存在一些问题，如仅氧的消耗量，不能观察试样本身的形状变化；水介质及试样吸附作用导致误差；如试样中存在较多低分子部分或除聚合物外有添加成分时会发生早期分解现象；试样形状不同，试验结果不同。

本方法国际标准化组织的标准为 ISO 14851—2019，美国试验材料协会的标准为 ASTM D5209。

② 通过测定 CO_2 量测定含水介质中塑料的最大需氧生物降解性的试验方法在水性系统中利用好气微生物来测定试验材料的生物分解率。试验混合物包含一种无机培养基、有机碳浓度在 100 ～ 2000mg/L 的试验材料（碳和能量的唯一来源），以及活性污泥或堆肥或活性土壤的悬浮液制成的培养液。混合物在试验烧瓶中搅拌并通以去除二氧化碳的空气，试验周期依赖于试验材料生物分解能力，但不能超过 6 个月。微生物分解材料时释放出的二氧化碳可用合适的方法来测定。

生物分解程度用释放的二氧化碳量和二氧化碳理论释放量（$ThCO_2$）的比来求得，以百分数表示。由生物分解曲线的平稳阶段求得试验材料的最大生物分解率。

此方法由于采用液相，对试样均一接触，所以得到的结果重复性较高，与自然界的净化作用紧密相关的水介质情况这一点上，可以反映自然界的生物降解。但是也存在一些问题，如仅氧的消耗量，不能观察试样本身的形状变化；水介质及试样吸附作用导致误差；如试样中存在较多低分子部分或除聚合物外有添加成分时会发生早期分解现象；试样形状不同，试验结果不同。

本方法国际标准化组织的标准为 ISO 14852—2021，美国试验材料协会的标准为 ASTM D5209。

（5）酶的生物降解试验 微生物将各种酶分泌于菌体外，由这种酶将聚合物中的高分子部分从末端基或分子链切断，最终矿物化为易吸收于微生物体内的碳酸和酯。因此，关于分解的酶在评价试验前先掌握好，则只要使用该酶，使用少量试样即可进行重复性高且加速有效的评价试验。

试验条件一般为水溶液中，温度 30℃左右，pH 中性数小时到数日，反应如为必要的酶，最好加上振动等操作。但是，本法不能适用于合成的所有的聚合物，其适用范围只限于目前能获得的酶的种类，另外，酶试验不能反映自然界的情况是其缺点，但是，脂酶、酯酶等是土壤中 10% 的微生物都具有的酶，在自然界中是广泛存在的。为此，脂肪族聚酯即使在自然界中也能分解。

11.7.3 生物降解塑料国内外标准现状

（1）国际标准化组织（ISO）发布的标准 ISO 中从事生物降解材料标准工作的是 ISO/TC 61/SC 5/WG22 工作组。WG22 工作组由 ISO 技术委员会于 1993 年成立，专门从事生物降解有关的标准工作。

ISO 有关生物降解标准是在与 ASTM、CEN、JIS、DIN 等相关标准协调后，并在它们的基础上制定的标准，目前已发布了 37 个国际标准，如表 11-9 所示。

表 11-9 已发布的生物降解国际标准

序号	标准号	英文名称	中文名称
1	ISO 10210:2012	Plastics — Methods for the preparation of samples for biodegradation testing of plastic materials	塑料 材料生物分解试验用样品制备方法
2	ISO 13975:2019	Plastics — Determination of the ultimate anaerobic biodegradation of plastic materials in controlled slurry digestion systems — Method by measurement of biogas production	塑料 受控污泥消化系统中材料最终厌氧生物分解率测定 采用测量释放生物气体的方法
3	ISO 14851:2019	Determination of the ultimate aerobic biodegradability of plastic materials in an aqueous medium — Method by measuring the oxygen demand in a closed respirometer	水性培养液中材料最终需氧生物分解能力的测定 采用测定密闭呼吸计中需氧量的方法
4	ISO 14852:2021	Determination of the ultimate aerobic biodegradability of plastic materials in an aqueous medium — Method by analysis of evolved carbon dioxide	水性培养液中材料最终需氧生物分解能力的测定 采用测定释放的二氧化碳的方法
5	ISO 14853:2016	Plastics — Determination of the ultimate anaerobic biodegradation of plastic materials in an aqueous system — Method by measurement of biogas production	塑料 在水性培养液中最终厌氧生物分解能力的测定 通过测量生物气体产物的方法

续表

序号	标准号	英文名称	中文名称
6	ISO 14855-1:2012	Determination of the ultimate aerobic biodegradability of plastic materials under controlled composting conditions — Method by analysis of evolved carbon dioxide — Part 1: General method	受控堆肥条件下材料最终需氧生物分解能力的测定 采用测定释放的二氧化碳的方法 第 1 部分：通用方法
7	ISO 14855-2:2018	Determination of the ultimate aerobic biodegradability of plastic materials under controlled composting conditions — Method by analysis of evolved carbon dioxide — Part 2: Gravimetric measurement of carbon dioxide evolved in a laboratory-scale test	受控堆肥条件下材料最终需氧生物分解能力的测定 采用测定释放的二氧化碳的方法 第 2 部分：用重量分析法测定实验室条件下二氧化碳的释放量
8	ISO 15985:2014	Plastics — Determination of the ultimate anaerobic biodegradation under high-solids anaerobic-digestion conditions — Method by analysis of released biogas	塑料 在高固体份堆肥条件下最终厌氧生物分解能力的测定 采用分析测定释放生物气体的方法
9	ISO 16929:2021	Plastics — Determination of the degree of disintegration of plastic materials under defined composting conditions in a pilot-scale test	在定义堆肥化中试条件下塑料材料崩解程度的测定
10	ISO 18830:2016	Plastics — Determination of aerobic biodegradation of non-floating plastic materials in a seawater/sandy sediment interface — Method by measuring the oxygen demand in closed respirometer	塑料 海水沉沙界面非漂浮塑料材料最终需氧生物分解能力的测定 通过测定密闭呼吸计内耗氧量的方法
11	ISO 19679:2020	Plastics — Determination of aerobic biodegradation of non-floating plastic materials in a seawater/sediment interface — Method by analysis of evolved carbon dioxide	塑料 海水沉沙界面非漂浮塑料材料最终需氧生物分解能力的测定 通过测定释放二氧化碳的方法
12	ISO 20200:2015	Plastics — Determination of the degree of disintegration of plastic materials under simulated composting conditions in a laboratory-scale test	塑料 在实验室规模模拟堆肥化条件下塑料材料崩解率的测定
13	ISO 22404:2019	Plastics — Determination of the aerobic biodegradation of non-floating materials exposed to marine sediment — Method by analysis of evolved carbon dioxide	塑料 暴露于海洋沉积物中非漂浮材料最终需氧生物分解能力的测定 通过分析释放的二氧化碳的方法
14	ISO 22526-1:2020	Plastics — Carbon and environmental footprint of biobased plastics — Part 1: General principles	塑料 生物基塑料的碳足迹和环境足迹 第 1 部分：通则
15	ISO 22526-2:2020	Plastics — Carbon and environmental footprint of biobased plastics — Part 2: Material carbon footprint, amount (mass) of CO_2 removed from the air and incorporated into polymer molecule	塑料 生物基塑料的碳足迹和环境足迹 第 2 部分：材料碳足迹、由空气中并入到聚合物分子中 CO_2 的量（质量）
16	ISO 22526-3:2020	Plastics — Carbon and environmental footprint of biobased plastics — Part 3: Process carbon footprint, requirements and guidelines for quantification	塑料 生物基塑料的碳足迹和环境足迹 第 3 部分：过程碳足迹、量化要求与准则
17	ISO 23517:2021	Plastics — Soil biodegradable materials for mulch films for use in agriculture and horticulture — Requirements and test methods regarding biodegradation, ecotoxicity and control of constituents	塑料 农业和园艺地膜用土壤生物降解材料 生物降解性能、生态毒性和成分控制的要求和试验方法

续表

序号	标准号	英文名称	中文名称
18	ISO 23832:2021	Plastics — Test methods for determination of degradation rate and disintegration degree of plastic materials exposed to marine environmental matrices under laboratory conditions	塑料 实验室条件下测定暴露于海洋环境基质中塑料材料分解率和崩解程度的试验方法
19	ISO 23977-1:2020	Plastics — Determination of the aerobic biodegradation of plastic materials exposed to seawater — Part 1: Method by analysis of evolved carbon dioxide	塑料 暴露于海水中塑料材料需氧生物分解的测定 第1部分：采用分析释放二氧化碳的方法
20	ISO 23977-2:2020	Plastics — Determination of the aerobic biodegradation of plastic materials exposed to seawater — Part 2: Method by measuring the oxygen demand in closed respirometer	塑料 暴露于海水中塑料材料需氧生物分解的测定 第2部分：采用测定密闭呼吸计内需氧量的方法
21	ISO 22403:2020	Plastics — Assessment of the intrinsic biodegradability of materials exposed to marine inocula under mesophilic aerobic laboratory conditions — Test methods and requirements	塑料 在实验室中温条件下暴露于海洋接种物的材料固有需氧生物分解能力评估 试验方法与要求
22	ISO 22766:2020	Plastics — Determination of the degree of disintegration of plastic materials in marine habitats under real field conditions	塑料 在实际野外条件海洋环境中塑料材料崩解度的测定
23	ISO 17556:2019	Plastics — Determination of the ultimate aerobic biodegradability of plastic materials in soil by measuring the oxygen demand in a respirometer or the amount of carbon dioxide evolved	塑料 通过测量呼吸仪中的需氧量或二氧化碳的挥发量来确定塑料材料在土壤中的最终好氧生物降解能力
24	ISO 16620-1:2015	Plastics — Biobased content — Part 1: General principles	塑料 生物基含量 第1部分：通用原则
25	ISO 16620-2:2019	Plastics — Biobased content — Part 2: Determination of biobased carbon content	塑料 生物基含量 第2部分：生物基碳含量的测定
26	ISO 16620-3:2015	Plastics — Biobased content — Part 3: Determination of biobased synthetic polymer content	塑料 生物基含量 第3部分：生物基合成聚合物含量的测定
27	ISO 16620-4:2016	Plastics — Biobased content — Part 4: Determination of biobased mass content	塑料 生物基含量 第4部分：生物基物质含量的测定
28	ISO 16620-5:2017	Plastics — Biobased content — Part 5: Declaration of biobased carbon content, biobased synthetic polymer content and biobased mass content	塑料 生物基含量 第5部分：生物基碳含量、生物基合成聚合物含量和生物基质量含量的声明
29	ISO 17088:2021	Plastics — Organic recycling — Specifications for compostable plastics	塑料 有机回收可堆肥塑料的规范
30	ISO 5148:2022	Plastics — Determination of specific aerobic biodegradation rate of solid plastic materials and disappearance time (DT50) under mesophilic laboratory test conditions	塑料 测定固体塑料材料的特定好氧生物降解率和中温实验室试验条件下的消失时间（DT50）
31	ISO 5412:2022	Plastics — Industrial compostable plastic shopping bags	塑料 工业堆肥购物袋
32	ISO 5424:2022	Plastics — Industrial compostable plastic drinking straws	塑料 工业堆肥吸管

续表

序号	标准号	英文名称	中文名称
33	ISO 5677:2023	Testing and characterization of mechanically recycled polypropylene (PP) and polyethylene (PE) for intended use in different plastics processing techniques	测试和表征机械回收的聚丙烯（PP）和聚乙烯（PE）在不同塑料加工技术中的预期用途
34	ISO 15270:2008	Plastics — Guidelines for the recovery and recycling of plastics waste	塑料 塑料废弃物的回收和循环利用指南
35	ISO/TR 23891:2020	Plastics — Recycling and recovery — Necessity of standards	塑料 循环和回收 标准的必要性
36	ISO 17422:2018	Plastics — Environmental aspects — General guidelines for their inclusion in standards	塑料 环境因素 标准的一般准则
37	ISO/TR 21960:2020	Plastics — Environmental aspects — State of knowledge and methodologies	塑料 环境方面 知识和方法的现状

（2）国内发布的生物降解标准　我国2009年成立了全国生物基材料及降解制品标准化技术委员会，在全国生物基材料及降解制品标准化技术委员会、全国塑料制品标准化中心生物降解材料工作组、中国塑协降解塑料专委会以及相关部门的努力下，建立了评价生物降解塑料生物降解能力的相关标准和检验方法，这些标准出台有力地推动了行业的发展，也促进了降解塑料的正确标识，也为降解塑料进一步快速发展奠定了基础（表11-10）。

表11-10　我国现行的部分生物降解塑料标准

序号	标准号	标准名称
1	GB/T 43288—2023	塑料 农业和园艺地膜用土壤生物降解材料 生物降解性能、生态毒性和成分控制的要求和试验方法
2	GB/T 43289—2023	塑料 实验室条件下测定暴露于海洋环境基质中塑料材料分解率和崩解程度的试验方法
3	GB/T 43287—2023	塑料 在实际野外条件海洋环境中塑料材料崩解度的测定
4	GB/T 43282.1—2023	塑料 暴露于海水中塑料材料需氧生物分解的测定 第1部分：采用分析释放二氧化碳的方法
5	GB/T 43282.2—2023	塑料 暴露于海水中塑料材料需氧生物分解的测定 第2部分：采用测定密闭呼吸计内需氧量的方法
6	GB/T 41638.2—2023	塑料 生物基塑料的碳足迹和环境足迹 第2部分：材料碳足迹 由空气中并入到聚合物分子中CO_2的量（质量）
7	GB/T 41638.3—2023	塑料 生物基塑料的碳足迹和环境足迹 第3部分：过程碳足迹 量化要求与准则
8	GB/T 42764—2023	塑料 在实验室中温条件下暴露于海洋接种物的材料固有需氧生物分解能力评估试验方法与要求
9	GB/T 42067—2022	水溶性生物降解医用织物包装膜袋
10	GB/T 41639—2022	塑料 在实验室规模模拟堆肥化条件下塑料材料崩解率的测定
11	GB/T 41638.1—2022	塑料 生物基塑料的碳足迹和环境足迹 第1部分：通则
12	GB/T 41010—2021	生物降解塑料与制品降解性能及标识要求
13	GB/T 41008—2021	生物降解饮用吸管

续表

序号	标准号	标准名称
14	GB/T 40611—2021	塑料 海水沙质沉积物界面非漂浮塑料材料最终需氧生物分解能力的测定 通过测定密闭呼吸计内耗氧量的方法
15	GB/T 40612—2021	塑料 海水沙质沉积物界面非漂浮塑料材料最终需氧生物分解能力的测定 通过测定释放二氧化碳的方法
16	GB/T 40367—2021	塑料 暴露于海洋沉积物中非漂浮材料最终需氧生物分解能力的测定 通过分析释放的二氧化碳的方法
17	GB/T 40553—2021	塑料 适合家庭堆肥塑料技术规范
18	GB/T 39514—2020	生物基材料术语、定义和标识
19	GB/T 38737—2020	塑料 受控污泥消化系统中材料最终厌氧生物分解率测定 采用测量释放生物气体的方法
20	GB/T 38787—2020	塑料 材料生物分解试验用样品制备方法
21	GB/T 38727—2020	全生物降解物流快递运输与投递用包装塑料膜、袋
22	GB/T 38079—2019	淀粉基塑料购物袋
23	GB/T 38082—2019	生物降解塑料购物袋
24	GB/T 37866—2019	绿色产品评价 塑料制品
25	GB/T 37836—2019	聚乳酸/聚丁二酸丁二酯复合材料空气过滤板
26	GB/T 37857—2019	聚乳酸热成型一次性验尿杯
27	GB/T 37643—2019	熔融沉积成型用聚乳酸（PLA）线材
28	GB/T 37642—2019	聚己内酯（PCL）
29	GB/T 36941—2018	秸秆纤维基聚丙烯改性料
30	GB/T 35795—2017	全生物降解农用地面覆盖薄膜
31	GB/T 34239—2017	聚3-羟基丁酸-戊酸酯/聚乳酸（PHBV/PLA）共混物长丝
32	GB/T 34255—2017	聚丁二酸-己二酸丁二酯（PBSA）树脂
33	GB/T 33897—2017	生物聚酯 聚羟基烷酸酯（PHA）吹塑薄膜
34	GB/T 33797—2017	塑料 在高固体份堆肥条件下最终厌氧生物分解能力的测定 采用分析测定释放生物气体的方法
35	GB/T 33798—2017	生物聚酯连卷袋
36	GB/T 32366—2015	生物降解聚对苯二甲酸-己二酸丁二酯（PBAT）
37	GB/T 32106—2015	塑料 在水性培养液中最终厌氧生物分解能力的测定 通过测量生物气体产物的方法
38	GB/T 31124—2014	聚碳酸亚丙酯（PPC）
39	GB/T 30294—2013	聚丁二酸丁二酯
40	GB/T 30293—2013	生物制造聚羟基烷酸酯
41	GB/T 19277.2—2013	受控堆肥条件下材料最终需氧生物分解能力的测定 采用测定释放的二氧化碳的方法 第2部分：用重量分析法测定实验室条件下二氧化碳的释放量
42	GB/T 29649—2013	生物基材料中生物基含量测定 液闪计数器法
43	GB/T 19277.1—2011	受控堆肥条件下材料最终需氧生物分解能力的测定 采用测定释放的二氧化碳的方法 第1部分：通用方法

目前，降解塑料专委会已完成生物降解塑料与制品的标识的溯源工作，发布了 GB/T 41010—2021《生物降解塑料与制品降解性能及标识要求》标准，实现了生物降解制品的“一物一码”，便于消费者和监管部门对生物降解塑料制品进行降解标识识别和追踪。图 11-31 所示为生物降解塑料双“j”标识图解。

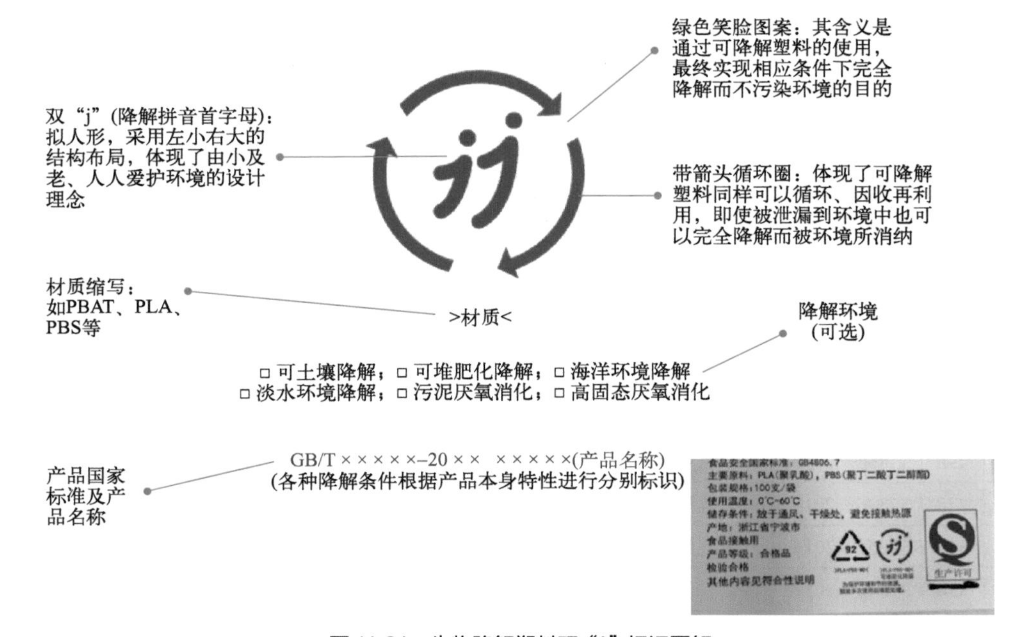

图 11-31　生物降解塑料双“j”标识图解

11.8 国内外相关政策

11.8.1 国外相关政策

（1）欧盟相关政策　欧盟作为除联合国外世界最大的国家组织实体，其限塑、禁塑政策非常完善，对各国情况考虑也比较周全。2015 年 12 月，欧盟委员会审批通过欧盟循环经济行动计划，以确保在 2030 年所有的塑料包装都可回收利用；2018 年 5 月，欧洲议会和理事会关于减少特定塑料产品对环境影响的指示的提案，草案中列入拟禁止使用一次性塑料制品共有 10 种，包括塑料餐具（含吸管、刀叉等）、棉签、气球及托架、塑料餐盒、塑料杯、塑料瓶、烟头、塑料袋、薯片袋（含糖纸）、湿纸巾及含塑料成分的渔具等，以达到减少海洋垃圾和微塑料污染的目的。

2019 年 4 月，欧盟委员会正式通过《关于一次性塑料的指令》（Directive on single-use plastics，以下简称 SUPD）的审议，该指令旨在防止和减少某些塑料产品对环境（尤其是海洋环境）和人类健康的影响，并促进创新和可持续的商业模式、产品及材料向循环经济过渡，该指令目前已转化为正式法律并于 2021 年 7 月 3 日生效。

SUPD 中拟定了包括 10 种一次性塑料制品的清单，对其生产、销售和使用进行了相应限制，清单如下：

① 棉花棒；

② 餐具、盘子、吸管和搅拌器；

③ 气球和气球棒；

④ 食品容器；

⑤ 饮料杯；

⑥ 饮料容器；

⑦ 过滤烟嘴；

⑧ 塑料袋；

⑨ 数据包和包装器；

⑩ 湿巾和卫生用品。

在 SUPD 中，明确了直接禁止氧化降解型塑料（传统塑料＋添加剂方式来实现降解塑料）。由于氧化降解型塑料会遗留大量的微塑料，对环境保护不利，因此被 SUPD 所禁止。

2022 年 11 月 30 日，欧盟委员会发布了《生物基、可生物降解和可堆肥塑料的政策框架》，该框架进一步明确了生物基、可生物降解和可堆肥塑料，并规定了需确保其生产和消费对环境产生积极影响的条件。

（2）美国相关政策

① 西雅图禁止塑料吸管及餐具 2018 年 7 月 1 日，西雅图正式成为美国首个禁用吸管的大城市。西雅图已经在所有的食品服务行业禁止使用塑料吸管和餐具。

除非消费者提出要求，西雅图出售的饮品不再配备吸管等一次性塑料餐饮具，在这种情况下，消费者将获得一根可降解的吸管。可降解的纸吸管和塑料吸管仍然可以使用。此外，有医疗需求的人可以不受限制，继续使用吸管。如果有人不遵守这项规定，将可能面临 250 美元（约合人民币 1663 元）的罚款。不过，该市领导表示，在法律实施的初始阶段，主要目的是提高公众的意识，而不是给不遵守规定的消费者开罚单。

事实上早在 2008 年，西雅图就曾要求所有的一次性食品用具可降解或回收，一直在全市范围内禁止使用一次性塑料，不过吸管等“逍遥法外”，因为当时没有太多的替代选择。由于现在有“多家生产经过认证的可分解器具和吸管的制造商”，吸管等一次性塑料制品的生产将不再被批准。

加州圣克鲁斯县和马里布，俄勒冈州波特兰以及洛杉矶也相继推出了类似的禁令。旧金山也在进行类似的努力，推出了一项塑料吸管提案，当地几家以饮料为主的企业当时表示，他们同意这一禁令，并已开始用可降解塑料制品代替传统塑料制品。加利福尼亚州、内华达州、亚利桑那州等 10 个州以及华盛顿特区和哥伦比亚特区也计划禁用一次性塑料吸管等一次性塑料餐饮具。

② 纽约禁用一次性泡沫塑料制品 根据纽约市第 142 号地方法律规定，2019 年1月1日起，一次性泡沫塑料制品（EPS）将被禁止使用。法律规定，禁止使用的泡沫塑料制品包括：一次性的泡沫塑料餐具，如杯子、盘子、托盘、外卖容器等，泡沫塑料填充包装也被禁止。

第一次违规，罚金为250美元；一年内第二次违规，罚金为500美元；第三次或随后一年内再次出现违规，罚款为1000美元。政府表示，泡沫塑料制品禁令施行的六个月内为宽限期，商家可寻找其他替代品。纳税年度总收入小于于50万元的小商家可向小商业服务局申请经济困难豁免许可，证明使用替代品将有经济困难，获得一年豁免许可，继续使用泡沫塑制品。

③ 星巴克等大公司弃用一次性塑料餐饮具和一次性塑料袋 星巴克公司全部门店已停用塑料吸管，称之为“用超前意识应对塑料垃圾危机”。星巴克宣布要减少塑料吸管产生的垃圾时，表示该公司将使用可循环塑料杯盖替代现有冷饮吸管。如果客人喝星冰乐时要求提供吸管，则使用纸制或可堆肥塑料制成的吸管代替。除了咖啡巨头星巴克外，至少还有6家公司计划弃用塑料吸管，减少一次性塑料废品。

凯悦酒店集团在一次发布会上宣布，2018年9月1日起塑料吸管仅根据客人要求提供，将提供“环保方案”替换其他产品。希尔顿酒店计划集团旗下650家酒店停用塑料吸管，以实现在2030年前将环境碳足迹降低一半的目标。希尔顿酒店称可应顾客要求提供吸管，但为纸吸管或可生物降解吸管。

美国航空和星巴克、凯悦一样，宣布于2018年11月前全面停用塑料吸管。公司航班上将使用可生物降解的产品替代塑料吸管。阿拉斯加航空2018年5月宣布在当年夏天启用“有利于保护海洋的可持续产品”替代塑料吸管。

11.8.2 国内相关政策

2007年，国务院办公厅颁布《国务院办公厅关于限制生产销售使用塑料购物袋的通知》，正式揭开了我国禁限塑工作的序幕。2008年5月15日，中华人民共和国商务部、发展改革委、工商总局响应国务院办公厅号召，联合公布了《商品零售场所塑料购物袋有偿使用管理办法》，明确了我国商品零售场所（指提供零售服务的类超市、商场、集贸市场）应当依据该办法向消费者有偿提供塑料购物袋。2020年1月16日，国家发展改革委、生态环境部发布了《关于进一步加强塑料污染治理的意见》，明确了国家“禁止生产、销售厚度小于0.025mm的超薄塑料购物袋、厚度小于0.01mm的聚乙烯农用地膜、以医疗废物为原料制造的塑料制品、一次性发泡塑料餐具、一次性塑料棉签、含塑料微珠的日化产品”；并以2020年底、2022年底和2025年底为关键时间节点，分地区、分阶段逐步实现包括“不可降解塑料袋、一次性塑料餐具、宾馆酒店一次性塑料用品、快递塑料包装品”在内的塑料产品的“禁止、限制使用”。除上述具体目标外，该意见还提出推广应用替代产品和模式、规范塑料废弃物回收利用和处置、完善支撑保障体系、强化组织实施等具体要求。

各省积极响应中央，省级方案陆续出台。截至目前，已有27个省在中央文件的指导下，下发了关于治理塑料污染实施方案。各省的禁塑节奏类似，均为2020年在几个主要城市试点，2022年推广全省，2025年达成全省禁塑的目标。各省实施方案的主旨与中央一致，主要是关于减少塑料制品在餐饮、宾馆、酒店、邮政快递等重点领域的使用与销售，以及探索绿色产品的替代。

各省政策存在共性，责任主体划分到位。各省一般会明确先推广政策的重点市级地区，再将范围逐步扩大。例如浙江省《进一步加强塑料污染治理的实施办法（征求意见稿）》中提出，2020年底，率先在杭州市、宁波市、绍兴市建成区等重点地区的重点领域禁止、限制不可降解塑料购物袋、一次性不可降解塑料餐具等部分塑料制品的销售和使用。

已有部分城市开展了禁塑限塑令的执行工作，具体措施主要为宣传+管理+抽查+惩处，“四管齐下”保证政策落地推行，未来其他地区也有望开展类似措施，推动可降解塑料政策如期落地。

开展“禁塑”宣传活动，力推绿色生活方式。各地采用不同方式，由不同市局进行多种禁塑宣传工作。比如海南儋州市市场监督管理局通过走访宣传，向经营者和使用者发放禁塑宣传资料，讲解禁塑工作要求，介绍生物降解环保袋等，在全市范围内开展大规模的禁塑宣传活动。深圳市由市场监管局举办2020年塑料购物袋替代品现场推广会，向市民宣读倡议书，科普“禁限塑”法规，讲解超薄塑料购物的危害性等，倡导市民积极参与到“禁限塑”工作中，让“禁限塑”成果普及全社会。梅河口市向市商务局、市教育局、市文化广播电视和旅游局等多个市局均发布了针对不同人群的宣传工作方案，并需按时提交“禁塑”工作总结、宣传图片、视频等，以达到加强禁塑工作的强度和广度的效果。

11.9 我国生物降解塑料产业目前存在的问题

① **监管体系不健全，假降解塑料充斥市场** 假冒伪劣的假降解塑料、冒充生物降解的部分降解塑料甚至是传统塑料冒充降解塑料的产品充斥市场，虽然有关生物降解塑料国标体系已经基本建立，但按照国标标识的产品不能得到充分流通，监管部门缺乏有力的监管，导致生物降解塑料在终端推动难。

② **生产成本仍偏高** 虽然生物降解塑料随着规模扩大，成本下降了许多，但目前生产成本仍高于传统塑料，造成在市场竞争中受到很大的限制，尤其是在生物降解地膜中应用时，成本问题更是显著，造成可降解地膜离大规模替代传统塑料地膜还有一定差距。

③ **生物降解塑料终端制品销售价格缺乏规范** 目前终端超市生物降解购物袋售价太高，平均是其成本的两倍，但其招标采购价格极低，过低的招标价格使得有的生产商降低厚度、增加填料等而导致产品性能下降、利润过低，过低的利润空间使其没有防止原料价格波动升高而导致产品成本增加的风险的举措。

④ **原材料市场缺乏市场管理与监督** 以PBAT为例，核心原料BDO价格波动，造成PBAT价格不稳定，往往是制品采购价格跟不上PBAT原料价格增长，使得制品生产商无利润甚至是赔本生产，导致后端市场拓展难。

⑤ **体现生物降解功能的合理应用场景及其所需的垃圾处置模式缺乏** 生物降解塑料虽然目前成本高，但其最大优点是生物降解功能，可以配合有机垃圾的堆肥生化处置，但目前许多城市的有机垃圾处理的生化处置过程缺少使用生物降解塑料制品的经验，使得生物降解功能很难体现。另外，对于防止环境泄漏的一次性塑料制品，由于环境中降解时间较长，生物降解功能很难短时间内体验，使得其应用必要性无法充分体现。

⑥ **政策落实可操作细则仍缺乏** 生物降解塑料目前有关税收税率目录没有单列，造成税收补贴、出口退税等政策无法落实。生物降解地膜应用过程，由于其成本仍高于传统聚乙烯地膜两倍以上，目前的每亩补贴仍偏少，需要进一步加大支持力度，以推进示范应用。

⑦ **生物降解塑料全生命周期评价体系仍缺乏** 虽然目前生物降解塑料全生命周期评价有很多，但缺乏结合合理应用场景的全生命过程的真实评价，使得其低碳减排、绿色属性没有充分体现，导致价值体现不全面，影响了终端的应用。

11.10 推动我国生物降解塑料产业发展的建议

① 通过对初始原材料的产业政策引导，解决目前原材料、树脂、制品产业同质化现象突出的问题，实行差异化发展。

② 制定产品财政补贴、税收优惠政策。一是制定财政补贴和政府采购优先政策。设立产品财政补贴专项资金，对于符合 GB/T 41010 生物降解塑料产品认定的消费品给予财政补贴，在政府集中采购工作中，优先采购获得认定的生物基产品。二是由税务总局制定生物基产品所得税和增值税优惠政策，产品生产企业自投产年度起免征所得税五年，增值税先征后返（100% 返）；五年后所得税率按 10% 计。对利用废气、废水、废渣等废弃物为主要原料进行生产的企业，免征所得税。三是由海关总署调整出口退税和关税率，单独设立生物基产品的海关编码，出口退税率调整至 15% 或更高，参照木塑的优惠税率给予支持，列入《环境保护、节能节水项目企业所得税优惠目录》和《资源综合利用企业所得税优惠目录》，用普惠式的窗口政策替换项目型的临时补贴。在 3 年内零关税，以鼓励出口、参与国际市场竞争。四是对相关企业提供低息贷款或贴息。五是设立专项资金，用以支持新产品的研发生产，鼓励产业升级。

③ 加强监管。在政策规定范围的终端，严查禁止或限制的一次性塑料制品使用情况，鼓励使用替代产品，加大抽查力度，打击假冒伪劣产品。加大对检测机构的监管，以免出现同一产品降解性能在不同检验机构相差甚大的现象。

④ 推进生物降解塑料的回收利用和合理处置。目前各地正在推进生活垃圾分类工作，住房和城乡建设主管部门、城市管理主管部门应从有效回收利用生物降解塑料出发，给出生物降解塑料废弃物的分类收集、处置方案，且针对不同材料，探索进行物理回收、化学回收或生物回收的可能性。

⑤ 加大生物降解塑料合理应用场景的全链条应用示范。结合生物降解塑料的生物降解功能和易化学回收的特点，在旅游景区、民俗村、零售场所、农业生态园、政府机关食堂、高校后勤食堂、大的社会团体、餐饮连锁等场所，结合有机垃圾的排放、收集和处置，从生物降解塑料制品的使用、回收、堆肥生化处置等进行试点示范应用，充分展现其降解功能及其价值所在。在快递、商超、地膜等大宗应用领域，出台相关鼓励措施，比如税收优惠等，建立示范应用，等普及到一定程度后，可取消这些优惠政策，让市场自主发展。

⑥ 建议尽快建立包括煤基可降解塑料在内的、结合合理应用场景的可降解塑料产品及制

品的标准体系，同步完善产品及制品市场监督体系，有效规范可降解塑料的生产、加工、销售各个环节，保障产业绿色健康发展，为塑料污染治理推进创造有利条件。

⑦ 进一步完善相关产品标准，加大推动第三机构的标识溯源或认证推广工作，加大对降解产物的跟踪研究，制定降解产物毒性评价和微塑料跟踪的手段。以 GB/T 41010—2021《生物降解塑料与制品降解性能及标识要求》为依据，符合标准要求的材料与制品进行标准规定的“*jj*”标识并赋予标识溯源码，以此构建一套科学的存证溯源体系，程序自动化运行，让绿色塑料制品标识公开透明。

⑧ 突破生物降解地膜成本和降解可控技术生产规模，扩大生物降解地膜加工规模，通过对生物降解地膜生产和应用规模放大、技术升级改造，促进生物降解地膜推广应用。加强配套农艺措施研究，指导推动在新疆等有条件地区在马铃薯、玉米、甜菜、番茄等适宜作物上继续深入开展全生物降解地膜替代应用。

⑨ 尽快完善生物基塑料、生物降解材料的低碳属性评价标准，将此类材料纳入国家碳交易目录中。

参考文献

作者简介

朱晨杰，教授，博士生导师，国家生化工程技术研究中心副主任，入选“长江学者”特聘教授、国家青年拔尖人才、江苏省杰青、江苏省“333 高层次人才培养工程”第二层次等。主要研究领域：生物质化工与生物基材料。发表学术论文 90 余篇，参编学术专著 2 部、制定国家标准 5 项；获授权国际发明专利 4 项、中国发明专利 62 项，其中多项专利已获工业应用；获侯德榜化工科学技术青年奖、教育部技术发明二等奖、中国石化联合会技术发明一等奖、中国发明创新奖、中国产学研合作创新奖等。

侯冠一，博士，北京工商大学硕士生导师。在国内外期刊发表论文 20 余篇，参与制定国家标准 2 项，参与撰写著作 2 部。作为项目成员完成国家自然科学基金面上项目 2 项、进行 2 项，参与科技部重点研发项目子课题 2 项。

翁云宣，教授，博士生导师，现任北京工商大学轻工科学与工程学院院长。兼任中国塑协降解塑料专业委员会秘书长、全国生物基材料及降解制品标准化技术委员会秘书长、全国食品相关产品生产品许可证审查员。发表 SCI、EI 等期刊论文 60 余篇，负责制定国家标准 20 余项，著作 2 部。完成国家自然科学基金面上项目 1 项、正主持 2 项，完成国家质检公益项目 1 项、科技部支撑计划子课题 2 项。获国家市场监督管理总局标准创新贡献奖 2 项，轻工业联合会科技进步奖 3 项等。

应汉杰，教授，中国工程院院士，国家生化工程技术研究中心主任，现为苏州大学校长。长期从事生物化工领域的科学研究、工程应用和教学工作，一直致力于提高生物制造效率的创新技术与工业过程应用的研究。相关成果获 2007 年和 2015 年国家技术发明奖二等奖等，获全国优秀教师、全国优秀科技工作者等荣誉称号。

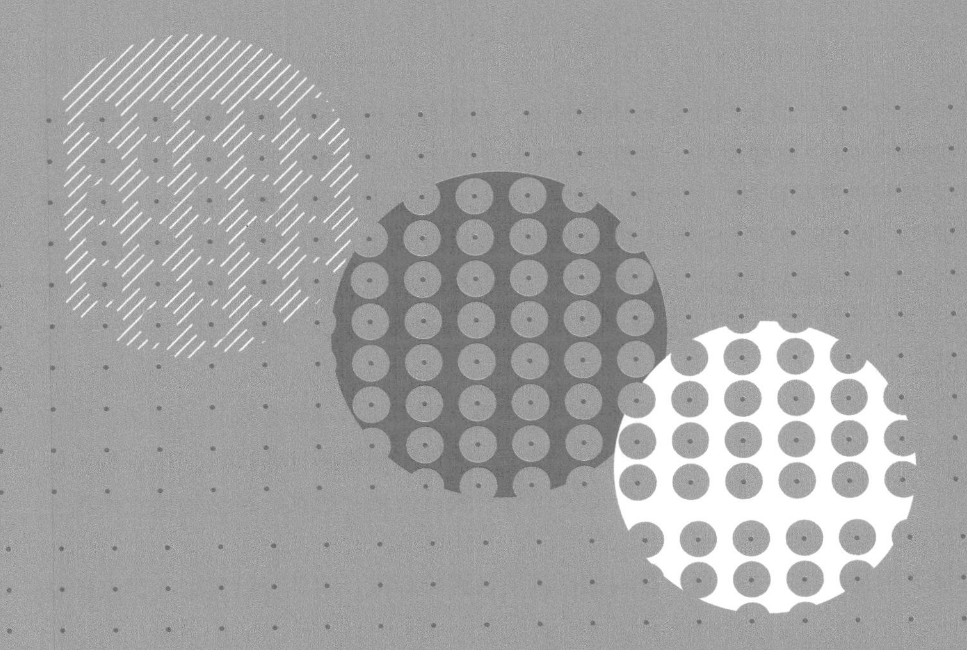

2023

第五篇

战略原材料——稀贵、稀有金属提纯分离

第12章

钽、铌的提纯分离及发展

何季麟　韩桂洪　车玉思　王瑞芳　等

钽和铌是民用工业不可或缺的基础原料，是国防军工不可替代的支撑材料，是新兴产业发展的战略材料[1-4]。世界上 50% ～ 70% 的钽以钽粉和钽丝的形式用于制作钽电容器。钽和铌也是高端靶材的重要原料。钽和铌中的杂质是钽电容器失效和钽靶材镀膜性能差的罪魁祸首[5,6]，钽和铌矿低品位、多金属共伴生的资源禀赋特征导致相似元素分离极其困难，因此提高金属的纯度是当前铌钽工艺面临的重要问题[7]。

长期以来，国内钽铌矿石的 90% 以上依赖进口。澳大利亚曾是全球最大的钽矿供应国之一，然而 2007 年以来澳大利亚瓜利亚家族 Sons of Gwalia 有限公司破产，钽矿的生产和供应地逐渐从管理风险较低、采用先进开采技术和完善加工冶炼设备的国家（如澳大利亚和巴西），转向管理风险较高、采用原始手工作坊采矿和国家间供应链透明度较低的非洲国家［如刚果（金）和卢旺达］。非洲原生钽矿品位较低，一般 Ta_2O_5 品位小于 0.1%[10-12]。

12.1 钽的分离与提纯

钽的分离主要指从钽铌精矿中分离出钽[13]，目前的铌钽分离工艺主要包括溶剂萃取法、离子交换法和氟化物分步结晶法，其中溶剂萃取法在工业上应用最为广泛[14-20]。

12.1.1 溶剂萃取法

溶剂萃取法是铌钽冶金工业生产中用得最多的方法。目前的工业生产是在高浓度氢氟酸下萃取出钽铌混合物后再分别反萃以分离钽铌[21]，在此过程中通常采用 MIBK（甲基异丁基甲酮）[22]、TBP（磷酸三丁酯）、2-OCL（仲辛醇）和 DMAC（乙酰胺）作为萃取剂。具体流程如图 12-1 所示。

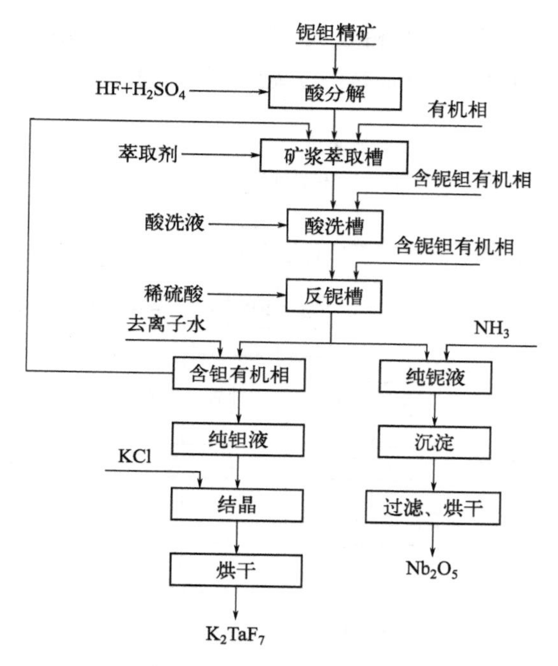

图 12-1 钽铌的萃取分离

铌钽萃取分离既包括钽与铌的分离，也包括钽铌与杂质的分离。铌与钽的分离主要靠调整萃取原液中的 HF 和 H_2SO_4 酸度，钽萃取率先随氢氟酸的浓度增加而增大，然后开始缓慢下降。当溶液中 HF 浓度为 4mol/L 时，钽被萃取，铌几乎不被萃取，由此达到铌钽分离的目的。

钽铌与杂质的分离主要是依据钨、钼、铁、锡等杂质在氢氟酸溶液中的分配系数远小于铌和钽的分配系数，因而易和钽铌分离。

溶剂萃取法是一种常用的分离技术，该方法分离效率高，能够有效地将目标物质从混合物中提取出来。同时，溶剂萃取法拥有处理能力强的特点，可以处理大量样品，适用于大规模工业生产。此外，溶剂萃取法容易实现自动化。然而，溶剂萃取法也存在一些弊端。其中一个主要问题是，使用的萃取剂对环境造成伤害较大。这些萃取剂可能含有机溶剂或其他有毒成分，在处理不当时将对环境产生污染和危害。此外，萃取剂的回收也是一个相对困难的问题，需要采取专门的方法和设备来实现有效的回收和再利用。在溶剂萃取过程中，还存在氢氟酸消耗量大的问题。氢氟酸作为常用的萃取剂，使用量较大，这不仅增加了成本，还可能对环境和操作人员带来潜在风险。此外，反萃过程中萃取剂易损失也是一个需要考虑的因素。如果在反萃过程中大量损失萃取剂，将导致生产成本的增加，同时也会影响工艺的稳定性和可持续性。

12.1.2 离子交换法

离子交换法一般在酸性溶液中进行，钽、铌在酸性溶液中（如 HF 溶液）分别以 TaF_{72-} 和 NbF_{72-} 形式存在，因此可以选择吸附能力强的强碱性或中等碱性的阴离子交换树脂选择性

吸附 TaF_7^{2-} 和 NbF_7^{2-}。使用阴离子交换树脂从钽铌的酸性溶液中吸附钽、铌络阴离子之后，再使用不同浓度的酸淋洗交换树脂，从而达到分离提纯钽、铌的目的。离子交换法工艺流程如图 12-2 所示。

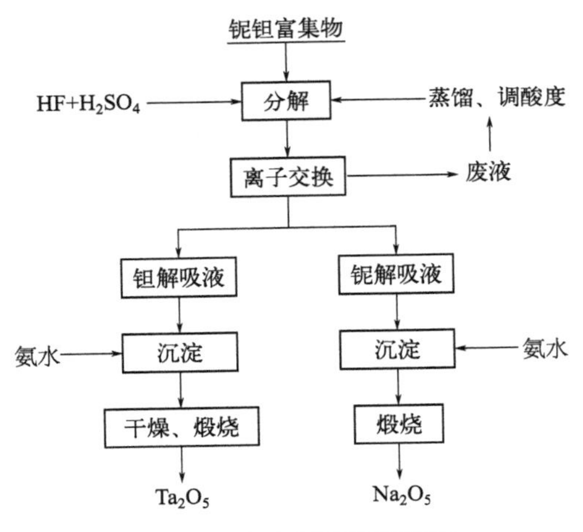

图 12-2　离子交换法工艺流程

离子交换法的优点是工艺操作简单，生产成本低，能够节省大量有机溶剂；缺点是生产效率低于萃取法，生产周期长，环境污染严重。该方法迄今尚未在工业生产中应用。

12.1.3 ／氟化物分步结晶法

钽和铌在较低酸度（1%HF）条件下分别生成不同溶解度的 K_2TaF_7 和 $K_2NbOF_5 \cdot H_2O$，这两种化合物在低酸度条件下的溶解度相差 9 ～ 11 倍，因此，通过控制酸度，采用氟化物分步结晶法可使铌钽分离。氟化物分步结晶分离工艺主要包括溶解、沉淀结晶和蒸发结晶三个工序，基本工艺流程如图 12-3 所示。

将铌钽混合物在 70 ～ 80℃的条件下用 30% ～ 40%HF 溶液溶解，过滤后的溶解液调整体积，使 $K_2NbOF_5 \cdot H_2O$ 在溶液中的体积分数保持在 3% ～ 6% 水平，游离 HF 降低到 1% ～ 2%；溶液稀释后加热，然后加入一定比例的 KCl（或 KF），使 H_2TaF_7 反应生成 K_2TaF_7 沉淀结晶，H_2NbOF_5 反应生成 K_2NbOF_5 仍保留在溶解液中，过滤得到 K_2TaF_7 晶体。氟化物分步结晶法获得的 K_2TaF_7 晶体一般较纯，可用作钠还原法制备钽粉的原料。目前该法主要用于从钽液中生产 K_2TaF_7 晶体。然而，通过这种方法难以获得高纯度的铌产品，主要原因是钛作为和铌钽共生的杂质，其生成的钛盐络合物的溶解度远低于铌盐的溶解度，当铌盐析出时，钛盐也同时析出，铌难与钛彻底分离。

铌钽矿物属于难分解的矿物之一，从铌钽矿中提钽需分两步走：先行分解铌钽精矿使铌钽转变为可溶性化合物并进入溶液，然后从溶液中分离铌和钽。通过比较铌钽分离的几种方法可知，氟化物分步结晶法存在明显不足，未得到广泛工业应用；溶剂萃取法技术成熟，目前已占据主导地位，但是溶剂萃取法污染较大，且对萃取剂和氢氟酸的消耗量也较大。因此，寻找新的分离方法，开发环境友好的铌钽分离工艺，是钽铌冶金工作者努力的方向。

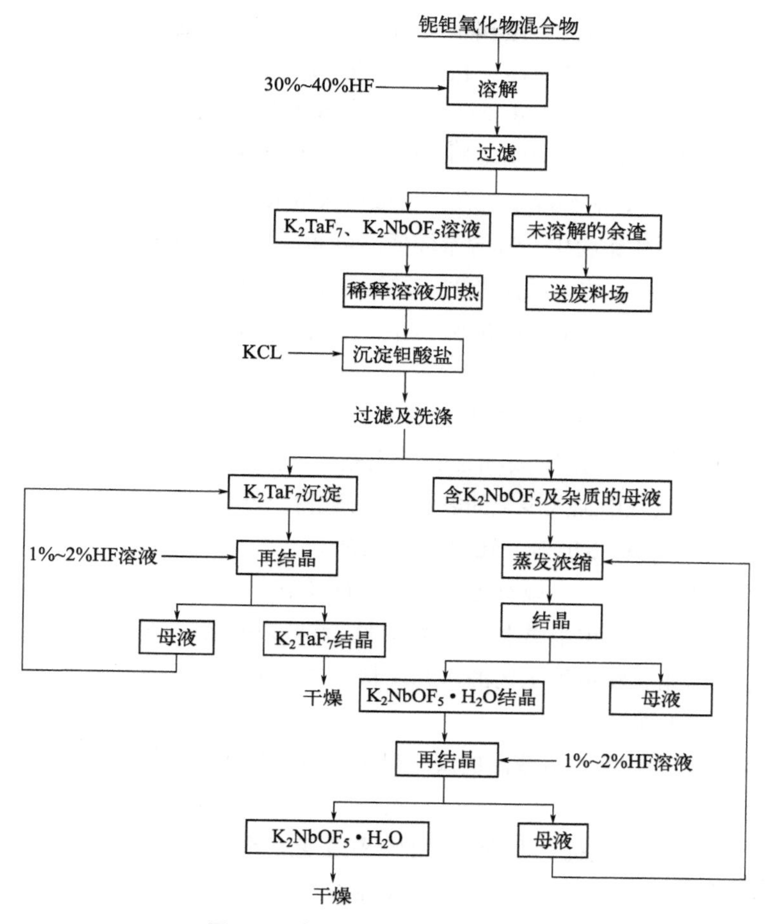

图 12-3　氟化物分步结晶法工艺流程

对于钽电容器，要想在电性能方面同时实现高容量、高耐压性、低漏电流和低损耗，以及整体提升钽电容器的能量密度，需要合理调控钽粉的理化性能[23-27]。钽粉中杂质元素是造成钽电容器电性能恶化的一大原因，高杂质含量限制了钠还原钽粉在高压电容器的应用[28-30]。目前生产的电容器钽粉中金属 K、Na、Fe、Ni、Cr 和非金属 O、C、N、H 等化学杂质含量偏高，导致钽电解电容器的漏电流增大，耐击穿电压降低，寿命缩短，可靠性降低，给生产和发展带来阻力[31]。故钽的提纯工艺对于钽电容器的性能提升至关重要。

提纯除杂环节是制备钽粉后的关键一环，包括水酸洗工序、热处理工序、降氧工序。目前常用的除杂工艺包括酸浸和水洗，其关键点包括酸洗溶液的配比、温度、搅拌速度、搅拌时间和水洗次数等。一般情况下，除杂工艺中 Cu、Fe、Ni、Cr 的金属杂质活性较高，可通过酸溶液洗涤，酸洗工艺主要是利用杂质金属、金属氧化物与酸液的反应性强弱将杂质溶解去除，盐酸、硝酸和氢氟酸是钽粉酸洗除杂中最常用的三种酸。已有研究对比了 HNO_3+HF、HCl+HF 和 HNO_3+HCl 三种混合溶液对钽粉中氧、铁、镍等化学杂质的去除效果，发现 HNO_3+HF 混合溶液在酸洗约 150min 后可达到最佳除杂效果[32]。

C、O 等非金属杂质因为活性弱，且大量存在于空气中，不可避免在某些工艺环节又会重新污染已经提纯的钽粉，因此非金属杂质的除杂一直是技术难点。C 元素是化学性能较为稳定的元素，在钽粉中主要以 C 单质、TaC 和 Ta-C 固溶体三种形式存在，主要来源于生产过程中的反应氛围。可以根据C的密度远小于Ta的密度的特点，通过重液分离法来去除游离C，但最主要的还是严格控制生产反应制备钽粉时 C 杂质的引入。N 杂质一般被认为是对钽电容器有正面的影响，目前无针对性除杂工艺，一般可采取其易挥发性来设法去除。而 Si 杂质一般以 SiO_2 形式存在于原生钽粉中，其含量较低，可通过加入适量氢氟酸溶解。O 元素是影响电容器用钽粉电性能最主要的杂质元素之一，氧在钽粉中的赋存状态大致包括固溶体和氧化物两种形式，其含量最好控制在 $3\times10^{-3}\%$ 以下，而且越低越好。通常来说，需要从以下三个方面着手来降低 O 的质量分数：

① 在反应制备钽粉的过程中，应可能降低反应的温度，如让反应在惰性气体氛围中进行，而且通过控制反应原料的配比尽可能让反应充分进行；

② 在酸浸的工艺流程中加入少量的氢氟酸，溶解掉一些比表面积较大的超细钽粉；

③ 酸浸完后进行金属（Mg 等）还原降 O 工艺。

此外，除了酸洗和镁还原，现有提纯工艺也有采用电子束熔炼和真空热处理方法，利用 C、N、O、H 等杂质元素与钽金属之间的物理性质差异来去除这些易挥发性元素。

基于现有电容器用钽粉提纯工艺的研究现状，未来对于钽粉提纯工艺的研究展望，可以主要聚焦于以下几个方面：

① 进一步揭示杂质与酸性溶液间的反应机理，包括其热力学机理，能有效控制酸性溶液对钽粉除杂的效果；

② 开发对于钽粉电性能提升尤为重要的降氧工艺，继续探究钽粉中氧元素的赋存状态，阐明在制备钽粉过程中产生的氧化物杂质在酸性溶液中的反应机理及微观迁移机理，以期更好地降低钽粉氧含量；

③ 在厘清各项杂质的提纯机理的条件下，在原生金属钽粉的生产流程中，在生产端优化反应条件，同时提升生产效率，降低生产成本，获得符合超高比容、耐高压的超纯超细钽粉。

12.2 铌的分离与提纯

铌的分离与提纯主要涉及从其他元素或化合物中将铌提取出来。铌的提纯通常需要经历一系列步骤，以从其他元素或化合物中分离出纯铌[33,34]。这包括以下方法及步骤：矿石处理、碱熔法、氟化物法、溶剂萃取法、离子交换法、还原法、结晶分离法，在一些情况下，可以使用冶金手段（如电解或真空冶金）来分离和提纯铌。高纯铌制备过程包括铌矿分解、铌的分离、金属铌的制取、金属铌的提纯等[35]。

铌的矿物分解过程中，工业上使用的铌矿分解法有酸分解法、氯化法和还原熔炼综合处理法，主要工艺流程有：含铌原料如铌精矿（高品位锡渣）酸分解处理流程，含铌转炉渣（5% ～ 6% Nb_2O_5）硫酸焙烧处理工艺流程，烧绿石（烧绿石精矿）氯化处理工艺流程，含钽铌锡渣处理工艺流程等。通过上述流程，最终获得 Nb_2O_5。

金属铌的制取方法主要包括热还原法[36-40]和熔盐电解法[41-43]。

12.2.1 热还原法

热还原法中，采用 Al、Ca、Mg 和 C 来还原 Nb_2O_5。金属 Na 作为还原剂时较为活泼，因此通常用来还原 K_2NbF_7。H_2 作为还原剂时，热力学上不能用来还原 Nb_2O_5，但可以通过气相反应还原易挥发的 $NbCl_5$。

① 铝热还原法　该反应具有很高的热效应，因此，还原反应一经触发便可自然进行。还原得到铌铝合金熔体和三氧化二铝熔渣，和渣分离后的金属熔体再经过真空热处理或电解精炼除去铝，最后在电子束炉中精炼为铌锭。与其他提取方法相比，铝热还原法具有明显的优势。铝相对便宜，消费量也相对较低，在后续提纯过程中易于除去。从目前的研究工作来看，铝热自蔓延工艺是工业上生产铌粉较为成熟的方法，但工艺流程长、产品理化特性调控难等问题突出。

② 碳热还原法　碳还原 Nb_2O_5 过程是很复杂的，还原过程中不是直接从 Nb_2O_5 得到金属铌，而是经过一系列的低价氧化物（NbO_2、NbO）和碳化物（NbC、Nb_2C）阶段。碳还原生产铌的工艺有一段还原法和两段还原法。一段还原法主要用于生产铌粉，该方法一般在真空炉内进行，用碳作还原剂直接还原五氧化二铌得到金属铌。两段还原法是将炭黑和 Nb_2O_5 反应生成 NbC，再将碳化后的 NbC 和 Nb_2O_5 配料混合。经成型后在真空炉中进行还原。两段还原法含铌量高，反应放气少，还原周期短，适用于生产金属铌条。

碳热还原是一种低成本和成熟的工艺。在工业转向铝还原之前，碳热还原是生产铌金属的主要方法。然而，当铌被还原时，金属蒸气与排放的一氧化碳发生反应。因此，冷凝产物被氧化物和碳污染。除此之外，铌对碳有很高的亲和力，二者易生成碳化铌，导致产品纯度低。随着真空技术的发展，高温、高真空环境使得碳热还原制铌的纯度得到了提高。

③ 钠热还原法　钠还原 K_2NbF_7 时，由于反应热效应不足以使还原过程自发进行，因此盛炉料的坩埚需要预先加热，反应后对产物进行酸洗。这种工艺还原用的金属钠易于提纯、货源稳定，产物形貌易于控制，纯度较高。但是反应温度较高，能耗大，设备腐蚀严重，洗涤时涉及到强酸，操作难度较大。

④ 氢还原法　氢还原一般采用化学气相沉积的方法来制取超细微铌粉。该方法相对于其他工艺而言，优点是制备出的粉体纯度高、粒径细、粒径可控，而且设备简单、能耗低、适合工业化；缺点是氢气易燃易爆，生成的氯化氢气体对设备具有较大的腐蚀性。该方法仍处于实验室阶段。

12.2.2 熔盐电解法

根据反应原理的不同，熔盐电解可以分为传统熔盐电解法、剑桥法（FFC 法）、OS 法、固体透氧膜法（SOM 法）和可溶阳极熔盐电解法（USTB 法）。传统熔盐电解法研究应用最为广泛，原料通常采用氯化物，氯化和电解过程容易造成环境污染，流程复杂。此外，氯化物在熔盐中易发生歧化反应，使得电解效率大大降低，能耗较高。目前除铝电解实现大规模工业化外，其他金属的电解工艺尚处于实验室或半工业化阶段。针对传统熔盐电解法的缺点，许多学者不断努力，提出了一些新的电解方法。

FFC 法是 2000 年由剑桥大学 Fray 教授团队提出的一种电脱氧法，采用 TiO_2 作为阴极，具有流程短、操作简单等优势，邓丽琴等利用 FFC 法成功实现了 Nb_2O_5 的电脱氧，但该方法存在脱氧过程复杂、电解效率低等问题。OS 法为日本 Ono 和 Suzuki 教授于 2002 年提出的一种电化学电解与金属钙热还原方法相结合的工艺，该方法流程简单、金属钙利用效率高，但阴极产品杂质含量高。SOM 法利用固体透氧膜选择性地控制参与反应的离子，进而实现电解制备金属的目的。该方法对原料要求简单、工艺流程短、副产物较少，但对电解质要求较高，难以扩大化生产。

金属铌的提纯主要有熔盐电解精炼、电子束熔炼、悬浮区域熔炼和固相电解精炼。熔盐电解精炼法能有效去除粗铌中的非金属杂质，比铌更惰性的金属也能有效去除，得到纯度更高的金属铌。然而，比铌活性更强的金属会在熔盐中溶解并且和铌发生共沉积，对于 C、N、O 的含量的降低具有一定的极限值。电子束熔炼中，脱氢和脱氮较为容易，效果好。氧会以铌氧化物的形式脱去，主要有 NbO 和 NbO_2。C 的熔点很高，Nb 中的 C 只能以 CO 的形式除去。电子束熔炼对粗铌中的难熔金属 W、Ta 去除效果极差，往往需要结合其他提纯方法进行去除。悬浮区域熔炼可以有效去除粗铌中的难熔金属 W、Ta，由于没有容器的污染，因而获得的产品纯度较高，结构组成均匀。固相电解法是在超高真空或惰性气氛保护下，将数百安的直流电在高温下通过金属棒，在电场作用下，引起金属晶格内的杂质元素离子发生迁移来实现提纯目的。该方法能把主要杂质 C、O、H、N 的浓度降低到一个新的极限值。然而，这种方法需要很长时间，通常需要数百个小时，而且这个过程消耗大量能源，很难大规模生产。

12.3 钽和铌提纯分离技术发展建议

近年来，国际关键金属资源政策收紧和新冠疫情给我们带来了深刻的启示。钽和铌资源是国防军工、电子信息、新能源等高新技术产业必需的重要物质基础，提高金属钽和铌的纯度是当前面临的一项重要课题。

① **绿色高效** 鉴于钽铌共伴生的资源禀赋以及绿色可持续发展的要求，未来的分离技术重点在减少化学物品使用、能源消耗和废物生成，同时充分融合溶剂萃取、膜分离、离子交换和电化学等先进技术优点，实现相似元素的高效分离。

② **技术升级** 提高冶炼和提纯工艺技术水平，开发金属热还原钽铌氧化钽制备金属的新工艺，减少氟钽酸钾、氟铌酸钾和熔盐等有毒有害物质使用，打破国外垄断企业的技术封锁，实现高端电子信息用金属的稳定和安全供给。

③ **理论支撑** 深入研究相似元素的赋存状态和迁移规律，基于相似元素性质差异放大理论借助电场、磁场等非常规冶金手段，形成多场耦合作用下相似元素分离和杂质深度脱除的共性技术。

④ **可持续发展** 面对全球关键金属战略资源紧缺局面，开发电子废弃物等二次资源，研

究杂质元素在生命周期中的累计过程以及转移路径，从元器件的设计源头开始综合考虑钽铌等有价元素的回收，提升资源的综合利用效率，最终减少进口依赖。

⑤ **检测与标准** 高纯钽和铌中的杂质通常为痕迹量，现有的普通手段通常无法准确测定金属中的杂质，亟需提高高纯金属中痕量杂质元素的分析测试技术水平，建立统一完善的评价标准，提高测量结果的可靠性。

参考文献

作者简介

何季麟，教授级高工，博士生导师，中国工程院院士，中原关键金属实验室主任。曾任宁夏有色金属集团公司董事长、总工程师，西北稀有金属材料研究院院长，中国有色金属学会副理事长。作为中国钽铌铍事业的领军者，带领中国钽铌工业技术水平实现了从跟跑到并行甚至部分领跑的转变，铍的研究达到国际先进水平。在特种铜合金、镁及镁合金、钛合金、钽电解电容器、电池材料、金属与陶瓷靶材等领域取得了多项重大技术突破，获国家技术发明二等奖 2 项、国家科学技术进步二等奖 1 项，荣获“全国优秀共产党员”、“何梁何利基金科学与技术进步奖”、“全国杰出专业技术人才”、“全国劳动模范”等荣誉。

韩桂洪，郑州大学教授、博士生导师，国家重大人才工程青年项目入选者。主要从事冶金、矿物加工领域的教学科研工作，发表学术论文 120 余篇，承担国家自然科学基金项目 5 项，第一完成人获得国家发明专利 80 余件，出版学术专著 2 部、教材 1 部，第一完成人获得省部级科技奖励 3 项。入选中原基础研究领军人才、河南省学术技术带头人，获宝钢优秀教师奖、霍英东青年教师奖、河南省政府特殊津贴等荣誉。

车玉思，郑州大学研究员，博士生导师，中原关键金属实验室科技部部长，全国高校黄大年式教师成员。长期从事关键金属提取与分离、冶金过程强化研究，获中国有色金属工业科技进步一等奖（排名第 1）和技术发明奖（排名第 3）各 1 项，申请 / 授权发明专利 30 余项，以第一 / 通讯作者发表论文 20 余篇。主持国家重点研发计划青年科学家课题、国家自然科学基金区域创新发展联合基金课题、国家自然科学基金面上项目、市重大科技专项各 1 项；主持国家重点实验室开放基金 2 项，参与国家自然科学基金重点项目 1 项。

王瑞芳，郑州大学副研究员，河南省高层次青年拔尖人才。面向我国电子信息等重点领域对新材料的战略需求，从事钨、钼、钽、铌等稀有难熔金属冶金方面的研究工作。入选 2023 年博士后创新人才支持计划，主持国家自然科学基金青年项目、国家重点研发计划子课题、河南省科技攻关等五项省级以上项目，任《中国钼业》首届青年编委，获 2023 年度中国有色工业协会科技进步一等奖（8/16）。近年来，以第一 / 通讯作者发表 SCI 检索论文 14 篇。

第 13 章

钨、钼冶金关键技术及发展[1]

赵中伟　李庆奎

钨钼作为稀有难熔金属，因其高熔点、低热膨胀系数，以及良好的导热、导电、高温强度和耐磨等特性，而成为电子电力设备制造业、航空航天和国防工业、金属材料加工业、玻璃制造业等领域的关键材料，是国民经济和现代国防不可替代的基础材料和战略资源。中国是世界钨钼生产大国，钨钼资源储量丰富。近年来，围绕着钨钼选冶技术及材料化，我国呈现跨越式发展并取得了长足的进步，冶金工艺技术与装备不断创新，钨钼资源利用率不断提高，产业布局日臻合理，产品结构进一步改善，但仍存在一些突出的问题亟待解决。

本章围绕着钨钼概况、钨钼冶金主要研究进展、钨钼冶炼存在的问题及未来发展三个方面的内容进行介绍。在钨钼概况小节主要介绍钨钼的性质、资源及应用和钨钼的产业现状；在钨钼冶金主要研究进展小节重点介绍钨钼冶炼提纯方法，并对钨钼冶金近年来取得的技术进步进行总结，以及围绕着钨钼冶炼中的环保问题、存在的突出问题进行了概述。

13.1 钨钼概况

13.1.1 钨及钨资源概况

钨属于元素周期表第Ⅵ副族，具有熔点高、沸点高、硬度高、耐磨和耐腐蚀等优良性能，熔点是所有金属中最高的，高达 3410℃，密度为 19.35g/cm^3，仅次于 Re、Pt、Os（它们在常温下的密度分别为 20.53g/cm^3、21.37g/cm^3 和 22.5g/cm^3）[1-2]。常温下的致密钨在空气中十分稳定，高于 500 ～ 600℃迅速氧化生成 WO_3。致密钨在常温下能耐几乎所有酸碱的侵蚀，高温和有氧化剂存在时能与某些酸碱反应。

---

[1] 本章引用了作者在《稀贵金属冶金新进展》一书中撰写的第 5 章、第 6 章内容。

钨以硬质合金、合金钢、热强合金、钨基合金、钨材以及化工材料等形态在地质矿山、机械加工、电子工业、宇航工业、国防工业、化工等领域得以广泛应用[3]，是非常重要的战略物质，尤其是在硬质合金和钢铁工业方面，两者用量在我国占钨消耗量的75%左右；在发达国家，钨加工产品主要为硬质合金，其消耗量占比高达72%左右。具体的消费结构如图13-1所示[4-5]。

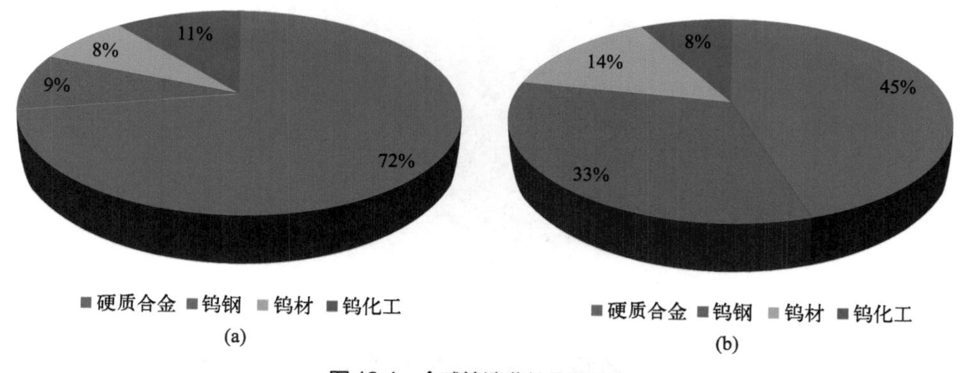

图13-1 全球钨消费结构示意图

（a）发达国家钨品消费结构；（b）我国钨品消费结构

钨在地壳中的丰度仅为0.00013%，根据美国地质调查局2015年公布的数据，世界钨资源储量为330万吨金属，主要集中在中国、加拿大、俄罗斯和越南等国，其中中国钨资源储量为190万吨，占全球总储量的57.58%。

中国钨矿主要分布在三江钨锡成矿带、西秦岭－祁连山成矿带、天山－北山成矿带、华南成矿带和华北成矿带五大成矿带[1]，集中分布在湖南、江西、河南、福建和云南五省，占据了中国90%以上的钨储量。我国钨资源中，白钨矿已探明储量约占全国钨矿总储量的70%。

除了一次资源以外，钨的二次资源也被逐渐开发应用。钨二次资源包括所有废旧的含钨物料，如废硬质合金、废钨合金钢、含钨废催化剂、废钨材以及冶炼流程中含钨较高的废渣。按照钨金属量计，原生钨矿经生产加工后，约90%成为最终钨产品，其中约66%在使用中耗损而难以回收利用，约24%的废旧产品钨和约10%在生产过程中产生的废料钨得以回收再利用。

13.1.2 ╱ 钼及钼资源概况

钼属于元素周期表第五周期ⅥB族，原子序数42，原子量95.94，呈银灰色，熔点2610℃，沸点5560℃，密度10.22g/cm^3[2,6]。钼的延伸性能较好，易于压力加工，钼的膨胀系数与玻璃接近。钼在常温的空气中比较稳定，500～600℃时，金属钼迅速氧化成三氧化钼；600～700℃时，金属钼迅速氧化成三氧化钼挥发；高于700℃时，水蒸气将钼强烈氧化成MoO_2。

钼的熔点高，高温强度、高温硬度和刚性很大，抗热耐震性能和在各种介质中的耐腐蚀性能很强，导热、导电性能良好。这些优良的性能使钼、钼合金以及钼的化工产品在各个领域都有广阔的用途。

钼主要用于钢铁行业，其用量占年消费量的70%～80%[7]。此外，钼也广泛应用于金属压力加工、电光源、镀膜行业、机械行业、航空航天、军事工业、石化工业等诸多领域[8-9]。钼的消费结构如图 13-2 所示。

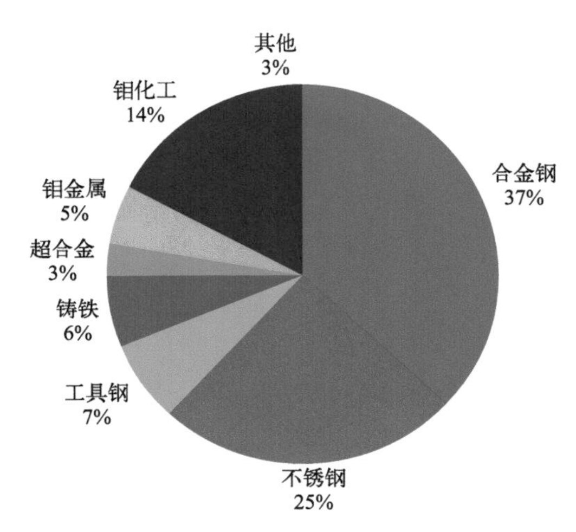

图 13-2　钼的消费结构示意图

钼在地壳中的元素丰度约为 1×10^{-6}，在岩浆岩中以花岗岩类含钼最高，达 2×10^{-6}。据美国地质调查局 2015 年发布的数据[2,9,10]，全球钼资源储量约为 1100 万吨，我国储量 430 万吨，占世界总量 39%，居世界首位；其次是美国，储量为 270 万吨，占世界总量 25%；智利储量 230 万吨，占世界总量 21%；秘鲁 45 万吨，占世界总量 4%；俄罗斯 25 万吨，占世界总量 2%；亚美尼亚 15 万吨，占世界总量 1%；加拿大 22 万吨，占世界总量 2%；其他国家 63 万吨，占世界总量 6%。中国、美国和智利三国储量合计占世界总量的 84.5%。

中国钼矿资源主要集中在河南、陕西、辽宁、吉林等地，河南产量最大，约占全国总量的 40%，其次是陕西与内蒙古，产量分别约占全国总量的 18% 及 13%。

我国钼资源以斑岩型和斑岩 - 矽卡岩型钼矿床类型居多，占 80% 以上。矽卡岩型仅占 10% 左右，多属于低品位矿床，平均品位小于 0.1% 的占 65%，其中品位小于 0.05% 的占 10%。中等品位（0.1% ～ 0.2%）矿床占 30%，品位较富的（0.2% ～ 0.3%）占 4%，而品位大于 0.3% 的富矿仅占 1%。

13.1.3　我国钨钼产业现状

全球钨产量呈逐渐上升的态势，从 2006 年的 5 万多吨产量上升到 2015 年的 8 万多吨。近十年来，全球及中国钨资源供应的产量数据见表 13-1 和表 13-2[5,11]。

表 13-1　世界各国钨精矿产量　　单位：t

国家和地区	2006	2007	2008	2009	2010	2011	2012	2013	2014	2015
欧洲 奥地利	1153	1117	1122	887	976	859	706	850	820	861
葡萄牙	740	847	994	832	805	825	769	692	777	508

续表

国家和地区	2006	2007	2008	2009	2010	2011	2012	2013	2014	2015
俄罗斯	2600	2700	2700	3100	1800	2500	3400	2400	2400	2500
西班牙			194	284	303	326	342	322	1022	1127
英国										600
小计	4493	4664	5010	5103	3884	4510	5217	4264	5019	5555
非洲										
刚果								830	800	
卢旺达	1966	1781	1308	874	843	1006	1800	2215	2215	1784
乌干达	95	108	55	9	55	6	25	72	104	120
小计	2061	1889	1363	883	898	1012	1825	3117	3119	1904
亚洲										
中国	44948	41178	43502	49363	51250	61736	61946	64813	65312	66481
吉尔吉斯斯坦	100	100	100	100	100	100	100	100	100	100
缅甸	100	100	100	90	167	261	160	144	70	245
朝鲜								62	68	70
泰国	427	636	383	200	315	215	179	181	181	181
乌兹别克斯坦	300	300	300	300	300	300	300	300	300	300
越南								1660	2067	2562
小计	45875	42314	44385	50053	52132	62612	62685	67260	68098	69939
美洲										
玻利维亚	1094	1395	1430	1289	1517	1418	1573	1580	1262	1474
巴西	525	537	408	192	166	244	381	494	510	535
加拿大	2612	2700	2795	2501	364	2368	2505	2762	2708	2114
秘鲁		461	575	634	716	546	365	35	35	35
小计	4231	5093	5208	4616	2763	4576	4824	4871	4515	4158
大洋洲										
澳大利亚	7	17	6	9	11	22	12	12	12	30
小计	7	17	6	9	11	22	12	12	12	30
全球合计	56667	53977	55972	60664	59688	72732	74563	79524	80763	81586

注：国外数据来源《世界金属统计》，中国数据来源《中国有色金属工业协会统计资料汇编》

表 13-2　中国钨冶炼产品的产量　　单位：t

年份	仲钨酸铵	三氧化钨	蓝钨	钨粉	碳化钨粉	偏钨酸铵（含钨酸）	钨酸钠	钨条	混合料
2007	49129	8042	32412	14431	15956	3761	—	2008	2940
2008	36592	8646	25633	16369	17410	3146	165	1582	2858
2009	36383	8492	24181	18428	18625	2712	30	1607	3621
2010	59720	17040	31690	23783	26327	2756	—	506	2457
2011	50787	19198	24878	26061	25504	3591	122	831	3644

续表

年份	仲钨酸铵	三氧化钨	蓝钨	钨粉	碳化钨粉	偏钨酸铵（含钨酸）	钨酸钠	钨条	混合料
2012	50712	13193	23479	24588	22498	3910	150	1476	2871
2013	56103	25239	21951	33271	32795	5000	—	2129	6070
2014	73934	24309	27110	32508	29505	6558	1014	2531	9866
2015	68011	25283	30974	36703	30011	4774	689	2920	13781
2016	79742	28331	29417	38887	33953	6520	65	2638	—

注：数据来自中国钨 2013 年以前混合料为商品量，2014 年以后为生产量。

2016 年中国钼精矿产能为 35 万吨 / 天，氧化钼、钼铁冶炼能力超过 28 万吨 / 年，钼酸铵产能为 54980t/a，钼酸钠产能为 9850 吨 / 年，高纯二硫化钼粉产能保持在 1700 吨 / 年，高纯三氧化钼产能为 18000 吨 / 年，钼粉及其制品的产能保持 17770 吨 / 年不变。2016 年钼精矿产量为 173763t，比 2015 年的 178937t 减少了 2.9%。2016 年中国钼粉及其制品的生产主要集中在陕西、河南、江苏三省，钼粉及其制品的生产能力占全国的 90% 左右，相关数据见表 13-3、表 13-4。

表 13-3　2006—2017 年中国钼精矿产量统计

项目	2006 年	2007 年	2008 年	2009 年	2010 年	2011 年	2012 年	2013 年	2014 年	2015 年	2016 年	2017 年
精矿产量 /t	90000	150000	180000	164612	185163	211127	207290	179262	197019	178937	173763	192448

表 13-4　2017 年全国主要钼产品产量统计

项目	钼铁	钼酸铵	钼酸钠	钼粉	锻轧钼杆、条、板及型材	高纯三氧化钼
产量 /t	103868	38365.25	2310	8218.5	1244	8169.1
项目	氧化钼	粗钼丝	细钼丝	钼制品	未锻轧钼杆、条、板及型材	
产量 /t	121988	440	859.94	3341.8	958.6	

13.2 钨钼冶金主要研究进展

13.2.1 钨冶炼提纯的主要方法

13.2.1.1 NaOH 分解 - 离子交换转型 - 铜盐沉淀除钼工艺

（1）NaOH 分解　NaOH 分解工艺是目前国内制备仲钨酸铵（APT）的主流方法，国内 80% 以上的企业都采用这一生产工艺。NaOH 与黑钨精矿、白钨精矿、黑白钨混合矿等发生反应，钨以 Na_2WO_4 形态进入溶液中，而铁、锰、钙等以难溶固体进入渣中与钨分离。NaOH 分解工艺多采用立式高压反应釜，使用远红外辐射的方式加热，具有升温快、热效率高等特点[12]。

（2）离子交换转型　离子交换工艺是我国自行研发的技术，能同时除去 As、P、Si、Sn

等杂质并将 Na_2WO_4 溶液转型成 $(NH_4)_2WO_4$ 溶液[13-14]。基于各种阴离子对强碱性阴离子交换树脂的亲和力不同，在吸附过程中 P、As、Si 等杂质难吸附，使 WO_4^{2-} 与砷、磷、硅、Na^+ 分离，再用 NH_4Cl+NH_4OH 溶液直接解吸转型得到 $(NH_4)_2WO_4$ 溶液。

（3）选择性沉淀法除钼 选择性沉淀法除钼时，先往钨酸盐溶液中加入硫化铵，使溶液中的 MoO_4^{2-} 转化为 MoS_4^{2-}，再加入硫酸铜或氯化铜等铜盐，使钼与铜一起沉淀进入渣中，而钨仍以 WO_4^{2-} 形态留在溶液中，实现钨钼的分离[15]。该工艺流程短，工艺简单，除杂效率高，钨损失少，已成功应用于工业生产并取得良好效果，在钨冶炼企业中应用面达 90% 以上。

（4）蒸发结晶制取 APT 蒸发结晶法是钨酸铵溶液以蒸发的方式使仲钨酸铵结晶析出。当结晶温度高于 50℃则 n=5，产品为片状结晶；当温度低于 50℃则 n=11，产品为白色针状结晶。蒸发结晶有间断作业和连续作业两种方式。间断作业一般在夹套加热的反应器中进行，$(NH_4)_2WO_4$ 料液比重为 1.20 ～ 1.28（含 250 ～ 300g/L WO_3），加热使氨挥发，pH 值降到 7.0 ～ 7.7 左右则 APT 开始析出，当溶液比重降低至 1.06 ～ 1.08 时停止加热。对离子交换法所得的 $(NH_4)_2WO_4$ 溶液而言，当溶液体积蒸发 60% 左右时，APT 的结晶率可达 90% ～ 95%。连续结晶过程在连续蒸发器中进行，将比重为 1.16 ～ 1.28（含 180 ～ 300g/L WO_3）的 $(NH_4)_2WO_4$ 溶液加入反应器内，搅拌加热使氨挥发。反应器顶盖上有管道与真空系统相连，将氨及时排至反应器外进行冷却回收。母液比重为 1.06 ～ 1.08 时停止加热，冷却 0.5h，将料排至真空抽滤器进行过滤洗涤后得到 APT，分批结晶率为 90% ～ 95%。连续结晶法生产过程连续化、生产能力大、质量稳定、力度均匀，氨易于回收，在大型钨冶炼企业被广泛应用。

13.2.1.2 碱分解 - 酸性萃取转型 - 硫化除钼工艺

（1）苏打压煮分解 早在 1941 年，美国联合碳化物公司 Bishop 工厂就实现了苏打压煮法的产业化，随后在美国、苏联以及韩国等许多冶炼厂得到应用。苏打压煮法对原料的适应能力强，既可处理白钨精矿，又可处理低品位（WO_3 含量小于 5% 甚至更低）的白钨矿，在提高苏打用量和添加适量 NaOH 的条件下还可处理黑白钨混合矿[1, 16]。苏打压煮法的钨回收率高，渣含 WO_3 可达 0.5% 左右，且杂质 P、As、Si 的浸出率较低。在 180 ～ 230℃的温度下将钨矿物原料与苏打溶液反应，使钨以钨酸钠形态进入溶液，而钙、铁、锰以碳酸盐形态入渣，实现钨与杂质的初步分离。

苏打压煮法采用的设备有立式釜和卧式釜两种，目前工业上多采用立式高压釜，其结构与 NaOH 分解法所用的高压釜大同小异。苏打压煮法在国外应用较多，如美国的环球钨和粉末公司就采用苏打压煮法来进行钨矿分解，但目前国内采用苏打压煮法的企业不多。

（2）酸性萃取转型 用萃取法从钨酸钠溶液中制取钨酸铵溶液，先将钨酸钠溶液除去 P、As、Si 后，用萃取剂将溶液转型为钨酸铵溶液以进一步制取 APT。

① 溶液净化过程

a. 磷酸镁盐法 除 P、As、Si 同时进行，先将加热至沸腾的溶液在不断搅拌下用稀盐酸（盐酸：水 =1 ： 3）、稀硫酸或氯气中和游离 NaOH 至（1+0.2）g/L，约 50% 的硅酸盐水解沉淀，煮沸 20 ～ 30min，加入比重 1.16 ～ 1.18 的 $MgCl_2$ 溶液（约含 $MgCl_2$160 ～ 180g/L），控制游离碱为0.2～0.4g/L，煮沸30min后澄清过滤，杂质含量可达到下列要求：SiO_2≤0.02g/L、As≤0.015g/L、P≤0.025g/L。

b. 磷酸铵镁盐法　与磷酸镁盐法的主要区别是除Si和除P分两步完成。

除Si过程：往煮沸的粗钨酸钠溶液中加入稀盐酸中和游离碱至4～5g/L，煮沸30min后再加NH_4Cl溶液中和至pH8～9。

除P、As过程：将上述除Si溶液过滤，加氨水将滤液pH值调至10～11，再按计量加入$MgCl_2$溶液，搅拌0.5～1h后固液分离。

铵镁盐法的渣量较少，沉淀物的颗粒较粗，钨损失少，容易过滤，但需两次过滤，同时除硅后加氨水调pH值，操作繁琐，设备较多。镁盐法避免了铵镁盐法的缺点，工艺过程简单，但加入$MgCl_2$时，由于溶液pH值较高而使部分$MgCl_2$水解，渣量较大，过滤性能差，WO_3的损失大。

② 萃取转型过程　将除磷、砷、硅后的Na_2WO_4溶液调整酸度至pH2.5～4（用硫化物沉淀除钼后的溶液其pH=2～3），与有机相混合进行萃取，萃余液经处理后排放。负载有机相经水洗后，用2～4mol/L的NH_4OH溶液反萃得到$(NH_4)_2WO_4$溶液，反萃后的有机相经水洗并用硫酸酸化后返回萃取。有机相成分为5%～10%（体积）叔胺，加10%～15%（体积）高碳醇做改进剂，其余为煤油，用0.5mol/L H_2SO_4酸化，体系中含WO_3为50～100g/L，pH2～4，相比O/A=1/1左右，三级萃取的萃取率99.5%。

（3）硫化除钼　MoS_3沉淀法是最早采用的除钼方法，该方法也是基于钨、钼与S^{2-}形成硫代酸根离子的差异[1,17]。由于钼对硫离子的亲和力较钨大，往溶液中加入S^{2-}时，钼优先转化为硫代钼酸盐。当溶液酸化至pH2.5～3时，硫代钼酸根分解，钼以MoS_3沉淀析出。除钼过程在耐酸反应器内进行，加入理论量125%～150%（按Mo量计）的NaHS，用稀盐酸中和到pH2.5～3，煮沸1.5～2h后过滤，钼可除去98%～99%，溶液中钼可降到0.01～0.05g/L。

三硫化钼沉淀法流程较长，钨损失大，只适合处理低钼含量的溶液，不能深度除钼，且过程中释放H_2S气体，需进行无害化处理。

13.2.1.3　混酸分解－冷却结晶－溶剂萃取工艺

（1）硫磷混酸分解　硫磷混酸分解法主要用于白钨矿的常压分解，以硫酸为浸出剂，采用磷酸进行协同，使矿石中的钨以磷钨杂多酸的形态进入溶液中，固液分离后得到磷钨酸溶液和浸出渣[18]，浸出渣的主要成分是石膏（$CaSO_4 \cdot xH_2O$）。

硫磷混酸分解法已实现工业化生产，云南麻栗坡海隅钨业有限公司的产能已达到5000吨/年，厦门钨业海沧分公司的生产规模达到100000吨/年。工业生产时，先将硫酸和磷酸加入耐酸浸出槽中，在80～95℃下加入精矿粉，液固比为(1～3)：1，浸出3～6h后固液分离，渣中WO_3含量在0.5%以下。

硫磷混酸分解法能高效分解白钨矿，钨矿品位低至20%时浸出率仍在99%以上；浸出剂硫酸的成本仅为NaOH的5%～10%，试剂成本大幅度降低；冷却结晶分离钨后的母液可返回钨矿物分解，减少了废水排放；浸出渣的主要成分是硫酸钙，可用于建材的生产，实现了渣的资源化利用。

作为一个全新的钨冶炼体系，在设备的标准化、生产自动化控制等方面，硫磷混酸分解法仍有需要完善之处。

（2）冷却结晶分离 硫磷混酸分解白钨矿得到磷钨酸溶液，用冷却结晶法来制备磷钨酸晶体，以进一步制取APT。磷钨杂多酸的溶解度随温度和溶液组成发生大幅变化，低温时磷钨酸在溶液中的溶解度大幅降低形成磷钨酸晶体结晶析出。基于这一性质，可将磷钨酸从溶液中分离。通常将浸出液从90℃冷却降温到50℃，磷钨酸的结晶率可达80%～90%，结晶母液补酸后返回常压混酸分解工序。

（3）萃取回收钼 混酸体系中的钼主要以钼酰阳离子形态存在，而钨以杂多酸阴离子形态存在，二者的性质差异显著。基于混酸体系中钨、钼性质的差异，采用溶剂萃取法将溶液中的钼转移到有机相中，经反萃后可用于钼产品的制备，实现了钼的资源回收。通常，工业上采用P204进行钼酰阳离子的萃取，三级萃取后可将95%以上的钼进行回收。采用溶剂萃取钼的操作比较简单，消除了传统除钼工艺产生除钼渣的问题。

仲钨酸铵（APT）是非常重要的钨冶炼中间产品，是用于生产氧化钨、钨粉、钨材以及硬质合金的基础原料。

13.2.1.4 金属钨的制备

（1）钨氧化物的制备 钨氧化物存在WO_3(α-WO_3)、$W_{20}O_8$或$WO_{2.9}$(又称为β-钨氧化物)、$W_{18}O_{49}$或$WO_{2.72}$（γ-钨氧化物）以及WO_2四种形态[1,2,19]。工业上用于制取钨粉的原料有黄色氧化物（简称黄钨）、蓝色氧化钨（简称蓝钨）和紫色氧化钨（简称紫钨）三种，在氧化性气氛下煅烧APT得到黄钨，在密闭条件下得到蓝色氧化钨或者紫色氧化钨。

工业生产的煅烧设备有推舟式管式炉或回转炉。在管式炉中煅烧时，物料静止，料层上下的气氛、扩散条件均不相同，易造成物料不均匀；在回转炉中煅烧时，物料处于翻转状态，反应的动力学条件好，产品质量较均匀，因此在工业上应用较多，如郴州钻石钨制品有限责任公司即采用回转炉来生产黄钨和蓝钨。

（2）钨氧化物的还原 金属钨粉是生产硬质合金、纯钨、钨合金等的主要原料，约70%以上的钨粉用于硬质合金的制备。生产金属钨粉的方法主要有以下两种：

① 钨氧化物氢还原 钨氧化物氢还原是目前工业生产金属钨粉的主要方法，原料主要有黄色氧化钨、蓝色氧化钨和紫色氧化钨等[20-23]。还原过程中，温度影响显著。还原温度越高，钨粉粒度越粗，所需时间越短。钨粉长大主要发生在还原成WO_2之前，当在管式炉中还原时，炉料的推舟速度及炉内的温度梯度决定了物料的升温速度。若制备细颗粒钨粉，推舟速度不宜过快，且炉管的横截面温度场要均匀。

氢气湿度对总湿度影响较大，露点较高会促使钨粉颗粒长大。氢气流速大，会使还原后气体中水蒸气的分压小，同时有利于水蒸气的快速脱除，使料层中的实际水蒸气分压降低，有利于得到细颗粒钨粉。流速越快，颗粒越细。

料层厚度和推舟速度影响水的释放量。料层越厚或推舟速度越快，水的释放速度越快，而料层越厚，水蒸气的扩散阻力越大，不利于水蒸气的脱除，导致钨粉颗粒的长大。料层的空隙度大可加速水蒸气的脱除，减缓钨粉颗粒的长大速度，有利于获得细颗粒的钨粉。

② 钨氧化物碳还原　将钨氧化物与碳的混合物加热至一定温度时，钨氧化物被还原成钨粉。还原过程中通入少量氢气，可对碳还原过程起到促进作用。由于这一方法所制得的钨粉中碳含量偏高，不宜用作钨制品，因此这一方法在制取钨粉过程中很少采用，但在直接生产碳化钨，尤其是超细碳化钨粉和碳化钨复合粉的过程中得到越来越广泛的应用。

13.2.2 钼冶炼提纯的主要方法

国内外约 90% 的硫化钼精矿经焙烧转化为钼焙砂，再冶炼成为钼金属或其合金，且大部分用于钢铁冶金。

13.2.2.1 钼焙砂的生产

（1）多膛炉焙烧　国外钼精矿焙烧采用多膛炉，全球有近百座多膛炉分布在美国、智利、加拿大、俄罗斯等国家，国内只有金钼股份和洛阳钼业引进了多膛炉焙烧技术[24-26]。

多膛炉多为 8 ～ 12 层，耙臂及耙齿的连续搅拌使物料与氧气充分接触，传质良好。物料在炉内停留 10 ～ 12h，氧化脱硫时间充分。每层均有下料口与下层相通。每层设有操作门，便于清炉、更换耙臂耙齿和观察炉内情况，还设有空气进气口及烟气排出口。每层设有 2 ～ 4 个燃烧器，采用煤气、油或天然气加热。多膛炉的特点在于：

① 将焙烧过程分成多段，每一段实行相应的温度、气氛控制，SO_2 烟气及时排出，不影响其他反应阶段；

② 各层炉料布料均匀，物料与氧气接触充分；

③ 熔融状态可及时降温，温度偏低也可及时升温，各层供热能准确控制，料温稳定，炉况也相当稳定，极少出现烧结、熔融现象。

多膛炉产能大，脱硫效果良好，产品质量较高，能满足钢铁工业及钼材加工的要求。缺点在于烟尘量较大，达 10% ～ 18%，实收率偏低；温度控制过高时三氧化钼挥发损失严重，使炉料烧结堵塞下料口；铼的挥发率较低，SO_2 浓度较低（1.5% 左右），难以制酸而形成公害。多膛炉焙烧的主要经济技术指标如表 13-5 所示。

表 13-5　多膛炉焙烧的主要经济技术指标

单台产量 /（吨 / 年）	产品含硫 /%	回收率 /%	天然气消耗量 /(m^3/t)
18000 ～ 20000	≤ 0.1	98.6 ～ 99	20 ～ 100

（2）回转窑焙烧　回转窑焙烧过程分为干燥区、自然燃烧区、外加热反应区和固化冷却区四个区段，炉温控制在 680 ～ 700℃，回收率约 98%。回转窑收尘主要有布袋收尘、电收尘和湿法收尘等，其中布袋收尘应用最为普遍，但金属回收率不如电收尘和湿法收尘。锦州新华龙使用电收尘的金属回收率可达 98.5%。

回转窑采用热风炉供热或天然气 / 煤气燃烧供热。各段温度的控制范围：物料加热段 300 ～ 600℃、固化段 600 ～ 700℃、烧成段（脱残硫段）550 ～ 650℃。反应初期主要对物料预热干燥，水分和油分挥发在 350℃以内的温度段完成。焙烧过程中，固化现象是钼精矿焙烧的特有现象，对产品含硫量影响显著。观察固化期最明显的标志是钼精矿聚集成为小颗粒的时段，若矿粒间呈半熔融状态，此时含硫通常在 0.5% ～ 0.9%，料层呈暗红色。如钼精矿中如铜、铅、钾、钠等低熔点物质较多，会使钼精矿在高温时黏滞，固化段拖长。正常情况下，从钼精矿入窑到炉料出窑止，控制在 6 ～ 10h 的范围内较为合适。回转窑焙烧的主要经济技术指标如表 13-6 所示[2]。

表 13-6 回转窑焙烧的主要经济技术指标

产量 /（吨 / 年）	产品含硫 /%	回收率 /%	天然气消耗 /(m^3/t)
4600 ～ 7000	≤ 0.1	98.3 ～ 98.5	20 ～ 150

（3）流态化焙烧　流态化焙烧过程是辉钼矿受由下往上气流的冲击悬浮在流化床内部而实现快速氧化，焙烧的主体设备为沸腾炉[27-28]。炉温常控制在 550℃左右，温度降低会使钼焙砂含硫量升高，焙烧反应速度缓慢，难以满足生产要求；温度高于 600℃时，被烟气带走的 MoO_3 增加，产出率下降。可改变物料和空气加入量来调节温度。压缩空气由炉底进入，经过空气筛板使炉内横断面的空气分布均匀。焙烧温度、物料停留时间、空气中的氧浓度对产品质量影响较大。

俄罗斯两家工厂和哈萨克斯坦一家企业采用这一工艺，产出的钼焙砂特别适合仲钼酸铵的制取。

13.2.2.2 钼铁生产

钼铁是钼和铁组成的合金，通常含钼 50% ～ 60%，用作炼钢添加剂。炉外法是目前应用最广泛的钼铁冶炼方法，通常以硅铁、铝粒作为还原剂，依靠自热即可进行彻底[29-30]。钼焙砂是生产钼铁的主要原料，除要求品位高以外，对杂质也有严格的要求，主要有 S 0.07% ～ 0.1%，P 0.01% ～ 0.02%，Cu 0.1% ～ 0.5%。用炉外法生产钼铁需要的含铁原料来源于钢屑、75% 硅铁、氧化铁皮、铁矿等。炉外法的主体设备是熔炉，由炉筒、炉台、炉盖和收尘器组成。炉筒外壳为 5 ～ 7mm 厚锅炉钢板卷成的圆柱形筒体，内部砌衬约 100 ～ 150mm 厚耐火砖，并涂敷耐火泥。炉料搅拌均匀后装入炉筒中，装料完毕后点火进行反应，从点火到反应结束仅需 20 ～ 40min。反应结束后，炉内液体产物中钼铁与炉渣分离。钼铁密度远大于炉渣密度，钼铁液滴沉降于炉底砂窝中，炉渣由上部的放渣口流出。放渣完毕后吊出炉筒，合金块在砂窝中静置冷却 4 ～ 6h 后破碎成块料，除去炉渣和底部砂壳，按所含钼品位分级、包装，入库成为最终产品。钼铁生产时，钼的回收率达 98.5% ～ 99%。

13.2.2.3 氧化钼块生产

氧化钼块主要用于钢铁生产，产品粒度要求≤ 5mm，抗压强度≥ 45MN/m^2。氧化钼块代替钼铁加入钢液中，钼可以被铁、硅、铝等元素充分还原，钼进入钢水与钢液合金化，氧则与还原元素生成氧化物进入炉渣。

氧化钼压块的工艺如下：

① 将钼焙砂粉碎成 0.4mm 以下的氧化钼粉后，加入 5% 的水作黏合剂，充分搅拌使物料混合均匀；

② 混合料加入模具中压型，缓慢加压防止物料溅出和损坏模具，并使氧化钼块致密以保证强度；

③ 料块成型后自然风干，再将氧化钼块置于干燥器中烘干至水分小于 0.5% 后即可。

用氧化钼块代替钼铁用于炼钢有利于降低成本，节约能源，在国外应用比较广泛，但也存在一些不足：化钼在低温度下（600℃）会挥发，导致炼钢过程中钼的收率较低；氧化钼被 C、Si、Mn、Fe 等还原会发生剧烈反应，导致喷溅等现象，影响正常稳定生产。因此，合理使用氧化钼块的关键在于抑制氧化钼在炼钢生产过程的挥发和降低还原反应强度。金钼股份技术中心 2012 年与太钢股份合作进行了复合氧化钼块的开发与添加试验，较好地解决了钼的挥发以及大量气体排放问题，并提高钼的利用效率，有较好的推广价值。

13.2.2.4 辉钼矿的湿法分解

辉钼矿湿法分解过程是将硫化钼氧化为可溶性的钼酸盐以进一步制取纯钼化合物，或使杂质进入溶液而钼大部分以钼酸的形态留在固相中，经干燥煅烧制取三氧化钼。

（1）酸性高压氧分解 硝酸介质中高压氧分解处理辉钼矿的工艺也被称为塞浦路斯工艺，包括高压氧分解、煅烧和分解母液及洗液中钼铼的回收三个主要过程[2,31]。氧化过程在高压釜内进行，钼精矿、硝酸和水制浆后加入到釜内，在搅拌作用下，氧气由通氧管进入并与矿浆混合发生反应，温度一般控制在 150 ～ 200℃之间。硫化钼被氧化成钼酸，80% 的钼酸留在渣中，其余的钼进入溶液。矿石中几乎所有的铼都被氧化，生成高铼酸或高铼酸盐进入溶液，大部分杂质如 Cu、Ni、Zn、Fe 等也进入溶液。由于反应是放热过程，在达到反应所需温度后应关闭外部热源，通过釜内的蛇形冷却管和釜外的冷却夹套来调节反应温度。

高压氧分解的效率高，MoS_2 转化率在 95% ～ 99% 之间，ReS_2 的转化率通常在 98% ～ 99%，而硝酸消耗量为常压硝酸分解的 5% ～ 20%。塞浦路斯工艺处理辉钼矿具有金属回收率高、不排放 SO_2 气体和烟尘等优点，但该工艺产出的硫酸浓度太低，需要消耗大量氧气，高压釜需采用耐高温 H_2SO_4-HNO_3 腐蚀的特种材料。

（2）碱性高压氧分解 碱性高压氧分解过程中，发生的反应主要如下：

$$MoS_2+6NaOH+4.5O_2 = Na_2MoO_4+2Na_2SO_4+3H_2O$$

主要工艺条件为：温度 130 ～ 200℃，压力 2.0 ～ 2.5MPa，时间 3 ～ 7h，NaOH 用量为理论量的 1.00 ～ 1.03 倍。与酸性高压氧分解比较，该方法金属回收率高，钼在分解过程中全部进入溶液，钼铼回收率在 95% ～ 99% 之间，且反应介质对设备的腐蚀小。缺点在于该方法的反应时间较长，生产效率和能耗等指标劣于酸性高压氧分解。根据国内某厂的工业实践，将钼精矿、烧碱和水按 200 ： 115 ： 1800(kg) 的比例制浆后加入高压釜中，蒸汽加热到 85℃后开始通氧。当压力达到 1.6MPa 时，体系温度达到 160℃。维持温度和压力 3h 后降温冷却，降压后排料。浸出液中 Mo 浓度为 55.33g/L，SiO_2 为 0.199g/L，浸出率高达 99%。每吨精矿耗氧（标态）590m³，全流程钼的回收率可达 95.54%。

（3）硝酸常压分解法 硝酸常压分解法的主要反应与高压硝酸氧浸相同。分解过程中，一部分钼以水合氧化钼形态（钼酸和多钼酸）留在分解渣中，其余的钼以钼酸胶体、

$MoO_2(SO_4)_n^{(2n-2)-}$ 或 $Mo_2O_5(SO_4)_n^{(2n-2)-}$ 的离子态进入溶液中[2,32]。进入溶液的量主要取决于溶液成分、酸度、温度以及浸出液固比等因素，降低温度、维持溶液中一定量的硫酸根、提高液固比、适当的酸度都有利于钼进入溶液。莫利坎得公司采用硝酸分解法处理辉钼矿，采用两段逆流硝酸分解，全流程包括一段分解、二段分解和煅烧三个过程。一段分解在带搅拌的密封不锈钢反应器中进行，反应温度在 80℃以上，所用分解剂为二段分解母液，矿物中约 20% 的钼进入溶液中，约 80% 的钼酸沉淀留在分解渣中；二段分解是将一段分解渣置于密闭反应器中用硝酸分解，分解母液返回一段浸出槽，滤饼经洗涤后进行煅烧即可得到工业氧化钼。

13.2.2.5 钼酸铵的制取

钼酸铵主要用于制取三氧化钼、金属钼粉，也用作生产钼催化剂、钼颜料等钼的化工产品的基本原料。钼酸铵的制取多以钼焙砂为原料，采用“钼焙砂浸出—溶液净化—钼酸铵结晶”的工艺路线进行生产。

（1）钼焙砂浸出

① 钼焙砂氨浸出　这一技术在我国钼冶炼企业应用广泛。钼焙砂氨浸前通常进行酸预处理除去碱金属、碱土金属及大部分重金属杂质，这一过程在搪瓷反应锅中进行，常温下用 30% 左右的盐酸或硝酸进行处理，控制终点 pH 值为 0.5 ～ 1.5，酸洗液中的少量钼用离子交换法或钼酸钙沉淀法回收[6]。氨浸过程通常在密闭的钢制反应锅或搪瓷反应锅中进行，以 8% ～ 10% 的氨水进行浸出，温度在 50 ～ 80℃，氨用量为理论量的 1.15 ～ 1.40 倍，使钼以钼酸铵的形态进入溶液，浸出率通常在 80% ～ 95%。焙砂氨浸渣中一般含有 1% ～ 10% 的钼，主要以钼酸钙、钼酸铁、二氧化钼以及 MoS_2 等形态存在，可用苏打烧结法或焙烧法进行回收。

② 钼焙砂苏打浸出　对于含有大量的铁、铜、镍等杂质的钼焙砂，用氨浸法会使铜、镍等金属进入溶液难以净化，采用碱浸工艺处理更为合理。通常采用 8% ～ 10% 的苏打溶液进行 4 ～ 5 级浸出，在带搅拌的铁质反应釜或搪瓷反应釜中进行。部分磷、砷、硅等杂质也会进入溶液中，当浸出液 pH 值降低到 8 ～ 10 时，大部分硅以偏硅酸形态沉淀析出，过滤后溶液中钼浓度在 50 ～ 70g/L。

（2）钼酸铵溶液净化

① 经典沉淀法　经典沉淀法就是硫化沉淀法。粗钼酸铵溶液中的主要杂质为重金属，如 Cu、Fe、Zn、Ni 等，而这些金属硫化物的溶度积都非常小，因此可用硫化法来沉淀去除。工业上，硫化沉淀一般在不锈钢或搪瓷搅拌槽中进行，加入稍高于理论量的硫化铵，控制终点 pH 值在 8 ～ 9，温度为 85 ～ 90℃，搅拌速度为 80 ～ 110r/min，保温时间为 10 ～ 20min。净化后的溶液中铜、铁含量均低于 0.003g/L，钼的回收率大于 99%。

② 离子交换法　离子交换法是采用铵型阳离子交换树脂进行交换，使溶液中的杂质阳离子取代铵根离子吸附到树枝上，而钼以阴离子形态留在溶液中得以净化，其交换反应如下：$2RNH_4+Me^{2+} \longrightarrow R_2Me+2NH_4^+$。由于树脂对不同阳离子的吸附能力各不相同，工业生产时采用多柱串级交换。控制溶液密度为 1.16g/mL，pH 值为 8.5 ～ 9，经 5 级串柱交换后，流出液可直接用于多钼酸铵的生产，产品钼酸铵中含 Fe 小于 8×10^{-6}，Si 小于 6×10^{-6}，Mg 小于 30×10^{-6}，Cu 小于 3×10^{-6}。

（3）多钼酸铵结晶 工业上制备多钼酸铵的方法主要有蒸发结晶法、酸沉法和联合法。

① 蒸发结晶法 钼酸铵溶液在加热过程中，大部分游离氨被蒸发除去，溶液中的钼以仲钼酸铵或二钼酸铵的形态结晶析出。发生的反应如下：

$$7(NH_4)_2MoO_4 = 3(NH_4)_2O \cdot 7MoO_3 \cdot 4H_2O + 8NH_3\uparrow$$

$$2(NH_4)_2MoO_4 = 2(NH_4)_2Mo_2O_7 + H_2O + 2NH_3\uparrow$$

蒸发结晶通常在 1 ～ 3m^3 的搪瓷结晶釜中进行，搅拌转速为 60 ～ 110r/min，釜体采用夹套蒸汽加热。钼酸铵浓度为 120 ～ 140g/L，当溶液密度到 1.38 ～ 1.40g/mL 时停止加热，冷却结晶，过滤洗涤干燥后得到钼酸铵晶体。蒸发结晶法的缺点在于结晶母液中钼含量较高，约 40% ～ 50% 的钼仍留在溶液中，需进行二次结晶，且二次结晶所得产品粒度较细，杂质含量偏高。

② 酸沉法 酸沉过程是将钼酸铵溶液的 pH 值调至 1.5 ～ 2.0，溶液中绝大部分的钼以多钼酸铵晶体析出，大部分的杂质留在溶液中。结晶出来的多钼酸铵晶体以四钼酸铵为主，同时还含有三钼酸铵、八钼酸铵和十钼酸铵等多种晶体，其主要反应如下：

$$4(NH_4)_2MoO_4 = (NH_4)_2O \cdot 4MoO_3 \cdot 2H_2O + 6NH_4^+ + H_2O$$

理论上，硫酸、盐酸和硝酸都可用作酸沉剂，但工业硫酸因杂质较高和钼酸铵晶体含硫高等缺点而较少使用。提高酸沉温度有利于制备粗颗粒的钼酸铵晶体，但温度过高会降低钼酸铵的析出率，工业上常将温度控制在 70℃以下。pH 值是酸沉过程的关键条件，工业上钼酸铵溶液的 pH 值常控制在 7 ～ 7.5，终点 pH 值控制在 1.5 ～ 2.0。提高钼酸铵浓度有利于提高析出率，但不利于粗颗粒钼酸铵晶体的制备，通常酸沉前的钼酸铵溶液密度控制在 1.2 ～ 1.24g/mL。

③ 联合法 联合法就是将蒸发结晶法和酸沉法联合起来，从钼酸铵溶液中析出高质量的钼酸铵产品。该工艺包括浓缩、酸沉、氨溶和蒸发结晶四个过程。

a. 浓缩 通常在不锈钢搅拌槽中进行，搅拌速度为 80 ～ 110r/min，终点 pH 值为 7.0，游离氨浓度约为 15g/L。浓缩后液密度为 1.18 ～ 1.20g/mL。

b. 酸沉 用 HCl 或 HNO_3 调节 pH 值，控制温度为 55 ～ 60℃，终点 pH 值为 2 ～ 3。酸沉后过滤，晶体含水小于 8%，滤液中含钼为 0.5 ～ 1g/L。

c. 氨溶 将酸沉得到的钼酸铵晶体在不锈钢搅拌槽中进行氨溶，得到饱和钼酸铵溶液，溶液密度在 1.4g/mL 以上。

d. 蒸发结晶 在搪瓷结晶釜中进行，蒸发过程保持游离氨为 4 ～ 6g/L，母液密度为 1.2 ～ 1.24g/mL，冷却后进行过滤。

联合法制备的钼酸铵晶体中，Fe、Al、S、Mn 含量小于 0.0006%，Ca、Mg、Ni、Cu 的含量小于 0.0003%，Ti、V 的含量小于 0.0001%，W 的含量小于 0.15%。

钼酸铵是生产高纯度钼制品的基本原料，如热解离钼酸铵生产高纯三氧化钼，用硫化氢硫化钼酸铵溶液生产高纯二硫化钼，用钼酸铵生产各种含钼的化学试剂等，同时钼酸铵也是生产钼催化剂、钼颜料等钼化工产品的基本原料。目前，全国钼酸铵的生产能力在 60000 ～ 700000t/a。主要生产企业生产能力如下：金堆城钼业约 130000 吨 / 年，成都虹波钼业约 80000 吨 / 年，辽宁天桥约 80000 吨 / 年，江西德兴铜业约 56000 吨 / 年，江苏峰峰钨钼制品约 50000 吨 / 年。

13.2.2.6 金属钼粉的制备

金属钼粉的制备主要包括钼氧化物制备和钼氧化物还原两个阶段。传统的钼粉冶炼工艺都是以三氧化钼为原料经还原制取钼粉，三氧化钼的制取可采用多钼酸铵煅烧法生产，也可用钼焙砂升华法。

（1）煅烧法制取三氧化钼 将仲钼酸铵在 450 ～ 500℃温度下进行分解，析出其中的氨气和水，得到三氧化钼产品，其反应原理如下：

$$3(NH_4)_2O \cdot 7MoO_3 \cdot 4H_2O = 7MoO_3 + 6NH_3\uparrow + 7H_2O\uparrow$$

目前，工业上常用的煅烧设备有回转管炉和四管炉。四管炉所得的三氧化钼结晶较为完整，杂质铁的含量要比回转管炉低。但四管炉需用舟皿装料，多采用人工装卸料，各管的温度难以控制一致，舟皿底层的排气较差，三氧化钼颗粒的均匀性和操作条件均不如回转管炉。回转炉的机械化程度高，操作简单，排气良好，产品质量比较稳定。因此，生产中大多数企业采用回转管炉进行生产。回转管炉由炉体、给料系统等部分组成，炉管材质为不锈钢，炉体倾斜度为 3° ～ 4° 。回转管炉煅烧的工艺技术条件为：炉管转速为 4r/min，加料量为 1 ～ 1.5kg/min，炉温控制在 550 ～ 600℃，适当控制炉内负压。煅烧后的三氧化钼呈淡黄色或黄绿色，松装密度为 1.2 ～ 1.6g/cm^3。

（2）升华法制备纯三氧化钼 钼焙砂中三氧化钼的熔点、沸点低，当温度低于熔点（795℃）时三氧化钼开始升华，以三聚合 MoO_3 形态进入气相，其他杂质仍留在固相中，从而使 MoO_3 得到提纯[2,33]。生产过程中，升华温度一般控制在 1000 ～ 1100℃，杂质铜、铁、硅、钙等都留在固相中。当处理含铅较高的物料时，由于钼酸铅在 1050℃时开始有微量挥发，因此温度应控制在 1000℃左右以避免铅对产品的污染。工业上采用带旋转炉底的升华炉进行生产。旋转电炉与水平面成 25° ～ 30° 夹角，炉底铺有石英砂，在石英砂上再铺钼焙砂。在 900 ～ 1000℃时，炉内物料开始升华，同时往炉内通入空气，三氧化钼蒸气连同空气一起进入收尘风罩，在负压作用下进入布袋收集。60% ～ 70% 的三氧化钼蒸气进入布袋，得到纯三氧化钼产品，30% ～ 40% 未挥发的三氧化钼残留在炉料内，通过湿法分解进行回收。影响升华过程及产品质量的主要因素有温度、气流速度和钼焙砂的质量。升华温度一般控制在 900 ～ 1100℃，温度过低会降低生产效率，温度过高导致杂质含量超标，同时对设备的要求也提高。空气流速对升华速度影响很大，显著影响三氧化钼的挥发速度，空气流速在 0.2cm/s 时，纯三氧化钼的挥发速度仅为 12.3kg/(m^2 • h)，当流速增加到 0.3cm/s 时，纯三氧化钼的挥发速度可达 110kg/(m^2 • h)。

（3）氧化钼氢还原 金属钼粉可用三氧化钼或二氧化钼为原料，经氢或碳等还原制取[34-35]。具体制备原理如下：

① MoO_3 两段还原法：

$$MoO_3 + H_2 = MoO_2 + H_2O$$

$$MoO_2+2H_2 = Mo+2H_2O$$

② MoO_3 一段还原法：

$$MoO_3+3H_2 = Mo+3H_2O$$

③ MoO_2 一段还原法：

$$MoO_2+2H_2 = Mo+2H_2O$$

其中二段还原法应用最为普遍，一段还原法多用于制备特殊用途的钼粉。在二段氢还原过程中，三氧化钼在 450 ～ 550℃阶段还原后转变为二氧化钼，二氧化钼在 850 ～ 950℃二阶段还原后转变为钼粉。用于钼粉的还原炉种类较多，目前工业上主要采用十三管电炉、四管马弗炉和十四管电炉等。氧化钼氢还原法生产钼粉的成本较低，易于工业化，产出的钼粉纯度较高，粒径通常在微米级。缺点在于周期较长、反应温度较高。

（4）钼酸铵氢还原 部分厂家采用两步法（也称一次还原法）生产钼粉，将钼酸铵焙烧与第一阶段还原合并，温度控制在 500 ～ 600℃，得到的 MoO_3 粉末在氢气气氛中逐渐升温到 1100℃以上，保温一定时间还原成钼粉。与二段还原法相比，该法可简化生产工艺，所得钼粉的纯度、颗粒形状与二段还原法相当，但该法得到的钼粉颗粒较粗，其制备的烧结坯密度较低。因此，该方法的产品很少用于钼丝生产。

13.2.3 钨钼冶金新进展

近十年来，我国钨工业呈跨越式发展，钨产业的布局日臻合理，产品结构进一步改善，钨冶炼技术全球领先，钨冶炼装备不断创新。钨冶金方面取得的技术进步主要如下[17,36,37]：

① 钨资源与冶炼生产之间的结构性矛盾已基本解决。十多年前，我国钨冶炼以黑钨为主，占钨资源 2/3 以上的白钨矿和黑白混合矿利用率不到 10%，资源与生产之间存在结构性矛盾。科研部门和企业开展技术攻关，开发出一系列技术成果，许多钨冶炼企业已均可处理白钨矿和黑白混合钨矿。

② 短流程、低排放、高效率的钨提取冶金工艺不断涌现。随着人们环保意识的不断提高，开展钨提取冶金新工艺的研究成为近年来的科研重点。国内开发的钨碱性萃取工艺，采用苏打高压浸出白钨矿，浸出液经碱性萃取后，萃余液返回浸出，水耗量大幅下降，近年来在国内进行了工业化试生产。也有研究者在高浓度离子交换方面开展工作，使钨冶炼废水排放量大幅度减少，此工艺已在工厂得到应用。还有钨冶炼工作者采用磷酸加硫酸分解白钨矿，使钨转化为磷钨杂多酸进入溶液，钙生成硫酸钙进入渣相，提取钨后的溶液补加磷酸和硫酸后可返回浸出，大大减少污水排放量，此工艺也实现了工业化生产。

③ 钨二次资源回收技术不断更新，推动我国钨循环经济的快速发展。我国钨二次资源回收技术发展迅速，2008 年我国废钨的利用量已超过 10000t（金属量），接近发达国家钨回收利用率（34%）的水平。如厦门钨业开发的氧化熔炼法回收废钨技术，能处理各种含钨废料，处理温度比较低，熔炼设备寿命长，熔炼气体经处理能达标排放，目前已建成年处理废钨量

达 4000t 的生产线。

④ 钨冶金的装备水平不断提高。我国钨冶炼企业的装备水平不断提高，如厦门钨业、郴州钻石钨制品公司、江钨集团等企业都达到了国际先进水平，有效改善了钨冶炼生产环境，改变了钨冶炼企业过去处处冒烟、遍地污水的落后面貌。

在钼冶金方面，钼冶金技术得到长足发展，钼资源利用率不断提高，许多难处理资源得以利用；工艺技术不断创新；生产装备向大型化、自动化和智能化发展。

⑤ 钨钼电子束冶金新工艺。国内当前主要采用湿法冶金结合粉末冶金的工艺制备难熔金属钨钼，但粉末中的氧以及等静压过程中的污染会降低钨钼的纯净度。传统的方法在低氧、低碳超高纯钨钼（纯度≥ 6N，气体杂质≤ 10^{-5}）的制备上仍具有局限性，而高端集成电路用小尺寸钨钼靶对气体杂质含量以及合金的致密度要求极高。

在湿法冶金提纯的基础上，采用高温、高真空电子束熔炼对锭坯中的气体及挥发性杂质进一步精炼去除，是制备超纯净钨钼的新工艺。高能量密度的电子束作用于熔体后会产生局部超高温（>3500℃），结合高真空（5×10^{-3}Pa）以及熔体内部大温度梯度的特点，能够创造气体及其他微量杂质深度去除的热力学条件，从而全面降低钨钼中杂质的含量，在提高致密度的同时，可制备出超高纯度的大尺寸材料。国内中原关键金属实验室、中南大学等单位在钨钼电子束冶金工艺探索方面均开展了开创性的工作。中原关键金属实验室通过工艺创新，制备了大尺寸高纯钨铸锭。

13.2.4 高纯钨钼的应用

高纯钨因其电导率高、电子迁移抗力高、高温稳定性优良、与硅衬底接触良好、电子发射系数高等优点，在半导体大规模集成电路制造过程中有重要应用，其通常以靶材溅射镀膜的形式被用于制造集成电路中的栅电极、连接布线、扩散阻挡层等，对其纯度、杂质元素含量、晶粒尺寸及晶粒组织均匀性等方面有极高的要求。高纯钨靶材主要用作集成电路中金属层间的通孔和垂直接触的接触孔填充物，即钨塞；还以溅射薄膜的形式广泛用于互联金属与 Si 或 SiO_2 的阻挡层材料，从而减少甚至消除互联金属间的扩散。此外，随着半导体芯片尺寸越来越小，铜互连尺寸的缩小导致纳米尺度上电阻率的增加，这已成为制约半导体工业更先进制程发展的一个技术瓶颈，高纯金属钨有望解决以上问题，成为取代铜互连的下一代半导体布线互连材料。

高纯钨靶材市场由日矿金属株式会社、东曹株式会社、世泰科公司等主导，而高纯钨及钨合金靶材的国产化程度极低，相应产品大部分依赖进口[38]。国产钨靶材在高纯降氧控制、均匀合金化、大尺寸烧结成型、高均匀变形、取向调控等方面与国外存在一定差距[39]。国内加工工艺制备出的高致密、高纯靶材溅射薄膜均匀性差，尚无法满足先进制程芯片的高品质要求。

5N 级高纯钼可用于动态存储集成电路的控制极及配线材料，还可用于制作分子束外延技术中的核心部件“分子束源炉炉体”及无线电元器件等。4N 级高纯钼可用于制作高端平板显示薄膜晶体管中的配线及电极、薄膜太阳能电池及传感器中的结构单元。高纯钼的应用主要以高纯钼溅射靶材的形式用于制备半导体、太阳能电池等领域中的各种功能薄膜，其纯度将在很大程度上影响钼薄膜的比阻抗、膜应力、导电导热性能、耐腐蚀性和热稳定性等，从而影响最终元器件的使用性能。高纯钼溅射靶材是钼加工行业的高科技附加值产品，要求产品密度大、纯度高、组织均匀且生产工序长，技术含量极高。

13.2.5 钨钼冶金存在的突出问题

（1）钨冶炼面临的主要问题　我国钨业已有百年发展历史，形成了比较完整的工业体系。我国钨资源储量世界第一，但是资源的不合理利用以及钨产业发展过程中暴露出来的一系列问题，已严重影响到钨产业的健康、有序发展，威胁到我国钨制造业的发展和生产安全。主要表现在以下方面：

① 钨资源利用率低，采选和冶炼产能过剩。平均采矿综合回收率约 50%，部分中小企业采选回收率仅 30%左右；采选三氧化钨（WO_3）的回收率为 80%（即 20% 废弃）；APT、钨粉、钨铁等产能闲置有的高达 60%，在资源综合利用率等方面与国外发达地区相比还存在较大的差距。

② 钨二次资源循环利用比例较低[42]。瑞典山特维克公司约 40% 的硬质合金生产原料来源于钨回收资源，美国二次钨资源回收量占消耗钨总量的 36% 左右，而我国目前硬质合金回收量占总量的比例在 25% 以下。

③ 高附加值产品比例仍然很低。国际市场钨深加工产品价格高达十万甚至数十万美元，2011 年我国钨材出口价格为 6.99 万美元 / 吨钨金属，而进口价高达 14.5 万美元 / 吨[43-44]。目前我国每年仍需高价进口大量钨产品满足国内高端市场需求。

④ 产品质量控制技术相比国外差距较大。当前国际钨业的发展面向纯化、细化、强化和复合化的高精尖钨深加工产品方向。国外多种钨制品质量优于国内，杂质元素可降低至几微克 / 克（如德国可生产 6N 的钨，应用于电子工业），粒度大小及组成可控性、稳定性好。此外，国外钨品种类丰富，应用领域不断扩展，可满足不同领域的应用需求。

⑤ 硬质合金的关键技术虽有部分突破，但整体水平仍有待提高、某些关键设备仍依赖进口[45]。国内钨制品的纯度、粒度和均匀性控制以及新工艺运用过程中的稳定性等问题尚未得到有效解决。国外先进硬质合金生产企业广泛采用智能机器人和计算机集成制造技术（CIMS），而我国无人化、智能化技术基本尚属空白。

（2）钼冶炼面临的主要问题

① 钼产品技术含量低，产业结构不合理。据中国有色金属工业协会钼业分会资料不完全统计，国内钼生产企业达 300 多家，除金堆城钼业集团和洛阳钼业集团公司拥有综合性生产能力外，约 80% 是中小型钼生产企业，产业集中度偏低，大多为生产氧化钼、钼铁等粗产品[46]。2015 年，我国出口钼的总量为 9669t，其中钼条、杆、型材和异型材仅占 18.6%。以资源地为依托、对钼的盲目开采和加工现象严重，导致资源的无节制开发而浪费严重。我国钼加工技术落后，产品趋同现象严重，高附加值产品所占比例太小，难以摆脱全球钼铁“加工厂”的角色。

② 行业内竞争加剧，缺失国际钼定价的话语权。我国除河南栾川、陕西金堆城等大型钼

生产企业之外，还存在大量的中小企业。企业各自为战，追求自身利益，专注短期效益所导致的恶性竞争、不规范生产等弊端使得我国在国际上缺失钼产品定价的话语权。虽然我国钼的产量和消费量均居世界领先水平，但钼产品的定价权却一直掌握在美国和少数欧洲国家手中。作为钼矿“资源大国”，我国却难以将定价权掌握在自己手中。

③ 环境治理亟需加强。片面追求“GDP”和“先发展、后治理”的发展模式导致地方政府监管不到位。除少数大型企业重视环保外，众多小型钼生产企业在利益驱动下，工艺装备落后，环保措施不健全，钼冶炼过程中对环境污染严重，许多钼精矿焙烧厂产出的低浓度二氧化硫未得到有效治理，排放未达标，部分小焙烧厂甚至未经治理就乱排放[47]。某些含六价铬废水和含氟废水治理不彻底，高铅钼精矿焙烧时产生的氧化铅未有效处理，在钼酸铵生产过程中，氨的污染长期未得到有效控制。

④ 钼产品废弃物回收利用率低。虽然国家对废弃钼的回收给予了一定重视，但目前尚处在发展阶段。相对于美国钼的回收量约占其30%，我国回收钼的工作显得非常薄弱。随着钼消费结构的逐渐转变，钼深加工产品特别是钼金属及其合金对钼的消耗量越来越大。若不能对钼的废弃物进行有效的回收利用，必将会造成钼资源的极大浪费。

⑤ 伴生金属铼的回收率低。辉钼矿是含铼最高的矿物，已探明的储量有99%的铼与辉钼矿或硫化铜矿物共生。铼已被许多国家列为国防战略资源，在国防、航空航天、核能以及电子工业等高科技领域有着非常重要的用途。我国铼资源相对较少，目前仅有极少数大型钼生产企业对铼的回收开展了相关工作，大部分的铼资源被白白浪费。

13.2.6 钨钼冶金的环境保护

13.2.6.1 钨冶炼中的环保问题

钨冶炼的“三废”主要包括钨矿物分解过程的分解渣和除钼过程的除钼渣、离子交换和萃取过程中的废水以及蒸发结晶过程和APT煅烧过程中的氨气。

（1）钨分解渣 现行的仲钨酸铵（APT）工业化产中，钨渣的量与精矿品位及组成密切相关，大致的渣量为仲钨酸铵产量的20%～80%。主要有碱分解渣和酸分解渣两大类，碱分解渣已被列入危险废弃物。碱分解渣即用氢氧化钠、磷酸钠或碳酸钠分解钨精矿产生的废渣，目前国内80%以上的生产厂家采用碱法分解，如厦门海沧、崇义章源、郴州钻石钨、赣北钨业等企业，产生的碱分解渣主要以氢氧化钙/（氧化锰、氧化铁）为主。酸分解渣即硫磷混酸分解法产生的浸出渣，主要成分为$CaSO_4$，可作为生产水泥用填料进行资源化利用。

（2）除钼渣 除钼渣主要有两种，一种是铜盐选择性沉淀法产生的除钼渣，主要成分为硫代钼酸铜和硫化铜，另一种是三硫化钼沉淀法产生的除钼渣，主要成分为硫化钼。目前国内80%以上的除钼渣是铜盐选择性沉淀法产生的硫代钼酸铜、硫化铜渣，少部分的为硫化钼渣。

无论是碱分解渣还是除钼渣，除含有一定量的有价金属外，还含有少量有害元素，对环境存在一定隐患。2016年，国家将APT生产过程中碱分解产生的碱煮渣和除钼过程中产生的除钼渣都列为有色金属冶炼废物，危险特性为“T”，即有毒废物。目前我国采用碱法生产APT产生的冶炼渣大多未进行无害化处理，使得我国钨冶炼企业受到很大影响，面临减产甚至停产整顿的问题。

（3）**钨冶炼废水** 钨冶炼废水的主要污染物是氨氮，其排放限定指标为浓度低于 15mg/L。这类废水主要由两个工序产出：

① 离子交换柱钨解吸后的洗柱液，氨氮物浓度低于 1000mg/L 以下；

② 结晶母液回收钨后的废液，氨氮物浓度在 20000mg/L 左右。中国科学院过程工程研究所开发了“高浓度氨氮废水资源化处理技术”，利用化工蒸馏原理，使废水进入汽提塔后，氨与汽多级蒸馏分离，最终外排废水氨氮浓度低于 15mg/L [40]。从汽提塔顶出来的氨气经冷凝吸收，氨水浓度可达 16% 以上，实现了氨氮的资源化，现已有钨冶炼企业引进该技术进行应用。

钨冶炼废水中还有砷超标的问题。镉、锌、铅、铜等元素的浸出率较低，废水外排时只有砷超标，以砷酸根或亚砷酸根形式存在。废液中砷含量与原料中砷含量成正比，通常废液总砷含量在 10mg/L 左右。工业上主要采用化学沉淀固砷法来处理，控制溶液 pH 值范围在 6 ～ 11，再加入铁盐沉淀除砷，脱砷达标率高，工艺成熟、流程简单。

（4）**含氨废气** 含氨废气源于蒸发结晶过程和 APT 煅烧过程产生的氨气，每产 1t APT 约产生 110kg 氨。目前，国内大部分钨冶炼厂家采用净化塔以稀酸作中和剂将尾气中的氨简单吸收后转移到水相再处理。厦门钨业采用板式热交换器将尾气中的氨转换为稀氨水返回用于配制离子交换工序的解吸剂，实现了氨的资源化循环利用。

13.2.6.2 钼冶炼中的环保问题

（1）**烟气 SO_2 污染** 钼冶炼的污染物主要来源于焙烧和冶炼工艺中的烟气 [41]。焙烧烟气中含大量二氧化硫，最高浓度可达 20g/m^3；冶炼烟气中高浓度的氮氧化物达 2g/m^3、氟化物达 300mg/m^3（氮氧化物最高时可达 5g/m^3，氟化物可达 900mg/m^3）。按 2011 年钼产量计算，23.68 万吨钼精矿可产生 14.2 万吨二氧化硫；71069 吨氧化钼产量可产生 4.3 万吨二氧化硫；49353t 钼铁产量可产生 3454.7t 氮氧化物和 2961.1t 氟化物。日焙烧钼精矿 20000kg（45% 品位）的钼冶炼厂，二氧化硫年排放量可达 36000t，相当于三级市年排放总量的 1/10。

目前国内金钼集团和洛钼集团对烟气中的二氧化硫进行制酸处理。金钼集团利用二氧化硫生产硫酸，其烟气中二氧化硫浓度在 6000 ～ 25000mg/m^3，利用焙烧硫铁矿或焚烧硫磺获得的高浓度二氧化硫进行配气，保证制酸所需的烟气浓度，而洛钼集团采用托普索工艺。硫酸生产系统必须采用“两转两吸”的工艺，投资大，占地面积大，制酸成本高，因此国内小型钼焙烧企业难以生产。

内热式回转窑产生的烟气 SO_2 浓度为 1% ～ 2%，不能用于常规制酸，多采用亚硫酸钠法治理。锦州新华龙钼业公司用亚硫酸钠对烟气进行脱硫处理，吸收率可达 98.5%，外排烟气 SO_2 浓度小于 200mg/m^3。该法用液碱或纯碱溶液喷淋吸收 SO_2，液气比 3L/m^3，达到吸收终点 pH=6 时，将获得的亚硫酸氢钠溶液用液碱中和转化为亚硫酸钠溶液，经沉降后压滤、蒸发结晶、气流干燥生产纯度大于 93% 的无水亚硫酸钠副产品，产品销售收入基本上可抵消运行成本。

（2）**烟气除尘** 多膛炉焙烧产生的烟气中烟尘温度高、粒度细、黏性大，通常经间接冷却降温后，用旋风除尘和电除尘加以净化回收烟气中的有价金属。回转窑焙烧产生的含尘烟气通过蛇管冷却器降温除尘后，再经布袋收尘器回收钼烟尘。钼铁冶炼产生的烟气经 U 形冷却器降温后，再经布袋收尘器回收含钼烟尘，除尘后的烟气进入麻石除尘器，通过湿法淋洗进一步除尘后排放。

参考文献

作者简介

赵中伟，教授，博士生导师，中国工程院院士。长期致力于稀有金属冶金、相似元素分离、冶金过程强化等方向的研究，发明了难冶钨资源深度开发应用关键技术、低品位白钨矿硫磷混酸协同浸出技术（列入《中国禁止出口限制出口技术目录》）、选择性沉淀法钨钼分离技术、电化学脱嵌法盐湖卤水提锂技术。获国家科技进步一等奖 1 项、国家技术发明二等奖 2 项、中国专利金奖 1 项、中国有色金属工业科学技术一等奖 3 项等。入选教育部“长江学者奖励计划”特聘教授、百千万人才工程国家级人选，获全国创新争先奖状、全国优秀科技工作者、全国杰出专业技术人才、全国五一劳动奖章、何梁何利科学与技术进步奖、湖南光召科技奖等荣誉。

李庆奎，郑州大学教授，博士生导师，中原关键金属实验室先进靶材中心主任。长期从事半导体、平板显示、太阳能、磁存储等领域用先进金属靶材料制备与应用，钨、钼等稀有金属冶金与新材料制备，超低氧、高纯度难熔金属粉末的制备，粉末冶金新材料等研究。先后主持完成国家重点研发计划课题、国家自然科学基金面上项目、河南省重大科技攻关等多项项目，获中国有色金属工业科学技术一等奖，河南省科技进步二等奖等多项奖励。

第 14 章

钛、锆、铪的分离提纯

宋建勋　王力军

金属钛、锆、铪同属ⅣB族元素，具有相似的性质，应用于关键技术领域。截至 2022 年，全球海绵钛行业产量为 27.9 万吨。其中，全球民用飞机用钛量占比 12% 以上；军用飞机用钛量占比 20% 以上，新一代飞机材料的更新换代为航空用钛打开了市场空间。钛主要用于舰船、潜艇、载人深潜器等海洋装备中，也是其“海洋金属”称谓的来源。此外，金属钛还应用于医疗领域、化工领域等。高纯钛是指纯度大于 99.95% 的金属钛，应用于大规模集成电路、TFT 显示器和其他相关行业中沉积薄膜，其样式包括圆盘状、板状、柱状、阶梯状等。

锆和铪化学性质相似，在矿物中共、伴生，但锆、铪中子吸收能力相差巨大，不经分离生产的金属锆称为工业级锆，经锆铪分离则可获得满足核反应堆需要的核级锆和核级铪。

工业级锆主要应用于化工领域作耐腐蚀材料。由于兼具热中子吸收截面小和高温耐腐蚀性优异的特性，核级锆应用于核动力航空母舰、核潜艇和民用发电反应堆的铀燃料元件包壳、燃料组件结构材料等，是国家不可或缺的战略金属。

金属铪的一些物理化学性质与锆很相似，但其核性能与金属锆相比差异巨大。铪的热中子吸收截面是金属锆的 600 余倍。铪还具有耐高温、耐腐蚀和优良的力学性能，应用于抗酸碱的原子能工业中。核级铪是核动力船舰（核潜艇、核航母等）反应堆的控制材料，几乎没有其他材料可以替代。

基于钛、锆、铪独特的性质与应用特征，其成为高新技术发展不可或缺的材料。本章就钛、锆、铪的提取、提纯进行系统性梳理和总结。

14.1　金属钛的分离纯化

金属钛一般通过金属热还原法（如镁热还原四氯化钛——克劳尔法，钠热还原法——亨特法）获得，此外还有熔盐电解法等。冶炼得到的钛纯度一般在 99% 左右，仍需进一步对钛进行提纯精炼除杂得到高纯度的金属钛。高纯钛的主要提纯方法包括熔盐电解精炼法、碘化法、电子束熔炼法、区域熔炼法、光激励精炼法和离子迁移法等。

14.1.1 熔盐电解精炼法

钛的熔盐电解精炼是利用钛和杂质之间的电位差，在阳极、熔盐和阴极产物中发生不同的转化迁移行为，从而达到钛精炼提纯的目的。以可溶性的粗金属钛为阳极，电解过程中，溶出电位比钛高的杂质将留在阳极上，溶出电位比钛低的杂质将溶入电解质中，Ti^{3+} 和 Ti^{2+} 在阴极上还原经过 $Ti^{3+} \rightarrow Ti^{2+} \rightarrow Ti$ 或 $Ti^{2+} \rightarrow Ti$ 的反应过程，并在阴极上沉积粉状或枝晶状高纯钛。

钛的熔盐电解精炼以碱金属或碱土金属卤化物为熔盐电解质，有很多独特的优点：①熔盐具有良好的导电性能，可减小电能的欧姆损失；② 使用温度较高、离子迁移速度快、电化学反应迅速，可在较高电流密度下进行电解；③具有较宽的电化学窗口，适于电位较负的钛离子电化学还原。熔盐电解常用的卤化物熔盐化合物有 NaCl、KCl、LiCl、$MgCl_2$、$CaCl_2$ 等。然而，单组分熔盐熔点高，在实际电解精炼过程一般采用含低价钛离子（$TiCl_2$ 和 $TiCl_3$）的复合氯化物熔盐以降低电解温度，节省能耗。Chassaing 等[1]研究了不同的熔盐对 Ti 析出电位的影响，表明电解质中不同的阳离子强烈地影响钛的析出电位。焦树强、宋建勋等[2-3]通过控制氟离子的加入量调配电解质成分发现，当氟钛比例控制在 2.0 ～ 8.0 时，以海绵钛、废钛靶等为原料电解精炼高纯钛，电解的电流效率可达 85%，产品稳定在 99.995% 级以上，同时提出了基于离子络合的亚稳态高温熔盐电解精炼高纯钛的方法。在亚稳态高温熔盐中，钛离子以络合离子的形式存在，亚稳态络合离子的存在可以减小钛离子歧化反应造成的电耗损失。在亚稳态熔盐中电解精炼得到高纯钛，其纯度可以实现 99.995% ～ 99.999% 的要求，电解效率大于 90%。焦树强、姜民浩等[4]在温度为 900℃，阴极电流密度为 0.05 ～ 0.80A/cm^2 的条件下，以海绵钛为阳极，纯钛板为阴极，钛离子质量分数为 3% ～ 8% 的 $CaCl_2$-$TiCl_2$ 熔盐作电解质，电解制备了高纯钛。研究了阴极电流密度和钛离子质量分数对阴极电流效率和产物中杂质含量的影响，确定了最佳精炼条件为：阴极电流密度为 0.50A/cm^2，钛离子质量分数为 6%，电解温度为 900℃。原料钛的纯度约为 98.65%，经优化条件电解后钛的纯度可提高至 99.95%。此外，氟化物、氟氯化物体系也有较多的研究工作报道。

14.1.2 碘化法

碘化法是生产高纯钛的方法之一。碘化法利用碘能够与钛反应但几乎不溶于钛的特性，钛在低温区和高温区与卤化剂发生可逆反应，而杂质元素在该温度区间不参与卤化反应或者分解反应，从而达到杂质分离的目的。碘化法对氧氮碳和难熔金属元素的脱除效果显著，比如可以将氧含量降低到（20 ～ 100）$\times 10^{-6}$。

传统碘化法把纯度较低的钛原料（粗钛）与单质碘一起充填于密闭容器中，在一定温度下发生碘化反应，生成 TiI_4，再把 TiI_4 通入加热的钛细丝上进行热分解反应，析出高纯钛，游离的碘再扩散到碘化反应区，继续进行反应[5]。

传统碘化法可以生产出高纯钛，在工业生产中有着重要的地位。但是，传统碘化法存在以下问题：

① 分解反应通过 TiI_4 和 I_2 的相互扩散进行，扩散速度低、钛析出速度慢、反应速度慢、副反应严重，易产生 TiI_3 和 TiI_2，阻碍了钛的析出，降低了反应速度和生产率；

② 由于是通电加热，沉积层导致电加热丝电阻变化，致使温度控制困难，甚至导致加热丝熔断；

③ 反应在密闭、高温条件下进行，容易受到来自反应容器的污染。

新碘化法一次操作可得到 200kg 以上的产品，产出纯度达到 99.9999% 级的高纯钛。其基本原理是将气化的 TiI_4 通入反应容器内把粗钛还原成低级的 TiI_2，TiI_2 再在沉积表面被加热分解，同时除去过剩的碘化物，使反应连续进行，最后析出高纯钛。与传统碘化法相比，新的碘化法降低了分解温度（约 200℃），使工艺变得简单。此外，新的碘化法还有以下优点：

① 以钛管代替了钛丝作为高纯钛的析出表面，大大提高了生产效率；

② 采用间接加热方式，不受沉积速度的影响，有利于温度控制；

③ 粗钛压制成块，容器可以放入更多钛原料；

④ 容器与反应气体接触的部分采用 Au、Pt、Ta 镀层，相比 Mo 镀层具有更高的耐腐蚀性能和良好的抗破裂能力；

⑤ 减少了杂质元素的污染。

近年来，碘化法在提高生产效率方面取得了一些新进展。研究发现将碘化法的合成反应和分解反应在两个不同反应容器内分开进行，可以大大提高反应速度和生产效率，同时减少了杂质元素的污染，制得的高纯钛杂质含量极低。研究人员从热力学角度分析了碘化法制备高纯钛，采用计算机监控与采样，提高了生产效率，利用 99.5% 粗钛生产出 99.999% 的高纯钛。

以工业海绵钛为原料，研究人员对碘化法提纯过程中的主要参数，包括原料温度和 K 值对沉积速率的影响规律进行了研究。研究发现当母丝温度和 K（$K=UI^{1/3}$）值分别控制在 600℃、80h 时，沉积速率较快。在此参数条件下进行了多批次生产试验，得到了可锻性高纯金属钛结晶棒产品，纯度达到 99.99% 以上。

14.1.3 电子束熔炼法

电子束熔炼法（EBM）以电子束为加热源，在高电压下，电子从阴极发出经阳极加速后形成电子束，在电磁聚焦透镜和偏转磁场的作用下轰击原料，电子的动能转变成热能使原料熔化，还可以熔化各种高熔点金属。电子束精炼时，对于蒸气压比基体元素高的杂质，通过将其气化，蒸发去除；对于密度比基体大或熔点比基体高的杂质元素，则被浓缩沉积到冷床底部的凝壳中去除。

电子束熔炼法的优点是：

① 可对熔炼材料和熔池表面同时加热，同时进行脱气、精炼；

② 采用水冷坩埚，原料与炉材的反应和污染少；

③ 电子束易控制，熔炼速度和能量可选择范围宽，并且提纯效果好，对一般的低熔点金属元素以及非金属元素都可去除。缺点是 Fe、Ni、O 等去除效果不佳，而且重金属必须在电子束熔炼前用熔盐电解法或碘化法除去。

在电子束熔炼钛时，利用钛与杂质蒸气压的差异达到精炼目的，真空度要求为 6.5×10^{-3} Pa 以下。高真空有利于去除金属钛中的低熔点挥发性金属杂质，蒸气压比钛高的杂质可通过蒸发有效去除。经一次电子束熔炼后，钠从 0.0145% 降至 3×10^{-6}%，钾从 0.024% 降至 4×10^{-6}%，镉从 0.00064% 降至 0.00014%。氧经电子束熔炼后几乎不减少，因此氧和重金属必须在电子束熔炼前用熔盐电解法或碘化法除去。美国霍尼韦尔公司在电子束熔炼炉制造方面处于世界领先地位，其制造的 300kW 电子束熔炼炉适合钛等高纯度难熔金属熔炼。

14.1.4 ／其他熔炼法

区域熔炼法原理是利用杂质在金属凝固态和熔融态的溶解度差别，使杂质析出或改变其分布而得到高纯金属。操作过程是先在原材料一端建立熔区，熔区由一端缓慢移向另一端，使杂质元素分布在局部小区域内，反复操作此过程，可以得到纯度很高的金属。采用此方法生产高纯钛的最大优点是没有来自容器的污染，干扰因素少。然而，由于熔区是利用表面张力维持，大直径难以支撑，目前产品直径一般不大于 20mm，因此生产效率低。目前，西北有色金属研究院提供的普通高纯钛产品均采用此方法。

光激励精炼法是目前所有精炼技术中最先进的方法。其原理是在真空室内用电子束轰击待提纯金属使其挥发，再利用激光照射金属蒸气使其选择性离子化，并将金属离子捕获在电极上形成金属层，从而达到提纯分离的目的。光激励精制法存在的主要问题是许多原子的激励离子化波长还不清楚，但是波长可调激光的出现为光激励精制法的发展创造了有利条件。日本已将光激励法列为金属提纯的最重要技术，被认为是一种变革性方法，有望成为提纯钛最有效的技术路径。

离子迁移法是利用间隙杂质元素的迁移率远大于构成晶格的金属原子的迁移率的原理。在超高真空或惰性气氛下，将直流电通过棒状金属试样，使金属处于炙热状态，在外加电场的作用下引起金属晶格内杂质元素发生顺序迁移，从而实现提纯的目的。该方法可把 O、N、H、C 含量降低到极低值。如日本利用离子迁移法把 N、O 含量降至 0.01%，美国达到了 0.001%。在离子迁移法操作过程中，通常需要将数百安培每平方厘米的大电流通过长度 100 ～ 200mm、直径 3 ～ 5mm 的钛棒，使金属钛加热到（0.6 ～ 0.9）T_m（T_m 为钛熔点），并保持数天，真空度需达到 10^{-8}Pa。与碘化法相比，该方法控制条件过分苛刻、精炼时间长、耗能大和产率低。

14.1.5 ／发展展望

为克服传统单一方法除去杂质元素种类有限和重复污染的问题，采用联合法和多阶段熔炼法可达到更好的除杂效果。联合法应用较多的是熔盐电解 - 电子束熔炼法、电子束熔炼 - 区域熔炼法、区域熔炼 - 高真空退火法等。熔盐电解 - 电子束熔炼法将熔盐电解法易于去除 Fe、Cr、N 元素与电子束熔炼法易于去除 K、Na 和气体元素的特点相结合，可以生产出

99.9999%（6N）级高纯钛。采用金属热还原法和熔盐电解法，结合碘化法或电子束熔炼法可以生产出 99.99999%（7N）级的超高纯钛。

高纯钛的制备将向两个方面发展：

① 采用联合法和多阶段熔炼法制取高纯钛，以克服传统单一方法除去杂质元素种类有限的问题，达到更好的除杂效果；

② 开发新的制备方法，以克服旧工艺的复杂性，提高生产效率，降低生产成本。

14.2 金属锆的分离纯化

通过克劳尔法冶炼工艺得到的海绵锆中杂质含量变化较大，导致产品的性能差别较大。若想进一步除杂得到高纯度的金属锆，通常需要进一步处理。常用到的提纯方法有碘化法、电解精炼法、电子束熔炼法、区域熔炼法、固态电迁移法和外部吸收法。

14.2.1 碘化法

碘化法是第一个用于商业生产纯韧性金属锆的工业方法，目前仍然使用[5]。碘化法使用元素碘和粗金属为原料，在低温下形成挥发性碘化锆。在高温下，碘化锆会热分解成纯金属锆和气态碘。纯金属锆沉积在电阻加热的丝上，通常是钨或锆，而碘则扩散回粗锆的表面。

该工艺过程可以有效地去除不会形成碘化物的杂质，如碳、氮和氧。铜、铬、钴和镁等元素与碘生成的碘化物不易挥发，比较容易去除。但是铁、铝、硅、镍等杂质脱出效果不好；钛和铪等杂质不能去除。产品的杂质含量通常在（150 ～ 250）$\times 10^{-6}$。碘化法精炼的效率取决于碘化物的蒸气输送，而蒸气输送又取决于操作参数（温度、压力）和原料的选择，整体上来说碘化法的生产周期较长、产量低。

14.2.2 电解精炼法

电解精炼法是以粗锆为阳极，在熔盐中进行电解，在阴极上得到纯锆的锆提纯方法。电解质是 NaCl、KCl 以及其混合熔盐，通常会在熔盐中预先加入一些 K_2ZrF_6 来维持电解初期的电流。在电解过程中，阳极的粗金属锆以离子形式溶入电解质中，溶出电位比锆金属高的杂质留在阳极上或沉积在电解质中，溶出电位比锆金属低的杂质则同锆金属一起溶入电解质中，但不参加阴极反应。锆离子在阴极上经历由高价到低价的还原过程并以高纯金属的形式析出，从而达到粗金属精炼提纯的目的。与直接电解法提取金属锆的工艺类似，电解质组分、电解参数与阳极溶解、阴极电流效率以及能耗密切相关。研究表明，当电解质中 K_2ZrF_6 含量为 6%，电解温度控制在 800 ～ 830℃，起始电流密度为 0.1 ～ 0.5A/cm^2 时，得到的阴极产物为枝晶状，电流效率可达 90%。电解后，粗锆中的金属杂质如 Ni、Cr、Mg、Mn、Fe、Cu 等元素含量可以大幅度降低，O、N 等气体杂质含量也有所降低。产品纯度可以达到 99.9% 以上。但是，该方法对于锆中的铪的去除效果并不明显。

14.2.3 / 电子束熔炼法

电子束熔炼法作为一种净化金属的物理方法，广泛应用于制备高纯度材料。经过电子束熔炼得到的锆锭，其纯度比碘化法得到的纯度更高。电子束熔炼得到的产品质量易波动，原料损耗大，能耗高。2018 年，吴权民[6]申请了一种电子束熔炼高纯锆的方法：电子束熔炼炉炉膛真空度大于 3.0×10^{-2}Pa，电子束开始的熔炼温度控制在 2450 ～ 2650℃，电子枪功率在 90 ～ 150kW，熔炼速度为 15 ～ 20kg/h，可以最大限度地控制金属锆的纯度。

14.2.4 / 区域熔炼法

锆区域熔炼原料可以是海绵锆，或碘化法得到的锆棒经过电子束熔炼，然后挤压制成的棒料。区域熔炼锆棒料尺寸一般为 ϕ25mm，其长度决定于设备，直径决定于表面张力、温度等物理参数。通常使用高频线圈或者电子枪为热源将锆棒一端熔化，然后使熔区缓慢移向另一端。锆的熔点为 1852℃，此时，锆的蒸气压较低，区域熔炼易于进行。原锆棒的纯度、真空度、熔化速度以及熔炼次数对于提纯效果都有所影响。研究表明：锆棒在进行区域熔炼时，真空度在 10^{-3}Pa，电子束电流在 100 ～ 300mA，电压 13kV，熔区长度为 2 ～ 3mm，熔化速度为 0.2 ～ 10mm / min，熔炼次数为 3 ～ 5 次时，得到的锆的纯度可以达到 99.99%。

14.2.5 / 固态电迁移法

当对金属棒施加了一个电场后，一些溶质原子会向电极的正极或负极移动，从而实现除杂。迁移方向由原子的有效电荷所决定。而有效电荷又和原子本身的性质、浓度、实验温度、晶体结构等条件相关。当金属中存在直流电场时，金属中的离子会受到两种力的作用：一种是电场力，另一种是电子与空穴发生碰撞时产生的摩擦力。有效电荷的正、负电性和上述作用力的合力共同决定了迁移方向。但是金属中的原子在大电流作用下的迁移机理还存在较大争议，还需要更深入的研究。

Schmidt 等[7]使用固态电迁移技术在 1625℃、1700℃、1800℃下研究了 C、N、O 原子在金属锆的迁移特性。在 1625℃、真空度为 4.0×10^{-8}Pa 的条件下施加 1630A/cm^2 的电流密度、持续 5 天，氧含量由 230×10^{-6} 降低至 22×10^{-6}，氮含量由 250×10^{-6} 降低至 212×10^{-6}。

固态电迁移法是一种有效的金属提纯方法，但是该技术需要特定几何形状的金属以保证通电时电流和温度的稳定，另外，该技术需要在极高的真空度下进行，气相和接触造成的污染对脱氧效果影响很大，并且该技术提纯周期长、产量小。

14.2.6 / 外部吸收法

外部吸收法是一种高效的固态脱氧技术，该方法本质是由高真空脱气法进化而来的。因为体系中吸收剂的存在，气相氧分压可以降至真空设备远不能达到的极低水平。当金属样品和具有更强亲和力的活性外部吸收剂共存于同一密闭体系时，氧便会向活性金属迁移，这些活性金属就是外部吸收剂。典型的吸收剂有 Mg、Ca 等易挥发的吸收剂，还有 Ti、Zr、Si 等不挥发的吸收剂，还有一些气体（如氢气）也可以作为吸收剂。外部吸收法主要运用在难熔金属的脱氧提纯，也适用于一些活性稀土金属。

马朝辉等[8]基于 Ca-$CaCl_2$ 体系的外部吸收法对金属锆的深度脱氧机理和工艺进行了研究。在 900 ～ 1100℃的温度范围内，Ca、CaO 在 $CaCl_2$ 熔盐中饱和的情况下，金属锆的氧含量可以从 800×10^{-6} 降低到小于 100×10^{-6}。

14.3 金属铪的分离纯化

14.3.1 金属铪的提取

金属铪的制备方法主要分为镁热还原法、钙热还原法、铝热还原法、熔盐电解法等。制备金属铪的原料包括四氯化铪、二氧化铪等，因此，在实施金属铪的提取前需要制取四氯化铪、二氧化铪等。

$HfCl_4$ 是工业上制备海绵铪的主要原料，一般需经锆英砂分解、锆铪分离等步骤制得。萃取分离制得的 HfO_2 需要再次进行加碳氯化。由于制得的 $HfCl_4$ 含有少量铁、硅、铝、锰、钛等杂质以及氯化物吸潮而带进水分，因此需要进行提纯精制，制得符合原子能级铪要求的精 $HfCl_4$。一般可以用镁等进行还原反应，经真空蒸馏分离残余的氯化镁和镁，获得海绵铪。

（1）金属热还原法 金属热还原法是在高温下利用还原性强的还原剂将铪从其化合物中还原出来的方法。该工艺最初应用于钛的还原，目前许多金属都能够利用热还原法制备。金属热还原法制备铪所用的还原剂主要有三种，分别是镁、钙和铝。

镁热还原法是在 900℃时，氩气氛围保护下，用金属镁还原四氯化铪制备金属铪。镁热还原制备金属铪的工艺一般分为三步。第一步是锆英砂的分解。第二步是锆铪的分离，然后将得到的 HfO_2 氯化，获得镁热还原制备铪的原料。第三步是镁还原 $HfCl_4$。最后利用蒸气压的不同采用真空蒸馏的方法分离金属铪和副产物。另一个工艺是：锆英砂加碳氯化直接制备四氯化锆（含四氯化铪），采用 KCl-$AlCl_3$ 熔盐法分离锆铪，从而得到核级四氯化锆和四氯化铪。

镁热还原法是目前工业上制备铪的主要方法，该方法工艺成熟、产品质量稳定。但是由于需要预先制备 $HfCl_4$，导致工艺流程长、环境污染大、连续操作性不强等问题。

钙热还原法是指在 1000℃下，以 $CaCl_2$ 为助溶剂，利用 Ca 或者 CaH_2 还原 HfO_2，然后将所得产物进行除杂处理后获得金属铪。张禛等[9]在还原温度为 950℃和 1000℃下，制备的铪粉中主要的物相为金属铪，同时有少量的二氧化锆存在。在 950℃下，铪粉中还有少量 $CaHfO_3$，说明钙热还原氧化铪的反应分两步进行，即 HfO_2 与还原反应产物 CaO 反应生成 $CaHfO_3$，$CaHfO_3$ 再与 Ca 反应生成 CaO 与 Hf。钙热还原过程中，产物粒度及含氧量与温度密切相关。随温度由 950℃升高至 1000℃，产物烧结程度增大，其形貌由颗粒状与枝状逐渐转变为块状，平均粒度从 $d_{0.5}$=45.424μm 增大至 $d_{0.5}$=63.289μm，并且产物中的氧含量随之降低。钙热还原法的工艺流程短、操作简单，成品的含氧量低，且原料便宜，但将粉末转换成金属锭的过程容易增加氧含量，是需要解决的关键问题。

铝热还原法制备金属铪于 1965 年由 Gosse 等提出[10]。工艺分两步进行：第一步二氧化铪与铝粒反应生成铪铝合金，然后经高温、真空处理脱除铝和杂质得到较纯 $HfAl_3$；第二步使用电子束加热 $HfAl_3$，去除铝以生产海绵铪。

2020 年，刘海等[11]利用铝热自蔓延的方式还原了氧化铪。研究表明，当单位质量反应热大于 3000kJ/kg 时，铪会被还原，还原产物主要为 Al_3Hf。化学分析结果表明，金属产物中 O 含量最低为 0.20%、Hf 含量为 41.20%、Al 含量为 58.60%。添加 CaO 后，渣中主要产物为 $CaHfO_3$ 和 Al_2O_3，无 $CaAl_2O_4$ 生成，因此 CaO 不适合作为造渣剂。

（2）熔盐电解法 熔盐电解法制备金属铪，是以 K_2HfF_6 或者 $HfCl_4$ 为原料，以石墨为阳极、不锈钢棒为阴极，以碱金属氯化物为电解质进行电解。四价的铪离子在阴极被还原沉积，还原产物经破碎、水洗得到所需金属。相比于钛和锆的氯化物（低共价性），四氯化铪在熔盐中能保持更长时间，即铪的氯化物比较稳定[12]。

Spink 研究了摩尔比为 1 ∶ 1 的 NaCl-KCl 体系中加入不同百分比的 $HfCl_4$ 后电沉积的最佳参数。加入 63% 的 $HfCl_4$ 时，电解温度设置为 310℃，电解电压设置为 5 ～ 20V、阴极电流密度为 0.19 ～ 0.77A/cm^2。而加入 27% 的 $HfCl_4$ 其共熔点较高，电解温度设置为 565℃、电解电压为 2.5 ～ 7.0V、阴极电流密度为 0.19 ～ 1.15A/cm^2。尽管加入 27% 的 $HfCl_4$ 电解时温度较高，但是体系的挥发性反而更低，成功沉积出了晶体铪，电流效率达 70%。

熔盐电解法的优点在于厂房投入小，原料成本低、容易获得，阴极产物纯度高。但是获得产品的纯度受原料中的氧和杂质的影响。但该工艺在高温下进行，电解质易挥发、坩埚寿命低、单批次生产效率低。

新型熔盐电解精炼工艺是以一种或多种氧化物为原料，压制成块作为阴极。利用高温熔盐电解脱氧的方法去除阴极中的氧，以便达到对阴极原料提取提纯的目的，即 FFC 剑桥工艺[13]。此法制备金属铪是以二氧化铪为原料、以氯化钙与其他碱金属氯化物为电解质，将二氧化铪压制成块作为阴极，石墨或其他惰性电极作为阳极直接进行电解。

对于 HfO_2 电脱氧过程的机理[14]，研究发现 HfO_2 首先与 CaO 反应形成中间产物 $CaHfO_3$，这会导阻碍阴极脱氧过程。另一个发现是在初始颗粒中混合氧化铪和 Nb_2O_5 后，脱氧过程的电流变大，电脱氧 36h 后得到的球团为具有 0.8wt% 氧含量的 Hf-Nb 合金。阴极得到的粉末为立方形态结晶、粒径在 5 ～ 20nm。立方结构可以保护粉末在空气暴露或洗涤过程中不被氧化。

Wang 等[15]利用 FFC 剑桥工艺从 NiO、TiO_2 和 HfO_2 的烧结前驱体，成功制备出了 Ni-35Ti-15Hf 合金。烧结的氧化物前驱体在 9h 后被还原为金属合金。还原 24h 后，形成了一种氧含量为 1600×10^{-6} 的均匀合金。

该法生产工艺简单，阳极产生的气体为 CO、CO_2，以氧化物为原料经一步电解得到杂质很低的金属。这不仅缩短了工艺流程，也减少了能耗和环境污染。存在的问题是电流效率低、反应过程中随着含氧量的降低电脱氧效率也越来越低。目前此法制备铪还处于实验研究阶段。

14.3.2 金属铪的提纯

（1）熔盐电解法 铪是负电性的稀有金属，对氢的溢出有较低的超电压。目前制备高纯金属主要的方法就是熔盐电解法[16]。该法的原理就是在电解质中通直流电，电性比铪正的元素如Fe、Ni、Mo、V等仍留在阳极上，电性比铪负的元素如Al、Si、Mg等以离子形式进入电解质，而在阴极析出精制的金属铪[17]。与FFC工艺相比，熔盐电解法所使用的阳极材料完全不同。熔盐电解法以海绵粗铪为阳极，阴极则使用相对于铪的惰性电极，如Fe、Mo或Pt等。选择氯化物熔盐体系进行精炼的好处是可以降低电解温度，在减少能量消耗的同时也能够有效去除间隙杂质（C、N、O）。

目前，熔盐电解精炼工艺生产效率低，还未实现工业化生产，主要是与其他工艺配合实现铪的纯化。

（2）碘化精炼法 真空碘化精炼工艺制备金属铪是在低温真空下，碘与粗铪作为原料发生反应，生成高挥发性碘化物。然后这些挥发性碘化物挥发到高温的母丝上，受热发生解离生成金属铪和碘，被分离出来的金属铪堆积在炽热母丝上完成精炼。碘高温升华后返回原料区继续重复上述反应过程，整个过程碘没有被消耗，只起到了运输载体的作用，保证了过程的连续性。碘化精炼工艺相当于除杂过程，可以除去与碘发生反应但在高温下不会解离的杂质，或与碘反应但不生成挥发性碘化物的杂质，以及不与碘反应的杂质。

碘化法的优点在于去除气体（O、N）杂质效果较好[18]，生产产品是易于保存的铪晶棒，安全系数也更高，降低海绵铪的易燃危险性。但该法生产不连续、生产率低和电耗较大，对某些金属元素如Fe、Al、Pb去除效果一般。

（3）电子束熔炼法 电子束熔炼法是生产铪锭的通用方法，在获得成型金属锭的同时，熔炼过程具有脱出低熔点杂质的效果。

Thomas等[19]采用电子束熔炼法在真空度大于1.33×10^{-5}kPa、电压4000～12000 V、电子轰击电流小于15A的工艺条件下制备得到纯度较高的金属铪锭，直径为7.62～15.24cm，且经电子束熔炼后杂质去除效果比较显著。王华森[20]对此电子束熔炼法进行研究发现铪的纯度取决于熔炼速度、液态金属过热度和金属熔池的表面张力。所得产品中，Mg、Al、Fe、Cr、Mo、Ni、Ti、Sn和Pb等金属杂质降低明显。经过二次或三次电子束熔炼获得的铪锭成品率可达80%，化学成分达到原子能的标准。

电子束熔炼法的优点是能够进行自动化控制，安全可靠；缺点是设备复杂，除杂过程当中会有原料的损耗，导致精炼成本高等。

14.3.3 锆铪分离技术

在锆或铪的提纯工艺中，都是从金属锆或铪中进行杂质的去除，常规杂质Fe、Si、Cr等金属元素以及O、N、H等非金属元素可以大幅度去除，但是金属铪或锆很难得到有效去除。由于铪与锆的化学性质以及电化学性质非常接近，自然介质中二者也是共生的，通常铪的质量分数占锆的1.5%～3.0%。铪与锆的热中子俘获截面差异很大，因此，核级锆中铪的成分控制非常严格，其含量小于 100×10^{-6}。本节以锆中除铪为对象总结锆铪分离技术，其主要可以分为湿法分离技术和火法分离技术。

（1）湿法分离技术 湿法技术是锆铪分离的主要方法，可以分为溶剂萃取法、分步结晶法、离子交换法以及分级沉淀法。溶剂萃取法是利用溶质在不溶性溶剂中溶解度的差异，用一种溶剂从另一种溶剂组成的溶液中提取溶质的方法。溶剂萃取法是物质分离以及提纯的常用方法，也是工业上锆铪分离的重要技术。

MIBK［methyl isobutyl ketone/ $(CH_3)_2CHCH_2COCH_3$］即甲基异丁基酮，是一种中性含氧萃取剂。锆铪分离通常在硫氰酸盐溶液中进行，因为锆和铪与硫氰酸根（SCN^-）生成的络合物的稳定性不同。铪的硫氰酸盐络合能力大于锆，萃取时，铪的络合物会优先进入有机相。锆会以硫氰酸盐的形式留在水相，这样就会实现锆铪的分离。

TBP［Tri-Butyl-Phosphate / $(C_4H_9)_3PO_4$］即磷酸三丁酯，是一种中性含氧磷酸酯萃取剂，TBP 法是除 MIBK 法外工业上应用最广泛的方法。用 TBP 萃取分离锆和铪通常是在硝酸溶液中。主要是由于锆的离子半径略小于铪的离子半径，锆与硝酸根的结合能力大于铪，所以萃取分配比大于铪。在萃取过程中，锆以硝酸盐的形式转移到有机相中，萃余液中则是铪和大多数金属杂质，如铝、钙、铁、镁、硅和钛等，从而实现锆的提纯和锆铪的分离。

工业化的萃取体系主要是 TBP-HNO_3-HCl，其中锆和铪的分离系数可达 30。酸根的类型对 TBP 萃取分离锆和铪有非常明显的影响。例如，锆和铪分别用 20% TBP 溶液在硝酸和硫酸溶液中萃取分离，锆的分配比分别为 4.25 和 2.15。随着 TBP 浓度的增加，锆和铪的分离系数增大，但 TBP 浓度太高会导致黏度太大，不利于相的分离。TBP 的浓度一般在 50% 左右。锆的初始浓度对分配比也有很大影响，浓度越大，分配比越小。随着浓度的增加，锆离子在水相中容易聚合，从而降低了分配比。TBP 法的优点包括萃取容量大、锆铪分离系数高、产能大。但是由于强酸的使用，会对设备造成严重腐蚀。另外，工艺过程中萃取剂形成稳定的乳化现象，会使萃取过程不连续；有研究认为乳化是由于锆料液中硅含量高，近年来也有生产厂宣称没有乳化现象了，这可能是近年来氧氯化锆纯度大大提高，从而消除了硅等杂质的影响。

N235{［$CH_3(CH_2)_7$］$_3$N} 法和 P204［$(C_8H_{17})_2POOH$］也是较常见的两种锆铪萃取分离方法，该工艺被锦州铁合金厂 100t 生产线采纳，并完成了工业试验。N235 法在锆铪分离时的萃取机理为离子缔合萃取。N235 萃取剂优先萃取溶液中的锆离子化合物，淋洗之后得到纯锆溶液。经过多次萃取分离可以得到核级氧化锆，锆和铪的分离系数约为 3。N235-H_2SO_4 体系中游离酸的浓度对分离系数有很大影响，随着酸的浓度增加，锆和铪的分离系数会快速变大。改变体系中有机相的组成和浓度，降低 N235 浓度，添加适当的添加剂和洗涤剂，可以得到高质量的产品，同时保证萃取有机相中锆的浓度，锆的萃取率可达 94.7%。虽然 N235 法具有萃取相分离好、环境污染小的优点，但 N235 萃取容量小，需要较小的 N235 浓度才能进行更好的分相，这样就会造成萃取设备大、生产车间占地面积大等问题。P204 在硫酸中对铪的萃取能力远远大于对锆的萃取能力，故 N235 法萃取分离锆、铪的萃余液可作为 P204 法的原料来制备核级氧化铪。氧化铪在有机相中的浓度与原水相中的浓度成正比，P204 的浓度和水相中氧化铪的浓度对分离效果有很大影响，随着 P204 浓度的增加，提取铪的能力增加。研究表明，

P204 的浓度在 10% ～ 15% 时，分相效果较理想，最小分离系数大于 4.5。P204 法的缺点与 N235 法的缺点类似，提取所需的浓度低，导致萃取设备大；另外，由于萃取过程中需要使用大量的硫酸，所以废水中和所需的碱量也大。

分步结晶法是利用锆和铪的化合物溶解度不同和它们的溶解度随温度的下降而明显减小的性质来进行锆铪分离。在分步结晶过程中溶解度小的化合物结晶首先析出，而溶解度大的化合物则留在母液中，二次使两种化合物分离，其中 K_2ZrF_6 和 K_2HfF_6 的研究较多。K_2ZrF_6 和 K_2HfF_6 在水中的溶解度不同，K_2ZrF_6 大约是 K_2HfF_6 的一半，利用这一差异在母液中富集铪。分步结晶法已在俄罗斯得到了工业应用。尽管这一过程的每个单独的结晶都很简单，但它的效率较低。要达到核级标准，至少需要 18 步的结晶分离。

离子交换是在水溶液中分离类似离子的有效方法。离子交换过程的选择性在很大程度上取决于离子交换剂的类型以及溶液的组成。对于锆和铪的分离，使用不同的阴离子和阳离子交换剂已被广泛研究。

分步沉淀法主要是利用锆和铪与一些阴离子形成不同溶解度的沉淀物，从而实现锆和铪的分离。在分级沉淀法中，焦磷酸盐是常用的锆源。因为焦磷酸锆在盐酸中的溶解度高，它会优先溶解在盐酸溶液中，形成含铪较少的溶液。因此，设法得到锆铪的焦磷酸盐是该工艺的一个重要步骤。另外，柠檬酸也是一种沉淀剂。在中性或弱酸条件下，锆、铪和柠檬酸形成沉淀的速率差异很大，锆和铪沉淀率都会随着金属离子与柠檬酸摩尔比的增大而减小。当摩尔比为 1.7 时，锆铪分离系数可达 9.3。

（2）火法分离技术 锆铪的火法分离技术主要是基于锆、铪及其化合物的物理化学性质的差异，如氯化锆和氯化铪的挥发性、锆和铪及其化合物的氧化还原性质、锆和铪的电化学特性、锆和铪及其卤化物在熔盐中与金属相之间的迁移等。基于这些性质上的差异，锆铪火法分离技术主要包括选择性还原法、熔盐精馏法、熔盐电解法和熔盐萃取法。

通常，铪化合物比相应的锆化合物略稳定。基于这一概念，已经开发了许多从锆中分离铪的工艺，其中最著名的是 Newnham 工艺[21]。该工艺利用四氯化锆和四氯化铪的化学还原性差异，实现了四氯化锆和四氯化铪的分离。使用二氯化锆或金属锆作为还原剂，与四氯化锆和四氯化铪的混合物一起加热，此时四氯化锆将被优先还原成三氯化锆，同时四氯化铪保持不变，固体三氯化锆通过升华回收，并歧化生产纯四氯化锆，二氯化锆副产物被收集可用于上一阶段的还原。

Newnham 工艺可以直接与 Kroll 工艺结合生成高纯锆，生产工艺简单。然而，四氯化锆的选择性还原和三氯化锆的歧化需要在特定的温度下进行，很难控制。与其他气固反应一样，产物的结块限制了反应速率和反应收率。Newnham 工艺可以在熔盐中进行，此时，热源与反应物质之间的传热得到加强，反应温度更容易控制。此外，气固相向液相的转换也解决了上述的结块问题。研究表明，在 330 ～ 370℃的温度下，Zr_3Cl_8 $HfCl_4$ 形成非选择性的配合物，易于分解释放出 $HfCl_4$，从而降低了锆铪的分离效率。为了避免 $ZrCl_3$ 在还原过程中形成非选择性配合物，同时也限制了 $ZrCl_3$ 在还原过程中的歧化，还原温度限制在 370 ～ 420℃比较合适。狭窄的温度范围对操作是一个巨大的挑战。为了保持操作温度恒定，可以将设备浸泡在熔融金属浴中，这样就需要相对昂贵的材料来抵抗熔融金属的腐蚀。

四氯化锆和四氯化铪具有不同的蒸气压，因此根据其挥发性的不同进行分离得到了广泛的研究。在250℃时，四氯化铪的挥发性大约是四氯化锆的1.7倍，在152～352℃的温度范围内，它们的相对挥发性几乎是恒定的。但是由于只有固相表面与流动气体达到平衡，导致反应速率低，产品质量差，这些方法尚未达到商业应用。

与固气蒸馏相比，气液蒸馏的效率要高得多。但是，它在运行中总是伴随着许多技术上的困难。分离需要在高压下操作，以保持气液条件。基于这一概念，可以直接分离四氯化锆和四氯化铪。用这种方法生产高纯四氯化锆已被证明是可行的，但由于高压的要求导致设备材料非常昂贵，而且难以连续生产，因此尚未实现商业化操作。

萃取精馏是一种在常压下，在低熔点溶剂中直接分离四氯化锆和四氯化铪的工艺。在这项技术中，将四氯化锆和四氯化铪引入熔盐中形成溶液，降低四氯化铪的活性，使分离操作在常压和相对较低的温度下进行。经过一定阶段的分离，可以得到核级四氯化锆和工业纯四氯化铪。熔盐溶剂能够回收后再次使用。纯化后的四氯化锆可以直接转移到Kroll过程中进行金属还原，从而消除了通常使用的溶剂萃取过程中所必需的煅烧和再氯化步骤。$ZnCl_2$、$SnCl_2$、$Na(K, Li)AlCl_4$、$Na(K, Li)FeCl_4$、$(Na, K)_2ZrCl_6$等都可以作为溶剂。在目前的工业操作中，摩尔比为1.04的$AlCl_3$-KCl由于对四氯化锆和四氯化铪具有高的溶解度，是使用最广泛的熔盐溶剂，且含有四氯化锆和四氯化铪的溶液蒸气压低、黏度低。然而，萃取精馏过程的维护成本高一直是其面临的挑战。

要用电解有效地分离两种元素，原则上，它们的还原电位应该相差很大。Zr^{4+}/Zr和Hf^{4+}/Hf在455℃的LiCl-KCl的还原电位分别为1.86V和1.88V。尽管锆和铪的电化学性质相似，但通过熔盐电解法分离锆铪也被报道过。Kirihara等[22]提出了一种电解分离锆和铪的工艺，该工艺能够生产核级的四氯化锆。过程是将四氯化锆和四氯化铪混合物溶解在熔盐中，在一定电压下进行电解，四氯化锆还原为三氯化锆沉积在阴极上，四氯化铪基本不还原。第二步是在相同的熔盐体系中进行电解，使用沉积有三氯化锆的阴极作为阳极，再加入新的阴极。电解时新的三氯化锆沉积在新的阴极上，同时在阳极形成纯四氯化锆，随后进入气态并通过冷凝收集。通过阳极和阴极周期性交换重复电解，可连续生产铪含量小于100×10^{-6}的四氯化锆和锆含量小于25wt%的四氯化铪。通过不断向电解池中注入粗四氯化锆，可以使熔盐中的四氯化锆浓度保持不变。在NaCl-KCl和NaCl-KCl-KF熔盐中电解生产纯四氯化锆的产率分别为54.5%和60%。该工艺操作复杂，产品收率低，尚未进行工业化生产。

锆、铪是多价态金属元素，通过HSC 7.0对不同价态下的还原电位进行计算显示，在400℃到900℃范围内，$ZrCl_4$和$HfCl_4$的还原电位差约0.04V，$ZrCl_3$和$HfCl_3$的还原电位差更小。在如此小的电位差下电解分离锆和铪是非常困难的。而$ZrCl_2$和$HfCl_2$的还原电位差在0.3V左右，远远大于四价和三价时的差值。因此，如果能够合理调控电解质，使熔盐中的锆离子和铪离子稳定在二价，那么通过控制电解参数，理论上更易于实现锆铪分离[23]。

熔盐平衡法也被称作熔盐萃取法，其分离原理是基于铪的正电性高于锆，利用金属合金相与熔盐相之间的平衡使铪分离到熔盐相，保留锆在金属合金相，然后通过蒸馏或者电解合金以获得纯锆。首先将锆和铪溶解在熔融金属锌中形成合金，然后将熔化的合金与含锆的氯化盐或氟化盐接触，合金中的金属铪会转移到熔盐相，并置换熔盐中的锆离子得到金属锆，然后金属锆转移到熔融金属相，从而实现锆铪分离。实验室获得的锆和铪的分离系数可以达到 300，但在后续的锆萃取蒸馏过程中，锆和锌容易形成金属间化合物，难以获得纯锆，会对核级锆的纯度产生影响。

Cu-Sn 合金也可以用来作为溶解锆和铪的合金相，并且熔点更低，熔盐相是含 $CuCl_2$ 的熔融氯化物。在平衡反应过程中，合金相中的金属铪被选择性氧化成 $HfCl_4$。熔盐相中的 $CuCl_2$ 将被还原为铜进入合金相，一些锆将不可避免地被氧化并损失到熔盐相中。最后，通过电解精炼将锆从铜锡合金中分离出来，得到纯锆。

铪与氯化铜的反应在热力学上比锆与氯化铜的反应更有利。因此，通过优化平衡条件（如反应时间、熔盐中 $CuCl_2$ 含量等），在热力学上完全将铪分离到盐相，锆损失较小。与 Megy 法的分离过程相比，该过程提供了更高的热力学分离势。以 850℃为例，计算出的除铪驱动力为 Megy 过程的 1024 倍。分离后的纯金属锆通过电精炼回收，是一种高效的去除溶剂金属和其他杂质的方法。该工艺的概念已被证明在技术上是可行的。在锆铪分离实验过程中，单步除铪效率高达 99%，分离系数高达 640。

14.3.4 发展与展望

钛、锆、铪具有国家安全保障急需、供应风险突出、国家资源量优势与稀缺的特征，主要应用方向是战略性高技术产业，如航空航天、武器军工、电子仪表和核能等。钛、锆、铪及其高纯材料的供给保障了国家先端技术、战略性新兴产业需求。

我国的工业化初、中期发展历程，极大地促进了钛、锆、铪产业的快速成长与进步，产量超过全球 50%，同时也是全球的消费大国。随着全球工业生态、循环经济与社会和谐发展，钛、锆、铪正呈现着大时空尺度上的物质、能量、信息和环境的深度融合发展新态势，对绿色高质量需求仍然呈强劲态势。高端产品依然处于被“卡脖子”的状态，部分新产品也批量进入了国际市场参与竞争。

钛、锆、铪的高纯化需要考察杂质的种类，即化学杂质和物理杂质。化学杂质的去除一般利用化学提纯工艺，如电化学纯化等；对于物理杂质的去除，则一般需要究其金属与杂质原子间相互作用关系，采用物理冶金的方法，如真空熔炼、热扩散、电迁移等。

化学纯化工艺包括以下种类：

① 电化学提纯　即以纯度不高的金属作为阳极，在电流的作用下发生电化学溶解，继而扩散到阴极发生电化学沉积，获得高纯金属。

② 化学纯化法　即利用杂质元素化学稳定性差异除杂，金属的净化反应以固态或气态进行。

物理纯化工艺包括以下种类：

① 电子束区域熔炼法　即通过重新分布杂质净化金属的技术。

② 等离子电弧熔炼法　即利用等离子体电弧获得等离子体的超高温和炉内气氛可控性实现难熔金属的精炼。

③ 电迁移法　即在高温、外电场作用下，杂质原子单向迁移。

④ 真空脱气　即杂质首先扩散到金属表层，然后聚集在表层活性灶内，与其他元素结合生成氢、氮或一氧化碳被除去。

⑤ 真空蒸馏　即高沸点物质与在常压蒸馏时未达到沸点就已受热分解物质的分离和提纯。

⑥ 外吸气法　即利用界面化学活性差异，去除金属中的间隙杂质。

高纯、超高纯钛、锆、铪的制备方法应用较为广泛的是电子束熔炼或真空熔炼，即在冶炼提取工序获得粗金属后，通过超高温熔炼除杂。实际上，为将杂质降低到极低的水平，需要联用多种精炼工艺。

钛、锆、铪金属提取技术的发展趋势如下：

① 源头矿物中共伴生金属提取分离的矿相转化；

② 高效超常富集分离选冶技术创新；

③ 战略性应用新型材料化先进技术；

④ 立足发展我国钛、锆、铪现代“新冶金学”理论，技术工程体系的共性、变革性乃至颠覆性的科学技术，开展创新研究开发。

参考文献

作者简介

宋建勋，郑州大学教授，博士生导师，主要从事稀有难熔金属分离纯化方向研究。先后入选河南省高层次人才计划“青年拔尖”、河南省科技创新人才计划、河南省青年骨干教师培养计划等；以第一完成人获河南省自然科学学术奖等 4 项，以主要完成人获中国有色金属工业协会科技奖一等奖 2 项；获中国发明协会发明创新奖人物奖、河南省优秀创新创业指导教师、中国有色金属学会“稀有青年”、郑州市“青年科技奖”等奖励。近年来，主持国家级项目 4 项，其他省部级项目 8 项；在 *Adv. Sci.* 等重要学术期刊累计发表学术论文 81 篇；申请国内外专利 34 件，获授权 12 件；出版《稀有难熔金属提取与提纯》（冶金工业出版社）专著 1 部。

王力军，中原关键金属实验室特聘研究员，北京有色金属研究总院博士生导师。主持完成国家重大专项等计划项目近 20 项；参加国家计划项目 20 余项。主持突破高纯金属铪和氢化锆两个产品的关键技术难题，保障了国家需求，成果分别获得 2019 年和 2020 年中国有色金属工业技术进步奖一等奖。累计发表学术论文近百篇、授权发明专利 50 余件，获省部级一等奖 2 项，省部级二等奖 4 项、三等奖 2 项。享受国务院特殊津贴专家。

第 15 章

金属铟、硒、碲、镓的分离与纯化

杨　斌　徐宝强　蒋文龙　孔令鑫

15.1 金属铟的分离与纯化

15.1.1 背景

铟具有延展性好、可塑性强、光渗透性优、导电性强等诸多优异性能，是液晶显示（ITO 靶材）、Ⅲ - Ⅴ族半导体（InP、InSb、InAs）、太阳能光伏（CIGS 薄膜太阳能电池）等领域不可或缺的关键原材料。据欧盟委员会统计，全球 70% 以上的铟用于生产 ITO 靶材[1]，6% 用于生产 CIGS 薄膜太阳能电池及铟合金，要求铟纯度达 5N 以上；12% 用于生产电子半导体，要求铟纯度达 6N 以上，铟主要应用领域如图 15-1 所示[2]。

铟是典型的稀散金属，主要与铅锌矿共伴生。全球铟资源储量约 7.6 万吨，中国储量最为丰富，约占世界总量的 26%[3]，全球铟资源分布如图 15-2 所示。中国是矿产铟生产第一

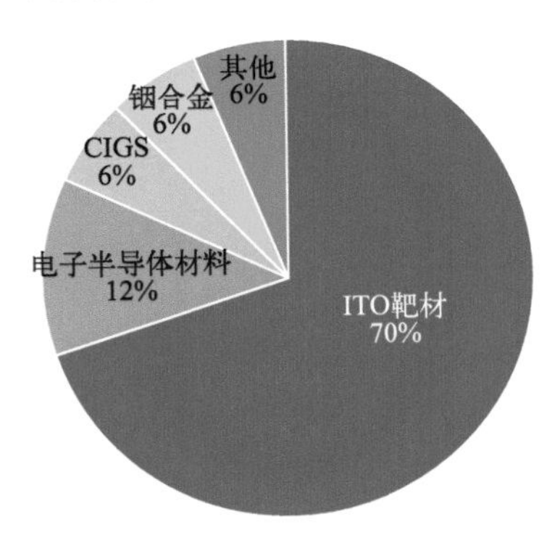

图 15-1　铟主要应用领域

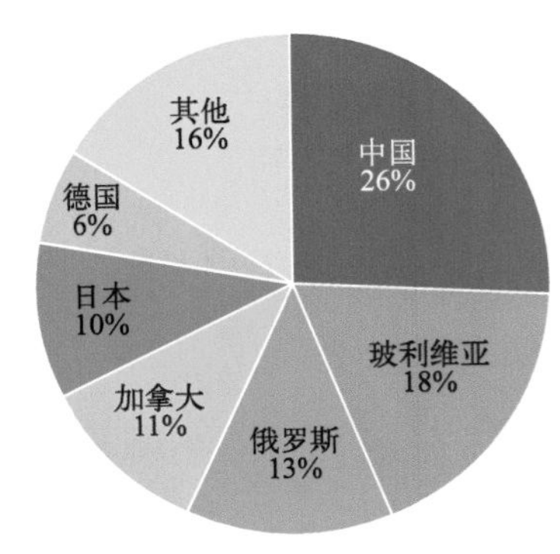

图 15-2　全球铟资源分布

大国，据美国地质调查局统计数据[4]，2022 年中国铟产量 530t（图 15-3），占世界总产量的 59.4%。近年来，随着新型显示、电子信息技术的高速发展，高纯铟消费量持续增长（图 15-4），对纯度的要求也愈发严格。然而受冶金与材料化技术水平限制[5]，我国粗铟原料大量出口，高纯铟（6N 以上）长期依赖进口，近 5 年我国铟进出口情况如图 15-5 所示。

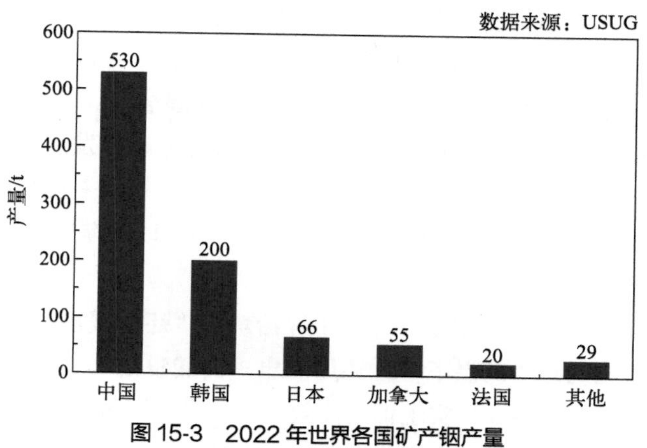

图 15-3　2022 年世界各国矿产铟产量

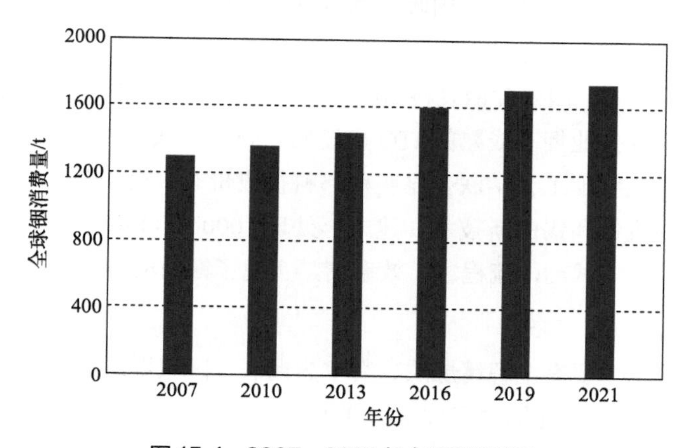

图 15-4　2007—2021 年全球铟消费量

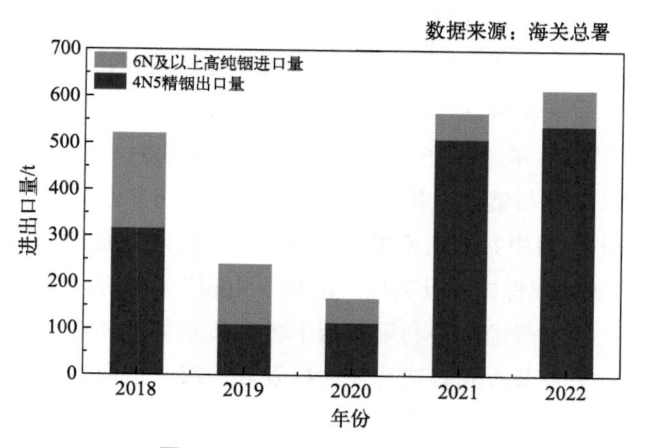

图 15-5　近年我国铟进出口情况

15.1.2 国内外铟分离提纯技术现状

15.1.2.1 铟分离提取

根据来源的不同，铟可以分为原生铟和再生铟，我国 80% 以上的原生铟从湿法炼锌产生的冶炼渣中回收，70% 以上的再生铟从 ITO 废靶中回收。

（1）湿法炼锌过程回收铟 在湿法炼锌过程中，铟富集于锌冶炼渣（酸浸渣、富铟铁矾渣、富铟渣）中。目前，分离提取铟的主要方法有火法和湿法。

火法工艺主要用于处理富铟铁矾渣，经回转窑高温还原、挥发后，渣中大部分锌、铟以氧化物形式富集于次氧化锌烟尘，烟尘通过“浸出—净化—萃取—反萃—置换”等工序处理后，获得粗铟。该方法应用广泛，但窑渣未得到有效利用，以堆存为主，存在铟总回收率低、能耗高、渣量大、环境污染严重等问题。

昆明理工大学与云南文山锌铟联合开发了锌冶炼渣“还原浸出—石灰中和—湿法分离”回收铟的新工艺，首先通过“高温下 SO_2 还原浸出＋高酸浸出”，实现锌冶炼渣中铟的完全浸出，接着采用“两段石灰中和”实现铟的高效富集，最后通过湿法分离生产粗铟。该工艺实现了铟及其他有价金属的高效综合回收，同时减轻环保压力，目前已形成年处理 3 万吨锌冶炼渣的规模。

（2）ITO 废靶回收铟 国外含铟废料回收起步较早，以日本同和控股（集团）有限公司、三菱株式会社为代表的企业拥有成熟的 ITO 废靶回收技术，采用“预处理—浸出—萃取—电积”回收铟。近年，昆明理工大学联合昆明鼎邦科技股份有限公司开发成功 ITO 废靶“真空还原—真空蒸馏”回收铟和锡的新技术，建成年处理 1000t ITO 废靶的生产线，属国际首创。该技术无须添加任何化学试剂，流程短、效率高，实现了铟的清洁高效回收。

15.1.2.2 金属铟提纯

金属铟的提纯方法主要有电解精炼法、真空蒸馏法、区域熔炼法、单晶直拉法和联合法。国际上掌握成熟的 6N/7N 高纯铟生产技术的代表性企业为美国铟泰公司、欧洲金属公司、日本同和矿业和三菱株式会社；国内主要企业有株洲科能新材料有限责任公司、广东先导稀材股份有限公司、云南锡业新材料有限公司、成都中建材光电材料有限公司，但产品质量不稳定、生产周期长，我国金属铟仍处于依赖国外再加工与反向输入的局面[6]。

（1）电解精炼法 电解精炼法[7-8]是提纯金属铟的主要方法之一，我国绝大部分企业使用粗铟作为原料，采用电解精炼生产 4N5 精铟。电解精炼法工艺简单，但也有许多不足之处，例如电解精炼难以去除与铟电位相近的镉、铊等金属杂质，另外，电极电位比铟负的金属（如 Zn）会溶解在电解液中并不断积累，从而污染电解液，必须净化后才能使用，成本上升。目前，日本 JX 日矿金属株式会社采用“酸浸—电积”的方法生产 5N 高纯铟。

（2）真空蒸馏法 真空蒸馏法是利用粗铟中各杂质元素饱和蒸气压的差异，控制适当的蒸馏温度和系统压力，使各杂质元素选择性地挥发和冷凝，从而对金属铟进行提纯。真空蒸馏过程为物理变化，在提纯过程中不产生废水、废气、废渣，对环境污染极少，是绿色环保的冶金方法，且工艺流程短、操作简单、易于实现自动化。但该方法也存在一定的局限性，一是难以脱除与铟饱和蒸气压相近的铅、锡；二是主金属铟的直收率偏低。广东先导先进材料股份有限公司[9]以4N铟为原料，采用“高温—低温”两段真空蒸馏方法制备5N5高纯铟。日本同和矿业株式会社[10]发明了一种“高温—低温”两段真空蒸馏方法，将4N铟提纯至6N。

（3）区域熔炼法 区域熔炼法是利用金属在凝固态和熔融态中溶解度的不同，使杂质析出或改变其分布的一种方法。区域熔炼的实质是通过局部加热狭长料锭，使料锭形成一个或数个狭窄的熔融区，然后缓慢移动加热器使此狭窄熔融区按一定的方向沿料锭缓慢移动，由于杂质在固相和液相平衡浓度存在差异，在反复熔化和凝固过程中杂质便偏析到固相或液相中，从而对主金属进行提纯。区域熔炼法是国内外制备高纯金属的重要方法，在深度除杂方面表现出独特的优越性，但在铟提纯的应用中，镉、硅、锡、铅去除效果较差，并且生产效率较低。

广东先导稀材股份有限公司[11]以电解法产出的4N5精铟为原料，首先采用真空蒸馏脱镉、铊，然后在氢气气氛中进行区熔提纯，成功制备6N超高纯铟，产品直收率大于72%。广西铟泰科技有限公司[12]以5N铟为原料，通过控制合适的熔区宽度、区熔次数和熔区移动速度，将5N铟提纯至6N以上。

（4）单晶直拉法 单晶直拉法的基本原理与区熔法类似，同样基于组分结晶凝固偏析。实际生产中通常需要两至三次重熔直拉才能达到较好的提纯效果。清远先导材料有限公司[13]公开了一种铟直拉提纯方法，以5N铟为原料，去除单晶顶端1/6后制备出的产品纯度可以达到6N高纯铟标准，其中锡、镉、铅三种杂质元素的脱除效果较好，残余含量分别为（0.023～0.028）$\times10^{-6}$、（0.016～0.022）$\times10^{-6}$、（0.017～0.020）$\times10^{-6}$。单晶直拉可制备6N以上高纯铟，但通常需要5N以上铟作为起始原料。

（5）联合法 鉴于上述单一提纯方法都存在一定的局限性，国内外企业普遍采用多种方法联合生产6N以上高纯铟[14]。

早在21世纪初，日本JX日矿金属株式会社、德国PPM公司等国外企业就已拥有成熟的“真空蒸馏—区域熔炼”技术，稳定生产6N以上高纯铟；近年，国内大力开展高纯稀散金属制备技术研发，已取得显著成效。目前，株洲科能采用自主研发的“电解精炼—真空蒸馏—定向结晶”技术生产5N以上高纯铟，国内市场占有率达50%左右；广西铟泰科技有限公司（40t/年）、云南锡业新材料有限公司（10t/年）、成都中建材光电材料有限公司（7t/年）均采用“电解精炼—真空蒸馏—单晶直拉”技术生产6N及以上高纯铟；广东先导使用“电解精炼—真空蒸馏—区域熔炼”工艺生产6N高纯铟，产能达12t/年。

15.1.3 面临的挑战

① 我国虽已开发出具有自主知识产权的6N高纯铟制备技术并实现生产，但产品稳定性较差，另外，我国生产的高纯铟产品杂质元素控制难，存在部分杂质元素偏高不达标的问题；

② 目前缺乏7N以上高纯铟标准，且不能稳定批量生产7N高纯铟，6N及以上高纯铟仍主要依赖进口。

15.1.4 未来发展趋势

① 铟资源战略储备　2023 年 8 月我国商务部、海关总署正式对半导体原材料镓、锗实施出口管制。铟作为在半导体领域具有同等重要地位的稀缺资源，未来国家极可能采取出口限制性措施，以保证我国铟资源的战略储备；另外，目前我国 80% 以上原生铟从湿法炼锌过程回收，未来将寻找和开发其他含铟资源，保障铟资源供应。

② 超高纯铟低成本稳定生产　深入开展基础理论研究，掌握主金属铟和杂质元素迁移与分布规律，实现杂质元素的精准调控，开发清洁高效的 6N 以上高纯铟制备技术，并实现稳定批量生产，完全实现高纯铟的国产替代进口。

③ 新材料开发　随着铟提纯技术的不断发展，高纯铟产品纯度、稳定性与生产效率将会大幅提高，为铟新材料开发提供原材料保障。

④ 二次资源回收　自然界中铟资源储量极低，随着矿产资源开发的不断深入，一次资源急剧减少。另外，随着铟消费量的不断提高，ITO 废靶、InP 废料等二次资源不断增加，必将成为铟的主要来源之一。日本再生铟已能够满足国内约 70% 的需求量[15]。铟资源的回收再生也必将成为我国未来发展趋势，保障铟产业可持续健康发展。

15.2 金属硒的分离与提纯

15.2.1 背景

硒由于优异的物理化学性能广泛应用于冶金、材料、化工、农业和医疗等领域，随着含硒先进材料的发展以及富硒农业的兴起，电子半导体、原子能、太阳能以及健康领域等对硒需求与日俱增，硒已成为支撑高科技发展、新产品开发的关键材料[16]。全球约 50% 的硒作为添加剂应用于冶金及化工领域，要求硒纯度达 99% 以上；约 30% 作为着色剂应用于玻璃行业，要求硒纯度达 3N 以上；约 10% 用于生产硒化锌、硒化锡等半导体材料，要求硒纯度达 6N 以上。

硒在地壳中的丰度仅为 5×10^{-6}%，常伴生于硫化矿中。根据美国地质调查局发布的统计数据，全世界硒的基础储量为 1.34×10^{5}t，其中已探明的硒储量为 7.1×10^{4}t[17]，我国硒储量为 1.56×10^{4}t。2022 年全球硒产量约 3200t，我国硒产量为 1300t，占全球总产量的 40.6%，但每年都需进口大量高品质硒或原料硒，2022 年我国硒产品（硒酸盐和亚硒酸盐、其他硒）进口量为 709.4t。

15.2.2 硒分离提纯技术进展

15.2.2.1 硒的分离工艺现状

全球约 90% 的硒从铜阳极泥中提取回收。根据铜阳极泥的成分差异，提取硒的方法主要分为全湿法和火－湿联合法[18]，其中以火－湿联合法为主。

（1）全湿法 从铜阳极泥中提取硒的湿法工艺主要有碱浸工艺、氧化浸出工艺，通过控制溶液体系的pH值及氧压将铜阳极泥中的Cu_2Se、Ag_2Se等化合物转化为硫酸铜和亚硒酸，亚硒酸经还原得到单质硒。碱浸工艺主要是在碱性体系下将硒氧化为亚硒酸等高价化合物进入溶液，再从溶液中分离回收硒。该方法适用于硒含量较高物料，其优点是硒的浸出率较高，硒与碲铜等杂质分离较为彻底，但存在流程反复冗长等问题。氧化浸出工艺主要是将氧化剂配入浆化过的阳极泥中使硒及硒化物转化为亚硒酸进入浸出液，然后通入SO_2还原得到粗硒，云南铜业采用氧化浸出工艺生产粗硒，年产量为300t。

（2）火－湿联合法 火－湿联合法提取铜阳极泥中的硒主要包括硫酸化焙烧法、卡尔多炉工艺、苏打熔炼法等，这些方法是在一定条件下先将Se^{2-}氧化为SeO_2或硒酸盐，然后通过水溶或酸溶将其转为溶液，再用SO_2等还原剂将SeO_3^{2-}还原为单质硒。

硫酸化焙烧法是将铜阳极泥配与硫酸在温度为350～500℃下进行焙烧，使硒氧化为SeO_2烟气，再用水对其吸收形成亚硒酸溶液，利用烟气中的SO_2还原得到粗硒。该方法流程简单、成本较低、硒提取率高，烟气中的SO_2可充分利用。目前江西铜业采用该方法生产硒，年产量约为300t。

卡尔多炉工艺是目前主流的铜阳极泥处理工艺之一，因具备原料适应性强、工艺设备少、自动化程度高、生产周期短、处理量大等优势，现被金川公司、铜陵有色、紫金铜业、瑞典波立登隆斯卡尔等国内外10余家大型铜冶炼企业所采用。硒的主要回收过程是将经过水洗涤后的铜阳极泥进行氧压浸出铜和碲，浸出渣干燥后再配入碳酸钠以及浸出液还原所得硒银渣等物料，送入卡尔多炉进行熔炼，熔炼过程中产生的烟气经文丘里洗涤塔洗水捕集，得到的滤液通过SO_2还原—过滤—干燥后得到纯度为99.5%的粗硒。该工艺硒直收率偏低（约90%），存在多种返料；物料入炉前均需要干燥，增加生产成本。

苏打熔炼法的主要流程是将铜阳极泥配入碳酸钠进行熔炼，使硒转变为易溶于水的硒酸盐，然后采用试剂将其还原得到粗硒。该方法的优点是CO_2和苏打可循环使用，硒提取率为95%以上，但铜阳极泥中95%的砷和30%的铅会随硒同时浸出，加大了后续分离纯化的难度。

15.2.2.2 硒的提纯技术现状

硒的提纯方法主要分为化学提纯法和物理提纯法。

（1）化学提纯法 化学提纯法主要有氧化挥发法、硒化氢热分解法等。

氧化挥发法是通入氧气与硒反应生成易挥发的SeO_2从而与杂质分离，用水吸收转化为亚硒酸溶液，再通入SO_2还原制备纯度为3N～4N的硒产品[19]。该方法得到的硒产品纯度较高，但需反复氧化还原，流程较长。

硒化氢热分解法是基于硒与砷、碲、锑及大多数金属杂质和氢气生成氢化物的难易程度对硒进行提纯，将氢气与硒反应生成硒化氢气体，再导入1000℃的反应容器中，通过热分解生成单质硒和氢气，即可制备纯度7N高纯硒，但H_2Se剧毒，仅用于制取少量超高纯硒产品[20]。

（2）物理提纯法 物理提纯法主要包括真空蒸馏法和区域熔炼法。

真空蒸馏提纯硒是利用硒与碲、铜、铅、铁、金、银等杂质组元的蒸气压差异，在相同温度下，硒蒸气压较高、易挥发，从而与杂质分离，可制备3N硒[21]。真空蒸馏提纯硒过程简单、流程短，节能环保，尤其适合去除饱和蒸气压差异较大的杂质，但脱除单质碲等蒸气压相近的杂质较为困难。

2017年以来，昆明理工大学真空冶金国家工程研究中心开发了“密闭熔炼—真空蒸馏”工艺处理硒，首先对含水粗硒进行密闭熔炼脱水，获得硒熔体和冷凝水；再对硒熔体进行真空蒸馏，获得单质硒和富银金渣。在云南铜业建成年产硒（纯度＞98%）300t的生产线，硒直收率96.78%、回收率97.85%，但只能由粗硒粉生产出纯度98%～99%的纯硒，碲、铜、铅等杂质难分离成为制约产品硒纯度进一步提高的关键瓶颈问题。为了进一步提高硒产品质量，真空冶金国家工程研究中心继续开发了“预处理—密闭熔炼—真空蒸馏”新工艺提纯硒，成功制备纯度为4N以上的硒产品，建成年产30t 4N硒生产线。

区域熔炼法是利用杂质在熔体中的溶解度不同将主金属与杂质高效分离的工艺，可将4N硒提纯到5N以上。5N硒经78次区融后将含量为1000×10^{-6}杂质铜降低至原子吸收光谱分析检测下限。区域熔炼法可将硒纯度提至5N及更高纯度，但该过程需反复多次进行，生产效率低。

成都中建材光电材料有限公司建成年产20t 5N硒生产线，自主开发了3N5硒氧化-萃取-真空蒸馏制备6N硒的生产线，产品合格率达95%以上。加拿大5Nplus公司、广东先导、峨嵋半导体材料研究所高纯硒制备水平达5N～6N。

15.2.3 面临的挑战

① 高纯硒大规模稳定生产困难。由于硒与碲、汞、硫等元素物理化学性质接近，造成杂质分离难度大，存在部分杂质元素偏高等问题，需耗费大量的人力、物力、财力进行深度提纯。

② 硒基础原材料向应用端扩展不足。目前硒仍主要用于冶金、化学添加剂，在消费品以及高端材料领域的应用仍有待开发，扩展市场需求。

③ 行业检测方法和标准的研究不足，未来多样化的硒物料和硒产品检测需要与之相适应的检测方法和标准。

15.2.4 未来发展趋势

① 6N硒低成本稳定生产　通过研究不同温度场、结晶条件下硒熔体中元素在液-固相中的分布特性，开发新的工艺技术及装备，稳定生产6N级以上高纯硒以满足新材料发展要求。

② 新产品开发　硒的光电性能优越，在半导体制备方面可以合成高纯硒化锡、硒化铟、硒化锌等半导体新材料应用于高精尖科技领域；另外，作为人体不可或缺的微量元素，可衔接硒产业与大健康产业，利用生物技术手段生产有机硒含量高的食品，为人体补充硒元素提供保障。

③ 制定行业标准　相关部门、协会需密切对接生产企业，建立与时俱进的行业标准，为高纯硒的高效生产保驾护航。

15.3 金属碲的分离与纯化

15.3.1 背景

碲主要应用于半导体、化工、冶金以及医药等领域，其中在光电工业占 40%，热电工业占 30%，冶金工业占 15%，化学工业占 5%，其他行业则占 10%[22]。我国碲的供应和需求基本持平，但随着碲在新兴领域的应用越来越广泛，特别是随着碲化镉薄膜太阳能电池、制冷及温差发电的碲铋热电材料、碲镉汞红外材料等的大量使用，碲的需求大量增加。碲化镉和温差制冷所需碲纯度为 5N，红外探测材料纯度要求 7N 以上高纯碲。

碲在地壳中丰度仅为 6×10^{-6}%（重量），主要伴生于铜、铅、镍、金或银的硫化矿物中，与亲硫元素形成碲化物、碲硫（硒）化物、碲氧化物和含氧盐等矿物，没有发现具有工业开采价值的独立矿床，通常从其他矿床的利用过程中综合回收[23]。全球已探明碲储量 11 ～ 15 万吨，在铜铅矿物中储量约为 4 万吨。中国已发现伴生碲矿产地约 30 处，保有储量近 1.4 万吨[24]。

2014—2022 年中国及世界碲的产量如图 15-6 所示[22]。中国及世界碲的产量总体呈上升趋势，2022 年世界碲产量 640t，中国碲产量 340t，占世界产量的 53.13%。江西铜业集团是中国最主要的碲生产企业，年产量约 100t，山东恒邦碲年产量约 50t，其他冶炼企业如云南铜业、金川集团、紫金矿业、铜陵有色等年产碲量也在 10t 左右。

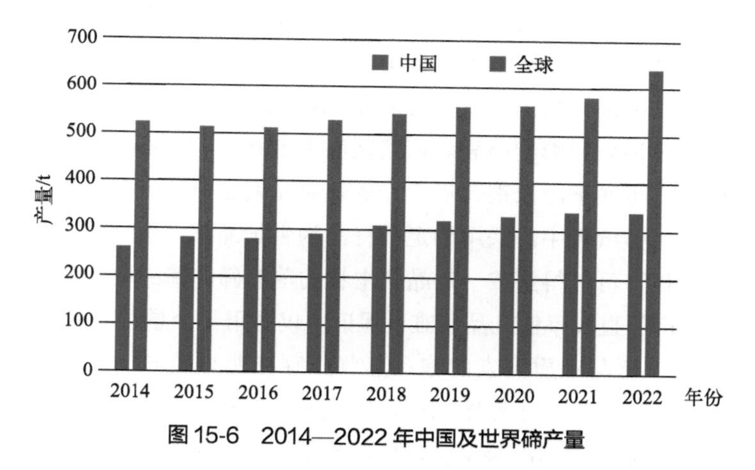

图 15-6　2014—2022 年中国及世界碲产量

中国碲产量居世界第一，但长期以来，中国碲产品主要为成分复杂难、纯度 90% ～ 99.99% 的碲产品为主，纯度 99.999% 以上的高纯碲仅成都中建材、广东先导、峨嵋半导体、武汉拓材科、山东恒邦等少量生产，主要依赖于大量进口，难以满足自身新材料发展的需求，制约我国碲和相关新材料产业链发展。

15.3.2 分离提纯技术研究进展

15.3.2.1 碲的提取工艺

全球约九成的碲从铜冶炼过程产生的阳极泥中回收，其中碲主要以 Ag_2Te、Cu_2Te、(Au, Ag) Te 等碲化物的形式存在，碲含量为 2% ～ 10%[25-27]。由于铜阳极泥成分和组元赋存状态差异大，不同的冶炼企业会视具体情况和需求，选择相应工艺处理铜阳极泥，在提取金银等贵金属的同时对碲进行综合回收，产出纯度 99% ～ 99.99% 的电积碲，以及成分复杂的粗碲。

世界上约半数的铜阳极泥采用硫酸化焙烧法处理[28-31]。对含碲高的阳极泥（3%以上），配以料重 80% ～ 110% 的硫酸，投入回转窑在 350 ～ 500℃温度下焙烧使二氧化硒挥发，碲以氧化物形式存在于脱硒阳极泥焙砂中。焙烧渣经热水浸出脱铜、浸出渣苏打熔炼后，碲富集于碱渣中，碱渣经水浸中和以及电解或还原后得到金属碲。焙烧渣也可以先用水浸出硫酸铜，再用氢氧化钠溶液浸出得到亚碲酸钠溶液，浸出液用硫酸中和沉淀形成二氧化碲，再将净化后的二氧化碲进行碱溶和电积，可得含碲为 98%～ 99.9%的金属碲。国内典型应用企业有江西铜业集团、云南锡业集团、金川集团股份有限公司。

含碲低的铜阳极泥和铅阳极泥混合处理时，先进行还原熔炼，使碲进入贵铅，贵铅在分银炉进行氧化吹炼，产出含碲 5%～ 9%的苏打渣。将苏打渣破碎、水浸、中和沉淀、电积或还原得到纯度为 98%的碲产品。

15.3.2.2 碲的提纯工艺

现有碲的提纯方法主要为物理法，根据杂质与碲在熔点、沸点及熔化冷凝中的分配行为等物理性质的差异进行碲的提纯，主要包括结晶精炼法和真空蒸馏法；根据原料成分、设备条件和对产品纯度的要求选择合适的工艺流程，通常采用多种工艺相结合制备高纯碲，即联合法。

（1）**结晶精炼法** 结晶精炼法利用杂质组元在主金属熔体与固体相间的偏析差异，通过升温或降温，使杂质重新分布，从而实现金属精炼的目的。区域熔炼是结晶精炼的一种主流手段[31-32]，通常用于 5N 碲原料的深度提纯制备 6N 高纯碲，区熔速度、区域长度和熔炼次数等工艺条件对杂质分离效果影响显著。在熔区温度 550℃，熔区速度 1.25×10^{-5}m/s 的条件下经过多次反复区熔，可显著降低银、铝、铅等杂质元素含量，但对硒的去除效率较低。直拉法提纯碲是在惰性气体气氛中，采用碲定向籽晶为生长晶核，保持熔体温度均匀和熔体搅动，通过缓慢提拉晶核，可以得到按一定晶向生长的单晶碲，碲纯度可从 6N 提高到 7N。直拉法提纯碲周期长、产品直收率低且品质难以保证，仅适用于少量超高纯碲的精炼。

（2）**真空蒸馏法** 碲与杂质元素的饱和蒸气压存在明显差异，真空蒸馏时，碲以气态蒸发，蒸气压比碲低的元素留存于残留物中，实现碲与杂质的分离。蒸发过程中，易挥发杂质与碲同时进入气相，通过控制冷凝温度，分段冷凝，实现碲与易挥发杂质的分离，从而获得高纯碲。以 3N 碲为原料，通过低温—高温两步蒸馏，可实现 5N5 高纯碲的制备，但硒脱除效果差。昆明理工大学真空冶金国家工程研究中心近年来在碲资源的真空分离纯化开展了大量基础研究、新技术开发和装备研制研究工作，目前已具备利用真空蒸馏的方法从含碲约 60% 的粗碲提纯至 5N 高纯碲的能力[33-34]。

（3）联合法　根据原料成分、设备条件和对产品纯度的要求选择合适的工艺流程，通常采用真空蒸馏、区域熔炼、直拉等多种工艺相结合，可将纯度为4N的碲提纯到近6N～7N超高纯碲。国内成都中建材采用真空蒸馏－区域熔炼法将碲提纯至7N5水平，年产量达3.5t；广东先导稀材超高纯碲制备水平达7N，但以5N及以下碲产品为主；峨嵋半导体超高纯碲制备水平达7N，但产业化程度较低；武汉拓材超高纯碲制备水平达6N，但产品处于研发阶段，产品化程度低。国外加拿大5Nplus、日本引能仕控股旗下JX金属株式会社超高纯碲制备达到7N水平，但对其高纯化制备技术封锁。

15.3.3 ／面临的挑战

① 碲资源未得到有效提取和回收。90%的碲产自铅铜冶炼产出的阳极泥中，现有提取技术存在回收流程长、碲分散等的突出问题，碲的直收率仅70%左右。原生矿物、碲化铋和碲化镉等二次资源中回收碲新工艺及装备存在较大缺口。

② 粗金属产量大，产业链条短。碲面临着低端产品（纯度约为99%）过剩，高端产品（纯度大于99.9999%）产能严重不足的局面；碲生产企业主要关注分离和提纯技术，忽视了后端的应用研究，新产品开发能力差，高端产品产业技术链相对落后。

③ 基础研究和新技术开发能力薄弱。我国是碲生产大国，占世界产量的半数以上，但在碲的生产和应用方面起步较晚，基础研究和新技术开发能力薄弱，目前国内仅少数高校、科研院所以及知名央企围绕碲的提炼和新产品开发开展相关基础研究和新技术开发研究工作。

15.3.4 ／未来趋势

① 超高纯碲及化合物的稳定、批量生产　形成自主知识产权超高纯碲及化合物制备新工艺及装备，实现超高纯碲的稳定、批量生产。

② 新材料开发　拓展金属碲的应用范围，加强高端碲产品的研发力度，碲将成为电子计算机、通信及宇航开发、能源、医药卫生所需新材料的重要支撑材料。

③ 提高资源回收利用率　碲是重要的关键金属之一，先后被列入《美国关键矿产战略》《欧盟关键矿产原材料》《日本稀有金属保障战略》，结合我国当前的碲资源产量与出口等现状，未来将建立战略储备制度，对我国碲资源战略统筹，避免碲资源过多流向国外。还要扩大碲冶炼原料的来源，加强先进提取提纯碲的方法，加大从碲铋矿等原生矿物以及含碲二次资源中富集、提取碲技术的研发，提高资源利用。

15.4 ／金属镓的分离与纯化

15.4.1 ／背景

镓具有高导电性、中等导热性和液态低毒等特性，90%的镓以化合物的形式被用于生产半导体（42%）、磁材（29%）、MO 源（9%）、光伏材料（8%）及荧光粉（7%）等（图 15-7）[35]，并最终广泛应用于无线通信、化学工业、医疗设备、太阳能电池和航空航天等众多领域。GaAs 晶片与 GaN 发光器件是镓应用的两大支柱，需要 6N ～ 7N 的高纯镓作为原料，GaAs 器件具有大功率、超高频、工作电压高及耐高温等硅器件不具备的优异特性。GaN 作为第三代半导体，拥有更宽的禁带宽度以及更高的临界击穿电场，电子迁移率高，且为直接带隙，发光效率高，抗干扰、抗辐射以及在恶劣环境下性能良好[36-37]。

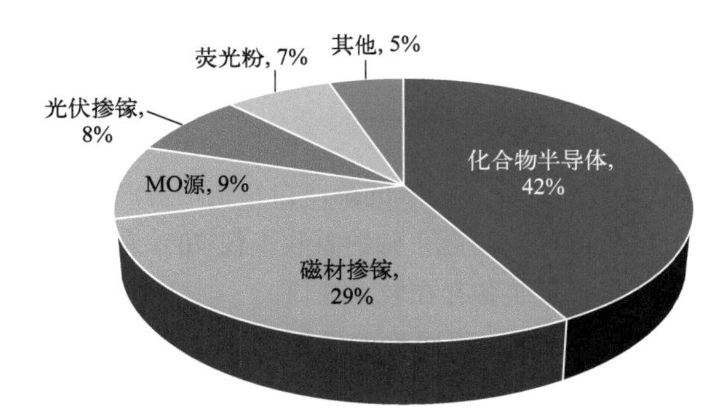

图 15-7　镓产品的下游应用占比[35]

镓在地壳中的分布极分散，仅为 0.005% 左右，据统计，2022 年全球探明的金属镓储量为 27.93 万吨，其中我国储量为 9 万吨，占比约 68%，居全球首位。全球 90% 以上的原生镓都是从生产氧化铝的种分母液中分离的，由于其含量低、提取困难，原生镓产量始终不高，2018—2022 年全球与中国原生镓产量如图 15-8 所示[38]。2022 年全球原生镓产量为 626t，我国凭借丰富的镓资源与金属储量，原生镓产量达 606t，占比 96.81%。中国也是最大的镓出口国，2022 年我国镓进口量为 22.9t，出口量为 94.4t。

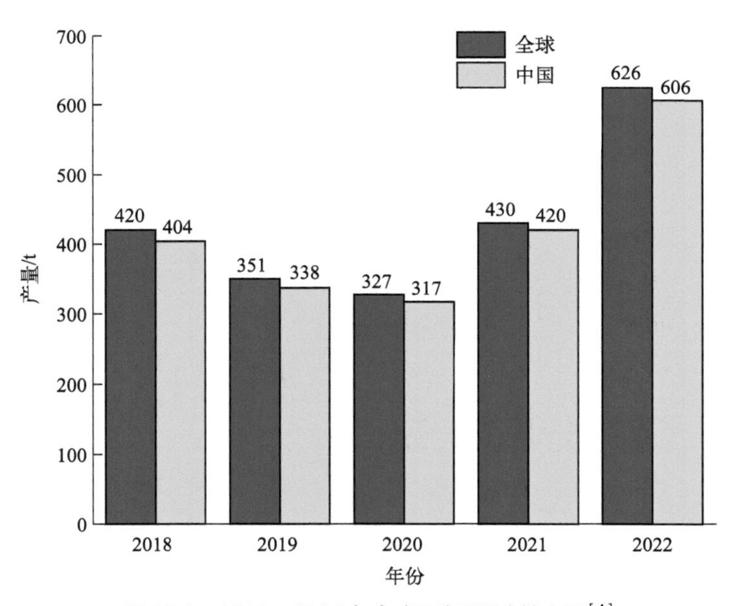

图 15-8　2018—2022 年全球及我国原生镓产量[4]

15.4.2 镓的分离提纯技术现状

世界上约 90% 的原生镓来源于铝土矿中提取铝的副产物，也有少量镓来源于锌浸出矿与含镓粉煤灰，再生镓则来源于含镓半导体废料的二次资源回收[36]。

15.4.2.1 镓的分离现状

（1）原生镓的提取现状 碱液电解是从富铝、镓循环母液分离镓最常见的工艺，早期主要应用石灰乳法和分步碳酸化法，采用“碳化—脱铝—碳化—溶镓—除杂—电解”的工艺流程，最终可以得到 99% 以上纯度的镓[39-40]。而目前工业上主要是采用萃取法和树脂吸附法分离镓，镓的富集液再经净化后用于电解生产 99.99% 纯度镓。东方希望铝业有限公司是河南省最大的单体氧化铝生产企业，具有年产 60t 的金属镓的配套设备，2022 年产出金属镓近 50t，是国内领先的镓生产企业。蓝晓科技是国内氧化铝废液提取镓金属的龙头企业，致力于镓等金属装用树脂吸附剂的开发，市占率超过 70%。

近年来，从锌浸出渣中提取镓也成为研究的方向之一，由于其成分复杂多样，对直接提镓工艺的选择性提出了更高要求，选择性较强的溶剂萃取法、对镓亲和力较强的表面活化剂以及将其联合组成的液膜体系已被陆续用于提取镓的实验研究，镓的提取率最高可达 94.7%[41-45]。中金岭南子公司丹霞冶炼厂拥有国内大规模采用锌氧压浸出工艺并综合回收镓锗等稀贵金属的锌冶炼工艺技术，2022 年中金岭南保有金属资源镓 760t，2023 年计划生产电镓 16.5t。

从粉煤灰中分离镓的一般方法为利用镓盐容易与酸反应生成可溶性盐的特性，通过酸或碱浸出镓，然后结合树脂吸附、淋洗、电解分离粉煤灰中的镓[46-47]，使用偕胺肟树脂吸附分离镓是目前比较成熟的工艺[48]，真空技术也适用于粉煤灰中镓的富集[49]。准能集团开发了粉煤灰盐酸法铝镓协同提取关键技术，根据已探明的 267 亿吨煤炭储量预计，全部燃烧将产生 70 亿吨粉煤灰，从粉煤灰中提取镓将达到 59.5t。

（2）从半导体二次资源中再生镓现状 含镓二次资源主要以砷化镓为主，砷化镓废料的湿法冶金回收工艺通常把化学性质稳定的砷化镓在氧化性强的酸中浸出作为首要步骤，酸浸后结合选择性沉淀[50]、溶剂萃取[51]、树脂吸附[52]等环节实现砷镓分离，并电解回收金属镓。选择性沉淀法采用的硫化物添加剂成本低、处理废料量大、性能稳定，是目前工业处理砷化镓废料技术最成熟的工艺；溶剂萃取法与树脂吸附法原理相似，利用有机添加物与 Ga^{3+} 的强结合力，在处理成分复杂的砷化镓加工废料时对处理效率的提升效果明显。湿法工艺有时也将砷化镓中的砷、镓资源制备成 Ga_2O_3、Na_3AsO_4 晶体等化合物产品[53]，有利于缩短废料处理流程、降低处理成本、减少含砷废液的排放，同时满足了我国在氧化镓半导体、砷酸钠药品等方面的需求。

砷化镓废料的火法冶金回收工艺流程短、设备简单、环境污染小，在处理砷化镓晶体切割废料时更具优越性，主要分为氧化焙烧与真空热分解两种。氧化焙烧法通过砷化镓废料的高温富氧焙烧形成沸点差异较大的砷、镓氧化物，简单控温即可实现 As_2O_3 与 Ga_2O_3 的气液分离[54]。昆明理工大学真空冶金国家工程研究中心采用真空热分解法使砷化镓在真空条件下分解，直接回收得到92.57%单质砷与99.99%金属镓，省去了碱性电解等烦琐步骤，回收产物毒性低、安全性高，往往应用于砷化镓晶体切割废料与废旧砷化镓电子器件的回收中，与其他方法相比，在回收效率、环境友好等方面更具优势，市场前景十分广阔[55-56]。

15.4.2.2 镓的提纯技术现状

镓的提纯技术主要包括电解精炼、定向结晶、真空蒸馏、区域熔炼这四种，而众多杂质成分难以通过单独工艺达到理想的提纯效果，在实际生产中更多采用多种工艺联合的方式将镓纯度提升至6N～7N甚至更高。

① **电解精炼法** 电解精炼法是提纯金属最行之有效的方法之一，常用于杂质种类较少的粗镓提纯，预电解可以使Cu、Fe、Ag等电极电位比镓正的元素先在阴极还原，达到提纯电解液的目的。调整电流密度超过400A/m^2，最终产品中Pb、Zn、Fe、Sn等杂质含量则超过99.9999%高纯镓标准[57]。

② **定向结晶法** 结晶提纯是根据金属结晶原理，减少杂质在晶界聚集的概率，从而减少了高纯晶中杂质的存在。温度是结晶除杂效果的决定性因素，精准控温也成为定向结晶制备高纯镓的技术关键。株洲科能新材料股份有限公司长期专注于Ⅲ - Ⅴ族化学元素材料提纯技术开发及产业化，利用结晶和拉单晶原理生产高纯度镓，最高纯度可以达到7N，现有高纯镓年产能达到60t，预计在未来建成年产高纯镓110t的产业线[58-59]。

③ **真空蒸馏法** 真空蒸馏根据各元素在不同温度、压强下饱和蒸气压的差异，控制蒸馏参数使沸点低的元素挥发，达到分离杂质的目的，Mg和Ca去除率分别可达82%和79%，整体杂质含量至少降低一个数量级[60]。采用先升温蒸馏后降温结晶的“真空蒸馏—多级结晶”工艺，镓的纯度可提升至7N甚至更高，镓的保有率最高可达95%[61]。真空蒸馏联合电解精炼大大减少了镓的提纯流程，蒸馏除杂后仅一次电解可将镓的整体纯度提升至5N以上甚至达到6N标准[62]。

④ **区域熔炼法** 自1955年开始尝试采用区域熔炼法提纯镓，但效果不如预期，随着对定向固化过程中的偏析行为的研究及金属杂质偏析系数的确定与应用，从半导体废料中回收的镓可提纯至6N水平[63-65]。单独使用区域熔炼法可将4N镓提升至6N6的纯度，联合定向结晶可深度提纯镓至7N2左右[66]。

目前，国外镓生产公司主要有日本的同和矿业株式会社、拉莎工业株式会社、住友化工株式会社，哈萨克斯坦的巴甫洛达铝厂，美国的AXT、世界镓股份有限公司等。国内公司实际生产高纯镓多联合几种提纯工艺进行互补[67]，例如，南京金美镓业有限公司采用的是“化学萃取－电解精炼－定向结晶”的技术路线，年产5N及以上高纯镓100t，其中6N高纯镓20t、7N～8N高纯镓15t；峨眉半导体材料研究所采用“化学处理－真空蒸馏－电解精炼－拉单晶”的技术路线处理废电解液和残电解料回收高纯镓；中国铝业股份有限公司则采用电解 - 部分结晶法，镓产能达到200t/年，2020年金属镓产量为146t。

15.4.3 面临的挑战

① 镓的提取原料中杂质多且分离困难，镓的分离需与其他工艺联合，传统湿法工艺仍有

渣量大、成本高等问题，除杂难度大、易产生废渣废水等处理难题也是导致湿法提镓难以工业化的主要原因。

② 我国大多数高纯镓制备辅助材料设施和环境洁净度达不到6N及以上高纯镓制备条件，导致产品质量不过关，难以满足高质量半导体材料对高纯原料的需求。

③ 我国对于液态金属镓的检测手段较少、精度不足，7N及以上高纯镓标准缺乏，导致下游镓半导体制作所需原料可信度较低，仍依赖大量进口。

15.4.4 未来发展趋势

① 限制镓出口政策　2023年8月以来，中国商务部与海关总署发布《关于对镓、锗相关物项实施出口管制的公告》，开始对镓、锗相关物项实施出口管制，提升巩固我国的镓资源优势。

② 高纯镓的高效稳定生产　针对镓的提取原料中杂质多且分离困难等问题，深入开展相关理论研究，实现杂质的高效分离，缩短6N及以上高纯镓制备流程，基于我国的镓资源优势解决高纯镓制备这一“卡脖子”技术，推进芯片国产化进程。

③ 镓的新材料开发　研究高精度、高稳定度的高纯镓的制备技术和装备，同时持续开发氮化镓等镓半导体新材料，提升下游镓制成品国际竞争力，延伸国内大型镓企业产业链，拓展我国在LED市场的业务。

④ 镓二次资源回收　拓宽含镓二次资源回收规模，加大砷化镓等半导体废料再生镓开发力度，建立镓矿资源储备库，提高含镓矿石的二次资源化回收利用率，推动镓产业链的低碳、绿色可持续发展。

参考文献

作者简介

杨斌，教授，博士生导师，现任昆明理工大学党委常委、副校长，真空冶金国家工程研究中心主任，入选国家“高层次人才特殊支持计划”科技创新领军人才。兼任“十四五”国家重点研发计划“战略性矿产资源开发利用”重点专项总体专家组成员、国务院学位委员会第七、八届学科评议组（冶金工程）成员等职务。主持国家级、省部级项目40余项。先后获国家技术发明二等奖2项、国家科技进步二等奖1项、省部级科学技术一等奖8项、何梁何利基金科学与技术创新奖1项。获授权中国发明专利100余件；组织制定国家标准1项；出版著作5部。

徐宝强，教授，博士生导师，现任昆明理工大学发展规划处处长，入选国家“高层次人才特殊支持计划”科技创新领军人才，百千万人才工程国家级人选，享受国务院政府特殊津贴专家，云南省高层次人才云岭学者。荣获国家科技进步二等奖1项，国家技术发明二等奖1项，获云南省科技进步一等奖、中国有色金属工业科学技术一等奖等8项。主持国家级、省级科研项目20余项。以第一作者和通讯作者发表SCI、EI收录论文60余篇，获授权发明专利30余项，出版专著和教材5部。

蒋文龙，教授，博士生导师，云南省“兴滇英才支持计划”产业创新人才，担任中国金属学会青年工作委员会委员、中国真空学会真空冶金专业委员会委员、中国有色金属学会青年工作委员会委员。长期从事有色金属真空冶金、稀贵金属冶金、高纯金属制备等研究。获云南省科技进步一等奖（排名 2）、中国有色金属工业科技进步一等奖（排名 5）各 1 项，发表 SCI 论文 30 余篇，获授权发明专利 20 余件，出版教材和专著 2 部。

孔令鑫，教授，博士生导师，云南省“兴滇英才支持计划”青年人才、云南省中青年学术和技术带头人后备人才，担任云南省有色金属真空冶金重点实验室副主任，兼任中国有色金属学会第八届青年工作委员会委员、日本东京大学生产技术研究所研究员等职务。荣获云南省科技进步一等奖（排名 4）、中国有色金属工业科学技术一等奖（排名 3）、中国有色金属科技论文一等奖（排名 1），获云南省优秀博士学位论文。以第一或通讯作者发表 SCI 论文 41 篇，EI 论文 11 篇，获国家授权发明专利 29 件，出版教材和专著 1 部。